“十三五”国家重点研发计划

近零能耗建筑技术体系及关键技术开发（2017YFC0702600）

近零能耗建筑技术

NEARLY ZERO ENERGY BUILDING

徐　伟　编著

中国建筑工业出版社

图书在版编目（CIP）数据

近零能耗建筑技术＝NEARLY ZERO ENERGY BUILDING/徐伟编著. —北京：中国建筑工业出版社，2021.2（2022.9重印）

ISBN 978-7-112-25990-8

Ⅰ.①近… Ⅱ.①徐… Ⅲ.①生态建筑-建筑设计 Ⅳ.①TU201.5

中国版本图书馆CIP数据核字（2021）第046887号

责任编辑：田立平 张伯熙

责任校对：芦欣甜

近零能耗建筑技术

NEARLY ZERO ENERGY BUILDING

徐 伟 编著

*

中国建筑工业出版社出版、发行（北京海淀三里河路9号）

各地新华书店、建筑书店经销

唐山龙达图文制作有限公司制版

河北鹏润印刷有限公司印刷

*

开本：787毫米×1092毫米 1/16 印张：20½ 字数：507千字

2021年5月第一版 2022年9月第二次印刷

定价：**75.00**元

ISBN 978-7-112-25990-8

(37006)

编写委员会

主　任：徐　伟

委　员：邹　瑜　张时聪　陈　曦　吴剑林　于　震　孙峙峰
马欣伯　王珊珊　刘　珊　况　伟　王　萌　刘　瑜
揣　雨　金　汐　杨芯岩　吕燕捷　傅伊珺　李　怀
王　珂　汪佳丽

前　言

1981年，我国第一个建筑节能科研项目《北方采暖居住建筑节能研究》启动，其研究成果直接支撑编制完成1986年我国第一部建筑节能标准《民用建筑节能设计标准（采暖居住建筑部分）》JGJ 26—86，随后建筑节能标准的推广实施全面支撑了建筑节能工作1986—1995年起步阶段、1996—2005年稳步发展阶段、2006年至今的快速发展阶段的重点工作，我国建筑节能工作以建筑节能标准为先导取得了举世瞩目的成果。进入21世纪以来，美国、日本、韩国等发达国家和欧盟盟国为应对气候变化和极端天气，实现可持续发展战略，都积极制定建筑迈向更低能耗的中长期（2020年、2030年、2050年）政策和发展目标，并建立适合本国特点的技术标准及技术体系，推动建筑迈向更低能耗正在成为全球建筑节能的发展趋势。我国通过中美、中德、中瑞等建筑节能国际合作，也逐步开展建筑迈向更低能耗的技术探索。

2016年7月15日，受住房和城乡建设部建筑节能与科技司委托，由中国建筑科学研究院组织举办的“中国建筑节能工作30年座谈会”顺利召开。出席本次会议的领导有原城乡建设环境保护部设计局局长张钦楠、原建设部总工程师许溶烈、原建设部科技司副司长唐美树，时任住房和城乡建设部建筑节能与科技司司长杨榕、副司长倪江波、标准定额司巡视员田国民。老领导代表原城乡建设环境保护部设计局局长张钦楠提出2015—2030年是中国社会重大转型发展时期，建筑节能工作人员应充分抓住机遇，提升建筑节能工作的科技含量，使我国建筑节能技术水平到2030年达到国际领先。会议是在建筑节能工作30年发展历史结点上召开的重要会议，具有承前启后、继往开来的重要作用，对于进一步统一思想，凝聚共识，以科技引领，以标准支撑，实现建筑节能工作迈向更高目标具有重要意义。

2017年，国家重点研发计划项目“近零能耗建筑技术体系及关键技术开发”启动，项目立足于我国能源结构调整、建筑与气候特点和居民使用习惯，针对下一步建筑节能工作目标不明确、技术路径不清晰等问题，经过产学研联合攻关，完成国际上本领域首部国家标准《近零能耗建筑技术标准》GB/T 51350—2019，在国际上率先提出了不同气候区、不同建筑迈向零能耗的技术路径和阶段性控制要求，建立指标体系，填补了我国引领性建筑节能标准的技术空白，是2025年、2035年、2050年建筑节能工作迈向零碳零能耗的重要支撑；建造完成全球首个面向2050年的全尺寸近零能耗建筑综合实验平台，开展全尺寸、长时间、真实应用的30项实验，具有可重复、可变换、可比对的长期监测功能；研发了以目标为导向的节能设计评价工具，提出了主动式、被动式、可再生能源系统联合应用达到近零能耗控制指标的技术路径；研发了高性能外墙、门窗、新风一体机等核心产品，性能指标达到国际先进水平；完成示范建筑35项80万m^2，覆盖全部气候区。项目完成标准编制22部，申请/授权专利107项，其中发明专利43项，获得软件著作权27项，完成新产品23项，发表科技论文246篇，其中SCI 63篇。研究成果规模化应用1000万m^2，带动100亿元产业规模增量。成果获CCTV、国有资产监督管理委员会官网、《人民日报》、《中国建设报》专题报道。

随着项目研究和示范工作不断推进，各省市对超低能耗、近零能耗建筑的鼓励政策也不断出台。“十三五”期间，20个省市累计出台80项激励政策，累计直接补贴15亿元，对近零能耗建筑的目标不断提升，政策鼓励不断加码，技术标准体系持续完善，产业集聚进一步加强。

2020年，我国建筑运行阶段碳排放超过20亿吨CO_2，占全社会总碳排放22%，如计算建材生产和运输碳排放，则建筑物全寿命期碳排放占全社会总碳排放37%；且我国建筑领域碳排放受到建筑面积不断增加和人民生活水平快速提高的双重推动，还在不断增长。对标欧美等发达国家，其建筑碳排放占社会总碳排放30%以上，我国建筑能耗和碳排放还有持续上涨的动能。

2020年9月22日，习近平总主席在第七十五届联合国大会一般性辩论上指出，中国将提高国家自主贡献力度，采取更加有力的政策和措施，CO_2排放力争于2030年前达到峰值，努力争取2060年前实现碳中和。2020年10月29日，党的十九届五中全会首次将碳达峰和碳中和目标纳入“十四五”规划建议。2020年12月18日中央经济工作会议上，将“做好碳达峰、碳中和工作”列为2021年八大重点任务之一。提出碳中和愿景是党中央、国务院统筹国际国内两个大局做出的重要战略决策，低碳技术、低碳经济将成为未来发展的主流方向。

在建筑领域，推动节能建筑迈向低碳建筑、零碳建筑，是建筑领域积极响应国家号召，应对气候变化、节能减排、推动能源结构调整、保障能源安全的重要技术手段，对我国“2030碳达峰、2060碳中和”具有重要支撑作用。未来新建建筑将逐步100%强制实施更高节能标准，既有建筑也将不断改造提升。

为推动近零能耗建筑从试点示范到规模推广，再到未来强制实施，本书汇总了过去10年期间，以中国建筑科学研究院为主的技术团队的科研成果，对国际国内最新情况进行分析，提出我国近零能耗建筑技术体系和技术指标，并对近零能耗建筑的规划方案设计、专项设计与部品选择、施工质量控制、检测与验收、运行管理与评价标识等内容进行了详细的分析介绍。

本书编著分工为：第1章～第5章由徐伟、张时聪编写，第6章、第11章由陈曦编写，第7章由于震编写，第8章、第9章由吴剑林编写，第10章、第12章由孙峙峰、金汐编写。其中，2.2由德国被动房研究所况伟提供，3.3.1案例由住房和城乡建设部科技与产业化发展中心刘珊提供，3.3.2案例由洛基山研究所王萌提供，3.3.3案例由日建设计株式会社、大金工业株式会社提供，4.1由德国能源署刘瑜、揣雨提供，4.2由住房和城乡建设部科技与产业化发展中心马欣伯、王珊珊提供。全书由徐伟策划、组织和编写，张时聪、傅伊珺统稿和协调。

希望本书的出版能够使课题研究成果更加广泛的扩散，从而推动近零能耗建筑更加大规模的实施，为我国建筑领域“碳达峰、碳中和”做出贡献。本书成稿时间仓促，作者水平有限，难免存在遗憾之处，望读者给与批评和指正。

中国建筑科学研究院首席科学家
中国建筑学会零能耗建筑学术委员会　主任委员
全国工程勘察设计大师　徐伟
2021年1月1日

目　录

第1章　建筑节能新任务、新目标

1.1　我国建筑能耗增长趋势

近年来，我国城镇化高速发展，大量人口从农村进入城市，快速的城镇化带动建筑业持续发展，建筑业规模的不断扩大，带来了大量的运行能耗需求，建筑面积的增长以及居民生活水平的提高必然需要更多的能源来满足其供暖、通风、空调、照明、炊事、生活热水和其他各项服务功能[1]。

1.1.1　建筑能耗总量变化特点

2000—2017年间，全国建筑能源消费总量呈现持续增长趋势（图1-1），从2000年的2.88亿t标准煤，增长到2017年的9.47亿t标准煤，增长了约3.2倍，年均增长7.25%[2]。2018年建筑运行能耗突破10亿t标煤，2019年达到10.33亿t标煤。

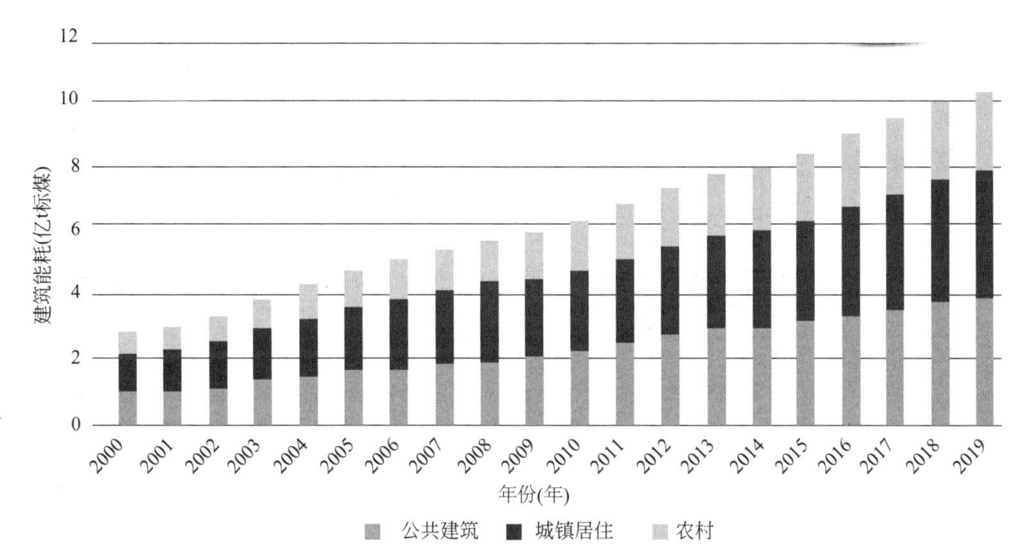

图1-1　2000—2019年中国分类型建筑能耗情况

从分时间段看，相比“十五”期间，“十一五”“十二五”和“十三五”期间建筑能耗增长速度显著下降。“十五”建筑能耗年均增长约12%，而此后的三个五年计划增速均为5%左右，增速下降超过50%，“十三五”相比于前期建筑能耗增速又下降1%左右。这从一定程度上反映了“十一五”以来，中国大力推进建筑节能工作，有效缓解了建筑能耗的增长速度（图1-2）[2]。

从分类建筑能耗看，公共建筑、城镇居住和农村居住建筑三者增长速度相当（图1-3），这使得三者比例维持在一个比较稳定的状态。2000—2019年间，公共建筑能耗

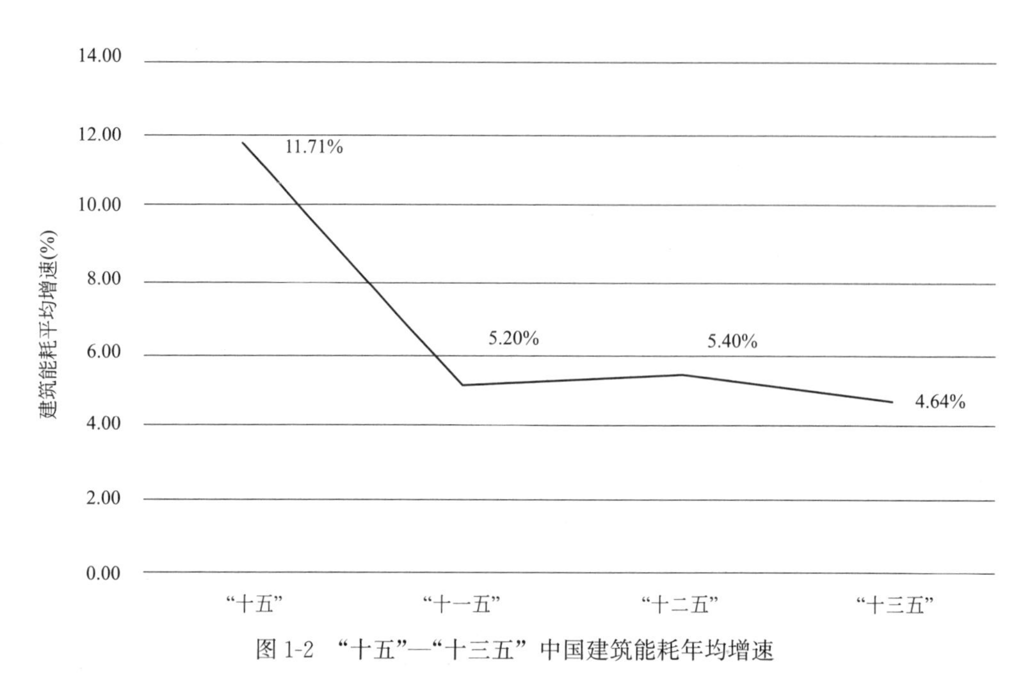

图 1-2 “十五”—“十三五”中国建筑能耗年均增速

（含供暖能耗）占全部建筑能耗的比重在 34%～39%，城镇居住建筑（含供暖能耗）在 38%～42%，农村建筑能耗则稳定在 23%～24%。

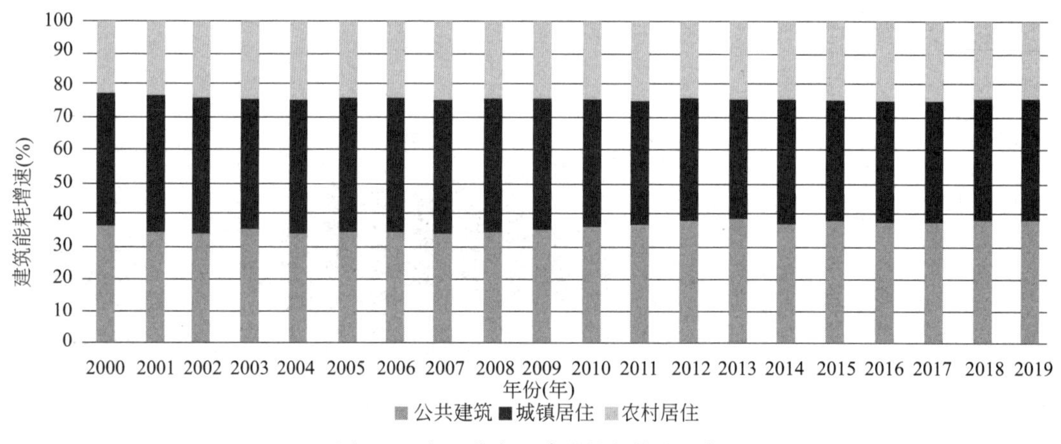

图 1-3 中国分类型建筑能耗构成比例

我国建筑能耗总量增长速度在“十二五”“十三五”期间明显放缓是因为我国建筑节能工作进一步加强与提升。在生态文明战略的指引下，建筑领域制定了一系列标准制度以推动建筑领域的绿色发展，新建建筑、既有建筑、可再生能源、绿色建筑等建筑节能重点专项工作成效显著。在“十二五”“十三五”期间，城镇新建建筑执行不低于 65%的建筑节能标准；严寒寒冷地区，如北京、天津、河北、山东、新疆等地率先开始在城镇新建居住建筑中实施节能 75%强制性标准，即达到第三阶段要求的基础上再节能 30%；城镇新建建筑 100%达到建筑节能强制性标准的要求。随后在 2019 年我国行业标准《严寒和寒冷地区居住建筑节能设计标准》JGJ 26—2018、国家标准《近零能耗建筑技术标准》GB/T 51350—2019 相继出台，新建建筑节能要求进一步提高。

1.1.2　建筑能耗强度变化特点

1. 公共建筑

公共建筑单位面积能耗阶段性变化特点明显："十五"期间逐年增长，"十一五"期间保持稳定，"十二五"期间出现下降趋势；公共建筑单位面积电耗保持增长趋势。

从单位面积能耗强度来看，公共建筑能耗强度是最高的。公共建筑单位面积能耗变化可分为较为明显的三个阶段（图 1-4）："十五"期间，公共建筑单位面积能耗逐年上升，从 2001 年的 21.54kgce/m^2 上升到 2005 年的 27.91kgce/m^2，年均增长 6.7%；"十一五"期间，公共建筑单位面积能耗总体保持较为稳定；"十二五"以来，公共建筑单位面积能耗呈现逐年下降趋势，从 2011 年的 31.30kgce/m^2 下降到 2015 年的 28.72kgce/m^2，每平方米能耗下降了 2.58kgce。公共建筑的节能设计和运行是国家和各省市"十一五""十二五"期间建筑节能和绿色建筑工作重点领域，通过推进公共建筑节能监管体系建设，对重点用能建筑实行监测与约束，有效推动了公共建筑单位面积能耗在"十五"呈增长势头后实现"十一五""十二五""十三五"期间的逐步下降。"十一五"期间，2005 年 4 月，国家颁布首部指导公共建筑节能设计、运行和管理的国家标准《公共建筑节能设计标准》GB 50189—2005。"十二五"期间，2015 年 5 月，新版《公共建筑节能设计标准》GB 50189—2015 颁布，以新建建筑能效提升 30%、相对节能率达 65%的技术标准已全部实施。所有省市均开展了能耗统计、能源审计及能效公示工作，33 个省和计划单列市建设了公共建筑节能监测平台。256 所节约型高校节能监管体系建设示范，并结合 44 个节约型医院试点和 19 所节约型科研院所进行节能综合改造试点；确定上海、天津等 12 个公共建筑节能改造重点城市建设试点。

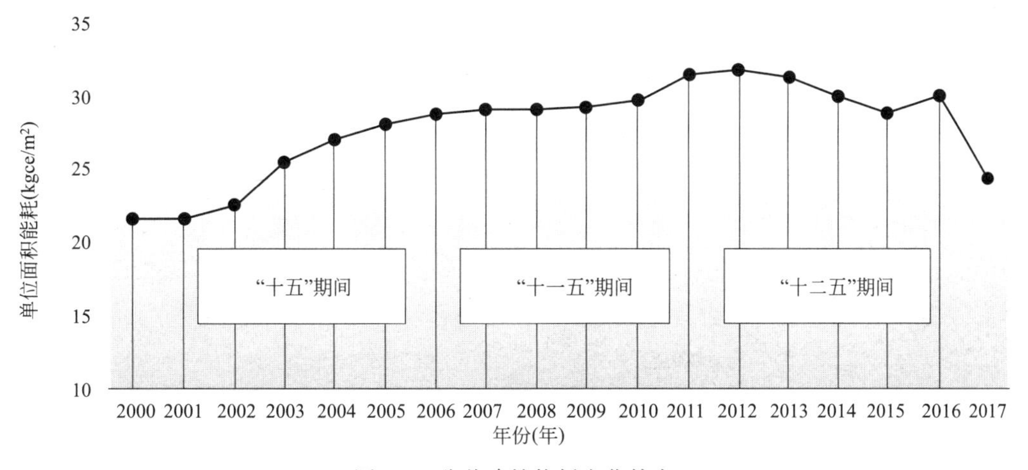

图 1-4　公共建筑能耗变化特点

从公共建筑单位面积电耗强度来看，在 2017 年之前一直保持增长的趋势，用电强度的增长是促使总的能耗强度增长的主要原因。公共建筑单位面积电耗从 2000 年的 26.42kWh/m^2 增长到 2017 年的 49.52kWh/m^2，增长了 1.9 倍（图 1-5）。从其电耗强度发展趋势看，一方面，公共建筑中办公设备、空调和通风等使用需求还有可能增加，这将促使其电耗强度进一步增长；但是另一方面，照明灯具、办公设备和动力系统等效率提高，有可能会降低电耗强度。综合这两方面来看，引导各项用能需求发展和推动合适的技术应用，将对公共建筑电耗强度变化起到重要的作用。

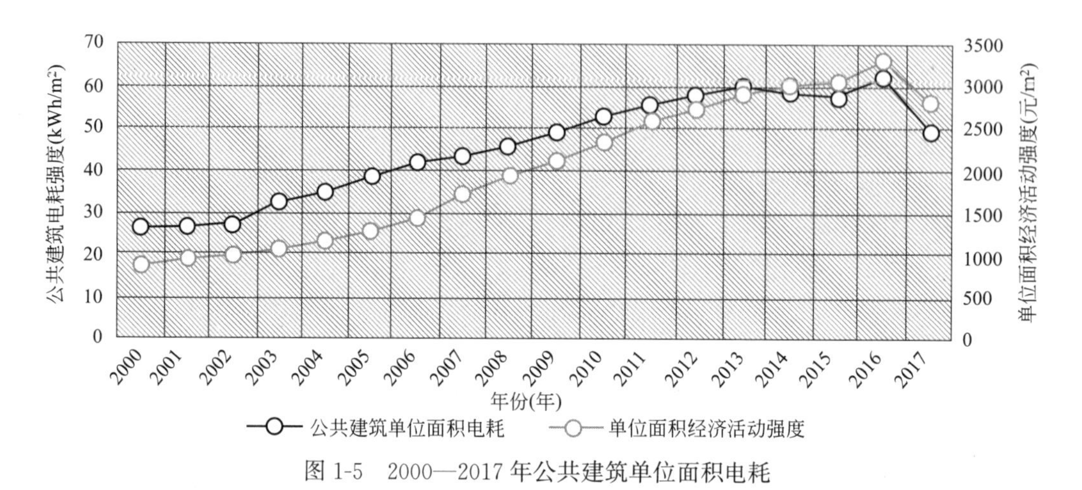

图 1-5　2000—2017 年公共建筑单位面积电耗

2. 城镇居住建筑

2000—2017 年，城镇居住建筑单位面积能耗趋势较平稳，2008 年后开始呈现逐渐下降趋势（图 1-6），2017 年城镇居住建筑单位面积能耗为 11.8kgce/m^2，比 2000 年高 0.5kgce/m^2。随着城镇化发展和人民生活水平的提高，城镇居住建筑单位面积电耗呈现逐年增长的趋势，从 2000 年的 9.3kWh/m^2 增长到 2017 年的 16.3kWh/m^2，增长约 1.75 倍，电力在家庭用能中的比重越来越大。

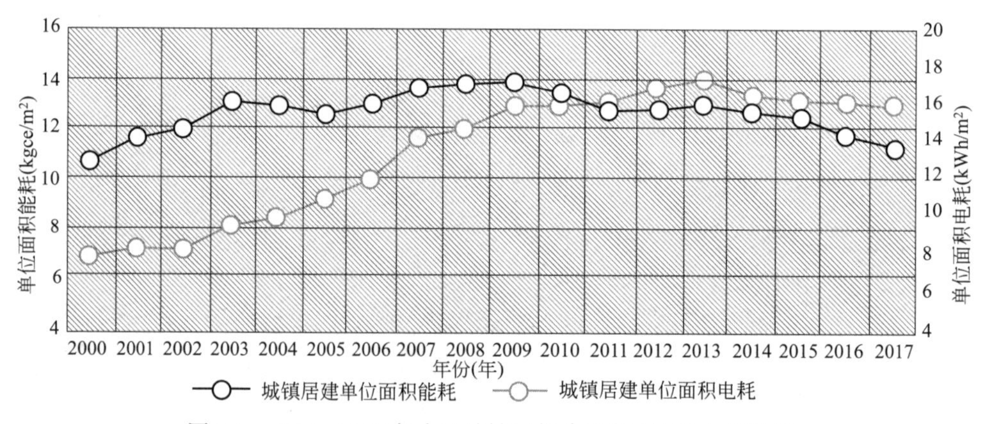

图 1-6　2000—2017 年中国城镇居住建筑单位面积能耗强度

虽然人们的行为习惯促使建筑能耗逐渐增加，但高效能源设备的快速发展使得居住建筑单位面积能耗强度的增长得到了有效控制。2005 年以来加大了新建建筑执行节能标准的监督检查力度，经过住房和城乡建设部和省级两级逐年建筑节能专项监督检查，我国新建建筑施工阶段节能标准执行率从 2005 年的 24%大幅度提高到 95%以上，截至 2015 年年底，全国城镇新建建筑节能标准执行率达到 100%，比 2010 年提高了 4.6%，累计增加节能建筑面积 70 亿 m^2，节能建筑占城镇民用建筑面积比重超过 40%。

3. 农村居住建筑

农村居住建筑单位面积能耗稳步上升，单位面积电耗上升速度较快（图 1-7）。2000—2017 年，农村居住建筑能耗强度逐年上升，单位面积能耗由 2000 年的 3.51kgce/m^2 上升到 2017 年的 10.20kgce/m^2，增长 2.9 倍，年均增长 6.47%；单位面积电耗增速速度较快，由 2000 年的 2.62kWh/m^2 上升到 2017 年的 18.82kWh/m^2，增长 7.2 倍，年均增长 12.3%。电力逐渐成为农村家庭的主要用能。

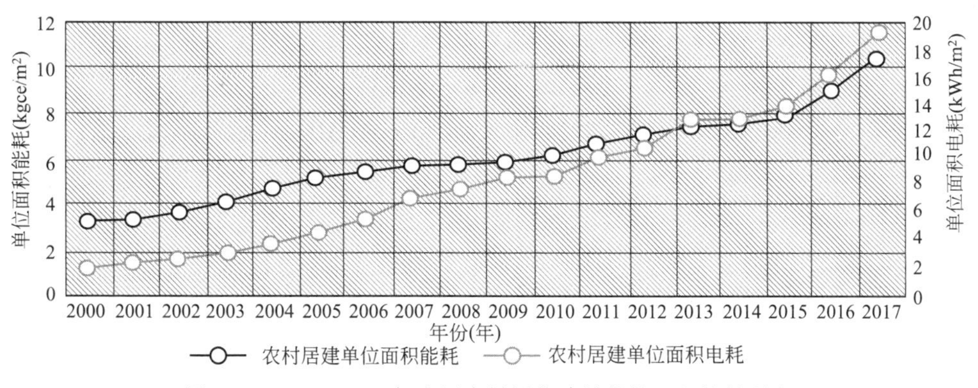

图 1-7　2000—2017 年中国农村居住建筑单位面积能耗强度

1.2　建筑节能标准提升三步走（1986—2016 年）

随着我国城市化进程不断加快，工业化程度日益提高，建筑行业发展进入空前绝后的鼎盛时期，每年建成的房屋面积高达 16 亿～20 亿 m^2，超过所有发达国家年新建建筑面积的总和，预计到 2020 年底全国总建筑面积将达到 700 亿 m^2，因此，建筑能耗也势必会逐年激增，在能源总消费量中占比已由 1970 年的 10%上升至 2001 年的 27.45%，据统计，我国建筑能耗比例最终将上升到社会总能耗的 35%左右[2]。如此高的比重使得建筑节能工作迫在眉睫，为了实现社会经济的可持续发展，贯彻落实我国节能规划目标，建筑节能工作势在必行。

我国建筑节能工作主要是从 20 世纪 80 年代开始起步，随着改革开放政策的实行，建筑节能工作逐渐展开，由北方地区向南方地区、由居住建筑到公共建筑稳步推进，在此过程中，建筑节能标准是建筑节能工作的理论基础和推行国家建筑节能政策的有效手段，通过对其不断地编制、修改、完善和实施，对建筑节能工作的顺利进行起到了关键性的推动作用。从我国建筑节能标准的发展历史，可以看出我国建筑节能发展历史脉络。我国建筑主要划分为民用建筑和工业建筑。工业建筑是指用于工业生产的建筑，而民用建筑又分为居住建筑和公共建筑。

居住建筑主要是指住宅建筑。我国第一部居住建筑节能标准——《民用建筑节能设计标准（采暖居住建筑部分）》JGJ 26—86 于 1986 年颁布，节能率为 30%；随后 30 年间，根据我国节能事业的发展，又陆续发布并推广实施了节能率 50%、节能率 65%的相关标准和规范，最主要的几部建筑节能标准包括：我国北方严寒和寒冷地区的《民用建筑节能设计标准》JGJ 26—95、《严寒和寒冷地区居住建筑节能设计标准》JGJ 26—2010；针对夏热冬冷地区的《夏热冬冷地区居住建筑节能设计标准》JGJ 134—2001 和《夏热冬冷地区居住建筑节能设计标准》JGJ 134—2010；针对夏热冬暖地区的《夏热冬暖地区居住建筑节能设计标准》JGJ 75—2003 和《夏热冬暖地区居住建筑节能设计标准》JGJ 75—2012；针对温和地区的《温和地区居住建筑节能设计标准》JGJ 475—2019 也已在 2019 年完成编制。

由此可见我国建筑节能设计标准对所有气候区及全部建筑类型进行了全面覆盖，为我国建筑节能事业的发展打下了坚实的理论基础。尤其是严寒寒冷地区，对居住和公共建筑供暖能耗和提高可再生能源利用量方面取得了显著成效。严寒寒冷地区居住建筑节能设计标准也完成了从节能率 30%、节能率 50%到节能率 65%三步走的跨越。

下面主要对严寒和寒冷地区居住建筑节能标准的发展历史、编制单位、适用范围、主要内容和节能标准提升三步走进行梳理和介绍，并对夏热冬冷、夏热冬暖地区居住建筑和近零能耗建筑节能技术标准进行简介。

1.2.1 严寒寒冷地区

1. 第一阶段：节能率 30%

《民用建筑节能设计标准（采暖居住建筑部分）》JGJ 26—86 是为了贯彻国家发布的节约能源政策，同时缓解我国寒冷地区居住建筑采暖能耗大、热环境条件差的状况而编著的我国第一部建筑节能法规性文件。主编及参编单位包括：原中国建筑科学研究院、中国建筑技术发展中心建筑经济研究所、南京大学大气科学系、哈尔滨建筑工程学院供热系、辽宁省建筑材料科学研究所、北京市建筑设计院研究所。该标准于 1983 年 6 月起开始进行相关科研准备及论证工作，1985 年 1—6 月进行编制，1985 年 8 月送审后于 1986 年 3 月，由城乡建设环境保护部印发，编号为 JGJ 26—86，并于同年 8 月 1 日实行。主要适用于设置集中采暖的新建和扩建居住建筑及居住区供热系统的节能设计。改建的居住建筑，以及使用功能与居住建筑相近的其他民用建筑、工业企业辅助建筑等，可参考使用。不适用于临时性建筑和地下建筑。主要内容包括 6 章和 8 个附录：总则、采暖期度日数及室内计算温度、建筑物耗热量指标及采暖能耗的估算、建筑热工设计、采暖设计、经济评价；附录一全国主要城镇采暖期度日数、附录二围护结构传热系数建议值、附录三平均传热系数要求的采暖居住建筑个部分围护结构传热系数建议值、附录四关于面积和体积的计算、附录五关于经济计算、附录六名词解释、附录七单位换算、附录八本标准用词说明。

该标准确定将 1980—1981 年各地通用住宅设计作为居住建筑的“基准建筑”，并确定节能目标为：将采暖能耗从当地 1980—1981 年住宅通用设计的基础上节能 30%，其中建筑物约承担 20%、采暖系统约承担 10%。

2. 第二阶段：节能率 50%

1986 年，城乡建设环境保护部发布了《民用建筑节能设计标准（采暖居住建筑部分）》JGJ 26—86 后，该标准执行成效与要求相差甚远，仅少数地方进行了试点，许多地方尚未采取任何行动，由于当时建设速度快，建筑节能标准规定的指标远低于发达国家制定的标准，因此，决定对《民用建筑节能设计标准（采暖居住建筑部分）》JGJ 26—86 进行修编，推动建筑节能技术的进步。此次由原中国建筑科学研究院、中国建筑技术研究所、北京市建筑设计研究院、哈尔滨建筑大学、辽宁省建筑材料科学研究所等部门编制了《民用建筑节能设计标准》JGJ 26—95。1992年9月起开始启动标准初稿编制阶段，1993年10月开始进入征求意见阶段，1994年12月送审后于1995年12月由原建设部印发，标准编号为JGJ 26—95，自1996年7月1日起实施，JGJ 26—86同时废止。主要适用于严寒和寒冷地区设置集中采暖的新建和扩建居住建筑热工与采暖节能设计。主要内容包括5章和5个附录：总则，术语、符号，建筑物耗热量指标和采暖耗煤量指标，建筑热工设计，采暖设计；附录A全国主要城镇采暖期有关参数及建筑物耗热量、采暖耗煤量指标，附录B围护结构传热系数的修正系数值，附录C外墙平均传热系数的计算，附录D关于面积和体积的计算，附录E本标准用词说明。

该标准总结并吸收了《民用建筑节能设计标准（采暖居住建筑部分）》JGJ 26—86自实施以来所收集的各地实践经验和意见，吸取并借鉴了部分国外标准的先进经验。与原标准相比，本标准的内容更加详实，简明扼要，便于执行，同时，该标准将节能率要求提高至50%，即将采暖能耗从当地1980—1981年住宅通用设计的基础上节能50%，为了实现这一目标，建筑物节能率应达到35%，供热系统节能率应该达到23.6%，因此建筑物约承担30%，供热系统约承担20%。该标准的实施使我国居住建筑的采暖能耗大幅度降低，并大大促进我国建材业和建筑业的发展。

3. 第三阶段：节能率65%

2005年3月，原建设部规定对《民用建筑节能设计标准》JGJ 26—95进行全面修订，并更名为《严寒和寒冷地区居住建筑节能设计标准》。中国建筑科学研究院为主编单位，协同其他参编单位共同完成修订。自2005年7月起进入启动及标准初稿编制阶段，2008年3—7月为征求意见阶段，2008年12月送审，并于2010年3月19日，由住房和城乡建设部印发并实施，标准编号为JGJ 26—2010。该标准适用于严寒和寒冷地区新建、改建和扩建居住建筑的建筑节能设计，共5章7个附录：总则、术语、严寒和寒冷地区气候子区及室内热环境计算参数、建筑与围护结构热工设计、采暖通风和空气调节节能设计；附录A主要城市的气候区属、气象参数、耗热量指标，附录B平均传热和热桥线传热系数计算，附录C地面传热系数计算，附录D外遮阳系数的简化计算，附录E围护结构传热系数的修正系数和封闭阳台温差修正系数，附录F关于面积和体积的计算，附录G采暖管道最小保温层厚度。

与上一版本相比，《严寒和寒冷地区居住建筑节能设计标准》JGJ 26—2010大幅度提高了建筑围护结构的热工性能要求，对采暖系统提出了更严格的技术措施，将采暖居住建筑的节能目标提高到65%，即比1980—1981年通用的设计采暖能耗水平降低65%。

目前我国已经完成了从1986—2015年的节能标准提升“三步走”目标。严寒寒冷地区目前最新居住建筑节能设计标准为《严寒和寒冷地区居住建筑节能设计标准》JGJ 26—2018，将原有的节能率要求由65%提高至75%。

1.2.2　夏热冬冷地区

夏热冬冷地区居住建筑节能设计系列标准主要有两部，因此该气候区建筑节能设计标准的发展主要可以分为两个阶段。

1. 第一阶段：节能率50%

《夏热冬冷地区居住建筑节能设计标准》JGJ 134—2001标准，从2000年1月起经历了为期一年的初稿编制、征求意见和送审阶段后，最终于2001年11月20日由原建设部、原国家计委等相关部门共同印发并实施，编号为JGJ 134—2001。该标准提出在该气候区基础住宅的全年采暖空调能耗值基础上节能50%，由提高围护结构保温隔热性能和气密性指标，以及改善采暖空调系统能效比来实现，并控制采用节能措施后增加的建筑造价在10%左右。

2. 第二阶段：实现50%

由于在前一版本上未对各种低层、多层、中高层和高层居住建筑做出有针对性的全面节能安排，因此有必要修订《夏热冬冷地区居住建筑节能设计标准》JGJ 134—2001。首先要保证室内热环境质量，提高人民的居住水平，同时要提高采暖、空调能源利用效率，实现50%节能率的目标。新标准从2007年3月起进行了为期4个月的初稿编制，经历了征求意见和送审阶段后，最终于2010年8月1日由住房和城乡建设部印发并实施，标号为JGJ 134—2010，旧版本同时废止，目前仍在实施。

1.2.3 夏热冬暖地区

夏热冬暖地区居住建筑节能设计系列标准同样有两部，分别为2003年10月1日由原建设部印发并实施的《夏热冬暖地区居住建筑节能设计标准》JGJ 75—2003，以及2012年11月发布的《夏热冬暖地区居住建筑节能设计标准》JGJ 75—2012。

标准主要技术内容包括设计计算指标、建筑和建筑热工节能设计、建筑节能设计的综合评价等。在新版本中首次将“窗地面积比”作为确定门窗节能指标的控制参数；首次将东西向建筑外遮阳作为强制性条文，南北向不做强制要求；建筑通风的要求更具体，更符合人体热舒适及健康的要求并首次对多联式空调（热泵）机组强制规定。

1.2.4 近零能耗建筑技术标准

为了缓解全球范围内的能源危机，同时满足人们对建筑室内热环境和舒适度的更高要求，建筑迈向“更节能、更环保、更舒适、更高质量”是大势所趋。因此2019年我国出台了符合自身发展情况和基本国情的《近零能耗建筑技术标准》GB/T 51350—2019和体系，对不同气候区近零能耗建筑给出不同能耗控制指标，严寒寒冷地区近零能耗居住建筑降低70%～75%以上，不再需要传统供热方式；夏热冬冷和夏热冬暖地区居住建筑能耗降低60%以上，不同气候区公共建筑能耗平均降低60%以上。

综上，我国现阶段建筑节能标准工作在完成了1986—2015年节能率30%、50%和65%提升的“三步走”基础上，目前严寒寒冷地区居住建筑节能设计标准又将节能率提高至75%，不需要传统供热方式，同时夏热冬冷和夏热冬暖地区居住建筑节能率为60%以上，不同气候区公共建筑能耗节能率60%以上。由此可见我国建筑节能标准稳步发展，节能目标逐步提升，为建筑节能事业持续发展奠定良好基础，为实现近零能耗的规模化推广和全面发展提供法规支撑。

1.3 全球净零碳2050发展目标

1.3.1 建筑碳排放总量及发展趋势

从全寿命期的角度来看，建筑运行碳排放占全寿命期的主要比例（80%～90%）；其次为建筑材料碳排放，约为10%～20%；建材运输、建造和拆除阶段碳排放占比较小可以忽略。因此，在对建筑领域碳排放进行分析时，可以根据建筑运行阶段碳排放进行考虑。目前国际上所指建筑碳排放也主要指建筑物运行阶段碳排放。建筑运行阶段消耗的能源类型主要包括电、煤、天然气、液化石油气以及生物质能源，也有从热电厂或锅炉房来的热力。热力与电相同，可以通过追溯其一次能源来源来分析计算其碳排放量。因此，大量研究针对建筑运行阶段的一次能源消耗展开。

一直以来，中国都有许多研究人员探讨了降低建筑运行阶段的节能措施在应对气候变化减缓方面的作用[3]。近年来，研究从可再生能源在建筑中的应用[4]、建筑供热策略[5]和建筑物总体能耗[6-10]等方面对建筑运行能耗的中长期发展和影响展开。利用IPAC-LEAP相结合模型研究中国建筑的低碳发展及节能政策路线图。研究表明，建筑一次能源需求将在2040年达到峰值，达到近8亿t标准煤[10]。《重塑能源：中国》的研究显示，建筑能耗将在2031年达到峰值，达到13.7亿t标准煤[8]。近期又有研究显示，尽管建筑行业的终端能源消耗在协同减排情景下保持低增长率，但直到2050年中国才会出现能源需求高峰[6]。针对中国建筑能耗特点，将北方城镇供暖单独作为一类建筑用能，区分城镇住宅和农村住宅差异，分析使用方式和技术因素对建筑能耗影响，利用宏观建筑能耗分析模型的研究表明我国建筑能耗应控制在11亿tce以下[9，11]。

随着中国城市化的快速发展和城市居民的日益富裕，预计建筑物的能源使用量将会增长。为了理解如何减缓这种增长，Zhou et al.[12]探索了从没有新能源政策的高能源需求情景到技术经济潜力情景下我国建筑能耗的最低能源需求。在高能源需求情景中，建筑能源需求的平均年增长率约为2.8%，二氧化碳排放量在2045年左右达到峰值，而在低能源需求情境下，峰值将提前至2030年。研究显示，虽然技术解决方案、系统和实践可以非常有效地减少建筑能耗，但仍需要严格的政策来克服多个实施障碍。

1.3.2 近零能耗建筑对我国中长期建筑能耗的影响

建筑用能总量与单位建筑面积用能与总建筑面积有关，因此，要研究建筑领域中长期用能总量，就需要分别研究预测建筑用能强度和总量的发展。以人口、人均住宅面积、城镇化率、不同形式建筑的能耗水平能参数为依据，通过对我国不同气候区、不同建筑类型建筑的用能强度以及面积的中长期发展预测，将超低能耗建筑、近零能耗建筑和零能耗建筑作为我国未来中长期建筑节能发展目标，计算并分析不同发展情境下，近零能耗建筑对我国中长期建筑领域能耗的影响。

为了探索中国建筑节能和减排的可能路径和政策选择，根据中国的经济和社会发展现状，提出了六种情景。在基准情景中，中国将分别在2020年和2035年开始开发超低和近零能耗建筑。到 2050 年，既有建筑、超低和近零能耗建筑的百分比分别为 10%、60% 和 30%。从基准情景到跨越式发展情境，建筑节能发展逐步增强。超低、近零能耗和零能耗建筑的发展起始时间提前。以跨越式发展为例，零能耗建筑将从 2020 年开始发展，到 2050 年，中国所有建筑都成为零能耗建筑。

图 1-8 展示了到 2050 年，建筑能耗六种可能的发展路径。从图中可以看出，不同的情境下，建筑能耗总量中长期发展不同。2015 年，建筑能耗为 3.58 亿 t 标准煤，这里仅包括城市住宅和公共建筑的供暖、制冷和照明能耗，不包括农村地区的建筑的能耗。所有发展情境下，建筑能耗都呈现先增加后减少的趋势。从基准情景到跨越式发展情景，随着发展速度增快呈现出：能耗峰值下降、能耗峰值产生年份提前、峰值后下降速率增快三大特点。

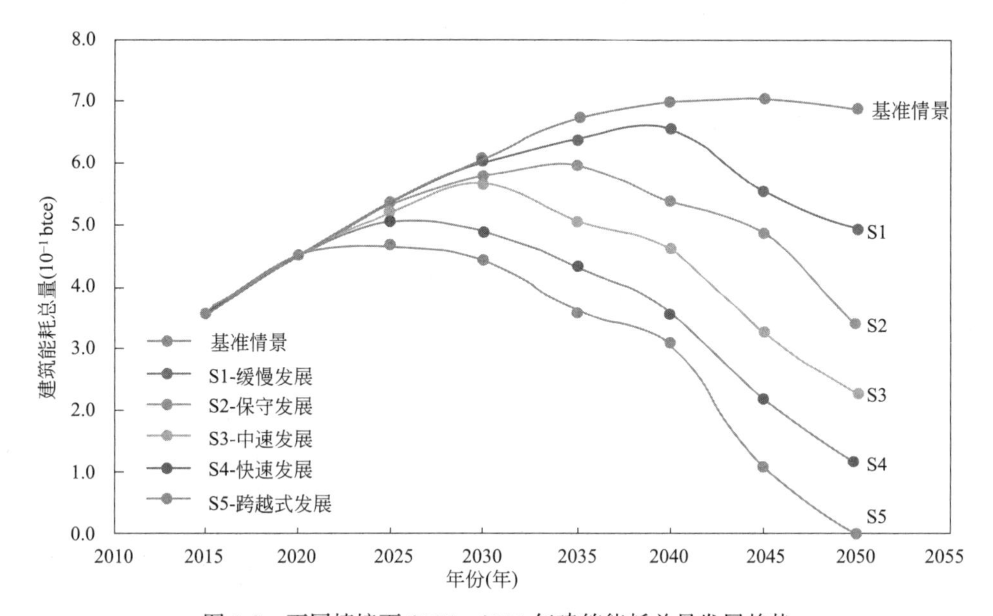

图 1-8 不同情境下 2015—2050 年建筑能耗总量发展趋势

在基准情景中，建筑能耗将在 2045 年达到峰值 7.04 亿 t 标准煤，随后建筑能耗将略有减少。到 2050 年，基准情境下的建筑能耗总量将达到 6.87 亿 t 标准煤。在跨越式发展情境中，2025 年将达到峰值，到 2050 年能源消耗将为 0，即所有建筑都为零能耗建筑。大多数情境中，峰值出现的时间为既有建筑物的占比下降到约 50%时。通常，只有当超低能耗、近零能耗和零能耗建筑的总百分比大于 50%时，建筑能耗才会开始下降。

图 1-9 显示了与基准情景相比的累计节能量。研究表明，随着建筑节能发展速度的加快，累计建筑节能量急剧增加。从 2015 年到 2050 年，S1、S3 和 S5 能源消耗将分别减少 16.42 亿 t 标准煤、53.40 亿 t 标准煤和 93.8 亿 t 标准煤。

根据以上分析可以看出，发展近零能耗建筑是建筑领域节能减排的一种有效方式。在发展的最初阶段，政府的支持和推动包括：①制定技术准则和短期发展目标。尽管这一举措并不直接创造投资，但它向投资者和民众提供了一个信号，即政府正在发展零能耗建筑。②颁布激励政策和补贴以刺激投资。截至 2018 年，北京、河北省和江苏省都以先后发布了相关政策，奖励措施包括财政补贴、土地使用支持、建筑面积比奖励等。从中长期

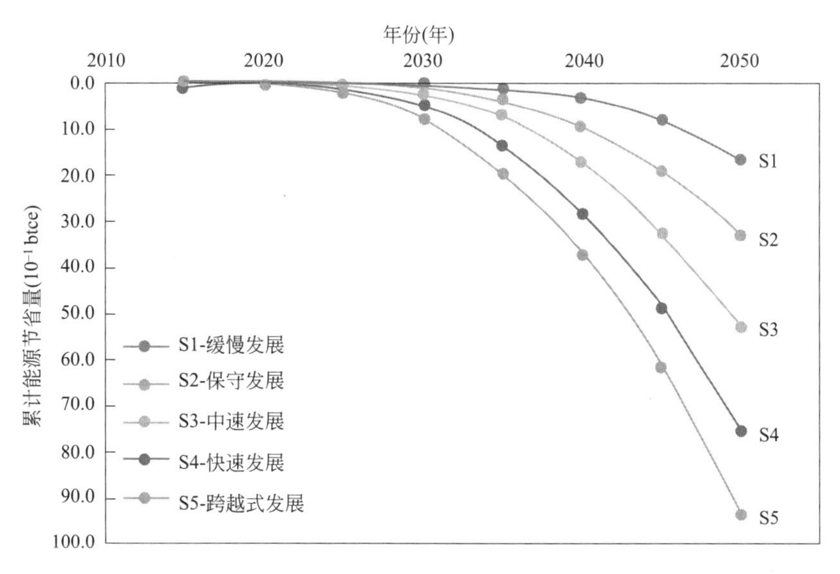

图1-9 不同情境下2015—2050年建筑能耗累计节省量

来看，强制性法规是推广零能耗建筑的最有力工具。根据以上研究，发展速度越快，节能潜力就越大。发展速度取决于经济和技术发展。

本章参考文献

[1] 清华大学建筑节能研究中心．中国建筑节能年度发展研究报告2019. 北京：中国建筑工业出版社，2019.

[2] 中国建筑节能协会能耗统计专委会．2018中国建筑能耗研究报告．建筑，2019（02）.

[3] Li，J.. Towards a low-carbon future in China's building sector——A review of energy and climate models forecast. Energy Policy，2008.

[4] Zhang，W.，et al.. Development forecast and technology roadmap analysis of renewable energy in buildings in China，2015.

[5] Wang，Y.，et al.. Heat roadmap China：New heat strategy to reduce energy consumption towards 2030，2015.

[6] Lai，H.，et al.. Carbon emission and abatement potential outlook in China's building sector through 2050，2018.

[7] Mcneil，M. A.，et al.. Energy efficiency outlook in China's urban buildings sector through 2030，2016.

[8] Zhang，J.，Gu，L.. Reinventing fire：China——a roadmap for china's revolution in energy consumption and production to 2050. Beijing：China Science and Technology Press，2017.

[9] Chen，P.，Y. Da，and J. Yi. China Road Map for Building Energy Conservation (in Chinese). Beijing：China Architecture & Building Press，2015.

[10] Jiang，K.，He，C.，Wang，F.. Study of China's low carbon building scenario and

its policy roadmap (in Chinese), 2014.

[11] 杨秀. 基于能耗数据的中国建筑节能问题研究，2009.

[12] Zhou, N. , Khanna, N, Feng, W.. Scenarios of energy efficiency and CO_2 emissions reduction potential in the buildings sector in China to year 2050. Nature Energy 3, 2018.

第 2 章　国际近零能耗建筑发展

2.1　定义提出与发展

“零能耗建筑”一词并非最近出现，早在 1976 年，丹麦技术大学的 Torben V. Esbensen[1] 等人就对在丹麦使用太阳能为建筑物进行冬季供暖进行了理论和实验研究，并首次提出“零能耗建筑（住宅）”（Zero Energy House）一词。他选择了一栋丹麦单层独户居住建筑，对其建筑外保温构造进行了严格的处理，使建筑冬季供暖能耗从通常单体居住建筑的 20000kWh/年降低为 2300kWh/年，同时采用 42m^2 的太阳能集热器和 30m^3 保温良好的蓄水池组成供暖系统对建筑物进行冬季供暖。根据检测，太阳能集热器吸收的热量为 7300kWh/年，其中 30%用于建筑物冬季供暖，30%用于热水供应，40%通过蓄热水箱损失，水泵等辅助设备耗电为 230kWh/年（约占集热器吸收热量的 5%）。Torben V. Esbensen 认为，通过良好的设计和建造，采用太阳能为主要能源而无需其他能源就能保证建筑物冬季供暖的建筑，即为“零能耗建筑（住宅）”。目前来看，Torben V. Esbensen 等人虽然首次提出“零能耗建筑（住宅）”一词，但只考虑了不使用传统能源进行建筑物冬季供暖，其实际内涵应该为“零传统能源供暖单体居住建筑”。

在随后的 30 余年内，关于零能耗建筑的研究逐渐增多。2015 年 12 月，联合国气候变化大会通过《巴黎气候变化协定》，各国纷纷承诺将全球气温上升控制在前工业化时期水平之上 2℃以内[2]。为实现这一协定的自主减排目标，零能耗建筑成为建筑领域节能减排的新途径，各国政府及行业组织纷纷提出零能耗建筑发展目标。2017 年 11 月，世界绿色建筑委员会提出“2050 建筑全零碳”目标：到 2030 年，所有新建建筑实现净零碳运行；到 2050 年，所有建筑达到净零碳运行[3]。2018 年 4 月，美国 Architecture 2030 行业组织发布《零碳建筑规范》，并陆续被各州政府采用[4]。2019 年 2 月，加拿大绿色建筑委员会发布《零碳建筑发展建议》，全面剖析零能耗/零碳建筑节碳能力和推广潜力。2019 年 1 月，联合国全球建筑联盟发布《2018 年全球报告——迈向零碳高效弹性的建筑》[5]，全面梳理各国相继更新发布的建筑节能标准，对其迈向近零能耗的潜力进行评估。2019 年 4 月，国际能源署发布《清洁能源转型观点——建筑的关键角色》，提出到 2050 年，建筑将在清洁能源转型中发挥核心作用，通过消除建筑企业使用的化石能源，可以减少建筑整体燃料排放量下降 75%。从主要国际组织和行业组织密集发布的相关报告可以看出，推动建筑物更加节能、迈向零能耗已成为全球趋势。

针对欧洲诸多偏远建筑物无法与区域热网和电网相连接的情况，1992 年，德国 Fraunhofer 太阳能研究所的 Voss. K[6] 等人通过使用太阳能光热光电技术对德国一栋建筑物进行供热供暖，并进行了为期三年的检测。研究发现：在气候较为温和的欧洲部分地区，通过精心设计可以使建筑物全年总能耗降低到 10kWh/m^2 以下，且建筑物所有能耗需求可以由太阳能提供。Voss. K[6] 由此提出“无源建筑”（Energy Autonomous House，也称 Self-sufficient Solar House)，即无需和外界能源基础设施相连，通过太阳能光热光电系统与蓄能技术集成应用，保证建筑所有时段能源供应的建筑。“无源建筑”要求建筑物在以年为时间单位的时段内达到能量或排放量中和。

考虑到建筑物与电网连接的情况，Voss. K 等人[7] 结合太阳能光电技术发展，进一步提出“零能耗建筑”(Zero-Energy Building)。其定义为：自身可发电，通过与公共电网相连既可以将建筑物发电上网也可以使用电网为建筑物供电。在以年为单位的情况下，一次能源产生和消耗可以达到平衡的建筑物。

Kilkis. S 等人[8] 认为，仅仅使建筑物达到零能耗并不能解决由建筑物耗能引起的全球变暖问题，研究零能耗建筑，除了应该考虑数量平衡外，还应该考虑质量平衡，即引入“烟”的概念。假设一栋零能耗建筑与区域能源系统相连，可以从区域能源系统中获得高温热水和电能，也可向区域管网提供同等能量的低温热水和电能，其获取和提供的热量的“烟”值并不平衡，这样建筑物仍然会对环境产生负面影响。因此 Kilkis 定义了“净零烟建筑”(Net Zero Exergy Building)：在区域能源网中，在特定时间段内，建筑与能源系统互相输入输出的烟值为零的建筑物。

总共有四类常见“零能耗建筑”：净（现场）零能耗建筑（Net Zero Site Energy）、净（一次）零能耗建筑 (Net Zero Souce Energy)、净零能耗账单建筑（Net Zero Energy Cost)、净零排放建筑（Net Zero Energy Emission)。净（现场）零能耗建筑：以年为时间单位，以建筑所消耗的能源类型进行衡量，其本身产生的能量应等于或多于其消耗的能量。净（一次）零能耗建筑：通过使用合理的转换系数将建筑用能与一次能源进行核算，建筑本身产生的能量应等于或多于其消耗的能量，即为净（一次）零能耗建筑。净零能耗账单建筑：以年为时间单位，建筑向能源服务公司输送能源，能源公司支付给建筑所有者的费用等于或多于建筑所有者支付给能源服务公司能源账单的费用的建筑。净零排放建筑：建筑物产生的可再生能源的能量应等于或多于其消耗的排放温室气体的一次能源的建筑。

由于“零能耗建筑”在实现上还较为困难且成本较高，欧洲目前公认的更加广泛的可实施的为“近零能耗建筑”(Nearly Zero-Energy Buildings)。对于“近零能耗建筑”，各国定义不同，如德国的“被动房”(Passive House，也翻译为微能耗建筑、零能耗建筑)，指在满足规范要求的舒适度和健康标准的前提下，全年供暖通风空调系统的能耗在 0～15kWh/(m^2·a) 的范围内、建筑物总能耗低于 120kWh/(m^2·a) 的建筑[9]；瑞士的“近零能耗房”(Minergie，也称迷你能耗房，或迷你能耗标准)[10]，要求按此标准建造的建筑其总体能耗不高于常规建筑的 75%，化石燃料消耗低于常规建筑的 50%；意大利的“气候房”(Climate House，Casaclima)[11]，指全年供暖通风空调系统的能耗在 30kWh/(m^2·a) 以下的建筑。

Scott Bucking 等人[12] 通过对加拿大近零能耗建筑进行分析，发现由于节能技术应用，建筑能耗降低后，人类活动对建筑能耗影响的波动迅速增加，而每户人数、住户年龄、住户财务状况、室内温度舒适度选择、照明灯具和炊事用具使用习惯等因素都会对其能源使用总量产生很大影响，所以相对于零能耗建筑来说，零能耗太阳能社区（Net Zero Energy Solar Communities）更容易实现，即以年为单位，区域内所有用户消耗的能源和区域内可再生能源产生的能源达到平衡的社区。

总之，“零能耗建筑”一词及相关定义从最早提出，到被各国科研界广泛重视，国际组织试图通过国际合作对其进行统一定义，经历了30余年的发展过程。随着太阳能供热技术、太阳能光电技术、建筑蓄能技术、区域蓄能技术、能源管理系统等技术的不断升级，定义的内涵和外延也在不断变化。综合来看，根据欧美建筑类型特点，"零能耗建筑"一词大多数情况下指低层（三层及以下）居住建筑，其能耗计算都以建筑物供暖供冷能耗为主，部分国家的定义考虑了照明和家电能耗。相关定义中英文及所指建筑类型以及能耗计算范围比对见表2-1。

"零能耗建筑"及相关定义一览表 表2-1

国家（联盟）	定义名词		建筑类型			能耗计算范围		
	英文	中文	低层居住建筑	多/高层居住建筑	公共建筑	供暖	供冷	照明、家电、热水
丹麦	Zero Energy House	零能耗住宅	√	×	×	√	×	×
德国	Energy Autonomous House	无源建筑	√	×	×	√	√	√
德国	Zero-Energy Building	零能耗建筑	√	√	√	√	√	√
德国	Passive House	被动房	√	√	×	√	√	×
瑞士	Minergie	迷你能耗房	√	×	×	√	√	×
意大利	Climate House	气候房	√	×	×	√	√	×
加拿大	Net Zero Energy Solar Communities	零能耗太阳能社区	√	×	×	√	√	√
美国	Zero Energy Home	零能耗住宅	√	×	×	√	√	√
美国	Zero Energy Building	零能耗建筑	×	√	√	√	√	√
美国	Zero-Net-Energy Commercial Building	净零能耗公共建筑	×	×	√	√	√	√
欧盟	Nearly Zero-Energy Buildings	近零能耗建筑	√	√	√	√	√	√
英国	Zero-Carbon Home	零碳居住建筑	√	×	×	√	√	√
比利时	Low-Energy House	低能耗居住建筑	√	√	×	√	√	×

2.2 德国

凭借被动房概念，德国成为"近零能耗"发展的先驱。1988年瑞典隆德大学（Lund University）的阿达姆森教授（BoAdamson）和德国的菲斯特博士（Wolfgang Feist）首先提出这一概念，认为"被动房"建筑应该是不用主动的供暖和空调系统就可以维持舒适室内热环境的建筑[13]。1991年，第一座被动房在德国达姆施塔特建成。被动房研究所（Passive House Institute，PHI）被认为是目前世界上最具权威性的被动房设计研究机构，其进一步拓展了被动房在全球的影响力。

2.2.1 从第一栋被动房到全球实施

截至2020年，位于德国黑森州达姆施塔特（Darmstadt）的克拉尼希施泰因（Kranichstein）地区的首座被动房完工已30年（图2-1）。一座几乎不使用供暖的住宅，从非科学家的角度来看，几乎不太现实。自1973年第一次石油危机以来，许多雄心勃勃的类似项目都没有实现此目标，或者会为达到目标规定住户遵循特殊的、不切实际的居住模式。

图 2-1　第一座被动房，达姆施塔特—克拉尼希施泰因

那这是如何发生的呢？在一些斯堪的纳维亚国家，低能耗建筑已有较长时间的传统，积累了许多成功的经验。德国黑森州政府也曾为实施低能耗建筑提供过一个小型资助项目。值得一提的是，20 世纪 80 年代，瑞典隆德大学就有一个研究项目涉及“中国的被动房”——在中国长江以南地区，没有供暖系统，即使在寒冷的冬天室内也能达到适宜的温度，住户可以舒适地居住。瑞典隆德大学的项目负责人博・亚当森（Bo Adamson）教授由此提出，如何才能在中国也实现这一旨在为欧洲人打造高居住舒适度的建筑节能策略。

在沃尔夫冈・费斯特（Wolfgang Feist）的带领下，德国与瑞典合作建立了“中欧被动房”研究项目。研究方向从“可以通过被动措施不供热就能达到多少度”变为“在确保中欧普遍的热舒适性下，还需要多少（额外）供能（结合使用能耗）”。通过使用“DYNBIL”程序进行大量动态模拟，低能耗建筑原理在这一过程得以进一步发展，概念得以优化。最终研究表明，将普通住户的能耗减少到“几乎为零”的目标似乎可以实现。

从 1988 年起，由黑森州经济事务部资助的研究项目，为德国实现被动房奠定了基础。第一座被动房项目（1990/1991）的建成，即坐落在达姆施塔特—克拉尼希施泰因（Darmstadt-Kranichstein）地区，为一栋四户联排住宅。建成后大量的监测及评估都验证了之前研究项目的相关预测，同时获得了极高的用户满意度。该建筑物成为全新标准的被动房模型及原型。在此基础上，1996 年“经济效益被动房工作组”成立，以进一步讨论及传播被动房的发展。

那么，建造一座被动房最重要的准则有哪些呢？作为被动房标准的五要素包括有：

（1）热围护结构优异的保温性能。

（2）通过连续敷设的保温层避免热桥。

（3）热工性能优秀的门窗，即高保温性能以及（根据所在气候条件）良好的得热/遮阳性能。

（4）建筑围护结构完整的气密层。

（5）带高效热回收的机械通风系统。

基于此五要素的成功建造策略就是：良好的设计规划及施工品质保证。因此，在首座被动房建成后的几年中，被动房建设品质保证策略得以发展及细化。另外，还与制造商合作开发了“被动房组件认证体系”。

遵循五要素建造的达姆施塔特—克拉尼希施泰因的第一栋被动房，通过监测验证了以下结论：兼具高舒适度和极低能耗的（居住）建筑是可能的。不仅在理论上，而且在实践中，且对于普通住户而言，没有“性能差别”。对于普通节能建筑，这一结论当然并不适用，但在第一栋被动房成功建成运行之后，在德国其他地区、甚至世界各地，被动房被成功实践了数千次。

一个可持续的解决方案意味着重复产出相同的结果，特别是舒适度参数及能耗方面。可持续性同时还意味着所使用的解决方案和材料是长久性的，即具备极长的使用寿命。因此，首座被动房建成运行一定时间后也进行相关检测验证工作。在黑森州经济部的资助下，相关检测工作得以完成。建成 25 年后的检验结果表明，首座被动房仍然保持低能耗及较好的耐用性，被动房具备高效的建筑及节能品质，是名副其实的可持续建筑。其运行始终可保持低能耗，与今天的统计平均值相比，数年来平均每年节省 94% 的供暖能耗。检测结果与计算结果一致。另外，其建筑物围护结构的所有组件及通风系统均完好无损。运行 25 年之后，建筑物的气密性仍然良好，没有湿度问题，室内空气质量极佳。

继第一座被动房取得成功之后，被动房研究所（Passive House Institute，PHI）随之成立。许多被动房项目陆续在欧洲乃至全世界展开。1997 年就有被动房居住区建成。作为欧洲 CEPHEUS 项目的一部分，在欧洲的五个国家陆续建成了 14 个被动房项目（包括住宅区在内），总计 200 多个住户。这些项目均应用了“被动房规划设计软件包（PHPP）”对项目设计规划进行了针对建筑节能的科学性指导，并确保遵循被动房品质进行建造，以及建成后实施监测。

从 5 个德国住宅区项目（老建筑住宅区、低能耗建筑住宅区及 3 个被动房住宅区项目）能耗监测结果对比可得出，所有项目都可以观察到用户居住习惯的多样性，住宅单元能耗有低有高（图 2-2）。但是，从统计平均值来看，针对被动房住宅区项目，PHPP 预先计算的能耗需求以及预测的相应节能量与实际运行结果是一致的。

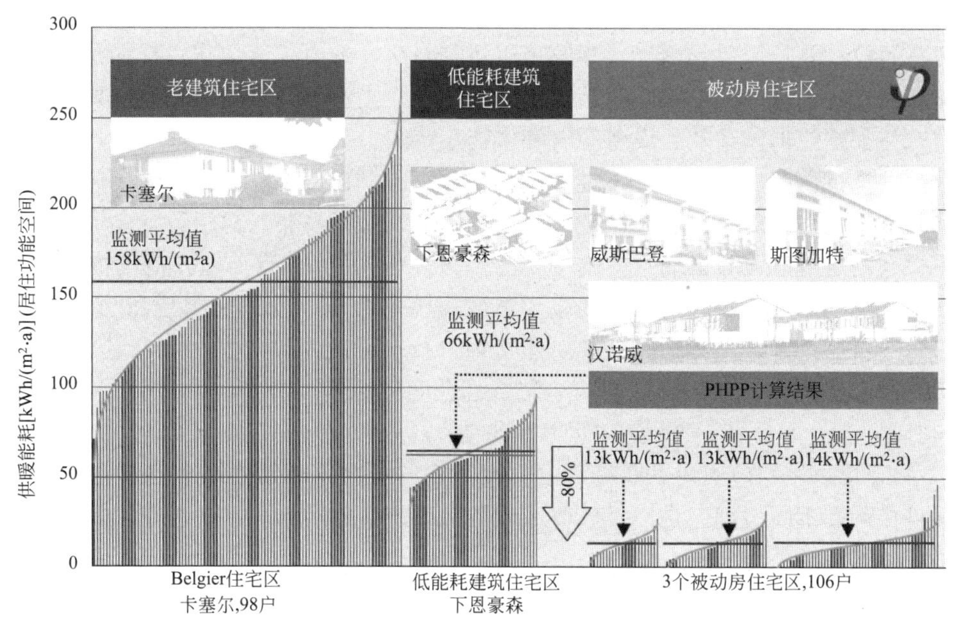

图 2-2　5 个德国住宅项目能耗监测结果对比

通过以上德国众多项目的实践，被动房研究所逐步创建了完整的被动房体系。而随着被动房体系的建立和逐渐完善，越来越多的被动房项目得以实施，并验证了被动房可以持续运行，达到预设的节能效率，并且没有“性能差距”，满足了住户的基本居住要求，即保证了室内的热舒适性和良好的空气质量。目前，不仅在几乎所有的欧洲国家，而且在全球各大洲及所有气候分区都有被动房项目建成。这些项目中大部分收录到了被动房项目数据库（www. passivehouse-database. org）中，在接下来的章节将简要介绍所被收录的几个项目。

2. 2. 2　节能建筑的欧洲发展：近零能耗建筑和被动房

应对全面气候保护的挑战，欧盟在 21 世纪初即确定了能源及排放目标。由于建筑物的能耗和碳排放在总量中占比很高，因此，自 2002 年以来就有降低建筑物能耗的导则。

众多欧洲被动房项目成功实施后，欧盟议会于 2008 年决定尽快在欧洲推广实施被动房标准。基于被动房可实现的可靠性及经济性目标，欧盟委员会决定将被动房的能耗定义为“近零”能耗，同时基于此框架制定新版《建筑能效指令》（EPBD），即“近零能耗建筑（nZEB）”框架。根据该导则，nZEB 是运行能耗极低的节能建筑，其能源供给可以直接依赖建筑场地内或附近区域的可再生能源。基于该导则，欧盟成员国有义务制定与之对应的规范，将导则的规定转化为本国的法律和规范体系，以此达到设定的目标——10 年后每栋新建建筑都要达到 nZEB 的标准。

依据《建筑能效指令》（EPBD）的概念，27 个成员国创建了自己国家相应的标准，其中一些标准差异很大。也因为要求不同，这些标准亦以不同国家自己的方式进行计算和验证，因此，无法直接相互比较，但必须最迟从 2021 年开始实施。大部分国家标准并没有对供暖或制冷能耗的直接需求进行规定，仅设定了一次能源需求的指标。实际建造成果与《建筑能效指令》（EPBD）要求的节能水平可否达到一致，还有待观察。在德国，新颁布的《建筑节能法》(GEG 2020）也需遵循《建筑能效指令》（EPBD）的要求及目标设定，但有争议的是，以前的低能耗建筑可以达到新法案的要求。值得一提的是，通常被动房的能耗需求约为低能耗建筑能耗需求的四分之一。当然，详细的对比还需要考查其他建筑参数，比如建筑形体系数、设备系统和供能系统。

从德国推行情况出发，与近零能耗建筑（nZEB）在欧洲的发展相比，被动房标准定义明确，在欧洲和全球范围内都是统一的。其标准均公开发布，对于设计验证，标准也明确采用“被动房规划设计软件包”作为检验工具，应用于欧洲及世界范围内的被动房项目。被动房标准也对有关建筑品质的基本参数提出了要求，尤其是供暖和制冷能耗（或：热负荷和冷负荷）以及气密性。为了对建筑物进行明确的总体评估，与《建筑能效指令》（EPBD）和其他国家标准不同，被动房需始终全面考虑其所有能耗：供暖、制冷、除湿、热水和其他应用（尤其是设备、照明和电器），一次能源（PE）或可再生一次能源（PER）的要求也被相应考虑到总能耗中。被动房的概念不断地在更多建筑项目中得以应用，并且在许多不同地理区域以及气候区域得以系统性地实施。这一基于被动房的科学体系的研究及推广的工作包括：

（1）科研：基于被动房标准及实践相关的科研工作。被动房标准是针对高性能节能建筑的基础标准体系，其发展建立在优化建筑全生命周期运行及费用基础上。标准核心为提升建筑品质。

另外，随着近年来可再生能源应用的提升，被动房研究所创建了可持续性评估方法（可再生一次能源，PER），考虑了包括建筑所有的能量流动。与碳排放及不可再生的一次能源评估相比，PER评估对如何将可再生能源整合到能源效率中进行了验证，同时对应了未来的可再生经济。根据PER评估体系，基于具备被动房品质的建设项目，针对其场地或者临近区域的产能量，被动房标准更新了两个新的等级，即“优级”和“最高级”。

（2）建筑认证咨询及认证：被动房项目及被动房改造项目。

（3）被动房组件认证及咨询：为了对适用于被动房的组件的相关节能效率及舒适度影响参数进行评估，被动房研究所创建了组件认证体系，其认证结果可以直接用于PHPP计算输入，通过认证的组件将发布在组件库中。同时，这一系统及流程鼓励生产商研发易于实施和使用的解决方案。

（4）被动房软件研发：包括被动房规划设计软件包（PHPP）、基于Sketchup的能耗计算插件designPH、基于BIM建模软件的能耗计算插件bim2PH等系列。其中作为被动房认证最主要的验证工具，PHPP不仅可以完成可靠的能耗计算，还可以通过工具，灵活实现基于被动房标准的项目设计及实施方案的优化，以达到新建被动房或改建被动房的高效节能品质与室内舒适度。同时，还有一系列辅助工具用以估算建筑全生命周期经济性，为项目决策提供重要参考。

（5）被动房百科：被动房相关知识总结。https://passipedia.org/。

（6）被动房专业资格培训及教学：被动房认证师、被动房设计/咨询师、被动房施工人员。

（7）宣传交流：国际被动房联盟（iPHA）、国际被动房大会、媒体出版。

作为触发欧盟近零能耗建筑（nZEB）的最初推动力，在平行交叉的发展中，通过项目实践对比，被动房概念得到了新的检验。通过被动房可靠、经济且为用户着想的方式实现《建筑能效指令》（EPBD）中规定的“近零能耗建筑”。因此，被动房也可称为“近零能耗建筑实践者”，建议每个项目业主和规划者都以被动房标准指导实施建造。

2.2.3　从德国到中国——中国被动房项目

自2010年以来，动房研究所收到许多来自中国的合作征询，邀请参与支持动房项目在中国的开发与建设，以便为中国各个气候区进一步规划及实施被动房项目提供借鉴。多年来，被动房研究所通过与不同伙伴的合作，在中国推广实施被动房。随着获PHI认证被动房项目的陆续建成，从政府层面到公共层面，被动房在建筑行业对可持续发展的巨大贡献在中国得到了广泛的认可和赞许。如前文所述，读者可通过被动房项目数据库（https://passivehouse-database.org）中搜寻目前中国被动房项目的详细信息。

1. 在中国也可以建设被动房吗？——是的！

作为极具经济效益的解决方案，节能建筑尤其是被动房可以在全球几乎所有气候区域实施，各项研究已在原理上验证了这一点。正因如此，各种气象条件及气候区域的“首次”或“示范”项目对于被动房概念的进一步发展有着非常重要的意义。针对不同区域被动房项目，必须在新的边界条件下进行验证，即在具体的区域条件下进行详细规划设计，确保建成后被动房可以有效运行。跨区域的验证过程也再次印证了被动房的目标，即以最低能源需求，达到最佳的被动房室内舒适度，其温度和空气质量方面远远优于普通节能建筑。

作为中国最早实施的被动房项目，乌鲁木齐“幸福堡”商住综合体项目（2010—2014）通过被动房标准实现了可持续建筑概念，同时，通过此项目，被动房概念在中国的接受度也得到大大提高。在此项目开始后的十年间，被动房在中国迅速发展，被动房应用的实施性在中国得到了充分的验证。这些经验也表明，应该有越来越多的建筑，尤其是居住建筑应用这一有意义的建造标准；通过众多项目的建成，被动房也可以越来越好地达到良好的经济效益，即具备足够多可选用的相关组件产品。这一点对于被动房概念在德国的广泛实施非常重要。作为一个重要的前提，建设项目业主或开发商，需要在经济上承担被动房的建设，即只有将基于更好的节能设计产生的增量费用保持在合理范围内，被动房概念才能成立。回顾德国的被动房发展，我们现在可以肯定该标准具有经济意义，因为增量成本通常可以在合理的时间周期内，通过所节约的能源回收。

纵观全球，没有任何其他国家新建建筑的数量能达到中国的水平。中国的建筑工程具有巨大的节能潜力，在中国高速发展的背景下，如果这些新建建筑物没有或极小地对环境造成压力，那么从长远来看，这将为全球范围内能源的有效利用、节约资源以及气候环境保护做出重大贡献。这一规模化的节能效应集中体现在被动房居住区的成功实施上。

自第一座被动房在达姆斯塔特建成以来，以此成功案例为起点，被动房在德国的早期实践推广主要涉及住宅建筑项目，尤其是单栋或联排别墅类型。在一定的节能减排补助支持下，有被动房经验的规划设计团队可以轻松协助业主完成此类被动房住宅项目，因此，被动房在短时间内得到了大量私人住宅业主的认同，并且推动了与之相适应的组件市场发展，进而获得了不同层面地方政府的认可和关注。这一由下至上的推广路径也将被动房应用的住宅类型拓展至大体量的集合住宅以及住宅区。其中“海德堡列车新城项目”就是近年来的一个典范，是欧洲最大的被动房住宅区。在此项目的启发下，中国的被动房推广伙伴在被动房研究所支持下，基于中国的住宅区设计背景及特色，探索并成功实施了大型被动房住宅区“高碑店列车新城项目”，这是目前全球最大的在建被动房住宅区（图 2-3）。通过这两个项目的实践，被动房的实践从单体建筑层级成功发展至大尺度住宅区层级。目前越来越多的被动房住宅区正在进一步规划建设中。

图 2-3　高碑店列车新城项目

2. 尽早进行被动房决策规划

是否按被动房标准实施建设项目，建筑师应在前期规划做出决定。如果能在土地交易之前就能做出此决定是最好的，但往往无法实现。只有项目初始就按被动房设计（结合设计师的初步方案）才能有条件降低建造成本，达到与标准建造相比，只需最少额外工作的效果。

以近年来广获好评的被动房办公项目“青岛生态园被动房技术中心”为例（图 2-4），项目从规划伊始就确认了被动房的建造标准，并与被动房研究所（PHI）展开了合作。优化建筑设计，使其具备了被动房基本要素，即紧凑的形体系数、保温性能良好的围护结构、高效风热回收的通风系统以及良好的气密性。目前为亚洲体量最大、功能最复杂的 PHI 认证认证公共建筑。根据模拟结果，项目建成后每年可节约一次能源 130 万 kWh，节约运行费用 55 万元，减少碳排放 664t，与现行国家节能设计标准相比，节能达 90% 以上。

图 2-4 青岛生态园被动房技术中心

3. 认同前提：被动房的高品质

只有被动房的居住品质相比传统建筑更高，从长远来看，被动房标准才能被社会更广泛地接受与认同。好的被动房不仅是在能源需求方面对建筑的舒适性进行优化，还有利于居民和用户的生活健康，即提供高品质的居住生活，促使住户喜欢在室内生活、工作，度过闲暇时光。同时，好的被动房不应对项目场地带来不利影响，相反，建筑应改善该场地环境。

4. 建造前提条件：组件发展

随着被动房在中国的发展，建筑围护结构的许多组件，例如门、窗以及带热回收的通风系统，还有兼具通风、供暖、制冷及除湿的一体机设备，都可在中国市场上找到，越来越多的产品还在进一步开发中。如同这些组件的开发对于被动房在德国和欧洲其他国家的实施极其重要一样，对于致力于实施被动房概念的许多中国建筑师、工程师和建筑开发商而言，也是一个决定性的先决条件。

为了开发这些被动房组件，被动房研究所很早就开始为制造商提供标准材料及明确的要求（www. passivehouse. com），并鼓励厂商进行组件认证。通过这一流程，符合相应类别要求的所有产品都将是适用于被动房的组件。这不仅协助并促进了制造商研发提供良好品质的产品，而且还向业主、建筑师和工程师提供了安全保证，他们可以获得经过独立检测、品质优良的产品。认证流程也旨在支持制造商，在产品开发过程中全力保证品质。

这些经过认证的适用于被动房的所有认证组件都可以在被动房研究所认证组件数据库（https://database. passivehouse. com/en/components/）中找到。

5. 特殊挑战：高层建筑也可建造为被动房

在中国，高层和超高层很常见。针对这类建筑，被动房的原理与其他类型建筑相同，但同时必须遵循一些特殊要求。

例如，在用于检查气密性的压力测试（鼓风门测试）中，应注意，随着建筑物高度的增加，建筑物内部的温差所引起的烟囱效应会产生额外的正压，在测试期间必须充分考虑。在 80～100m 高的建筑物中，这一额外正压可多达几十帕。被动房研究所与合作方一起制定了检测及评估导则，以便更加准确地对高层建筑进行气密性检测。

6. 功能特殊的公共建筑

目前为止，大量的被动房项目都是居住建筑，然而越来越多的被动房公共建筑也陆续出现。其中，功能复杂的公共建筑，如游泳馆及酒店综合体也可依据被动房要求进行规划和建造。在法兰克福（美因河畔）即将建成第一座被动房医院。

在德国已经建成了两个被动房室内游泳馆项目，同时另一个被动房室内游泳馆正在英格兰建设中。其中首座依据被动房标准设计规划的室内游泳馆于 2015 年在德国班贝格（Bamberg）建成并投入运行（图 2-5）。建成后被动房研究所应班贝格政府委托进

图 2-5　班贝格被动房室内游泳馆 © Stadtwerke Bamberg

行了进一步监测研究，在两年的时间中通过监测数据验证了其优异的节能效率。对比普通室内游泳馆，其供暖能耗减少50%以上，通风系统能耗节省约60%。在随后几个项目规划建成后，通过此类型项目的经验研究也总结制定了相关设计实施导则，就其特殊要求以及节能潜力进行了详细说明。在中国青岛，一栋有健身房及游泳池的社区中心被动房项目也正在建设中，并即将竣工。随着越来越多实际项目的建成，耗能巨大的特殊公共建筑也将引来节能优化的新时代，推动进一步深化建筑节能产业的发展。

2.3 瑞士

2.3.1 瑞士建筑能耗概况

瑞士主要依赖化石能源，2018年瑞士的能耗总量为830880TJ（2.308×10^{11}kW·h），其中燃油消耗占比49.3%、天然气13.5%、燃煤0.5%、电力25%、其他能源（可再生能源、工业余热等）占据了11.7%。瑞士将电力与一次能源并列举出，是因为瑞士的电力来源基本清洁。2017年，瑞士的电力能源有68%来自于国内的可再生能源发电，其中60%来自大型水电站，8%来自光伏、风能、小型水电站和生物质能，15%来自核能，只有约1%来自化石能源，其他来自于进口。

截至2013年，瑞士的一次能源消耗中近50%用于建筑行业。瑞士约80%的建筑都是在1990年之前建成的，既有老旧建筑能耗较高。自1995年以来，瑞士平均每年建造17000栋住宅楼。2012年，瑞士保守估计有230万栋建筑，总建筑面积约为7.45亿m^2，按照年增长率1.6%的增长率推算，2018年总建筑面积大约为8.2亿m^2，其中居住建筑占比约为75%。具体如图2-6所示。

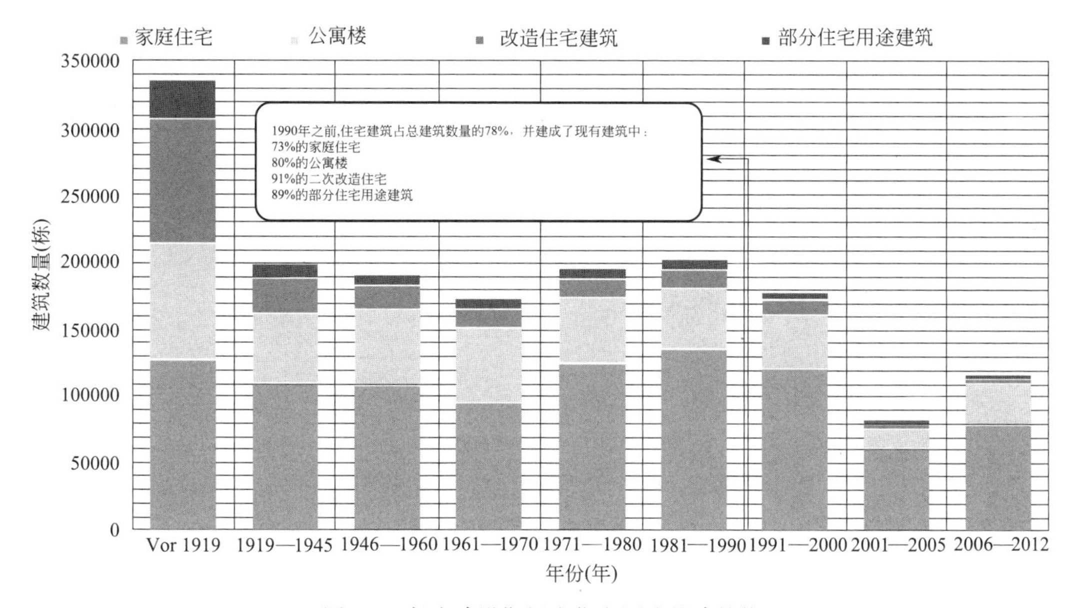

图2-6　每个建设期间有住宅用途的建筑物

20世纪70年代的石油危机促使各国寻找可持续发展之路，而瑞士建筑行业的能耗占比如此之高，推行建筑节能至关重要。受到欧洲早期零能耗建筑研究的影响，瑞士对于近零能耗建筑的研究和应用也是走在世界前列的，其发展成果集中体现在Minergie（德语 Minimale Energie 的缩写，可译为“迷你能源”或“微能耗”）标准上。

2.3.2 Minergie的起源和发展

1990年瑞士的建筑设备专家鲁埃迪·克里西（Ruedi Kriesi）在苏黎世附近建造了零能耗住宅，这成为 Minergie 定义的基础。1994 年瑞士经济学家海因茨·尤伯萨克斯（Heinz Uebersax）从零能耗住宅中看到了商机，希望利用这些节能效果开展业务，销售称之为“舒适之家（comfoHOME）”的房子，于是和埃迪·克里西一起提出了 Minergie 的概念，最早的两栋 Minergie 住宅也于同年建成[3,4]。

然而，最开始的推广并不成功。1995年瑞士联邦政府自上而下推行过低能耗建筑，包括一系列规范和补贴，但是当时政府推行的低能耗建筑形象与民众的预期相差太大，规范和补贴也没有考虑到民众的个人利益需求，实施起来需要一定的个人牺牲，更像是在强迫民众节能，导致民众对于低能耗建筑的认可度较低。

为此，Ruedi Kriesi 和 Heinz Uebersax 两人从政府和民众两方面推行 Minergie 标准。对于民众，将建筑能效提升与个人需求相结合，而不是像政府提倡的需要牺牲个人利益，使得节能优化的 Minergie 建筑在能源危机中更具吸引力。对于政府，将减少碳排放视为经济增长的机会，将 Minergie 作为政治家、商业领袖和企业家表明环保态度的工具。全面推广使得 Minergie 逐渐成为瑞士建筑行业共同认可的高质量建筑标准。

1998年，由瑞士26州政府联合成立了 Minergie 协会，制定并出版了第一个近零能耗建筑标准——Minergie[10]。2003年，Minergie 标准被进一步修订，将原有的 Minergie 标准扩充为两类标准，分别为 Minergie、Minergie-P 并辅以 Minergie-ECO/P-ECO 作为补充。2011年3月，Minergie-A 标准问世，致力于认证零能耗建筑，这是瑞士建筑行业对于零能耗建筑的解释和追求，对于推动全球近零/零能耗建筑的发展具有重要意义。截至2018年，瑞士获得 Minergie 认证的新建建筑已占到瑞士新建建筑的25%，过去20年 Minergie 总认证建筑48824栋，面积超过5400万 m^2[10]。

2.3.3 瑞士近零能耗建筑发展规划

1. 瑞士能源战略2050

受到2011年日本福岛核泄漏事故的影响，瑞士政府决定退出核能，经过多年的研讨，对当时的能源法和能源战略做出重大修改，自2018年1月1日起，瑞士开始全面实施“能源战略2050”，这标志着瑞士进入了能源“新时代”。

根据“能源战略2050”，建筑能效提升是重中之重。瑞士建筑和工程师协会（SIA）提出了瑞士全社会节能路径，到2050年，要在全瑞士建筑领域实现人均一次能源（可再生和不可再生）消耗功率降到3500W，并且在2150年最终实现全社会人均一次消耗功率为2000W的目标[16]（表2-2）。

瑞士建筑和工程师协会提出中长期节能目标　　表 2-2

年　份	2005	2050	2150
年均一次能源消耗量(可再生和不可再生)(W/人)	6300	3500	2000
年均不可再生一次能源消耗量(W/人)	5800	2000	500
二氧化碳排放量(t/人)	8.6	2.0	1.0

注：1W=8.76kWh/a。

2. 2000W 社区认证

2000W 社区（The 2000-Watt Site）是一个面向未来的区域能耗评估认证。要获得 2000W 社区的称号，必须在整个社区中到达 2000W 社会的目标，即社区内人均一次能耗功率小于等于 2000W，这实际上是瑞士的近零能耗建筑社区示范认证。

一个 2000W 的社区不仅仅是单体低能耗建筑的简单叠加，更加重视区域整体能源最优的协调利用情况，其目标为：实现近零能耗建筑社区在经济、社会和生态领域的可持续发展，并将建筑社区中的每一个功能空间有机地结合起来，实现居民健康宜居的美好生活。目前瑞士已有两个社区获得了“2000W 社区”的称号，图 2-7 所示是第一个获得 2000W 社区认证的 Greencity[17]。

图 2-7　瑞士首个 2000W 社区——Greencity

3. 未来节能建筑创新路线图

2018 年，瑞士的既有建筑平均终端能源消耗约为 140kWh/(m^2 · a)，既有的能源结构导致的平均碳排放强度约为 130gCO_2/(kWh · a)。根据未来节能建筑创新路线图（图 2-8），实现“能源战略 2050”第一阶段的目标：到 2035 年，建筑能耗较当前应当减少 40%，达到 80kWh/(m^2 · a）左右，碳排放强度较当前减少约 30%，达到 90gCO_2/(kWh · a）左右。到 2050 年，建筑能耗较当前减少 60%，达到 56kWh/(m^2 · a）左右，碳排放强度较当前减少 46%，达到 70gCO_2/(kWh · a）左右[16]。

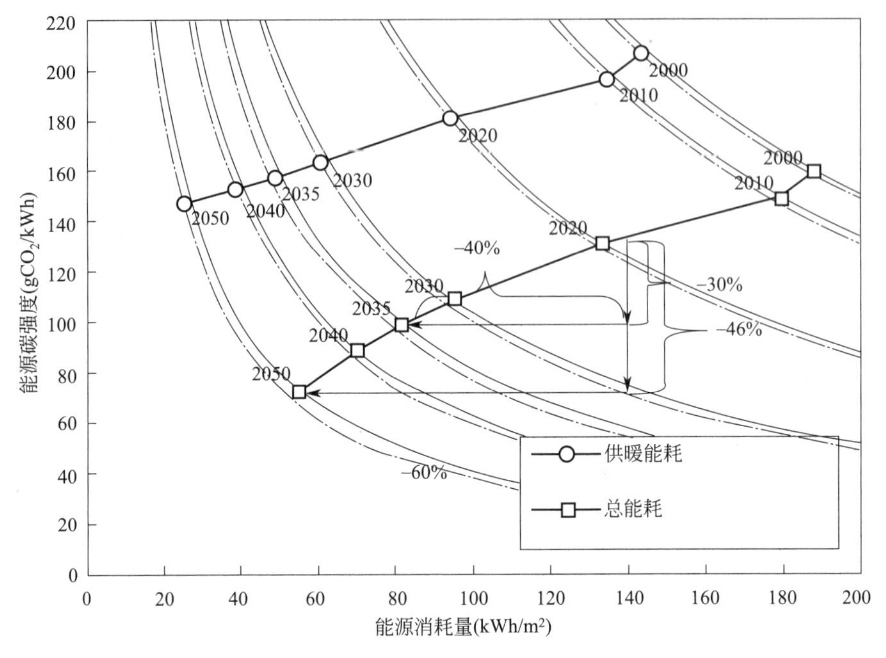

图 2-8　未来节能建筑创新路线图

2.3.4　Minergie 近零能耗建筑标准

1. Minergie 标准简介

Minergie 标准是为 Minergie 认证的基础，符合 Minergie 标准的建筑、设备和建筑组件才能获得 Minergie 标识。Minergie 标准相当于瑞士的近零能耗建筑标准，它由瑞士建筑和工程师协会（SIA）制定，由 Minergie 协会推广和认证。Minergie 的各类标识是 Minergie 协会旗下所属的一个注册商标，其认证受到法律保护。当前，Minergie 协会由瑞士联邦政府、瑞士各州政府、商业和企业、金融等部门共同支持和维护，向全世界推广 Minergie 品牌。

Minergie 标准的核心目标是最佳的生活环境和工作舒适度，此外较低的热力和电力消耗以及建筑的长期保值也是 Minergie 的关注点，在技术上要求高品质的建筑围护结构、舒适的暖通空调系统以及适宜的可再生能源。

Minergie 的分级标准包括三个：Minergie、Minergie-P 和 Minergie-A，并以 ECO 和 MQS 作为互补标识。简单来说，Minergie-P 代表被动式超低能耗建筑，Minergie-A 代表产能建筑，Minergie 的要求基于这两者之间。ECO 互补标识可以与所有标准相结合，并且要求获得认证的建筑考虑了建筑的健康和生态有关的方面。和 ECO 互补标识相同，MQS 互补标识也可作为附加标识，它确保了施工和运维过程中的质量，起到施工质量控制和优化运行维护的作用。当然这几大标准在建筑类型方面也有所侧重，如 MINERGIE Ⓡ适用于所有的建筑，MINERGIEⓇ-P 更倾向于住宅和工业厂房，MINERGIEⓇ-A 当前只针对新建住宅建筑，补充标识 ECO 一般只用于新建公共建筑，而互补标识 MQS 适用于所有的建筑[10]（图 2-9）。

图 2-9　Minergie 的分级标准

2. Minergie 建筑能耗指标

Minergie 对近零能耗建筑能耗指标定义为：供暖、热水、通风、空调、照明、电器和一般技术装置的能源加权总需求减去自发电量（包括自身消耗发电量和并网发电量）所得到的年净终端能耗值。各类建筑净终端能耗限值见表 2-3。遵守 Minergie 建筑能耗指标是所有 Minergie 标识的主要要求。Minergie 建筑能耗指标的限制值，取决于标识种类、具体的建筑类型和项目类型（新建/改造）。Minergie 建筑能耗指标值可根据具体的项目而有一定调整[10]。

各类建筑净终端能耗限值［单位：kWh/(m² · a)］　　表 2-3

建筑类型	Minergie		Minergie-P		Minergie-A	
根据标准 SIA 380/1:2016	新建	改造	新建	改造	新建	改造
多户家庭住宅	55	90	50	80	35	35
单户家庭住宅	55	90	50	80	35	35
办公建筑	80	120	75	115	35	35
学校	45	85	40	75	20	20
商场	120	140	110	130	40	40
餐厅	100	130	90	120	40	40
议会机构	55	85	45	75	25	25
医院	110	140	100	130	50	50
工业建筑	80	130	70	120	30	30
银行	55	70	45	60	25	25
体育场	55	70	45	60	25	25

3. Minergie 的认证流程

Minergie 官方网站给出了 Minergie 的认证流程，主要分为以下步骤：

（1）申请。专业规划人员与客户一起选择合适的 Minergie 标准，并制定相应的初步审核项目。申请人需要在 Minergie-Online 平台（MOP）上提交申请，在网络提交申请后的一个月之内，将带有有效签名或盖章的纸质文件送达当地的认证机构，如果逾期，认证办公室有权终止该认证程序。如果提交的文件不完整或包含错误，认证办公室将其退回并要求申请人进行更正。

（2）合理性审查。Minergie 认证机构对申请人提供的文件进行合理性审查，核实是否符合申请人所期望的 Minergie 标识的基本要求。这个阶段认证机构并不对申请项目进行全面的认证和计算。认证机构对于规划和施工质量不承担任何责任。如果存在不确定性、遗漏或错误的数据，认证机构将联系申请人在规定时间内更改文件。

（3）颁发临时证书。如果合理性审查通过，则 Minergie 认证办公室会向申请项目颁发临时证书。临时证书可用于广告目的：该项目建筑将建成 Minergie 标准建筑。

（4）施工质量审核。如果该申请项目在施工过程中，可以申请 Minergie 的补充认证——施工质量（MQS Bau）审核。

（5）项目竣工审核。在项目竣工时，申请人应发送完成工程的确认函，并附上所有必要的文件，通过申请人的授权签名，确认工程已按照之前提供的申请要求和其他信息执行。申请人必须向认证机构报告工程实际完成情况与最初申请的偏差，并附上必要的证明文件，如果偏差较大，认证机构可能要求补偿重新认证的费用。这个阶段认证机构将对申请项目进行全面的认证和计算。

（6）颁发最终证书。一旦确认完成工程并且准确核实附件，申请人将收到最终证书，其上提到了认证编号以及该标识的指标，还包括了所授予的标识及其版本。在建筑物不进行与用能有关的改造时，这需要提供完整的证明文件，最终证书无限期有效，它将列在 Minergie 官网的建筑列表中。

（7）再认证。如果对建筑进行了用能改造（例如，改用其他能源供暖），但仍希望保持 Minergie 证书的有效性，可以申请再认证。在这种情况下，必须证明始终遵守了申请时有效标准的要求。如果开发商希望证明其建筑符合最新版本的 Minergie 产品法规，在加强施工标准或显著提高能效（例如：增加光伏板，扩大可再生能源利用）后，可以向主管认证机构提出申请，同时须填写当前的再申请理由并记录该建筑所做的改造。

（8）现场核查。Minergie 协会将会在颁发临时证书后任意时间内进行现场核查，并在最终证书颁发后最多五年内再次进行现场核查，以验证施工是否符合相应的 Minergie 标识要求。Minergie 协会会对至少 20%的认证对象进行现场访问，以建立质量监控。一般而言，访问的对象是随机选择的，访问的日期和组织由 Minergie 协会确定，并且不会提前公布。

4. Minergie 规划阶段的优化选择

在设计规划阶段，业主或规划团队的偏好会影响到建筑物的设计，因此，Minergie 定义了三个主要目标：若更重视高质量的建筑围护结构和冬季近零的热需求，推荐参考 Minergie-P 标准；若希望专注于可再生能源发电以及最大可能的能源供应独立性，推荐参考 Minergie-A 标准；若没有足够的资金但希望满足比当前规范严格的要求时，可以相对折中一点，选择较为简单的围护结构并辅以较少的 PV 板，这时 Minergie 标准恰好合适。

所以，当前 Minergie、Minergie-P 和 Minergie-A 并不是完全递进的关系，它们同时为不同的业主提供不同的需求。

图 2-10 是一种简化的表述形式，围护结构的质量高低产生了不同的建筑供暖能耗值，因此在考虑经济性的情况下，为了达到 Minegie 的相应标准必须根据围护结构的情况计算具体所需的 PV 板面积。在建筑规划阶段，这种“最大化”和“最小化”之间的平衡可以提供良好的经济优势选择。

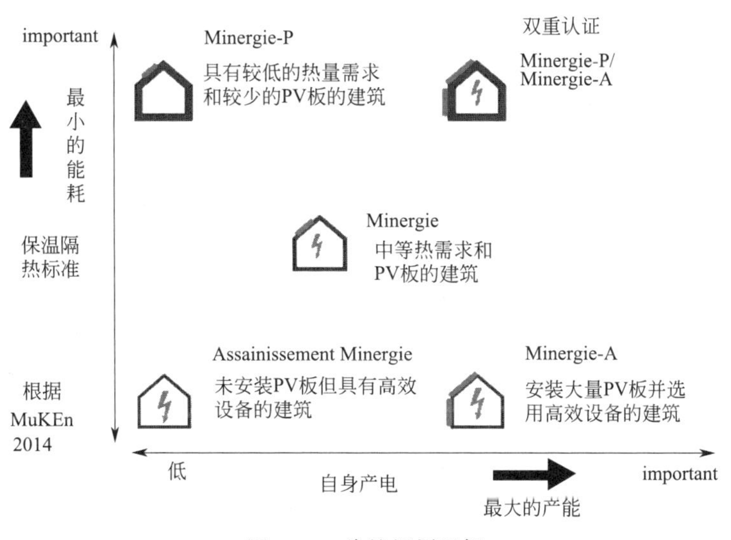

图 2-10　建筑规划目标

2.4　美国

2.4.1　美国零能耗住宅发展历史

美国能源部建筑技术项目在《建筑技术项目 2008—2012 规划》中提出，建筑节能发展的战略目标是使“零能耗住宅”（Zero Energy Home）在 2020 年达到市场可行，使“零能耗建筑”（Zero Energy Building）在 2025 年可商业化。“零能耗住宅”指通过与可再生能源发电发热系统连接，建筑物每年产生的能量与消耗的能量达到平衡的低层居住建筑。“零能耗建筑”则既包括“零能耗住宅”，又包括中高层居住建筑和公共建筑，其技术路线为使用更加高效的建筑围护结构、建筑能源系统和家用电器，使建筑物的全年能耗降低为目前的 30%左右，由可再生能源对其供能。

2007 年 12 月，美国通过《能源安全与独立法案》（Energy Security and Independence Act，ESIA）提出“净零能耗公共建筑”（Zero-Net-Energy Commercial Building），在 ES-IA 第 422 节（a）（3）中其定义为：良好设计、建造和运行的高性能公共建筑，可以最大限度地降低能源需求，使用不产生温室气体的能源供能即可达到能量供需平衡，不对外界排放温室气体，经济可行。通过推动“净零能耗公共建筑倡议”（Zero-Net-Energy Commercial Buildings Initiative），到 2030 年，所有新建公共建筑达到净零能耗状态；到 2040 年，50%的公共建筑达到零能耗；2050 年，所有美国公共建筑达到净零能耗[18]。

2008 年 10 月，美国国家科学技术学会（National Science and Technology Council，NSTC）建筑技术研发分委会代表美国能源部、商务部、国防部等十余个国家部委和总统办公室、国家科学基金、国家可再生能源实验室、橡树岭国家实验室、西北太平洋国家实验室、劳伦斯伯克利国家实验室等成员提出《联邦零能耗高性能绿色建筑研究发展规划》[19]，NSTC 指出美国联邦政府在绿色建筑领域的科技资金支持约为 1.93 亿美元/年，只占联邦科研资金的 0.2%，还需要进一步增加科研投入。NSTC 提出为了进一步推动零能耗高性能绿色建筑，美国应在建筑节能、节水、节材、提升室内环境、能耗预测与检测、支撑工具研发 6 大领域开展 14 项优先工作，也提出了美国迈向零能耗建筑的路径，即通过节能技术将建筑终端用能降低 60%～70%，用太阳能满足剩余的 30%～40%能源需求，如图 2-11 所示。

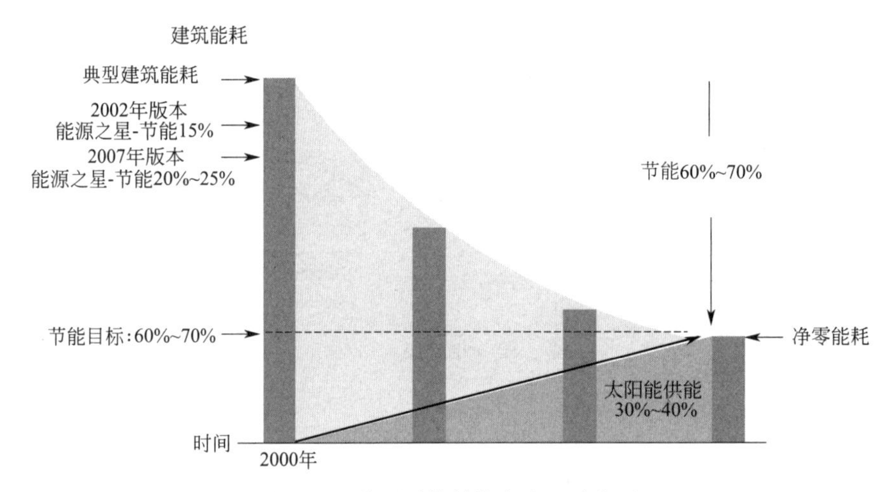

图 2-11　美国零能耗住宅发展路线图

2.4.2　美国零能耗建筑定义

Paul Torcellini 在美国供暖、制冷与空调工程师学会（American Society of Heating Refrigerating and Air Conditioning Engineers，ASHRAE）2006 年 9 月会刊上给出“净零能耗建筑”（Net Zero Energy Building）定义，他给出对“净零能耗建筑”四种不同衡量基准的定义表述[20]，见表 2-4。

净零能耗建筑不同衡量基准的定义表述　　表 2-4

衡量基准	定义
以终端能源消耗为衡量基准	Net Zero Site Energy Building
以一次能源消耗为衡量基准	Net Zero Source Energy Building
以能源成本为衡量基准	Net Zero Energy Cost Building
以温室气体排放为衡量基准	Net Zero Energy Emission Building

美国国家科学技术委员会（National Science and Technology Council）于 2008 年 10 月发布的《高性能净零能耗绿色建筑研究发展规划》[19] 中正式提出，将发展净零能耗建

筑作为国家阶段性发展目标，并将在 2030 年正式实现零能耗。

美国能源部（Department of Energy，DOE）发布零能耗建筑（Zero Energy Building）的官方定义[21]，将零能耗建筑定义划分为四个层面：

零能耗建筑（Zero Energy Building）。单体能效建筑，在有外网提供能源的前提下，其实际年输入能量小于或等于建筑自身可再生能源生成并输出的能量。

零能耗园区（Zero Energy Campus）。以建筑及周边园区为边界，在有外网提供能源的前提下，其实际年输入能量小于或等于建筑自身可再生能源生成并输出的能量。

零能耗建筑群（Zero Energy Portfolio）。以系列集成建筑群为边界，在有外网提供能源的前提下，其实际年输入能量小于或等于建筑自身可再生能源生成并输出的能量。

零能耗社区（Zero Energy Community）。以整体社区为边界，在有外网提供能源的前提下，其实际年输入能量小于或等于建筑自身可再生能源生成并输出的能量。

该定义同时对建筑能源与消耗的计算边界进行了说明。图 2-12 所示，以建筑及其能源系统划分计算边界，计算建筑输入输出的电量、供暖供冷以及其他燃料消耗量。需要指出的是，能源输送与消耗统一按照一次能源进行计算，其他不同种类的能源按 ASHRAE Standard 105 中给出的一次能源转换系数进行折算。

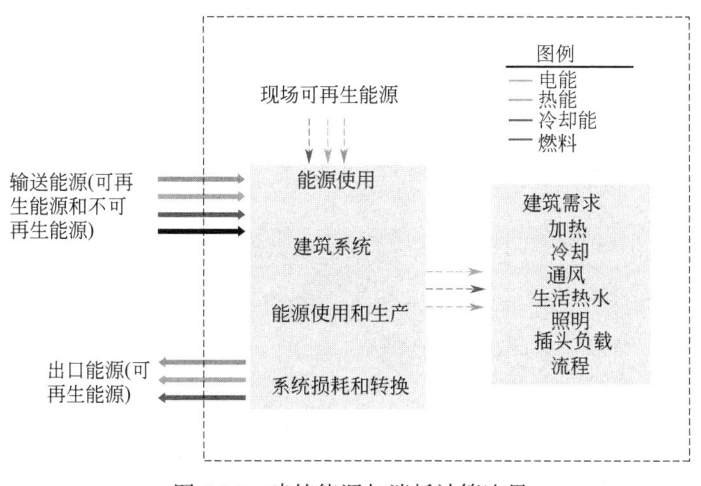

图 2-12　建筑能源与消耗计算边界

2.4.3　美国零能耗建筑中长期发展目标

1. 美国联邦政府办公建筑

美国目前共有 50 万座政府办公建筑，其中大多数建筑的能源利用率都处在一个较低的水平，除建筑使用年限过长、系统设备老化等原因，建筑本体设计缺乏低能耗设计理念也是导致建筑能效低下的重要原因。为从根源上改善这种高能耗、低能效的建筑用能状况，美国总统奥巴马于 2009 年 10 月签发“在环境、能源、经济效益的联邦领先措施”(Federal Leadership in Environmental，Energy，and Economic Performance，13514 号行政命令)[22]，对联邦政府管理和使用的建筑提出强制性节能要求：

（1）自 2020 年起，所有计划新建或租赁的联邦建筑须以建筑物达到零能耗为导向进行设计，使建筑物可在 2030 年达到净零能耗。

联邦政府资产的购买或租赁中需将零能耗建筑作为考核指标之一。

(2) 至2015年，15%的既有联邦既有建筑需满足《联邦高性能可持续建筑导则》(Guiding Principles for Federal Leadership in High Performance and Sustainable Buildings) 要求。

为了更好地推进这一目标的实现，美国能源部采取了一系列的举措来推进联邦政府建筑的节能降耗[23]，包括加大对房屋节能改造相关项目的资金扶持，加大对电网升级改造的资金投入，为国家节能电器返利计划提供资金支持，以及为引入清洁能源的建筑项目提供税收优惠政策等。

2. 美国公共建筑和居住建筑

美国能源部能源效率与可再生能源办公室负责公共建筑与居住建筑的节能降耗工作，能源部对公共建筑和居住建筑提出了更高的节能目标[23]：

(1) 到2020年，实现零能耗居住建筑的市场化。

(2) 到2025年，实现低增量成本零能耗公共建筑。

政府与民间的合作也会对零能耗建筑的发展大有助益，《2007年能源独立和安全法案》(Energy Independence and Security Act of 2007，EISA 2007)[4] 要求美国能源部建立"净零能耗公共建筑倡议"(Net-Zero Energy Commercial Building Initiative)，提出零能耗公共建筑发展目标：

(1) 到2030年，所有新建公共建筑将按照净零能耗标准进行建造。

(2) 到2040年，50%的既有公共建筑达到净零能耗要求。

(3) 到2050年，所有公共建筑达到净零能耗。

2.5 加拿大

对加拿大来说，过去几十年里二氧化碳排放量的迅速增加，以及对化石燃料的持续依赖和对总体能源需求的增加一直是加拿大政府面临的一个严峻问题。尽管加拿大开始大力发展并实行低碳的电力结构（主要是水电和核电），石油和天然气的 CO_2 排放量在2005—2015年间仍增长了14%。根据最新能源统计，2017年加拿大一次能源供应总量为2.89亿t石油当量（Mtoe）[24]，建筑行业占总消费量的35%～40%，保持着较高的人均建筑能耗。同时，加拿大大约三分之一的温室气体（GHG）的排放来源于建筑行业的能源消耗。

2.5.1 零能耗建筑定义发展历程

在加拿大阳光充足的气候条件下，对住宅建筑而言，以现场的可再生能源提供建筑物所需要的能源较公共建筑更容易实现，因此对零能耗建筑定义的系统性研究以住宅建筑为起点。2004年，加拿大零能源家庭联盟（Net-Zero Energy Home Coalition，NZEH Coalition）成立，并提出了零能源家庭的概念[25]。

2006年，加拿大按揭及房屋公司（Canada Mortgage and Housing Corporation，CMHC）在发起的"平衡住房试点示范项目"（The EquilibriumTM Sustainable Housing Demonstration Initiative）中提出"净零能耗居住建筑"（Net-Zero Energy Home）的概

念：以年为计算周期，若居住建筑在使用过程中的用能需求与建筑生产的能源总量相平衡，则可认为是净零能耗建筑[26]。

2012 年，NZEH 联盟与加拿大住宅建筑商协会（Canadian Home Builders' Association，CHBA）共同定义了 NZE、NZE^{R} 和 NZE^{V}。图 2-13 显示了 NZEH 对零能源住宅的定义，其中 NZE 被定义为：在设计、建模和建造过程中产生的能源与每年消耗的能源一样多的住宅。ZEH^{R} 是指在设计、建模和建造过程中产生的能源与它每年消耗的能源相当，但尚未安装现场可再生能源发电系统的住宅。NZE^{R} 必须满足与 NZE 相同的要求，但不需要安装现场可再生能源发电系统。NZE^{V} 是指已经被证实的在实际运行中每年生产的能源和它消耗的一样多的住宅。

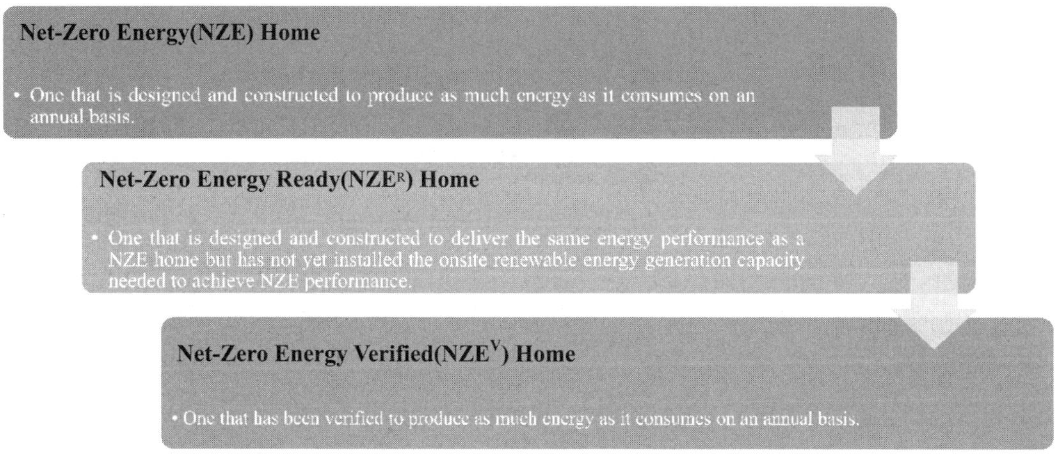

Net-Zero Energy(NZE) Home

- One that is designed and constructed to produce as much energy as it consumes on an annual basis.

Net-Zero Energy Ready(NZE^{R}) Home

- One that is designed and constructed to deliver the same energy performance as a NZE home but has not yet installed the onsite renewable energy generation capacity needed to achieve NZE performance.

Net-Zero Energy Verified(NZE^{V}) Home

- One that has been verified to produce as much energy as it consumes on an annual basis.

图 2-13　净零住宅的分级指标

加拿大自然科学和工程研究委员会（Natural Sciences and Engineering Research Council of Canada，NSERC）下设的太阳能建筑技术研究中心（Solar Building Research Network，SBRN）在其 2005—2010 年度战略规划中提出，利用太阳能光热/光伏对建筑用能消耗进行补充，并争取在不牺牲建筑室内环境舒适性的条件下，最终达到建筑用能产能相抵，这一过程可以看作是加拿大对于零能耗建筑发展的初步尝试。在 2011—2015 年度规划中，为了进一步提升可再生能源利用与建筑智能控制系统的结合，SBRN 提出发展零能耗智能建筑的阶段性目标，并将太阳能建筑技术研究中心更名为零能耗智能建筑技术战略研究中心（Smart Net-Zero Energy Buildings Strategic Research Network，SNEBRN）[27]（图 2-14）。SNEBRN 的目标是到 2030 年，在加拿大关键地区推广适合加拿大气候条件和建筑实践的优化 NZEB 能源设计和运营理念。

2013 年，SNEBRN 提出将“净零能耗建筑”（Net Zero Energy Building）定义为：以年为计算周期，建筑以再生可再生能源的方式所产生的能源与其消耗的能源量相平衡时，可以定义为净零能耗建筑[27]。在未来 2016—2020 年度规划中，零能耗智能建筑技术战略研究中心还将继续不断探索，在零能耗建筑的基础上增强建筑本体对环境的适应性研究，提出“自适应零能耗建筑和社区”（Smart Net-Zero Resilient Buildings and Communities）的发展规划。

加拿大的官方给出的定义中虽没有明确规定能源消耗的测量方法，但通常以终端能耗

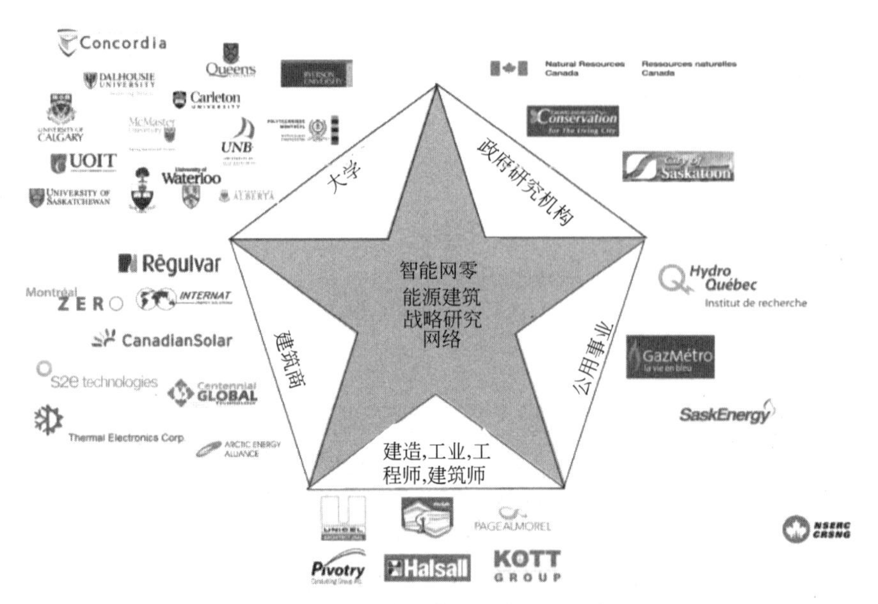

图 2-14　零能耗智能建筑技术战略研究中心

为衡量标准，以年为计算周期。其在能耗计算中将建筑电耗和热耗分开统计，同时更加注重优化控制所带来的节能量。从定义发展来看，加拿大的零能耗建筑将更加注重市场推行和建筑对环境的适应能力。

2.5.2　加拿大近零能耗建筑发展规划

2017 年加拿大联邦政府提出的“泛加拿大框架”中提出：到 2030 年实现建筑行业的“净零能源就绪（Net Zero Energy Ready，NZER）”。加拿大国家建筑能源规范（National Energy Code for Buildings ，NECB）为了支持这一目标的实现，在 2017 年最新版本中提出了一系列更加严格的节能措施，例如降低传热系数、减少天窗面积的允许百分比以及能源回收系统和内部和外部照明要求。

除了政府组织外，行业组织也积极制定零能耗建筑的发展目标。NZEH Coalition 在 2004 年成立之初就提出 2030 年实现住宅建筑零能耗的目标。2019 年 2 月，加拿大绿色建筑委员会发布“零碳建筑发展建议”：为响应联合国 1.5°C 目标，应在 2030 年降低 50% 碳排放，到 2050 年降低 100%，应加速迈向零能耗建筑，既有建筑物大比例实行零能耗节能改造[25]。

为能够实现 2030 年零能耗智能建筑在加拿大的普及，SNEBRN 对如何针对加拿大地域气候特点针对性提升零能耗建筑的能效开展了多项研究，SNEBRN 也有针对性地提出了五个技术优先发展主题：

（1）太阳能与暖通空调系统一体化应用。

（2）加强建筑围护结构，强化被动式太阳能的应用。

（3）建筑中长期蓄能系统的开发与应用。

（4）智能建筑控制系统。

（5）政策制定建议与软件技术发展。

2.6 日本

2.6.1 日本建筑节能发展及能耗现状

日本零能耗建筑在行业推动、政府关注下，得到了快速和稳定的发展。本研究从日本建筑节能法规的发展历程，从日本商业办公建筑和居住建筑能耗特点出发，详细阐述并总结了日本零能耗办公建筑、零能耗住宅建筑的发展现状。

1973年第一次石油危机爆发之后，严重依赖石油的日本制定了新能源发展计划，从法规和技术方面对新能源和节能技术的发展提供双重保障；1979年第二次石油危机爆发之后，日本经济产业省颁布了《合理使用能源法》，即《节约能源法》[28]，强调提高能源使用效率，推进建筑节能发展。经过几次修订，2002年新建建筑节能首次纳入了该法案，2005年的修订中加大了建筑节能的内容，并对住宅和改建建筑的节能申报提出了要求[29]。2008年《节约能源法》做了进一步修订，修订内容详见表2-5。2006年5月，日本经济产业省（Ministry of Economy，Trade and Industry，METI）在修订的《节约能源法》中提出了“领跑者计划”，强调了家电产品的能效要求，同年《国家能源新战略》[30] 报告中指出要着重发展能源技术革新，并强调进一步降低成本，提高绿色能源效率，大力发展清洁能源。2011年3月28日，日本经济产业省正式颁布了《节能技术战略2011》[31]，强调通过提高建筑本体维护结构性能，采用高效节能设备，逐步实现建筑零能耗和零排放。2011年，东日本大地震带来的核电危机，使得日本的能源供应雪上加霜，在此情形下，能源和资源的自给自足，能源安全问题提高到了国家安全层面。

日本建筑节能法规相关内容　　表2-5

修正时间	实施时间	建筑相关内容
2002年6月	2002年6月	要求超过2000m^{2}的新建商业建筑所有者，需提交建筑所采用的节能策略给当地政府
2005年8月	2006年4月	(1)加强对住宅建筑和营建部门之能源效率量测。 (2)超过2000m^{2}的建筑物进行翻修时需提交节能策略报告
2008年5月	2009年4月/2010年4月	(1)扩大对建筑物提交节能策略报告书的建筑对象。 (2)要求中小型建筑物(300～2000m^2)在兴建或翻新时都必须缴交能源节约计划书。 (3)依据《住宅领跑者标准》，若一年建造超过150栋房屋，营建公司需改善建造物能源绩效

根据国际能源署的统计，自1999年开始，建筑行业成为日本最大能源终端用户，建筑能源消耗占社会总能耗消费的34%左右，与其他社会（工业、交通）能源消费相比，呈现快速持续增长的发展趋势[32]。图2-15为1990—2011年日本能源消费的演变情况，图2-15(a)为日本工业、建筑和交通运输业能源消费占比，其中建筑行业能源消费占社会总能源消费的33.8%，1990—2011年的20多年间，建筑能耗增长了7%。其中办公建筑能源消费量占建筑总能源消费的58%，居住建筑占42%；20多年间办公建筑能耗增长41%，居住建筑能耗增长25%。办公建筑能耗增长率高于居住建筑；建筑行业节能减碳一直是日本能源政策的优先措施[33]。

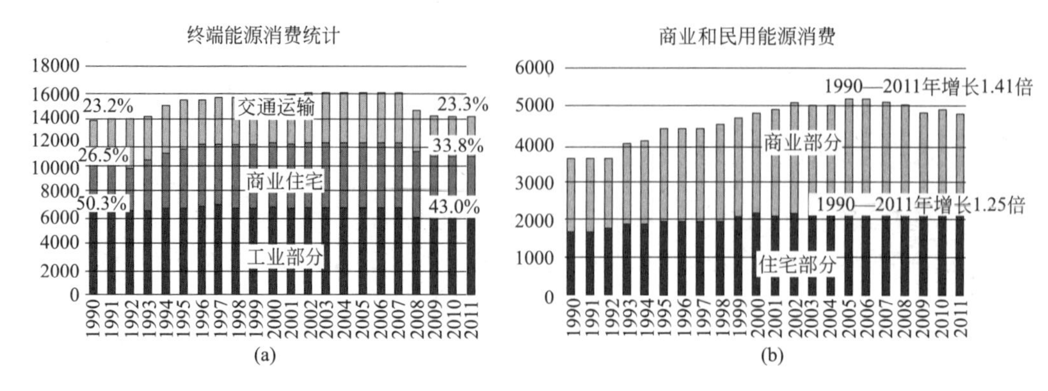

图 2-15　日本各行业终端能源消费及建筑能源消费趋势

（来源：Comprehensive Energy Statistics，Annual Report on National Accounts，EDMC Handbook of Japan's & World Energy & Economic Statistics）

随着公共建筑功能的多样化，日本办公建筑业逐渐建立了完善的分项能耗管理体系，计量建筑能耗消费情况。图 2-16 为日本公共建筑的电耗占比情况[31]，照明和插座用电占比分别占 21.3%和 21.1%，暖通空调系统［包含空调末端（12%）、供冷供热主机和输配系统（31.1%）］用电占比 43.1%，换气和给水排水占比 8.6%，热水用电约占 0.8%，其他占比 5.1%。

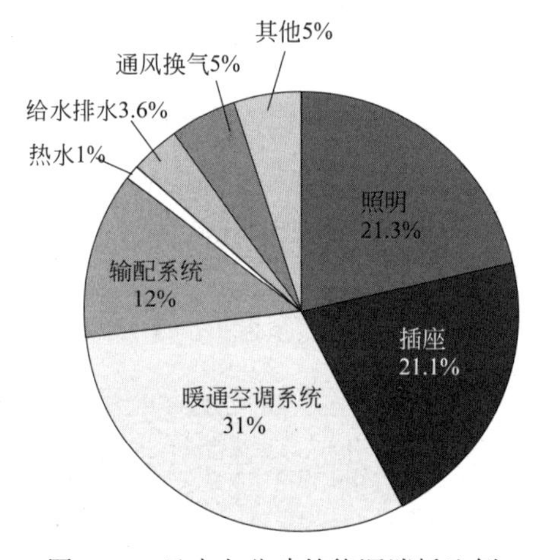

图 2-16　日本办公建筑能源消耗比例

（摘自“Energy Conservation for office building 2010”[34]）

图 2-17 为日本公共办公建筑能源消费情况，从 1990—2013 年，办公建筑建筑面积持续稳定增长，建筑总能源消耗持续增长，从 2005 年开始持续下滑。单位面积建筑能耗一直呈现下滑趋势，1990 年起缓慢下降，从 2005 年起快速下滑。建筑单位面积能耗下降反映了日本长期以来采取的建筑节能措施所取得的显著效果[34]。

日本居住建筑能耗较办公建筑低，占建筑总能耗的 42%。图 2-18 为日本居住建筑 1990—2010 年的能源消费、居住建筑数量变化及单位住宅能源消耗情况。以 1990 年能源消费总量为起点，图中三条曲线从上至下分别为居住建筑的能源消费、住宅建筑逐年增长情况和单位住宅能源消耗量。相对于 1990 年，居住建筑数量持续线性增长，2010 年居住

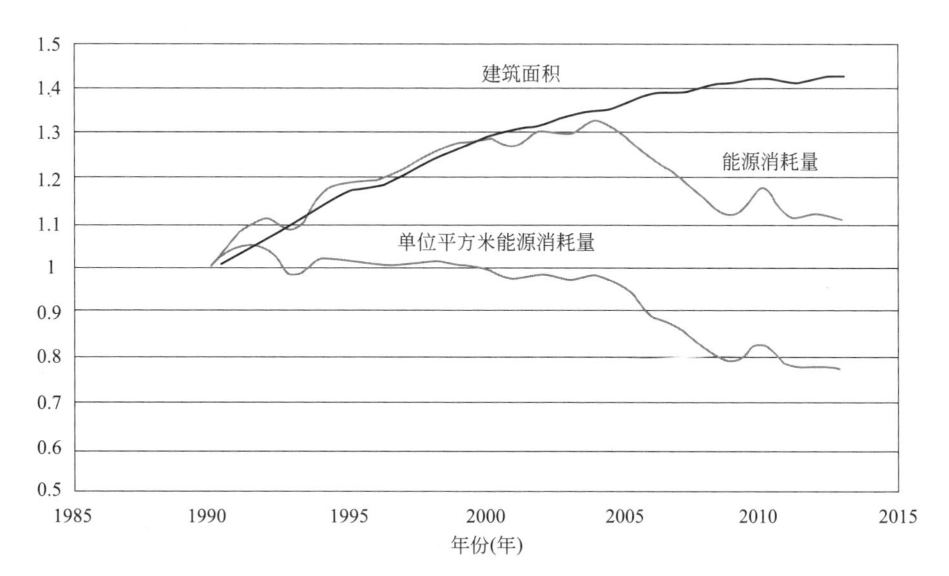

图 2-17　日本公共办公建筑能耗消费水平对比（以 1990 年为基准）

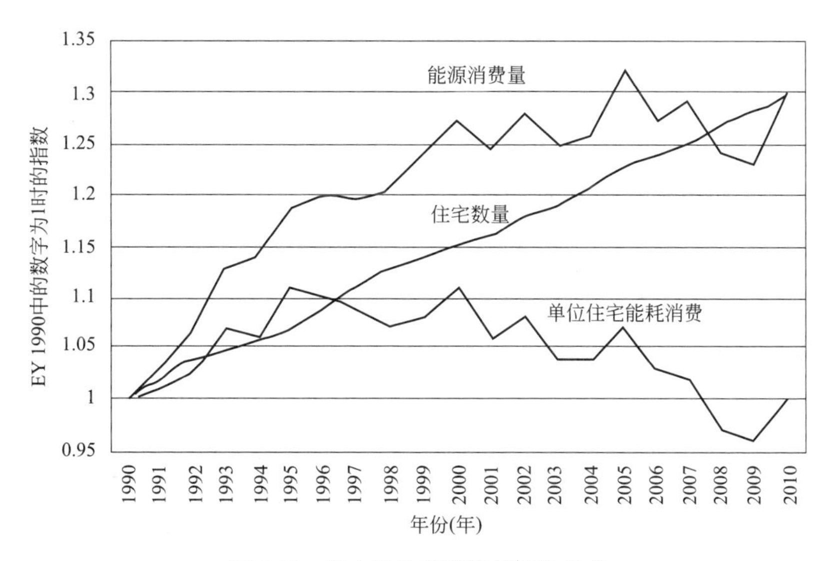

图 2-18　日本居住建筑能耗变化趋势

［来源：FY2010 Energy Supply Demand Result（Resources and Energy Agency）］

建筑数量为 1990 年的 1.3 倍，居住建筑总能源消耗量为 1990 年的 1.3 倍，但单栋住宅建筑能耗缓慢下降。

图 2-19 为日本和其他主要发达国家居住建筑能耗构成和消费情况。美国居住建筑能耗最大，其次是英国、法国和德国，日本居住建筑能耗最小，以 2005 年美国居住建筑能源消费为基准，2008 年日本居住建筑能源消耗仅为 2005 年美国能耗水平的 50%。日本居住建筑中，建筑供暖能耗占总能耗的 23%，约为 10GJ/(户・a)，为其他主要发达国家供暖能耗的 1/4。生活热水能耗占 34%，照明和家电设备 34%，其余 9%，平均每户年一次能源消耗为 44GJ，除了能源使用构成差异带来的能源消费水平的降低，日本人民根深蒂固的节能意识，也是日本居住建筑实现近零能耗的重要因素。

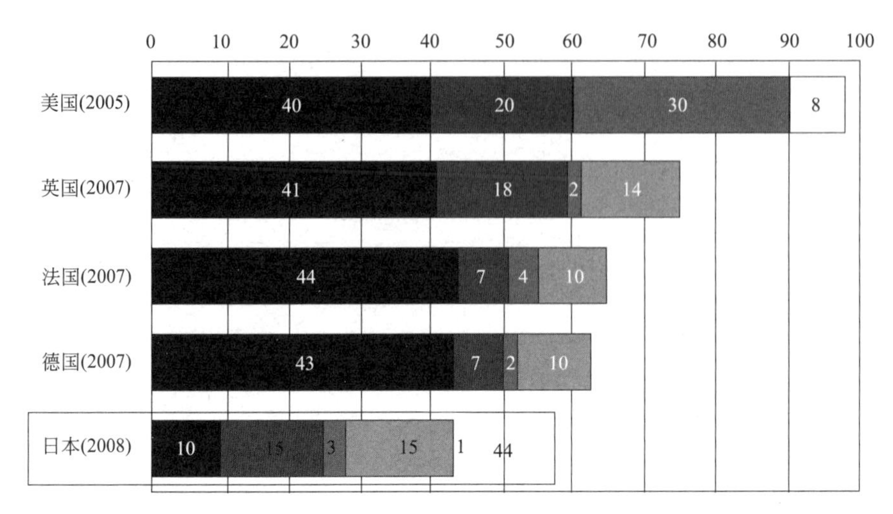

图 2-19 日本居住建筑能耗消费水平［单位：GJ/(户·a)］
(来源："Changes in Residential Energy Consumption Patterns and Future Trends in Japan" by Hidetoshi Nakagami, et al. from the Architectural Institute of Japan's collection of academic papers on planningm, 2002)

2.6.2 近零能耗公共建筑能效指标

2008 年日本经济对策内阁会议正式提出了零能耗建筑发展规划[33, 35]。2009 年 5 月日本经济产业省的 ZEB（Zero Energy Building）发展和实现研究会（ゼロエネルギービルの実現と展開に関する研究会，以下简称研究会）[34] 成立，标志着日本零能耗建筑正式进入起步阶段。在研究会的积极努力下，日本政府颁布了《能源基本计划》，制定促进 ZEB 普及和推广的相关政策，推进 ZEB 的实现和普及。

2011 年东日本大地震，核电停发造成电力供应不足，虽然政府采取了计划性停电、节约用电等一系列节能措施，但能源供应严重依赖化石原料、原子力等带来能源潜在危机充分暴露出来。以可再生能源替代传统化石能源，通过能源自给，实现能源安全是东日本大地震之后，日本能源政策的一项重要举措，在此背景下加快推进发展零能耗建筑是日本建筑节能发展的必然趋势。

2012 年，日本经济产业省资源能源厅颁布“住宅·建筑节能技术导入”政策，推进高性能设备在建筑中的应用，加快促进 ZEB 的实现。

2012 年，日本暖通空调卫生工程师学会［Society of Heating，Air-Conditioning and Sanitary Engineers of Japan（SHASE）］制定了零能耗建筑实现路线图：即 2030 年之前确立 ZEB 化技术路径、2050 年前制定“相关领域 Zero Energy 化的过度”时间表，同年 SHASE ZEB 定义讨论小组成立。

2.6.3 零能耗建筑定义和内涵

零能耗建筑从概念提出、确立发展目标、制定技术路线到定义的确立，经历了一个循序渐进、逐步明确的过程。基于不同的出发点，日本暖通空调和卫生工程师学会（SHASE）对零能耗建筑给出了定义[36]。零能耗建筑为在保障室内和室外环境品质的前提下，通过降低建筑自身负荷需求，充分利用自然光、自然通风等方式，采用高性能机电设备，大幅度减小建筑能耗，在此基础上通过可再生能源的利用，使得建筑运行能耗和建筑能源供给收支平衡或建筑能源供给量大于能源需求量（图 2-20）。即建筑产能（A）等于建筑消费的能源（D）（A＝D）或从外部输入建筑的能量（B）等于从建筑输出的能量（C）（B＝C）。

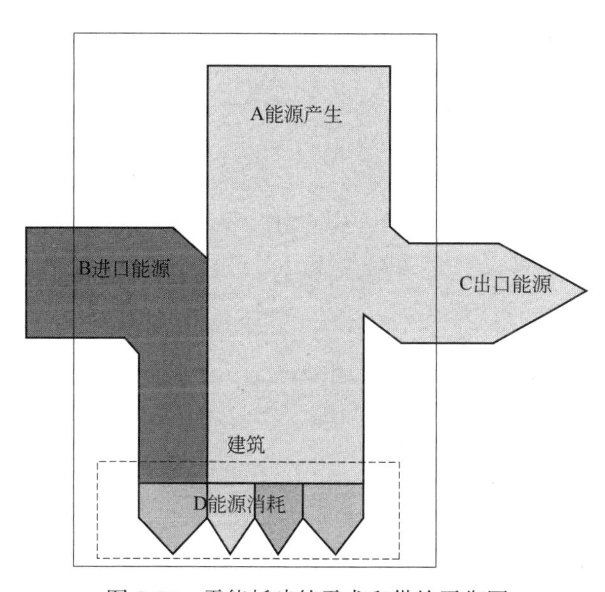

图 2-20　零能耗建筑需求和供给平衡图

2.6.4　日本近零能耗建筑最佳案例

日本近零能耗公共建筑往往表现出高度的系统集成和优异的系统整体能效。为了实现近零能耗建筑，即实现建筑产能和耗能的平衡，政府公共建筑年一次能源的消费量必须控制在 400～600MJ/(m^2·a) 的范围之内，同时，政府公共办公建筑需强制安装光伏板，光伏板的年发电量需在 100～500MJ/(m^2·a) 以上。

1. 大成建设技术中心零能耗示范楼

大成建设株式会社位于日本横滨市，其建设技术中心零能耗示范楼于 2014 年建成（图 2-21）。示范楼秉承活力办公、零能耗以及持久保证的理念，充分利用高效能源系统、有机薄膜太阳能电池、嵌入外墙的太阳能电池板、采光导管、地板个性化送风与照明等技术，将建筑的能耗量降低 75%以上，并充分利用可再生能源补偿剩余能耗，实现零能耗。通过对建筑持续 3 年半的检测，建筑的年产能均大于年耗能。此外，建筑在高强度混凝土、抗震技术方面也有所创新。该示范工程获得了 CASBEE S 级认证、BELS 最高级认证以及 LEED 铂金认证，具有良好的社会效益。日本专家表示，达到这种水平的示范建筑，目前其增量成本还偏高。

2. 日本清水建设总部

日本清水建设株式会社（Shimizu Corporation）总部大楼位于东京，建筑面积

图 2-21　日本大成建设技术中心零能耗示范楼

51800m^2，建筑整体 22 层，高 110m。整栋建筑以近零能耗建筑为目标设计建设，通过多种高效系统技术集成手段，实现大体量高层办公建筑的零能耗设计（图 2-22）。

图 2-22　日本清水建设株式会社总部

建筑整体采用高性能外围护结构，外窗与光伏板相结合，在不影响室内采光的前提下达到 5kWh/m^2 的供能效率。为提升空调系统能效，建筑采用大温差变流量水系统，末端采用吊顶辐射供冷供暖+变风量新风调节系统。由于办公建筑中照明用电占比较高，清水建设总部采用高效 LED 照明灯具及自动控制系统，真正做到工位照明，降低照明电耗 40%。

根据 3 年运行数据显示，整栋建筑年供暖能耗为 41kWh/(m^2 · a)，年供冷能耗为 41kWh/(m^2 · a)，相比于一般同类型办公建筑节能 70%。

2.7 韩国

作为世界第十四大经济体，2014 年韩国 GDP 总值达到了 1.32 万亿美元[37]。据 2011 年韩国能源署发布的《能耗调研报告》[38]，韩国一次能源消耗量中建筑能耗占比为 21.2%，工业能耗占比 56%，交通能耗占比 22.8%。对于绝大部分能源依赖进口，煤炭进口量为世界第二的韩国，节能需求十分迫切。由于建筑节能的成本收益相对于工业、交通更高，建筑节能成为韩国部署节能减排相关工作的优先发展领域。结合应对气候变化和降低温室气体排放等国家战略，韩国颁布了《应对气候变化的零能耗建筑行动计划》，制定了推动零能耗建筑的国家行动计划和实施方案。

2.7.1 国家级行动计划

考虑到当前国家经济技术水平，零能耗建筑的推广实施不能一蹴而就，为此，韩国制定了详细的阶段性发展目标。2009 年 7 月 6 日，韩国政府颁布了"绿色增长国家战略及五年计划"[39]，针对零能耗建筑目标做出三步规划：

到 2012 年，实现低能耗建筑目标，建筑制冷/供暖能耗降低 50%；

到 2017 年，实现被动房建筑目标，建筑制冷/供暖能耗降低 80%；

到 2025 年，全面实现零能耗建筑目标，建筑能耗基本实现供需平衡。

2014 年 7 月 17 日，韩国国土交通部联合其他六部委颁布了《应对气候变化的零能耗建筑行动计划》，分析了零能耗建筑推广的主要障碍，制定了零能耗建筑的详细阶段性发展目标和推广策略，对参与计划的国土交通部及其他部委作了明确分工，提出了相应的促进政策和激励措施。

为了促进零能耗建筑的发展，韩国采用了"示范项目—科研推广—市场推广—强制实施"的四步策略。该策略主要包括四个时间段，即基础构筑阶段、科研及推广阶段、商业化推广阶段以及强制实施阶段。各阶段的目标及主要任务如下：

基础构筑阶段（2014—2016 年）：完善政策法律制度，研发新技术，促进示范工程建设，验证技术有效性及经济效益。

针对三种类型的零能耗建筑示范项目，2014 年开始实施低层型零能耗建筑，开始实施高层型零能耗建筑，2016 年开始实施零能耗建筑社区。政府通过征召，选定示范工程项目，示范建筑类型及时间见表 2-6。

示范工程推广计划　　表 2-6

<table>
<tr><th></th><th>非政府</th><th>政府</th><th>示范城市</th><th>时间</th></tr>
<tr><td>低层型零能耗建筑</td><td>居建(新建和改建的居住建筑)</td><td>公建(小规模的商业设施)</td><td rowspan="3">新城市，如世宗市</td><td>2014～</td></tr>
<tr><td>高层型零能耗建筑</td><td>居住建筑</td><td>公建(学校及公园等)</td><td>2015～</td></tr>
<tr><td>零能耗社区</td><td colspan="2">智能化零能耗建筑社区</td><td>2016～</td></tr>
</table>

科研及推广阶段（2014—2017年）：通过技术开发及市场推广，促进关键建筑材料部品国产化，促进材料能源系统信息平台开发。至2017年，将零能耗建筑中进口建筑材料的比重从当前的20%～30%降低到0。

商业化推广阶段（2017—2019年）：以成功的示范工程为基础，通过持续的可再生能源技术开发以及能耗设计标准强化，引导零能耗建筑商业化。

强制实施阶段（2020年—）：到2017年，实现所有居住建筑强制实行；到2020年，对于小规模的公共建筑，如居民中心、邮局以及学校实现强制性执行；从2025年开始，所有新建建筑强制达到零能耗。

2.7.2 零能耗建筑财税补贴政策

韩国零能耗建筑推广的困难和阻碍主要集中在以下几个方面：

（1）零能耗建筑市场较难形成。由于韩国的需求较小，国产的被动式技术建筑材料种类较少，需要使用成本高昂的进口产品，如果不建立相应的政策法规支持关键建筑材料产业的本土化，在零能耗建筑市场需求较低的情况下建立产业是非常困难的。

（2）相比于一般建筑，零能耗建筑物的工程造价会增加30%以上，而政府在补贴和税制方面的支援力度不够，影响开发商积极性。

（3）政府对可再生能源系统的应用提供补贴，但对于被动式技术这一节能效果更加显著的技术却没有补贴。

以上因素导致零能耗建筑成本增加，阻碍了零能耗建筑关键材料部品的产业化。为此，韩国政府出台了一系列财税政策，对零能耗建筑进行补贴，用以抵消零能耗建筑的增量成本，促进零能耗建筑的推广实施。

1. 财税政策

零能耗建筑相关财税政策主要包括以下方面：

容积率。对于零能耗建筑，在现有标准的基础上，其容积率提高15%，从而抵消部分建设增量成本。

财产税。5年内将购买零能耗建筑的财产税降低15%。

公积金贷款。通过住房公积金支持的低利息对现有建筑绿色化改造项目提供支持。

企业所得税。对于生产零能耗建筑构件（如外保温材料、高性能窗户）的企业，免除其部分所得税。

2. 项目补贴

被动式技术。对于采用被动式技术（如高性能围护结构、窗户等）以降低能耗的建筑，政府给予工程费增量成本补贴，其中居住建筑为15%，公共建筑为50%。

可再生能源。对于使用了可再生能源（太阳能、地源热泵及其他可再生能源设施）的建筑，可以优先获得相关设备费用50%的补贴。

建筑能源管理系统（Building Energy Management System，BEMS）。对于采用了智能控制系统的建筑，补贴系统费用的50%。

3. 基金支持

居住建筑可以获得源自于住宅基金的低息贷款补贴。

2.7.3　国家重点研发计划及示范项目

新技术的开发与政策完善为零能耗建筑行动计划基础构筑阶段中最重要的两部分。韩国的零能耗建筑技术开发国家级研究团队由三个机构组成，其中，韩国市政工程与建筑科学研究院（Korea Institute of Civil Engineering and Building Technology，KICT）主要研究被动式建筑技术，韩国电子通信技术研究院（Electronics and Telecommunications Research Institute，EIRI）研究能耗管理监控技术，韩国能源研究所（Korea Institute of Energy Research，KIER）主要研究可再生能源系统技术。

从 2008 年开始，这三家机构已完成了诸多科研项目并取得了一定成果，科研示范项目由政府基金支持，单个科研项目预算从 20 万美元到 990 万美元不等，部分科研项目见表 2-7。

科研示范项目列表[40]　　表 2-7

项目名称	时间	预算(万美元)	资金来源	关键词
低/碳绿色住宅开发	2009.7—2012.10	700	政府基金	绿色住宅,低碳,被动式系统,高层,公寓
零能耗住宅外墙系统示范工程	2008.12—2013.10	990	政府基金	零能耗,围护结构,外保温系统,居住建筑
速成建筑技术发展	2011.1—2011.12	350	政府基金	模块单元,BIM,速成建筑,3R(再利用,降低,再循环)材料
应对城市气候变化的生态住宅区	2008.1—2012.12	180	政府基金	气候变化,绿色基础设施,低影响设计
pH 降低时再生骨料的稳定性优化研究	2010.3—2011.8	20	政府基金	再生骨料,建筑废料

2.7.4　韩国近零能耗建筑最佳案例

结合科研项目成果，韩国设计建造了零能耗示范建筑并投入运行，研究其能耗表现。其中“零碳绿色家园项目”（Zero Carbon Green Home，ZCGH）和“三星绿色明天项目”（Samsung Green Tomorrow）的社会影响力最为突出。

1. 零碳绿色家园项目

韩国零碳绿色家园由韩国市政工程与建筑科学研究院建于 2013 年，位于首尔市北郊，建筑一共 8 层，15 户，建筑面积 2235m^2，平均窗墙比为 40%[41]（图 2-23）。建筑总造价 350 万美元，相比于传统居住建筑增量成本为 20%，预期投资回收期为 10 年左右。

项目主要目标是通过开发真空隔热窗户和外保温系统，应用可再生能源系统和能源管理监控系统，建造世界最先进的零碳绿色高层住宅建筑。其设计供暖需求为 15kWh/(m^2·a)，供暖负荷相比常规建筑降低 80%以上，电力消耗降低 85%以上，一次能源消耗量为 120kWh/(m^2·a)。

2013 年，该住宅太阳能光伏系统全年总发电量为 50000kWh，考虑 8%的传输损失，最终发电量为 46000kWh，达到了设计预期。月平均发电量 3833kWh，每户每月发电 255kWh。

得益于被动式技术的应用，建筑运行数据显示该住宅供暖需求为 15kWh/m^2，相比

图 2-23 零碳绿色家园建筑外观

传统住宅供暖需求 96kWh/m^2 降低了 80%[42]。其全年能耗费用仅 163 美元/户[43]，相比于传统建筑（1102 美元/户）降低了 85%，成功实现设计节能目标。

2. 三星绿色明天项目

三星绿色明天项目位于韩国京畿道龙仁市，是一个用于展示绿色建筑技术的展览馆。总建筑面积 676 m^2，包括 298 m^2 的住宅区和 423 m^2 的展览馆。这是韩国第一座零能耗住宅楼，获得了 2010 年 BCI 绿色设计奖的"住宅建筑绿色领先奖"，并于 2009 年 9 月 29 日成为东亚第一座获得"LEED 白金级"认证的建筑[41]。

绿色明天采用了 68 个环保科技手段，从而实现"三个绿色"：零能耗、零碳排放以及绿色信息 IT 技术（表 2-8）。

绿色明天三个绿色目标[44] 表 2-8

零能耗	零碳排放	绿色信息技术
实现全年能耗平衡"0"或"正"	建筑物寿命期 CO_2 排放为"0"	优化基于可持续能源和提供生活便利的信息技术
被动式设计	可持续建筑材料	能源管理系统
主动式设计	高效水资源利用	家庭网络
新能源和可再生能源	废物减少与回收	非接触位置识别技术

2.8 总结

通过对国际上"零能耗建筑"及相关定义比对研究可以发现，虽然"零能耗建筑"一词听起来很容易理解，似乎很容易定义，但目前各国政府及机构对于零能耗建筑的边界划分、计算范围、衡量指标、转换系数、平衡周期等问题还都不尽相同。

2.8.1 物理边界划分

物理边界的划分对能耗平衡的计算有着较大的影响。对建筑物来说，以单栋建筑还是建筑群（小区）作为计算对象，是需要探讨的问题。目前国际大多数意见还是以单栋建筑为计算对象，根据是否与电网连接，将零能耗建筑分为两种，一种是“上网零能耗建筑”（On-Grid Zero Energy Building），其由电网输送给建筑物的能量和建筑物返回给电网的能量达到平衡，即在计算期内，电表读数为 0；一种是“网下零能耗建筑”（Off-Grid Zero Energy Building），即与建筑一体化或建筑物附近与建筑物连接的可再生能源供电供热系统提供的能量和建筑能源需求量保持平衡，这类建筑也被称为“无源建筑”（Energy Autonomous Building）、“太阳能自足建筑”（Self-Sufficient Solar House）。

对建筑物理边界的划分对于如何确定“在线供电系统”（On-Site Generation System）很有帮助，如果此类系统在建筑物理边界单位内或建筑物附近，只为建筑物提供能量，就可以认为是“在线系统”并将其考虑进系统平衡计算，例如使用安装在的建筑物附近停车场的 PV 系统为建筑物供电时，则应该将其考虑在计算范围内；如果此类系统不在建筑物附近，则认为其为“网下系统”（Off-Site）。

图 2-24 所示，根据我国实际情况，我国大部分地区集中建设的城镇建筑物都会和电网、热网等基数设施相连接；同时，我国部分气候区村镇建筑物可能会无需连接电网而独立存在。所以，考虑我国气候区众多，不同建筑物供暖供冷能耗差别很大，讨论我国“零能耗建筑”可以分为“与外网连接”和“无外网连接”两种情况。

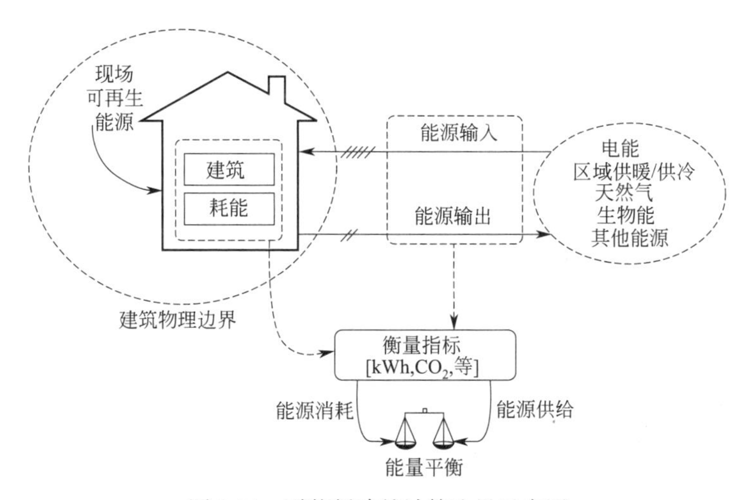

图 2-24　零能耗建筑计算边界示意图

2.8.2　能耗计算范围

按照节能设计标准，与建筑物设计相关的能耗包括供暖、供冷、通风、照明、热水使用等负荷，但也有许多与用户关联度较大的负荷，如插座负荷、电动汽车负荷还没有进入平衡计算。如果未来能源网中电动汽车使用量大幅度提升，虽然不会对建筑物负荷造成影响，但使用这类产品和设备会对建筑物用电平衡有影响，考虑到随着我国国民经济生活水平提高，居民用电会进一步增多，相关数据逐步完善，应在平衡计算时加入插座能耗等相关能耗。

如果建筑物无法达到零能耗，可否通过购买绿色电能或者对绿色工程或基金投资，从而认为其满足零能耗要求呢？如英国的“零碳居住建筑”（Zero-Carbon Home），要求新建建筑比2006年至少节能70%，但同时允许建造商通过国家投资基金对一些低碳和零碳的项目投资，从而认为其达标。这类政策更类似于碳排放交易，如何使其能真正推动建筑节能工作还需要和财政部门密切配合。

2.8.3 衡量指标

目前共有四类指标可以用于衡量零能耗建筑：终端用能、一次能源、能源账单、能源碳排放。四类指标的评价结论相差很多，如衡量地源热泵系统或者建筑光电一体化系统等可再生能源建筑应用对节能减排的效果，采用不同指标得出的结论会不同，通常认为采用终端用能形式或者能源账单作为衡量零能耗建筑的指标，操作起来相对容易。Kilkis等人[45] 认为引入“火用”的概念更能体现建筑物对环境的影响，以“火用”为衡量单位更加合理，但用“火用”作为指标进行计算，相对复杂且普及度低。

由于我国气候区多，南北气候差异大，根据我国实际情况来看，对于衡量指标，是确定一个，还是可以选择多个，需要具体问题具体分析。例如一栋建筑物夏天可以通过自身配备的PV系统发电，冬天需要靠燃烧生物质能或化石燃料供暖，其“零能耗”的平衡计算就相对复杂，很难用一个参数对其进行平衡计算。但对于新建建筑，在系统相对简单的情况下，使用终端用能作为计算单位更便于各方就定义达成一致以及系统模拟计算，便于工作推广。

2.8.4 转换系数

在统一衡量指标后，所有与建筑物相关的能量就需要通过不同的转换系数转换到与衡量指标单位一致。能源供给和使用链上的全部能源种类都需要转换，包括一次能源、可再生能源、换热、传输电网和热网。由于各个国家的能源结构不同，电网、热网组成不同，且随着可再生能源发电规模的逐步扩大，各国、同国家不同地区的转换系数有很大差异，且变化很快。但转换系数的确定，对“零能耗建筑”计算结果影响很大。

2.8.5 平衡周期

多数专家认为以年为单位进行能量平衡计算最为简单合理，但Hernandez和Kenny[46] 等人认为也可以使用30年或50年作为平衡周期，因为通常在30年或50年时，建筑物会进行一次大修，每次大修都会对建筑物影响负荷的因素有很大影响，而且以建筑全寿命期为单位也可以将建材、建造等阶段一起考虑进来。我国目前以年为计算周期相对合理。

通过对国际零能耗建筑的边界划分、计算范围、衡量指标、转换系数、平衡周期进行比对研究，见表2-9。结合我国实际情况，我国零能耗建筑应具有如下特点：（1）建筑物既可以与外界电网与热网连接（主要用于城镇内建筑），也可以独立于外界电网与热网存在（主要用于乡村建筑）。（2）建筑物能耗计算应考虑建筑物供暖供冷、照明家电设备、电力动力设备等能耗，应考虑未来技术发展后，蓄电池或电动汽车等技术参与形成建筑物能源系统的可能。（3）将各种能源通过国家认可的转换系数转换为一次能源进行平衡计算。（4）以1年为计算周期，进行建筑能源供给与消耗的平衡计算。我国零能耗建筑可以定义为：以年为计算周期，以终端用能形式作为衡量指标，建筑物及附近与其相连的可再生能源系统产生的能源总量大于或等于其消耗的能源总量的建筑物。

"零能耗建筑"定义涵盖主要内容及我国情况　　**表2-9**

主要内容	不同方法	注释	中国情况
边界划分	上网零能耗建筑	连接区域电网(热网、燃气管道等)	可能
	网下零能耗建筑	不连接区域电网	可能
计算范围	供暖供冷能耗	建筑物影响能耗	需要计算
	照明、家电能耗	生活习惯影响能耗	需要计算
	生活热水能耗	生活习惯影响能耗	需要计算
	外界输入	蓄电池更换、电动汽车	暂不考虑
	建筑能耗碳交易	可以购买碳排放指标	暂不考虑
衡量指标	终端用能形式	可以为多种形式，通常用kWh	优选
	一次能源	通常为标煤	可能
	能源账单	以用户实际使用情况进行衡量	暂不考虑
	能源碳排放	以 CO_2 为衡量指标	暂不考虑
	火用	体现建筑物对环境的影响	暂不考虑
转换系数	电网转换系数	需考虑不同电网情况	可以考虑
	热网转换系数	需考虑不同热网情况	可以考虑
平衡周期	1年	标准年	优选
	30年或50年	主要建材更换周期	暂不考虑
	建筑全寿命期	全寿命期	暂不考虑

2.8.6　小结

(1) 本章梳理了自20世纪70年代丹麦科学家首次提出"零能耗建筑"一词到目前这一概念被各类政府政策法规、技术发展计划、学术报告广泛使用的发展过程，分析了主要"零能耗建筑"相关定义及涵盖范围。

(2) 各发达国家都出台了对于建筑物节能减排迈向零能耗建筑的规划目标和技术路径。通常情况按照优先低层居住建筑、随后多层高层居住建筑、最后公共建筑的时间表进行。一些国家采取绝对值法对建筑能耗降低进行要求，一些国家采取提升建筑节能标准目标法对零能耗建筑发展进行规划。整体来看，美国通过商业手段推动技术进行，降低技术成本，使零能耗建筑逐步实施；欧洲通过各国顶层规划立法确定发展目标，配合技术进步和财税政策，推动零能耗建筑。

(3) 通过对各个不同"零能耗建筑"定义的边界划分、计算范围、衡量指标、转换系数法、平衡周期进行深入比对，提出我国零能耗建筑应该具备的特点，提出适用于我国的零能耗建筑定义。我国零能耗建筑可以定义为：以年为计算周期，以终端用能形式作为衡量指标，建筑物及附近与其相连的可再生能源系统产生的能源总量大于或等于其消耗的能源总量的建筑物。

本章参考文献

［1］ ESBENSEN T V，KORSGAARD V. Dimensioning of the solar heating system in the zero energy house in Denmark ［J］. Solar Energy，1977，19（2）：195-199.

［2］ LEITE F，AKCAMETE A，AKINCI B，et al.. Roadmap to Zero Emission ［J］. 2014.

［3］ LASKI J，BURROWS V. From thousands to billions：Coordinated action towards 100% net zero carbon buildings by 2050 ［R］. Toronto：World Green Building Council，2017.

［4］ MILLER F P，VANDOME A F，MCBREWSTER J. Energy independence and security act of 2007 ［M］. Saarbrücken：Alphascript Publishing，2010.

［5］ DEAN B，DULAC J，PETRICHENKO K，et al.. Global status report 2016：Towards zero-emission efficient and resilient buildings ［R］. Paris：Global Alliance for Buildings and Construction（GABC），2016.

［6］ VOSS K，GOETZBERGER A，BOPP G，et al.. The self-sufficient solar house in Freiburg——Results of 3 years of operation ［J］. Solar Energy，1996，58（1-3）：17-23.

［7］ VOSS K，MUSALL E，LICHTMEß M. From low-energy to net zero-energy buildings：Status and perspectives ［J］. Journal of Green Building，2011，6（1）：46-57.

［8］ KILKIS S. A new metric for net-zero carbon buildings ［C］//Proceedings of the ASME 2007 Energy Sustainability Conference，July 27 - 30，2007，Long Beach，CA. New York：ASME，2007：219-224.

［9］ RAWI M I M，AL-ANBUKY A. Passive house sensor networks：Human centric thermal comfort concept ［C］//2009 International Conference on Intelligent Sensors，Sensor Networks and Information Processing（ISSNIP），December 7-10，2010，Melbourne，VIC. New York：IEEE，2010：225-260.

［10］ BEYELER F，BEGLINGER N，RODER U. Minergie：The swiss sustainable building standard ［J］. Innovations：Technology，Governance，Globalization，2009，4（4）：241-244.

［11］ GOLZARI N，D'AVOINE P，WILSON M，et al.. Climate house ［EB/OL］.［2021-01-07］. https：//core. ac. uk/display/30313845.

［12］ BUCKING S，ZMEUREANU R，ATHIENITIS A. An information driven hybrid evolutionary algorithm for optimal design of a Net Zero Energy House ［J］. Solar Energy，2013，96：128-139.

［13］ SCHNIEDERS J，FEIST W，RONGEN L. Passive Houses for different climate zones ［J］. Energy and Buildings，2015，105：71-87.

［14］ EDITORIAL TEAM. The passive house database ［EB/OL］.［2021-01-07］. http：//passivhausprojekte. de/index. php? lang=zh-CN.

［15］ FEIST W，PFLUGER R，KAUFMANN B，et al. Passive house planning package

2007 [R] . Darmstadt, Germany: Passive House Institute, 2007.
[16] MAEDER C. Energy strategy 2050 and its impact on the industrial site Switzerland [J] . Kernkraftwerke in Deutschland Betriebsergebnisse, 2013, 58 (8-9): 507.
[17] FLOURENTZOU F, ROULET Y. " Est-ce que la societe de 2000w est atteignable pour les batiments scolaires de l'etat de vaud a l'horizon 2050 ?" [J] .
[18] SCHULZ K. Evaluating the energy independence and security act of 2007: Inclusions, exclusions, and problems with implementation [J] . Environmental Law Reporter: News & Analysis, 2008, 38 (11): 10763-10772.
[19] NATIONAL SCIENCE AND TECHNOLOGY COUNCIL. Federal research and development agenda for net-zero energy, high-performance green buildings [R] . Washington, DC: Office of Research and Economic Development, 2008.
[20] TORCELLINI P, PLESS S, DERU M, et al. Zero energy buildings: A critical look at the definition [C] //2006 ACEEE Summer Study on Energy Efficiency in Buildings, August 14-18, 2006, Pacific Grove, CA. Washington, DC: ACEEE, 2006: 1-12.
[21] U. S. DEPARTMENT OF ENERGY (DOE) . DOE releases common definition for zero energy buildings, campuses, and communities [EB/OL] . [2021-01-07] . https: //www. energy. gov/eere/buildings/articles/doe-releases-common-definition-zero-energy-buildings-campuses-and.
[22] OBAMA B. Federal leadership in environmental, energy, and economic performance [J] . Environmental Policy Collection, 2009, 74 (194): 52117-52127.
[23] U. S. DEPARTMENT OF ENERGY (DOE) . DOE resources help measure building energy benchmarking policy & program effectiveness [EB/OL] . [2021-01-07]. https: //www. energy. gov/eere/buildings/articles/doe-resources-help-measure-building-energy-benchmarking-policy-program.
[24] REPORT T, COUNCIL E, ENERGY C, et al.. Building on Strengths : Canada's Energy Policy Framework [J] . 2010.
[25] DELISLE V. Net-zero energy homes: Solar photovoltaic electricity scenario analysis based on current and future costs [J] . Ashrae Transactions, 2011, 117 (2): 315-322.
[26] MORTGAGE C, CORPORATION H. EQuilibriumTM Housing InSight [J] .
[27] BEAUSOLEILMORRISON I. NSERC Smart Net-zero Energy Buildings strategic Research Network [J] .
[28] 姜雅．日本的新能源及节能技术是如何发展起来的 [J] . 国土资源情报，2007 (8): 35-39.
[29] 吴丹红．日本节能法规研究 [J] . 中国市场，2014 (40): 98-102.
[30] 陈海嵩．日本的节能立法及制度体系 [J] . 节能与环保，2010 (1): 32-34.
[31] 崔成，牛建国．日本2011年节能技术战略对我们的启示 [J] . 中国能源，2011，33 (7): 10-14+39.

［32］ THE ENERGY CONSERVATION CENTER. Japan energy conservation hanbook 2013［M/OL］. Tokyo：The Energy Conservation Center，2013［2021-01-07］. http：//www. asiaeeccol. eccj. or. jp/databook/2013/handbook13. pdf.
［33］ 奥宫正哉．世界各国におけるZEBの動向（5）IEAなどの国際会議の動向（IEA/HPP/Annex 40の概要）［J］．空気調和衛生工学，2014，88（1）：39-41.
［34］ THE ENERGY CONSERVATION CENTER. Energy conservation for office buildings［EB/OL］．［2021-01-07］. https：//www. asiaeec-col. eccj. or. jp/wpdata/wp-content/uploads/2018/03/office _ building. pdf.
［35］ 丹羽英治．特集にあたって［J］．空気調和衛生工学，2014，88（1）：3-6.
［36］ 空気調和・衛生工学会空気調和設備委員会ZEB定義検討小委員会. SHASE guideline on definitions and evaluation method of ZEB（net zero energy building）［M］．東京：空気調和・衛生工学会，2015.
［37］ 世界经济数据网. 2014 世界 GDP 排名［EB/OL］．［2021-01-07］. http：//www. 2012gdp. com/.
［38］ KOREA ENERGYE CONOMICSINSTITUTE. Energy survey report［R］. Ulsan，Korea：KEEI，2011.
［39］ 中国气候变化信息网．应对气候变化立法的几点思考与建议［EB/OL］．［2021-01-07］. http：//www. ccchina. gov. cn/Detail. aspx? newsId=47928&TId=57.
［40］ KOREA INSTITUTE OF CIVIL ENGINEERING AND BUILDING TECHNOLOGY. Building research department［EB/OL］．［2021-01-07］. http：//www. kict. re. kr/eng/rsch/build. asp.
［41］ CHO D. Infrastructure establishment & practical application for zero carbon green home［R］. Goyang-Si，Korea：Korea Institute of Construction Technology，2013.
［42］ CHO D. Research report on development of zero carbon green home［R］. Goyang-Si，Korea：Korea Institute of Construction Technology，2012.
［43］ XU W，ZHANG S. Nearly（net）zero energy building［R］. Singapore：APEC Energy Working Group，APEC Expert Group on Energy Efficiency and Conservation，2014.
［44］ GLOBAL FUTUREMARK. Introduction of green tomorrow［EB/OL］．［2021-01-07］. http：//www. secc. co. kr/eng/html/global/greenTomorrow/green01 _ 2. asp.
［45］ KILKIS S，KILKIS S. Benchmarking airports based on a sustainability ranking index［J］. Journal of Cleaner Production，2016，130：248-259.
［46］ HERNANDEZ P，KENNY P. From net energy to zero energy buildings：Defining life cycle zero energy buildings（LC-ZEB）［J］. Energy and Buildings，2010，42（6）：815-821.

第 3 章　国际案例研究

3.1　美国最佳案例

因为美国信息公开较全，且建筑类型代表性较强，和我国气候区覆盖更为接近，对美国零能耗建筑最佳案例进行研究具有重要意义。根据美国新建筑研究所（New Building Institute）统计数据，2018 年全美共有零能耗建筑项目 482 个，遍布 44 个州，相较于 2014 年增幅超过 90%[1]，已实现不同气候区技术体系全覆盖（图 3-1）。

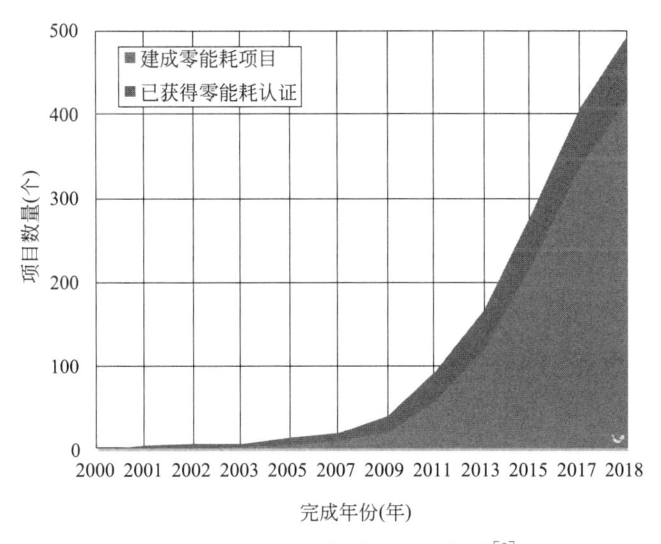

图 3-1　美国零能耗建筑增长曲线[2]

美国首栋零能耗建筑是 1982 年 Amory Lovins 在科罗拉多省地处海拔 2200m 的落基山脉深处设计建造的自有住宅 Amory' s House，代表了美国零能耗建筑早期形式。美国能源部于 2008 年正式通过设计提案并拨款支持美国国家可再生能源实验室科研楼（NREL Research Support Facility，简称 NREL RSF）的建设，这是美国首次对于大型零能耗办公园区的尝试。在此期间，以布利特基金会、落基山研究所为代表的众多民间组织相继开始零能耗建筑的研究，位于西雅图的布利特中心（The Bullitt Center[3]）和位于 Bassalt 的落基山研究所创新研发中心（RMI Innovation Center）就是美国夏热冬冷气候区和寒冷气候区零能耗办公建筑的典型代表。2018 年，位于美国加州库比蒂诺市的苹果新总部（Apple Park）正式落成并投入使用，整个建筑全年 70%的时间可通过自然通风解决建筑内冷热负荷，结合多种可再生能源利用达到零能耗，代表了目前美国零能耗建筑的最高水平。本章将按照对这些零能耗示范项目的技术路径和节能效果进行分析。

3.1.1 低层居住建筑

美国居住建筑中低层居住建筑占比85%，建筑形式多为单体别墅或联排别墅，建筑主要用能为供暖供冷、通风、生活热水及插座用电，负荷特点明晰，全年变化规律相对稳定，这种建筑是实现零能耗建筑最为简单的一种建筑形式。

1. 艾默里别墅（Amory's House）

（1）基本情况

项目位于美国科罗拉多省斯诺马斯市，建筑面积250m^2，使用用途住宅兼办公室，建筑地处海拔2200m的落基山脉深处，全年供暖度日数8700，冬季极端气温可达到零下44℃。

（2）技术手段

项目采用高保温性能围护结构，同时严格控制建筑气密性，依靠高保温投射性外窗增大日光投射的同时，最大限度地保存室内的能量，具有良好蓄热功能的地面使室内温度保持恒定，不使用供暖系统。建筑依山而建，屋顶留有充足的面积架设太阳能光伏。斯诺马斯地区日照充足，屋顶光伏系统通过与洗衣房内的蓄电装置相连接，可为室内电器供电，满足建筑全年90%的电耗。具体见表3-1。

艾默里别墅技术手段及节能效果 **表3-1**

技术类别	技术手段	节能效果
被动式	高保温围护结构	降低供暖热需求90%
	建筑气密性	
	被动式得热	
	自然采光	白天房内95%区域不需照明
	自然通风	减少通风及供冷空调耗电35%
	绿植+人工流水	减少湿度调节需求
主动式	通风热回收	全热回收效率75%
	高效照明	降低照明及电器耗电量90%
	高效电器	
	辐射供暖	较传统电暖气节能25%
可再生能源利用	太阳能光伏	满足建筑全年90%用电需求
	太阳能光热	满足建筑全年生活热水需求

（3）运行效果

建筑单位面积年终端耗电量降至2kWh/(m^2·a)，较该地区同类建筑能耗降低99%，其中供暖和生活热水热需求降低99%，电耗降低90%。整个项目不到10个月就收回全部增量成本。

2. Z家园（Z-HOME）

（1）基本情况

Z家园是最早一批零能耗住宅区的商业化尝试，也是美国现代零能耗居住建筑的典型代表。项目位于美国华盛顿州伊瑟阔市，属于美国气候区中的夏热冬冷气候区，全年供暖度日数 4611，供冷度日数 167。项目于 2009 年建成并正式对外出售，整个社区由 11 栋零能耗联排别墅构成，总建筑面积 1596m^2，每栋建筑 3～4 层，建筑面积 120～160m^2 不等，其中有 10 户作为住宅售出，总建筑面积 1245m^2，还有一栋为培训中心。至 2015 年年底，11 栋建筑已相继取得国际生命建筑研究所净零能耗建筑认证[4]。

(2) 技术手段

图 3-2 给出 Z 家园与该地区同类型居住建筑的各分项电耗实测对比。通过实测各用电项可以得到，该社区通过采用高性能保温围护墙体和高性能外窗，以及分户地源热泵供暖系统，降低建筑供暖能耗 87.8%；通过空气源热泵耦合太阳能热水系统，降低建筑生活热水电耗 75.6%；同时，通过雨水利用、中水处理系统降低泵水电耗 26.8%；根据每户卧室数量在其屋顶架设 3～7kWh 的太阳能光伏系统，可以满足平均每户终端 5255kWh 的用电需求。

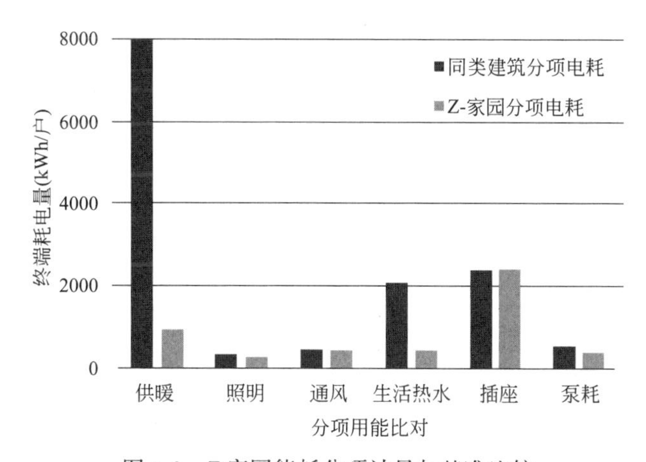

图 3-2 Z 家园能耗分项计量与基准比较

(3) 运行效果

Z 家园建筑单位面积年终端能耗强度为 40.95kWh/(m^2·a)，较该地区同类建筑能耗降低 62%，通过可再生能源补充达到净零能耗。值得指出的是，该项目建设之初以经济适用房定位，加上华盛顿州对建筑用光伏项目 30%的税费减免，将整个工程单位面积造价控制在 2431.76 美元/m^2，使该项目并未高于该地区当时市场同类住宅售价，具有很强的竞争力。

3.1.2 单体办公建筑

单体办公建筑除供暖空调负荷外，人员负荷是变动较大的部分之一，且集中式空调与通风系统增加了建筑基础运行能耗。与低层居住建筑不同，办公建筑实现零能耗的主要约束因素在于控制建筑体形系数，并寻求更大的太阳能光伏铺设面积。

1. 布利特中心（Bullitt Center）

(1) 基本情况

布利特中心位于美国西雅图，为 6 层办公建筑，建筑面积 4830m^2，由布利特基金会出资建造并运维。西雅图全年供暖度日数 4611，供冷度日数 167，供暖空调能耗占西雅图地区建筑能耗的比重达 55%。布利特中心充分利用当地日照条件和自然通风条件，采用多种主被动式手段，突破了多层办公建筑难以实现零能耗的限制。布利特中心大楼于 2013 年被年度世界建筑新闻奖评为“年度最佳可持续发展建筑”[5]。

（2）技术手段

布利特中心的节能设计路径完整地展现了零能耗建筑设计过程。项目通过采用提高建筑气密性，增加自然采光面积，采用高性能围护结构及门窗、可调节式外遮阳等 8 种被动式途径降低建筑用能负荷 40%；同时通过地源热泵系统、高效新风热回收系统（全热回收效率 80%），辐射供冷末端、工位空调送风等 11 种主动式能源系统优化技术将建筑总能耗进一步降低 14%；通过最大化利用自然采光、降低公共区域照度、光感自控照明系统等多种方式进一步将建筑单位用能强度降至 100kWh/(m^2 · a)。此外，布利特中心还十分重视用户行为节能，各租户需在租用之初签订绿色使用条例，同意并自觉遵循少用电梯、节水节电、合理使用空调，以及同意插座用能限额等 10 余条节能措施。正是由于多重节能技术及运行举措并行，才能使得布利特中心虽为 6 层办公建筑，但仍能够实现零能耗的设计理念。具体如图 3-3 所示。

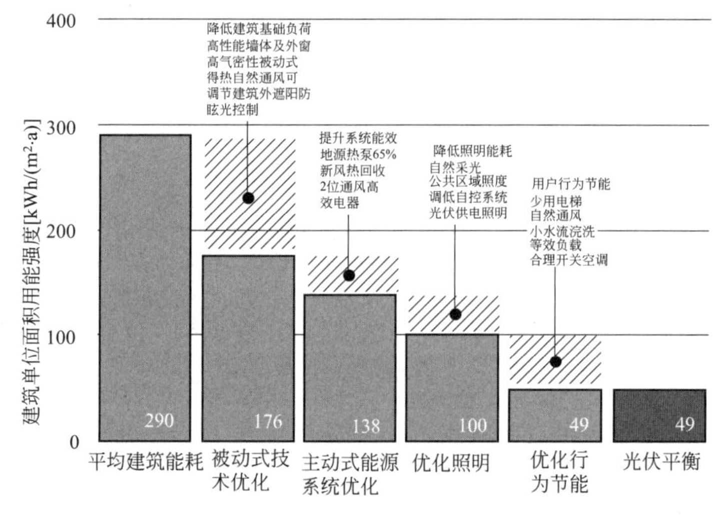

图 3-3　布利特中心节能技术路径

（3）运行效果

图 3-4 给出该项目与同类型建筑与不同标识认证要求下的能耗对比，可以看出，获得美国能源部和美国环保署颁发的 ENERGY STAR 评分 50 分的建筑其平均电耗约为 226.8kWh/(m^2 · a)，采用西雅图建筑节能标准建筑能耗为 201.6kWh/(m^2 · a)，LEED 白金技术可将建筑能耗降低到 100.8kWh/(m^2 · a)。而布利特中心其 2018 年度建筑总能耗仅为 49.81kWh/(m^2 · a)，相比于同类建筑节能 78%，通过建筑屋顶和外立面的 PV 装置年发电量 48.57kWh/(m^2 · a)，基本可以满足建筑年用电需求。

2. 落基山研究所创新中心（RMI Innovation Center）

（1）基本情况

项目位于美国科罗拉多省巴索尔特地区，该地区全年供暖度日数 5413，供冷度日数

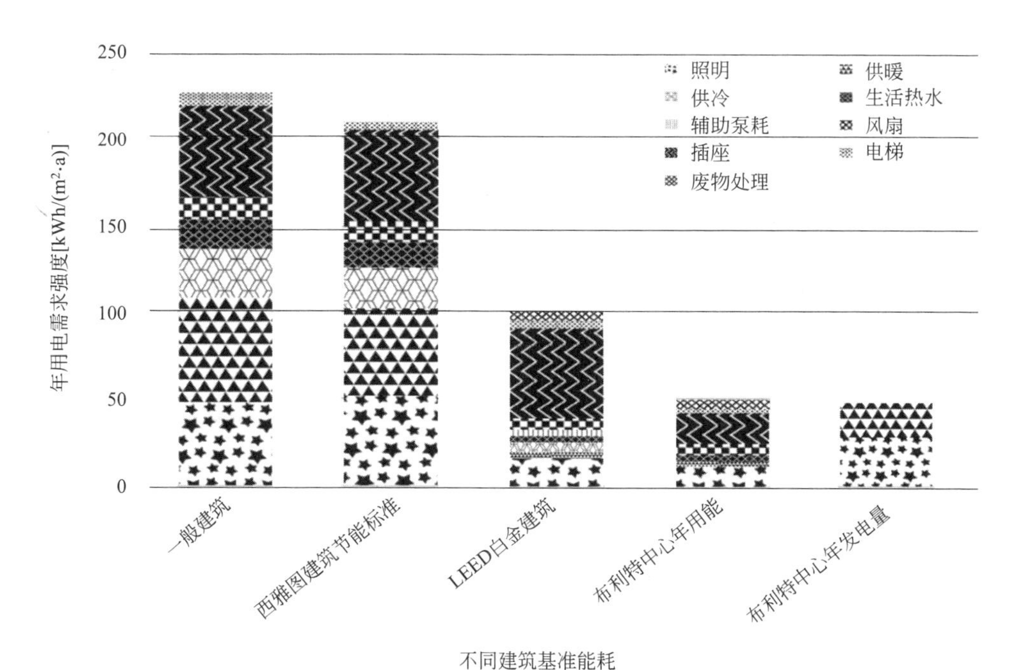

图 3-4　布利特中心与不同基准能耗比对

973，冬季较为寒冷。建筑总面积 1450m²，为 2 层办公建筑[6]，可容纳 50 名员工日常办公。

（2）技术手段

项目充分利用被动式设计理念，采用 11 项被动式技术：①高保温性能墙体；②高保温性能外窗；③高气密性；④自然采光；⑤被动式得热；⑥自然通风；⑦景观绿植；⑧控制眩光；⑨建筑外遮阳；⑩室内隔声；⑪蓄热楼板等。主动式技术方面，通过 9 项主动式技术手段：①新风热回收；②高效照明灯具；③高效电器；④工位风扇；⑤工位照明；⑥室内环境监控技术；⑦自控外遮阳；⑧工位照明；⑨夏季预冷。其充分利用分散式空调技术，夏季采用座椅送风，冬季目标用户电热毯直接供暖。创新中心严格控制供暖系统能耗，通风系统热回收效率高达 93%，能够有效预热新风，不必安装再热盘管。

（3）运行效果

图 3-5 给出创新中心各项用能与常规建筑的比较情况。通过对比可以得知，供暖能耗较常规建筑降低 84%，通风能耗降低 96%。由于当地夏季昼夜温差较大，楼内采用夜间预冷技术，可以完全消除空调能耗。同时，通过优化室内自然光环境，降低照明能耗 73%。

图 3-6 给出项目运行过程中各项能耗占比。从图 3-6 中可以看出，用户行为节能是实现建筑最终运行能耗目标的关键一环，创新研发中心规定用户插座负荷不应高于 15.13kWh/(m²·a)，这相比于美国办公建筑的平均插座负荷低 42%。创新中心年终端用电强度为 56.3kWh/(m²·a)，屋顶光伏系统装机容量为 83.08kW，可满足创新中心用电需求的 123%～148%。

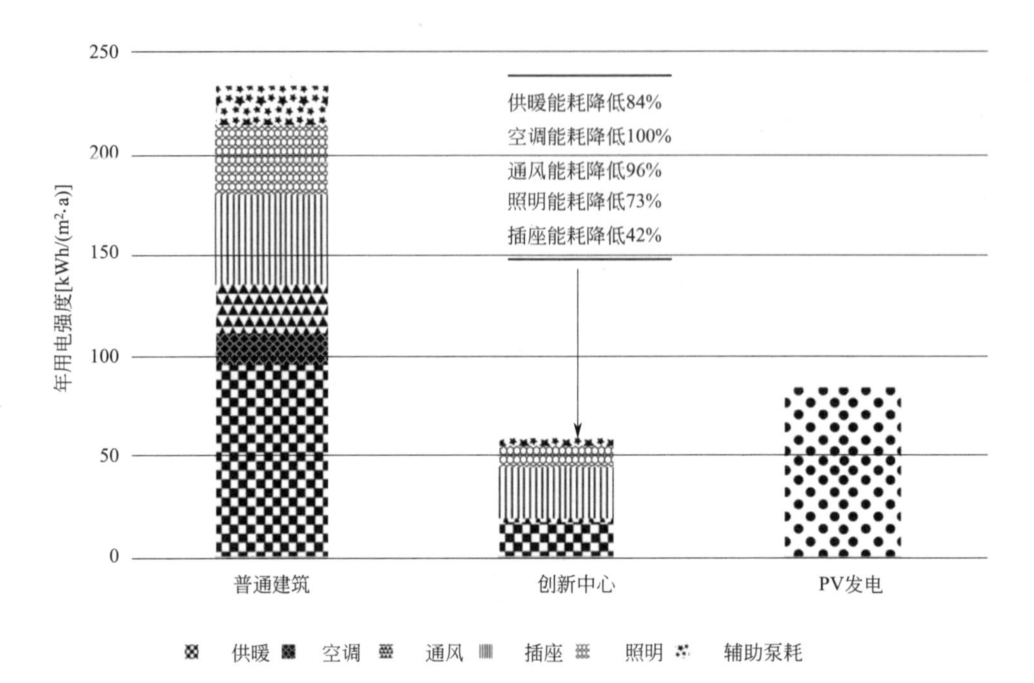

图 3-5　落基山研究所创新研发中心年能耗分布

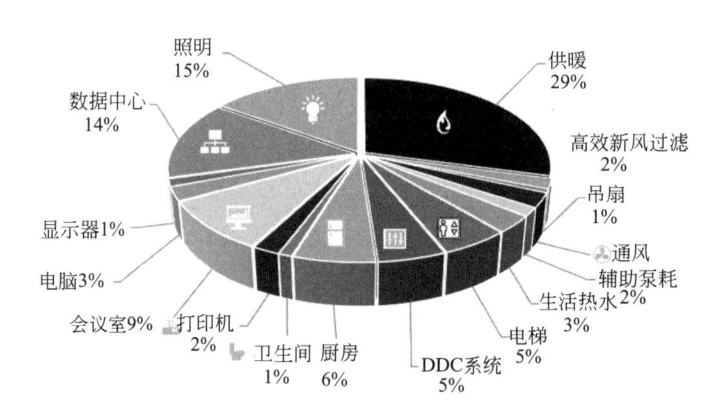

图 3-6　落基山研究所创新研发中心能耗分布

3.1.3　大型办公建筑及园区

大型办公建筑及园区类办公建筑，场地可再生能源发生量是达到零能耗的关键。在建筑自身用能强度降低的同时，充分利用场地内空间敷设可再生能源系统，以平衡能耗是目前美国大型办公建筑及园区类办公建筑实现零能耗的主要途径。

1. 国家可再生能源实验室科研楼（NREL RSF）

（1）项目背景

美国国家可再生能源实验室最新建成并已投入使用的可持续绿色办公建筑位于美国能源部下属的科罗拉多州格尔登国家可再生能源实验室，园区占地面积 1.7 万 m^2，建筑占地 6094m²，实际建筑面积 20345m²。该项目由美国能源部出资建造，于 2011 年已获得 LEED-NC 2.2 白金认证，LEED 综合评分居美国政府办公建筑之首。

（2）技术路线

NREL RSF 采用 12 项被动式技术手段：①办公区浅进深设计；②高保温性能围护结构；③高气密性；④自然采光；⑤优化窗墙比，增加被动式得热；⑥自然通风；⑦室内绿植景观；⑧活动外遮阳；⑨防眩光反光板；⑩室内隔声；⑪楼板蓄热；⑫电致变色玻璃。10 项主动式技术手段：①高效新风热回收；②高效照明灯具；③高效电器；④辐射供暖；⑤辐射供冷；⑥室内环境监控；⑦工位照明；⑧自控照明；⑨蒸发冷却技术；⑩全新风置换通风设计。5 项可再生能源技术应用：①太阳能光伏；②太阳能光热；③地源热泵系统；④生物燃料电池；⑤生物质锅炉。

通过一系列主、被动式建筑技术，建筑年能耗强度设计目标降至 110.57kWh/(m²·a)。需要指出的是，该目标统计包含了建筑供冷、供暖、照明、生活热水、插座、各项辅助泵耗以及数据中心能耗，其中数据中心耗电量占总电耗的 35.1%。图 3-7 给出 RSF 园区年能源消耗，即可再生能源平衡关系。通过太阳能集热器新风预热系统、屋顶及停车场棚顶安装太阳能发电系统，以及生物质锅炉热水系统等，每年可为建筑提供 2238MWh 的能量，约占建筑总能耗的 30%。此外数据中心还采用蒸发冷却、全新风置换通风、废热回收等多种节能措施。

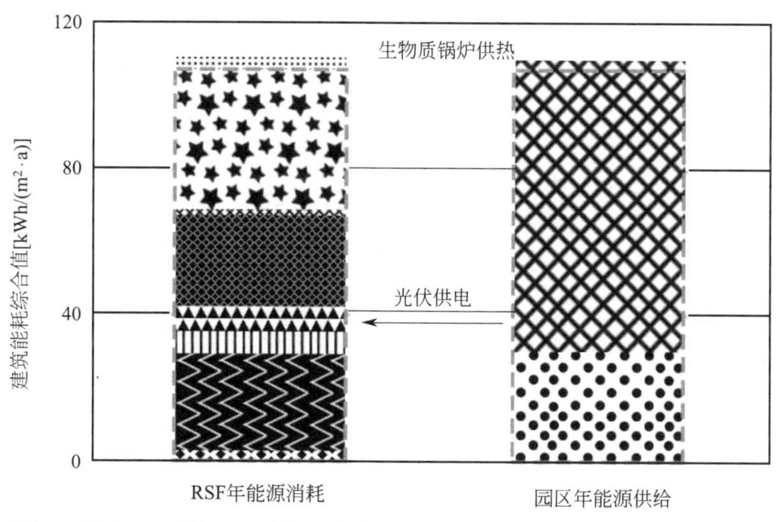

图 3-7 RSF 能耗分项计量与全年平衡关系图

（3）运行效果

2017—2018 年实际监测能耗为 78.75kWh/(m²·a)，建筑全部用能为电器设备耗电，较同等使用水平下的一般办公建筑节能 74.4%，建筑场地可再生能源发生量可以完全满足建筑需求。

2. 苹果公司新总部园区

（1）项目背景

苹果公司新总部办公楼（Apple Park）位于加利福尼亚库比蒂诺市，于 2018 年正式建成并入驻，是目前全球最大的零能耗建筑。建筑主体为4层高的环形建筑，建筑外周长1600m，总办公面积26万m^2，由苹果公司全资设计建造，是苹果公司“零排放、零废物”目标的具体体现。

（2）技术路线

项目主要采用5项被动式技术，包括：①自然采光；②自然通风；③室内外绿植景观；④建筑外遮阳；⑤防眩光反光板。8项主动式技术手段：①高效新风热回收；②高效照明灯具；③高效电器；④辐射供暖；⑤辐射供冷；⑥室内环境监控；⑦工位照明优化；⑧全新风置换通风设计。2项可再生能源技术应用：①太阳能光伏；②生物燃料电池。

建筑充分利用当地自然条件，通过优化自然通风和自然采光满足建筑最大舒适度，建筑全年70%的时间可通过自然通风解决建筑内冷热负荷，自然通风季建筑内无明显吹风感。除此之外，自然采光+工位照明的设计可以优化工作台区域光线，降低单位照明功率20%。能源供给方面，Apple Park采用燃料电池（供电负荷4MW）和园区光伏系统（屋顶+停车场，供电峰值14MW）共同供电，日供冷峰值负荷约15.8MW，光伏峰值发电量约17kW，满足75%的日峰值用电负荷，剩余25%由加州光伏电站供给满足，同时建筑已成功并网，非峰值用电期间可以向电网输送电能，100%实现零能耗可再生能源，是美国大型零能耗园区的典型成功范例。具体如图3-8所示。

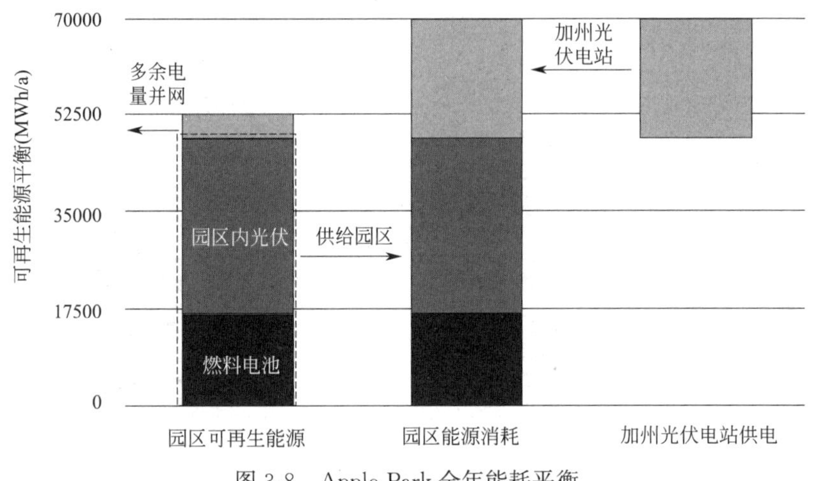

图3-8 Apple Park全年能耗平衡

3.1.4 案例比对

通过对美国不同气候区零能耗典型建筑其建筑用能特点、年能耗水平及可再生能源发生量进行对比可以看出，零能耗建筑技术路径虽因建筑体量、建筑形式，以及气候条件而有所不同，但通过可再生能源达到零能耗是完全可以实现的。相比于同类型传统建筑，零能耗居住建筑建筑用能强度可降低80%～90%，零能耗公共建筑建筑用能强度可降低70%～75%。表3-2给出不同示范项目气候特点、能耗强度及可再生能源发生量等信息。

零能耗建筑最佳案例基本信息　　表 3-2

建筑	类型	地点	面积 (m^2)	气候区	HDD	CDD	建筑用能强度 [kWh/(m^2 · a)]	可再生能源发生量 [kWh/(m^2 · a)]
Amory's House	低层居住	斯诺马斯	250	7	8749	62	17	15
Z-Home	低层居住	伊瑟阔	1596	4C	4611	167	40.95	42.2
Bullitt Center	办公	西雅图	4830	4C	4611	167	49.81	48.57
RMI Innovation Center	办公	巴萨尔特	1450	5B	5413	973	62.09	83
NREL RSF	园区	戈尔登	20345	4B	6220	1154	78.75	110.57

美国零能耗建筑的技术路线有自身特点，在通过被动式技术降低建筑基准能耗的同时，更加注重主动式技术和可再生能源的利用。图 3-9 给出本节示范项目用能水平与当地同类建筑平均用能水平对比，可以看出零能耗居住建筑可实现 50%～90%的相对节能率，即使在建筑节能标准要求更加严格的加利福尼亚州和华盛顿州，零能耗居住建筑相对节能率仍可达到 50%以上，大型商业及办公建筑可实现 70%～85%的相对节能率，通过可再生能源进行补充，完全具备实现零能耗建筑的潜力。

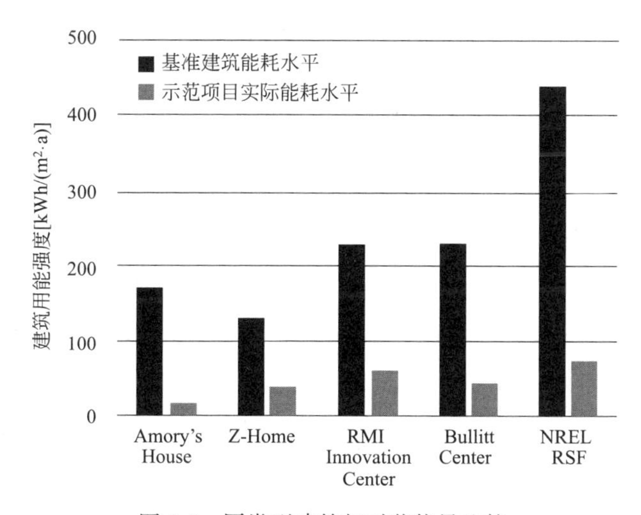

图 3-9　同类型建筑相对节能量比较

图 3-10 给出示范项目的用能产能平衡图，除 Amory's House 外，其他建筑可再生能源发生量皆能够满足建筑用能，Amory's House 作为零能耗建筑的早期尝试，其技术路线相对更注重于被动式技术，并未大量装设光伏系统追求净零，因此相对于其建筑用能消耗，可再生能源发生量相对较少，但其建筑用能强度已经较当地同等用能水平大幅降低。

各示范项目使用的主要节能技术主要包括被动式和主动式技术，被动式技术方面，围护结构保温、高气密性、自然采光和自然通风是降低建筑基准能耗的通用手段，随着建筑体量的增加，公共建筑会逐渐侧重室内自然光优化控制、楼板蓄能、建筑空间隔声等技术的应用，多参数调节公共空间的舒适度。主动式技术应用方面，新风热回收、高效用电设备、辐射供暖供冷末端是降低建筑用能的主要途径，随着建筑功能复杂度的增加，自控技术的应用可以对建筑各部分精准调节，如 Bullitt Center 的自控外遮阳，可以根据室外风

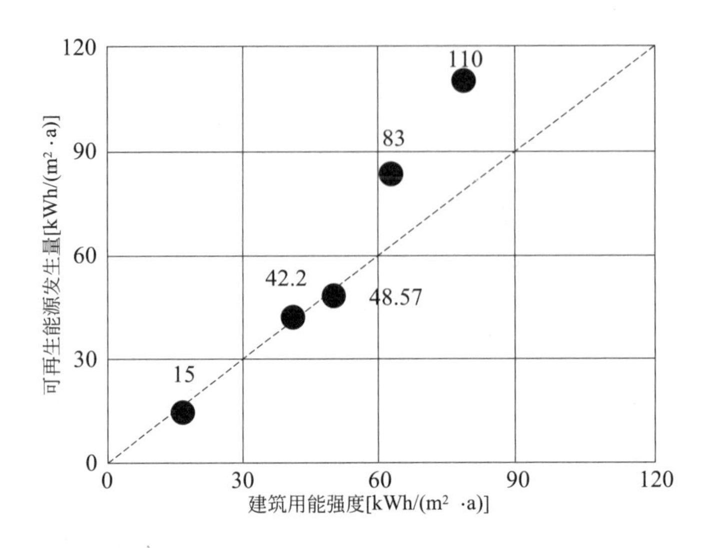

图 3-10 示范项目用能产能平衡图

向、光线和温度的变化自动调节遮阳卷帘的高度。对于公共开敞式办公空间，分散供冷供暖是有效的节能措施，如 RMI Innovation Center 夏季采用工位座椅送风，可以根据人员自身舒适性调节座椅上的局部风量，冬季采用局部电热毯提高舒适性的同时，有效减少供暖能耗。

可再生能源应用方面，太阳能光伏是实现建筑零能耗的主要途径，从示范项目可以看出，美国小体量居住建筑和公共建筑已基本可以通过建筑本体可利用光伏架设面积达到零能耗，大体量公共建筑及园区则需要借助园区内停车棚等设施扩大光伏系统可架设面积达到零能耗，如美国国家可再生能源实验室。当园区内可利用面积无法满足时，则需要通过借助周边光伏电站引入绿电来实现，如苹果新总部 Apple Park。除太阳能光电利用外，太阳能光热利用也是示范项目生活热水和室外新风预热的主要功能途径。冬夏季负荷相对平衡的地区地源热泵是为建筑提供冷热源的首选，空气源热泵则更适宜为小体量居住建筑功能。除此之外，生物燃料电池、生物质锅炉等新兴供能系统也正在逐步应用验证中。

国际生命建筑研究所 Brad Liljequist 博士在文献[7] 中选取 19 个示范项目进行了研究。根据表 3-3 中美国不同气候区已建成零能耗示范项目的统计可知，美国已经基本具备在其全气候区实现零能耗建筑技术实力。

美国不同气候区零能耗示范工程分布 **表 3-3**

	小体量居住建筑	多层居住建筑	多层办公建筑	大型公共建筑	园区
湿热气候			√	√	
干热气候	√	√	√	√	√
混合干燥气候	√	√	√	NREL RSF	√
地中海式气候	√	Z-Home	Bullitt Center	√	Apple Park
寒冷气候	√	√	RMI Innovation Center	√	√
严寒气候	Amory's House		√	√	

3.1.5　案例经济性分析

表 3-4 给出各最佳案例的建造成本及增量成本比例。通过对各个项目总成本及增量成本的统计，考虑各项激励政策补贴，各项目增量成本回收期在 10 个月—2 年，符合市场推广所需经济性条件。从示范项目的单位面积成本增量来看，本节中示范项目其增量成本仍处于较高的水平，不利于市场竞争，仍处于企业或研究机构的探索阶段。值得一提的是，随着美国政府对建筑节能的不断重视，示范项目通过政府的激励政策，可以作为适当降低增量成本的有效途径。文中除个别案例拥有企业资金支持外，大部分项目依靠光伏补贴和税费减免政策，可以维持其市场竞争力，使增量成本控制在 20%以内。

示范项目经济性分析　　表 3-4

项目名称	总成本（百万美元）	建筑面积（m^2）	单位面积成本（美元/m^2）	增量成本	补贴来源
Z-Home	3.034	1596	1901	<20%	减税 30%+0.15/kWh 光伏补贴
RMI Innovation Center	2.83	1450	1950	18.6%	0.15/kWh 光伏补贴
Bullitt Center	32.5	4830	6728	25%	减税政策+0.15/kWh 光伏补贴
NREL RSF	64.3	20345	3160	8%	200 万补贴+光伏补贴
APPLE PARK	50000	260000	19230	—	0.15/kWh 光伏

以 Bullitt Center 为例，项目建设阶段即通过美国政府推动光伏和地源热泵系统在建筑中应用的联邦 1603 计划（Federal 1603 Program），得到融资资助。同时，西雅图市经济发展办公室为该项目提供资金债权和市场税收抵免等资助，进一步降低项目开发初期的资金压力[8]。

3.1.6　政策推广及发展趋势

美国在零能耗建筑的市场推广方面注重政府推行和市场激励并行，其在政策推广方面可以分为三类：

（1）政府行政法规。目前，美国已经有 44 个州陆续开展了研究和尝试，各州一级政府纷纷提出相对激进的零能耗建筑发展策略，执行更加严苛的建筑节能标准。其中，加利福尼亚州作为清洁能源推进大省，净零能耗建筑数量等于其他各州总和[9]。2017 年 11 月，俄勒冈州发布行政命令（Executive Order 17-20），提出了到 2023 年在全州实现净零能耗预备建筑为标准的目标。华盛顿州能源法（The Washington State Energy Code，WSEC）提出，到 2031 年，州内建筑全年净能耗要在 2006 年 WSEC 基础上降低 70%。

（2）财税补贴。美国各级政府发布的财税减免及相关补贴主要针对光伏系统。政府自 1992 年通过《1992 年能源政策法案》推动发展以光伏为首的可再生能源产业以来，不断出台各项激励政策推动光伏产业发展[10]。华盛顿州对安装光伏的居住建筑用户给予 30%的税收抵免政策。美国各州也纷纷发布可再生能源发电目标，加州确立在 2045 年实现 100%清洁能源，夏威夷州 2045 年实现 100%可再生能源发电，华盛顿特区2032年实现100%可再生能源发电目标[11]。据Wood Mackenzie电力与可再生能源事业部与能源存储协会（ESA，Energy Storage Association）新发布的《2018年美国储能市场回顾》报告，2018年美国储能新增装机容量777MWh，同比增加80%，其中亚利桑那州光伏发电电价创2.499美分/度的新低。低廉的光伏价格有进一步发展的空间。

（3）容积率奖励。西雅图市议会2018年6月宣布通过一项“2030规划挑战”试点计划：对满足条件的既有建筑改造项目提供额外的两个楼层和25%容积率奖励。“2030规划挑战”要求改造建筑从现有的基准上减少70%能源使用，提升50%水管理效率以及减少50%的运输排放。随着不同城市激励政策的不断出台，将大力促进开发商和业主进行零能耗建筑的投资，也有利于培育零能耗建筑市场化。

除政府激励政策外，能源租售模式也在零能耗办公建筑中尝试展开，业主将再生能源以配额的方式租售给用户，用户享有一定用能范围内相对低廉的能源价格，这种双赢的能源管理模式一方面可以帮助业主加快收回开发成本，另一方面也对用户进行有效用能约束。

通过分析可以看出，美国政府对于零能耗建筑的推动政策非常注重市场激励效果，通过可再生能源政策的不断出台，从根本上提升可再生能源的发展市场，减少对化石能源的依赖，将零能耗建筑的增量成本控制在20%以内或更低，有效减少了零能耗建筑的经济回收期，为零能耗建筑、零能耗社区的发展提供有利市场空间。

3.1.7 小结

通过选取美国目前已建成并运行的零能耗最佳案例，对其技术特点、能耗水平，以及经济性进行分析可以得到，美国零能耗建筑的技术发展路径已可以基本满足全气候全建筑类型覆盖，并逐渐从中小体量建筑向大体量商业建筑及园区发展。相较于现行建筑能耗水平，零能耗居住建筑可实现50%～90%的相对节能率，即使在建筑能耗要求更加严格的加利福尼亚州，零能耗居住建筑节能比例仍能达到50%以上。大型商业及办公建筑可实现70%～85%的相对节能率，通过可再生能源进行补充，完全具备实现零能耗建筑的潜力。

以光伏为代表的可再生能源利用发展为零能耗建筑提供更加广阔的气候适应性和市场推广可行性。大体量零能耗建筑及园区通过并网实现分布式电力共享的同时，也促进了绿色清洁电力能源的发展。随着光伏成本的逐渐下降，零能耗建筑的增量成本可以控制在10%以内。

美国零能耗建筑政策支持分为能源侧激励和项目个体激励。国家及州一级已明确提出零能耗建筑发展目标，各个城市相继发布容积率奖励及建筑面积奖励等激励政策，而基于清洁能源战略部署的激励政策将更加有利于零能耗建筑市场化的推广。

3.2 德国PHI数据库

3.2.1 被动房数据库类型数量分布

数据库中依据建筑功能共划分为24个建筑类型，为统计方便，本文依据我国建筑功能划分习惯将 24 个建筑类型归为 9 种，图 3-11 为被动房数据库中不同类型建筑所占数量。

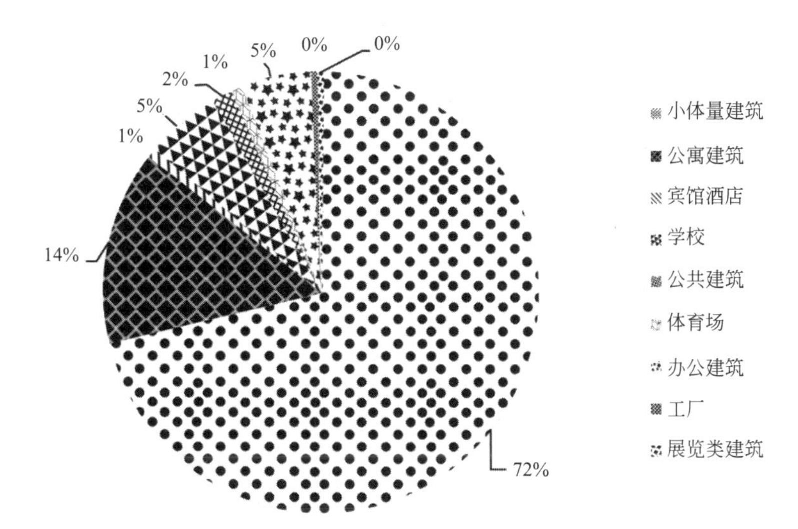

图 3-11 被动房数据库建筑不同建筑类型的建筑数量

从图 3-11 中可以看出，小体量建筑（Small Scale Houses）的项目数量为 2784 个，占全部类型建筑的 72%，总面积达 55.6 万 m^2，其中获得认证的是 617 个，占总量的 72%，居住建筑占被动房项目总量的 85.5%，大体量公共建筑，如学校、体育场馆、工厂等占项目总量的 7.3%，中小体量公共建筑，如办公建筑等占总体量的 7.5%。从统计数据可以看出，目前被动房的发展主要还是集中在小体量居住建筑中。

目前拥有被动房数量最多的几个国家分别是：德国、奥地利、法国、美国和英国（图 3-12）。通过对数据库中各国被动房案例的研究可以发现，由于气候、文化、建筑分布特点等因素，被动房在欧洲中部德语体系中有着较高的接受程度。

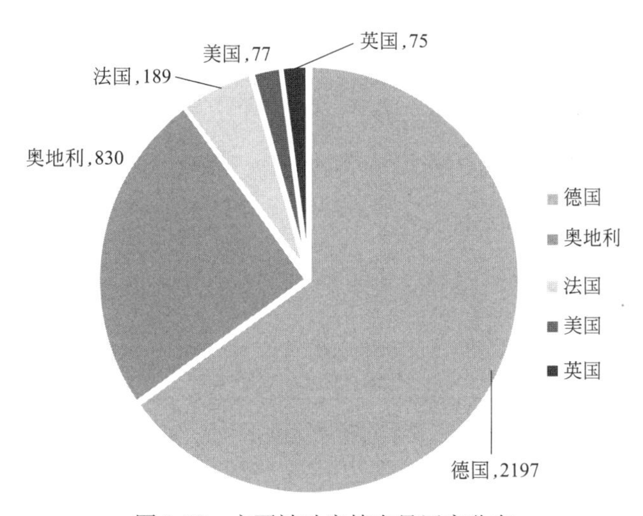

图 3-12 主要被动房持有量国家分布

3.2.2 被动房建筑奖

为了提升被动房数据库的影响力，推动被动房在全球范围内的发展，被动房研究所在2010年被动房研究所对在库的被动房建筑进行评选，决出24个最能代表被动房设计理念和建筑性能的优秀被动房案例并授予第一届“被动房建筑奖”。此次评奖在被动房领域产生了广泛的影响，德国交通部长彼得·拉姆绍尔对该次评选做出评价：“被动房是建筑节能领域的巨大进步。被动房建筑奖评选出的建筑充分说明高能效能源利用和优化的建筑设计之间可以相互融合”。之后，被动房研究所于2014年对2010—2014年间的入库项目进行评选，并再度决出21个优秀案例授予第二届“被动房建筑奖”。两届被动房获奖案例的评选共评选出45个被动房案例，这些案例充分体现了被动房的设计理念，其高效的能源利用效率和良好的建筑性能代表了目前世界范围内被动房建造的最高水平。

从1991年第一栋“被动房”建成，至2005年被动房正式步入发展，再到2010年第一届“被动房建筑奖”的颁发，被动房经历20年的发展。业界对于两届“被动房建筑奖”评选的关注度持续升高，充分说明了被动房的发展迎来了历史上的黄金时期。

两届获奖建筑以2010年为时间划分，首届评奖24个，建筑建成时间集中在2004—2010年；第二届评奖建筑21个，建筑建成时间集在2010—2014年。表3-5给出两届获奖建筑的国家分布。

两届被动房建筑奖获奖建筑的国家分布　　表3-5

第一届获奖建筑家分布	德国	奥地利	丹麦	日本	瑞士	中国				
数量	16	3	2	1	1	1				
第二届获奖建筑国家分布	德国	美国	奥地利	韩国	英国	法国	丹麦	新西兰	芬兰	比利时
数量	9	3	2	1	1	1	1	1	1	1

对比两次建筑的评选，可以发现，相比于一期获奖建筑，二期获奖建筑的国家更加分散，参与被动房研究的国家也在逐渐增多。相比于第一届评奖，第二届获奖建筑项目信息存在以下特点：

（1）大体量建筑逐渐增多。

（2）建筑形式更加多样化，从单一住宅向多功能公共建筑扩展。

（3）建筑评价指标中增加冷负荷和冷需求指标，指标体系更加完善。

表3-6为两届获奖项目的建筑类型和项目规模统计。对比两届项目基本概况信息可以得到，相比于第一届获奖建筑，第二届获奖建筑从体量上和建筑功能上有明显增大增多的趋势。由此可以看出，随着被动房技术的发展，大体量建筑实现被动房已逐渐成为可能。

两届获奖项目建筑类型和项目规模统计　　表3-6

		小体量住宅	公寓	公共建筑	办公建筑	体育场馆	学校
第一届获奖	数量	4	9	3	2	2	4
	单体面积(m^2)	78～280	147～2538	528～6462	176～2096	738～1000	358～773
第二届获奖	数量	6	4	5	4	0	2
	单体面积(m^2)	88～413	2535～9439	82～12442	442～20984	0	3275～12625

为方便叙述，本文将对两次被动评奖的获选建筑进行统一对比，并分别从建筑能耗指标、围护结构性能、建筑冷热技术支持和通风系统四个方面进行分析。

被动房通过采用先进节能设计理念和施工技术使建筑围护结构达到最优化，极大限度地提高建筑的保温、隔热和气密性能，并通过新风系统的高效热（冷）回收装置将室内废气中的热（冷）量回收利用，从而显著降低建筑的供暖和制冷需求。因此，能耗指标是被动房标准中最为关键的衡量要素。

表 3-7 为被动房标准中对于能耗的指标的要求，表 3-8 给出被动房对于舒适性指标的具体要求[12]。

被动房能耗技术指标　　**表 3-7**

被动房能效控制指标	被动房标准
供热能源需求量	≤15kWh/(m^2 · a)
最大供暖负荷	≤10W/m^2
供冷能源需求量	≤15kWh/(m^2 · a)
生活热水、家庭用电的年一次能源总消耗	≤120kWh/(m^2 · a)

被动房舒适性指标　　**表 3-8**

被动房舒适性指标	要求
室内温度	20～26℃
超温频率	≤5%
室内相对湿度	40%～60%
室内 CO_2 含量	≤1000ppm
室内噪声	卧室≤25dB，起居室≤30dB
房屋气密性	η_{50}≤0.6/h，即在室内外压差为 50Pa 时，每小时的换气次数不得超过 0.6 次

根据被动房研究所编制的《被动房设计手册》（Passive House Planning Package，PHPP）中对于被动房建筑气密性的要求，被动房建筑机密性应达到 0.6 次以下（在室内外 50Pa 压差下）[12]。图 3-13 为两届获奖建筑的建筑气密性实测值统计，所有建筑均能够

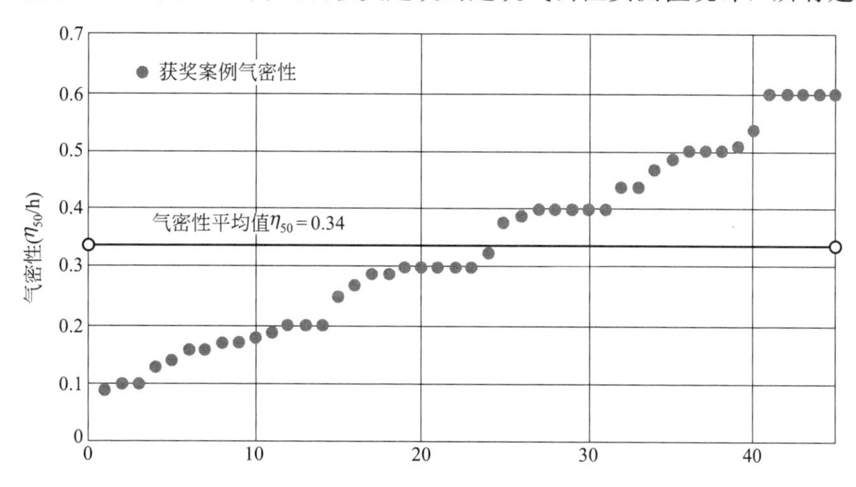

图 3-13　被动房建筑奖获奖案例气密性能统计

满足被动房建筑气密性的要求，其平均值可以达到 0.34 次。

建筑气密性受施工工艺影响较大，这也是最考验建筑施工水平的环节。随着建筑体量的增大，保证建筑气密性的难度也将不断增大。在两届获奖建筑中可以看到，不乏大体量的公共建筑及体育场馆，其仍然能够保证气密性负荷被动房标准，为大体量建筑实现被动房提供了实际依据。

被动房的冷热源系统形式与建筑体量及建筑功能有关。在对两期获奖建筑的冷热源进行统计时发现，在两期 45 个项目中，40 个项目采取不同形式的热源系统，其中，有 14 个项目直接利用区域外网作为热源，占项目总数 31%，采用热泵的项目有 15 个，占总数的 33%，其他热源形式还有燃气锅炉、燃料锅炉等，完全不采用热源的建筑只有 5 个，占总数的 11%（图 3-14）。

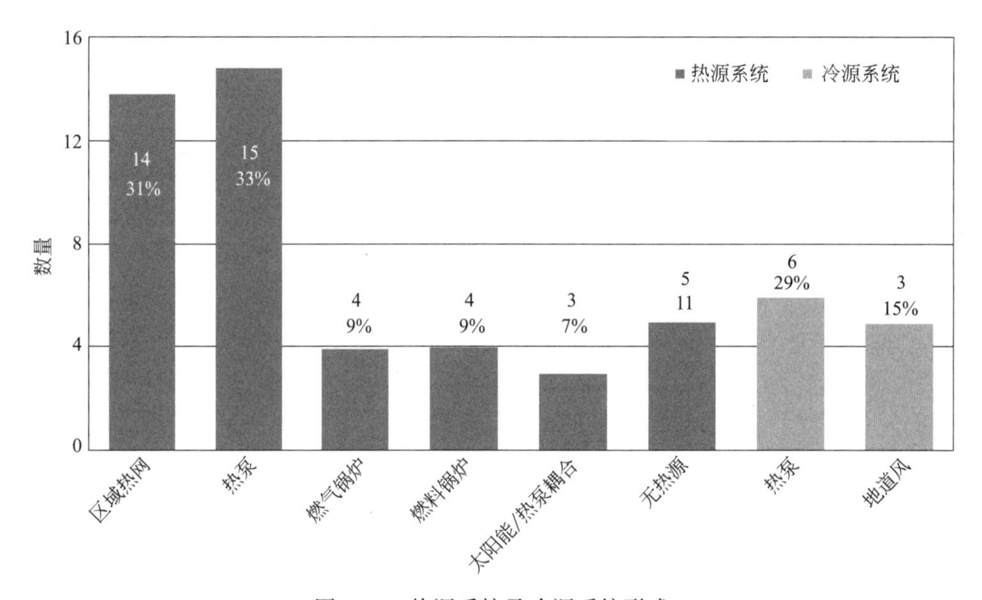

图 3-14 热源系统及冷源系统形式

在冷源系统方面，由于一期 24 个项目中均没有对冷源方式的统计，因此仅对二期 21 个项目中的冷源系统形式进行统计。其中，无供冷需求的项目为 12 个，占 57.1%，有 15%的项目采用地道风冷却室外空气，采用空气源热泵和地源热泵作为建筑冷源的占 29%。

按照被动房设计手册（PHPP）的要求，被动房室内新风量应不低于 20～30m^3/(h·人)，机械通风系统热回收效率不得低于 75%。被动房的机械通风系统是寒冷地区最受瞩目的环节，通风系统形式以及防霜冻问题是寒冷地区被动房需要着重解决的问题。表 3-9 为两届 45 个获奖建筑中，通风系统形式及对应的新风预热方式统计。

通风系统形式及新风预热方式统计 **表 3-9**

通风系统形式	分散式	半集中式	集中式	无(passive)
项目个数	36	5	2	2
新风预热方式	区域热网	电加热	热泵	
项目个数	5	5	4	

在45个获奖建筑中，通风系统形式以分散式新风机为主（占80%），部分大型公共建筑采用半集中式或集中式通风系统。新风热回收的主要方式为转轮热回收（占52.1%）和板式热回收（46.8%）。在45个项目中，有31个项目由于地域气候因素不需要对室外新风进行预热，在14个需要对室外新风进行预热的项目中，新风预热方式主要采用直接利用板换接区域热网的热水进行新风预热（35.7%）、电加热（35.7%）以及热泵加热（28.6%）。

在德国，被动房是指建筑仅利用太阳能、建筑内部得热、建筑预热回收等被动技术，而不使用主动供暖设备，实现建筑全年达到ISO 7730规范要求的室内舒适温度范围和新风要求的建筑。因此，在被动房案例中，可再生能源的利用并不作为评价建筑性能的重点，建筑是否能够通过被动式手段满足室内舒适环境要求才是被动房认证评价的重点。

然而，对比两届被动房评选结果，可以看到，可再生能源的利用主要集中在空气源热泵、太阳能以及生物质锅炉的应用上。表3-10为两届获奖案例中可再生能源的应用情况与数据库中总对比。

可再生能源应用情况　　表3-10

获奖时间	可再生能源			
	太阳能光热	太阳能光伏	生物质锅炉	空气源热泵
第一届	3	1	3	0
第二届	2	0	0	3
数据库	244	174	383	29

从表3-10中数据可以得出，可再生能源的利用在被动房获奖建筑中的占比相对较小，在整个被动房数据库中占比也并不高。在太阳能光热利用中，有60%～70%的项目太阳能用于生活热水的制备，有30%的项目用于太阳能热泵与地源热泵联合供暖。

虽然在获奖案例中太阳能光伏的应用实例较少，只有1例，但是在被动房数据库中，仍然有174例项目采用了太阳能光伏板，这些案例中太阳能光伏板产生的电能，或用于室内照明，或用于花园、车库等配套设施的照明，或用于电动汽车的充电。可以看出，虽然被动房强调通过被动式手段，但随着生活方式的多样化，可再生能源的利用也逐渐开始显现。

通过对两届“被动房建筑奖”获奖建筑技术参数的统计和比对可以发现，被动房的设计并非完全取消冷热源，而是尽可能通过被动式手段将建筑冷热需求降至最低。在45个获奖信息中，外墙平均传热系数为0.137W/m^2，外窗平均传热系数为0.81W/m^2，远低于我国建筑节能标准中要求限值。经过统计，45个项目中有5个项目完全无需任何形式热源，18个项目通过热泵、太阳能系统耦合的形式可以满足供暖需求，22个建筑通过区域热网或小型锅炉对供暖需求进行补充。

3.3 最佳实践案例研究

多目标多参数优化理论和工具解决了能耗和经济性能双目标下均衡解的解析问题。本章将集中解决解析理论和工具的适应性研究和准确性验证问题，并对实际案例进行分析。

本章通过对典型居住建筑单一目标下极值点的解析，验证均衡解解析理论及工具的准确性，并比较单一目标和多目标下建筑优化计算方法的优劣。

3.3.1 美国布利特中心

1. 建筑基本信息

布利特中心位于西雅图城市中心，是一座西北朝向的 6 层商业办公建筑（图 3-15）。建筑总建筑面积 4831m^2，空调面积 4658m^2。建筑 1 层为混凝土结构，2 层以上采用重型木结构及钢筋加固。设计使用人数 170 人，实际入驻人数 125 人。建造成本约合 1.2 亿人民币，竣工时间为 2013 年 4 月。中心为商务人士提供租赁办公环境，同时作为一座产能建筑持续运营。

图 3-15　布利特中心外观

2. 技术路径

通过践行“被动优先，主动优化，采用可再生能源”的技术理念（图 3-16），该建筑成功通过了“有生命力建筑挑战”零能耗建筑认证，相较于美国同类建筑节能 76.4%。

首先，设计团队在设计之初对建筑采光、通风、光伏发电等涉及能源的相关性能进行了大量模拟，通过分析气候资源条件严格把控建筑体形系数和围护结构热工参数，并结合通风冷却等被动式措施，最大限度地降低了建筑冷热负荷。其次，通过引入辐射空调、热泵、节能电梯、行为节能等主动式节能技术，进一步最小化建筑能耗。最后，通过场地内光伏板发电实现建筑年产能大于等于能耗的目标。

（1）围护结构

由于西雅图地区为温带海洋性气候，全年温和湿润。西雅图最冷月（2 月）气温在 4℃以上，最热月（8 月）气温在 22℃以下，气温年较差较小。其主要空调能耗为冬季热负荷，因此降低建筑热负荷成了实现零能耗建筑的首要任务。项目对外围护结构做了良好的保温处理，最大限度地避免了热桥。建筑墙体最外层是由金属板、空气夹层和 10cm 矿物棉构成的雨屏系统，往里是 1.6cm 厚的玻璃纤维石膏板。其他围护结构热工具体参数见表 3-11。

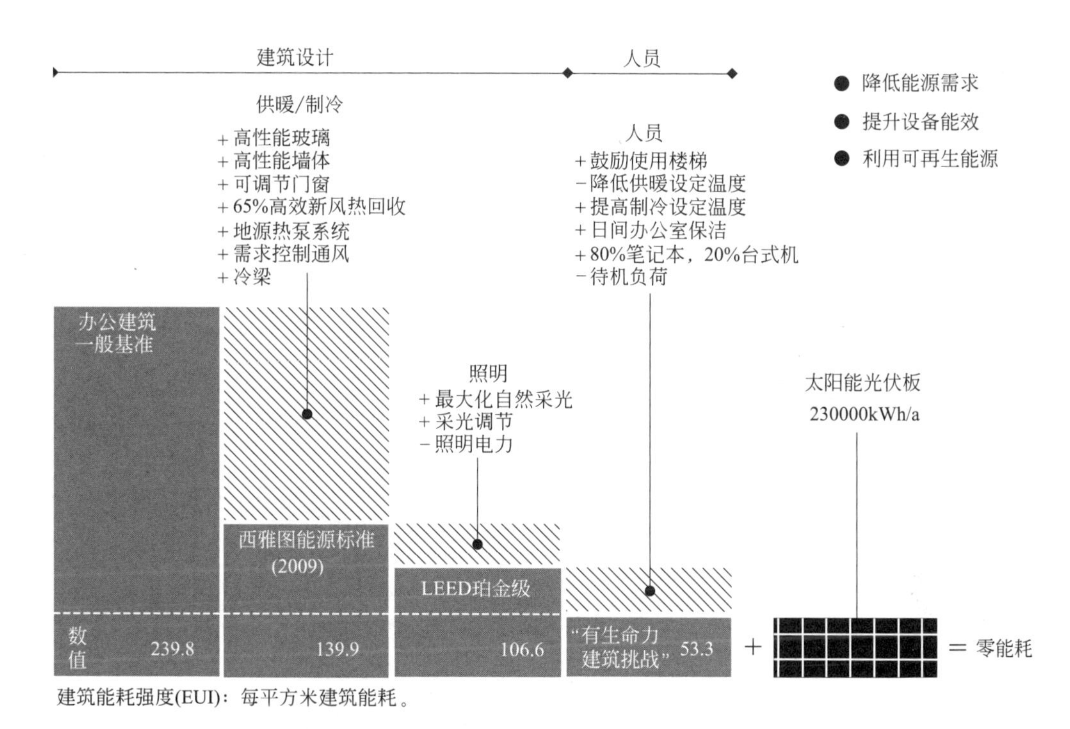

图 3-16 技术路径示意图

围护结构热工参数 **表 3-11**

建筑围护结构	构成材料	参数值	
屋面	苯乙烯(SBS)改良木制铺面板；橡胶沥青抹混凝土	综合热阻	$7K\cdot m^2/W$
墙体	轻钢龙骨；外保温	综合热阻	$4.4K\cdot m^2/W$
窗体	三层玻璃配件；Low-E涂料；氩气填充等	综合传热系数	$1.4W/(K\cdot m^2)$
		太阳的热系数	0.32
		可见光透射比	0.56
基础	地面楼板	热阻	$1.8K\cdot m^2/W$

(2) 自然采光与自然通风

建筑设计团队通过开展基于性能的设计流程，首先对建筑周围环境进行了模拟分析，包括采用 Ecotect、Radiance 等软件对建筑各方向太阳辐射和风频、风向进行模拟，探讨了固定窗墙比下不同体型系数对建筑热负荷的影响（西雅图同体量办公建筑热负荷约占1/3)，对比了不同建筑外形方案下室内通风采光的效果，并最终确定 T 型设计（外形朝向）可以获得最佳通风采光条件，相对标准建筑可减少 67%的照明用电。

建筑的窗户和遮阳系统（图 3-17）承担了建筑大部分的采光和通风任务，并辅助维持室内热舒适环境。通过将自动百叶窗与可手动操作的窗口相结合，实现最大限度地采光，获得均匀的光线，避免室内眩光。围护结构最外层的不锈钢百叶远离窗户约 0.3m，方便通风时窗户直线推开不受阻挡。在夏季，百叶的存在使日光在抵达玻璃前被拦截并散射开，降低了太阳辐射带来的冷负荷。在冬季，通过调节百叶使室内空间最大限度地接收日光，同时防止工作区眩光发生。窗户由德国 Schuco 公司研发，整个窗体质量为 240kg，并为消除内外热桥做了特殊设计。

中心的自然通风系统主要为辅助建筑夜间自然冷却，在夏季夜晚，电机驱动开窗，通过引入夜间凉爽的空气为室内预冷，避免第二天午后室内过热。夜间空气带来的冷却效果将使墙面温度降低 3～5℃，使其能在夏季午后吸收多余的热量。当建筑中有人员活动时，若室外温度高于 23℃或室内温度高于 26℃，窗户将自动开启。人员也可按需自行开关窗户。

图 3-17　百叶和窗体

（3）空调系统与数字监控系统

建筑的暖通系统主要包括地源热泵空调系统、新风热回收系统和生活热水系统等，辅助设备包括吊扇等。地源热泵空调系统是一种通过输入少量的高位能，实现从浅层土壤热能向高位热能转移的空调系统。中心的地源热泵空调系统由 26 个 122m 深、直径为 13cm 的地热井和配套机组构成，冬季为辐射地板末端（图 3-18）和热水系统充当热源。由于围护结构良好的保温性能加之室内人员照明设备等散热，当室外低于 7.8℃时才启用辐射地板供热。

图 3-18　辐射供暖末端

建筑新风供给根据室内 CO_2 浓度调节，当室内 CO_2 传感器检测到需要引入新鲜空气时，窗户自动开启。当室外温度极高或极低，窗户将关闭，新风系统开启。冬季时，开启新风热回收系统。新风热回收系统通过回收室内空气余热，可以回收约65%的热量，同时保证室内 CO_2 浓度维持在500ppm以下。

上述所有设备都由布利特中心搭建的数字监控系统集中监控，包括空调系统、通风系统及供回水系统等其他建筑功能系统，形成了集成管理体系，以便后期运维管理，见表3-12。

数字集中监控系统 表3-12

监控对象	监控对象子系统
照明	内部照明、外部照明、紧急照明
插座	一般插座负荷、复印机打印机、冰箱、微波炉、洗碗机、门窗系统
暖通空调系统	水泵、热泵、风机
管道和火警系统	管道系统、热水系统、水回收系统、堆肥系统、火警系统
数据机房	机房、机房空调设备

(4) 光伏系统

为满足建筑用能需求，在设计中尽可能大面积地布设了光伏板，最终该建筑共计使用了575块光伏板，在建筑屋面铺满的情况下向外延伸了3m的范围（图3-19），光伏发电总面积约达1328.8m^2。

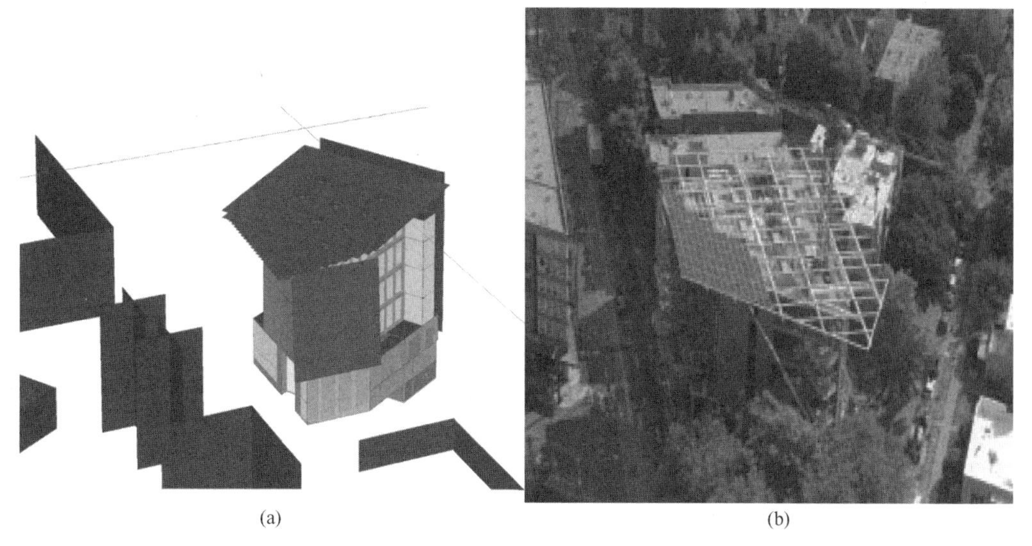
(a) (b)

图3-19 布利特中心光伏设计和安装示意图

3. 运营效果

大楼安装的光伏系统于2013年2月正式投入运行。租户于3月中旬搬入，4月中心正式运营。图3-20显示了2013年5月至2015年8月时间段内建筑的能源消耗与生产状况。在第1年（2013年5月—2014年5月）运营中，建筑产电盈余114MWh/a。建筑实际能耗强度（Energy Use Intensity，EUI）为31.3kWh/(m^2 · a)，相较于设计预计值[53.6kWh/(m^2 · a)] 低41.7%，相较于西雅图能源法令2009中建筑能耗要求

[139.8kWh/(m² · a)] 低 79%。

由图 3-20 可见，建筑年均实际用电量在 10MWh 左右。在冬季 12 月，由于供热需求将导致耗电量上升，接近 20MWh。此外，由市政计量可见，在每年冬季（10 月—次年 1 月），由于 PV 向建筑供电小于建筑用电，市政将向建筑供电；到夏季（5—6 月），建筑 PV 供电远大于建筑用电，市政将接收建筑产生的多余电量。总体而言，建筑实际用电量远低于对比建筑，若以年为单位考察，市政接收到的总建筑光伏电量将大于向建筑供给的总电量，可见布利特中心不仅达到了零能耗的水平，更可以称之为产能建筑。

布利特中心建造成本单位面积造价约合 2.4 万元/m²，这无疑是一座造价高昂的建筑，进一步降低建设成本仍十分必要。从实际运营情况分析，建筑夏季光伏产能较多，冬季相对较少，除天气因素外，还由于其在设计时考虑了不同季节电价的影响。由于西雅图地区夏季电价较高，所以设计团队在对光伏设计安装时考虑的是夏季所能接收到的最大太阳光倾角，从而使建筑在夏季对外输出电能时获得更高的电力收入，实现经济效益最大化。有一点值得关注的是，光伏板在建筑屋面铺满的情况下向外延伸了 3m 的范围，实际上是超出了建筑红线，该项目是经过了西雅图市政府的特许，如果光伏发电技术在发电效率没有大幅度提高的前提下，实现建筑能源自给自足还是有一定困难的。

此外，管理时根据建筑的产能对建筑内租户进行能源分配，当租户超出分配的用能额度时，租户将承当超出部分电量的费用，以此倡导行为节能，引导实际用能贴近设计场景。

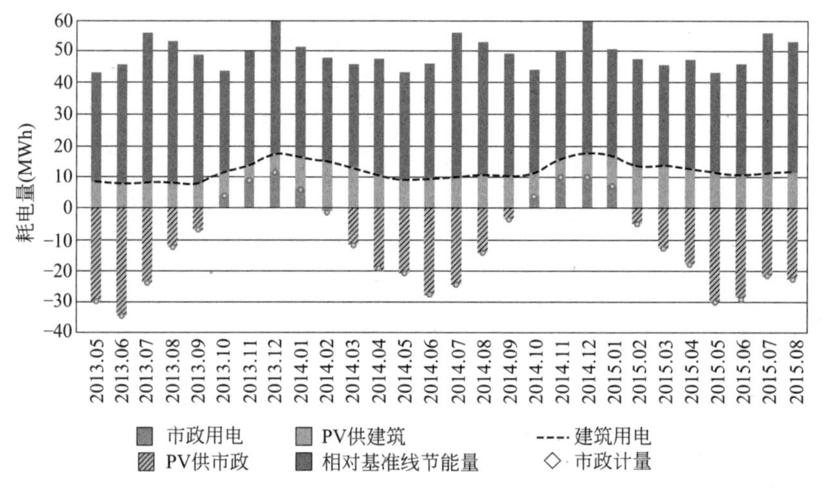

图 3-20　2013—2015 年建筑能源消耗与生产

3.3.2　美国落基山研究创新中心

落基山研究所创新中心位于美国科罗拉多州巴索尔特镇（Basalt，Colorado），是落基山研究所的办公总部（图 3-21 和图 3-22）。落基山研究所创新中心建筑面积 1450m²，可供 50 名员工日常办公。此外，会议室能够容纳 80 人。

落基山研究所创新中心是美国最寒冷气候带中最高效节能的建筑，与同气候区建筑的平均水平相比，节能 74%，并实现了净零能耗，达到了建筑行业内所有能够达到的最高标准，包括 LEED 铂金认证、PHIUS+净零能耗建筑认证、能源之星 100 分和国际未来生活研究所零能耗建筑认证。

图 3-21　落基山研究所创新中心建筑外观

图 3-22　落基山研究所创新中心建筑内部

落基山研究所创新中心超高的性能表现得益于不同于传统建筑的设计手段，包括采纳一体化设计策略，遵循复合舒适性标准，摒弃集中供冷供热系统，采用个性化舒适调节手段，以及应用被动式和可再生能源。此外，落基山研究所创新中心制定的针对设计团队的奖励补偿机制，保障了所有设计高质量的交付。各类创新设计手段和机制具体介绍如下：

（1）落基山研究所创新中心采用创新的一体化设计策略，通过最大程度的专业协作，完成最优化的能效目标。

落基山研究所创新中心采用与传统的设计策略不同的一体化设计策略——结构、围护结构、设备、电气和建筑各系统之间进行高水平的设计协作和协调，以实现超高能效、环境舒适和净零能耗的目标。落基山研究所创新中心的基本设计思路包括分析当地气候以识别可利用的被动资源，通过被动式设计减少负荷和能源需求以消除尽可能多的机械供冷供热系统，选择满足剩余需求的有效系统，并确定和设计可再生能源系统。

（2）落基山研究所创新中心应用了新的室内舒适性标准——复合舒适性标准，提高室内舒适度的同时，节约了维持舒适环境所需要的能源。

大多数建筑物将室内温度作为室内环境控制的唯一标准，为维持一个预设的温度，通过大型的暖通空调系统向室内吹入冷风或热风。但实际上，这种方式只能满足人体最基本的舒适度，同时还浪费了大量能源。不同于传统的舒适性标准只考虑温度和湿度，复合舒适性标准考虑到了影响人体舒适度的 6 个因素：空气温度、湿度、表面温度、着装、活动量和空气流速（图 3-23）。在 6 个因素的共同作用下，不但可以营造舒适的室内环境，还能在保持室内舒适的前提下，使能够维持室内舒适的温度范围放宽，从而降低了空调系统的能耗。此外，创新中心设计团队针对每个因素都设计了对应的调节方式，实现了更舒适的室内环境，并大大降低了所需的能耗。

图 3-23　复合舒适度的 6 个影响维度

（3）落基山研究所创新中心采用被动式设计方法，基于当地的气候特点，降低建筑冷热负荷。

为了实现净零能耗，落基山研究所创新中心采用被动式设计方法，通过优化建筑空间布局，利用太阳辐射、自然采光、自然通风，提升围护结构热工性能，提高气密性和保温性等方法，尽可能地降低建筑负荷，具体措施见表 3-13。

创新中心节能设计措施　　表 3-13

适宜的窗墙比	整体窗墙面积比为 29%，其中南向 52%、北向 18%、东向 23%、西向 13%，南向设置自动调节角度的遮阳板
全自然采光	通过优化窗户面积、南向设计、狭长的楼面以及“蝴蝶”形屋顶让整栋建筑实现了全自然采光（图 3-24）
内部空气流动	开放式的办公室设计和屋顶的大型高能效吊扇使空气更自由地流通，营造吹风感，减少了能耗，也降低了对管路和设备的需求
自然通风	控制系统从气象站收集气象预报，如果未来几天白天天气炎热，建筑外窗将在夜间自动开启，引入凉爽的自然风，冷却建筑物
超高气密性	50Pa 气压下每小时 0.36 次换气（0.36ACH@50Pa），超过了被动房标准（0.6ACH@50Pa），比一般办公建筑的气密性水平高 40%
良好保温性	外墙、屋顶及地板的热阻值分别为 8.8K · m^2/W、11.8K · m^2/W 和 3.5K · m^2/W。窗户也具有良好的保温性，氪气填充双层中空玻璃，窗框使用了热阻断桥，窗户的热阻值从 0.8～1.3K · m^2/W 不等

图 3-24　室内全自然采光

（4）落基山研究所创新中心摒弃大型供冷/供热系统，节省了设备机房面积和管道空间，也节省了建设成本和运行能耗。

落基山研究所创新中心的一体化设计方案从能源需求侧着手，降低供冷供热需求，使得摒弃所有的大型供冷供热设备成为可能。由于屋内用户的舒适度减少了对空气调节的依赖，可以采用更小规模的新风系统，仅为普通办公建筑新风系统大小的 1/4，节省了管道空间。基于这些措施，设备机房的面积减少了 $24m^2$，节约了每平方米 75 美元的建设成本，取而代之的是小型分布式的供冷供热装置，满足了用户的冷暖需求。分布式地板电加热辐射垫安装在工作区域，用于应对冬季最寒冷的日子。图 3-25 所示，员工座椅为定制的“超级椅子”，椅子内巧妙放置加热带和风扇，冬季采用“超级椅子”加热，用电量仅相当于 15 台吹风机。

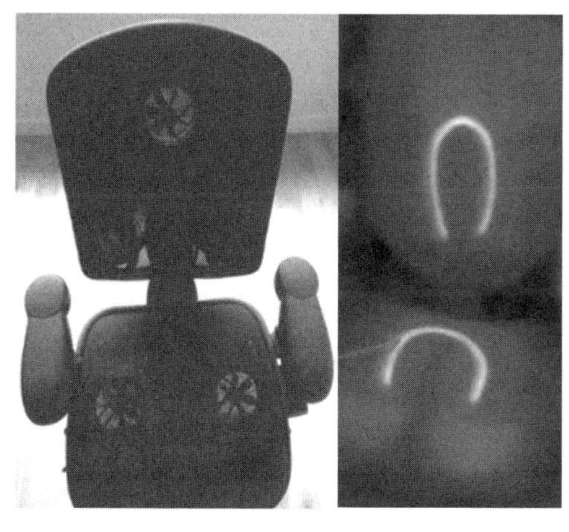

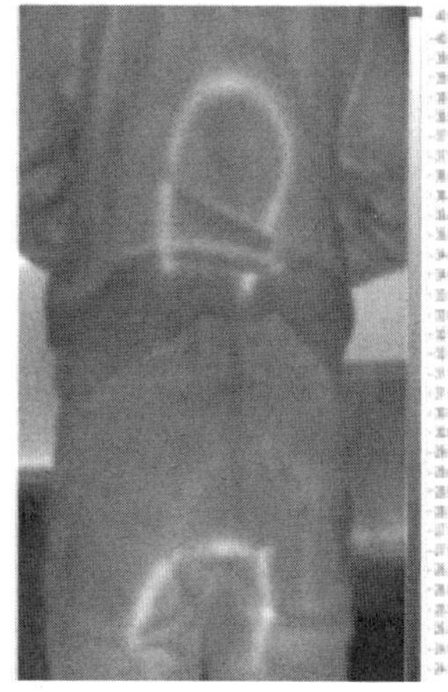

图 3-25　超级椅子

（5）落基山研究所创新中心提供多种个性化舒适调节手段，增加用户舒适度调节范围的灵活性，同时鼓励用户管理个人用能。

传统建筑通常设置一个温度调节器控制房间维持统一的温度，难以满足房间内每个用户的舒适度需求。创新中心通过采用各种小型分布式高能效技术，例如 USB 风扇、能够吹风和加热的“超级椅子”、屋顶的高能效吊扇，给用户提供了更多个性化舒适调节选择。落基山研究所创新中心每个员工的工作台都配有独立电表，收集包括电脑、LED 工作灯、“超级椅子”、显示器等所有用电设备的用电量，提供用电量的实时反馈，鼓励每个人积极管理自己的用能。

（6）落基山研究所创新中心配置太阳能光伏发电和电池储能系统，不仅满足自身用电需求，还能额外给电动汽车充电。

落基山研究所创新中心的屋顶安装了一套 83kW 的太阳能发电系统，每年发电约 11.4 万 kWh，足够整个建筑外加 6 辆电动汽车的用电需求。这套太阳能光伏系统由一家第三方公司拥有并负责日常维护，建筑物业主与该公司签订业内标准化合同购电协议，即业主同意该太阳能光伏系统安装于其建筑物屋顶，并购买太阳能光伏系统所产生的所有电量。同时落基山研究所创新中心还配备了一个 30～45kW 规格的电池储能系统，用来降低建筑的高峰用电需求，将用电需求峰值始终保持在 50kW 以内，从而能够享受小型商用建筑用电的优惠电费。电动汽车充电桩配备了双向充电线路，能够在未来技术达到时实现双向充电功能。

（7）落基山研究所创新中心采用奖励补偿机制，激励各专业协作完成净零能耗目标。

业主方和建筑师及项目承包方签订包含节能鼓励性条款的项目集成交付合同，合同中约定的成本由项目团队共享。图 3-26 所示，如果实际成本超过了最终目标成本，超出的成本用奖励补偿机制等额补偿，但不得超过奖励补偿额度总额；如果实际成本比最终目标成本低，则将节约部分的 50%加入奖金激励额度总额，剩下的 50%为业主所得。这种奖励补偿机制有效地激励了团队协作，最终实现了项目的高质量交付。

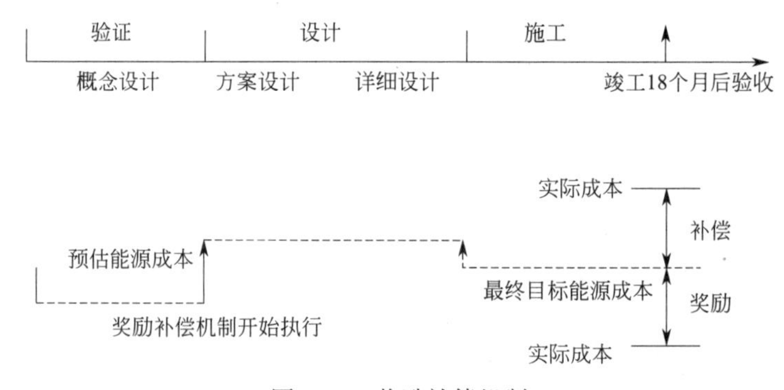

图 3-26　奖励补偿机制

通过以上的设计手段，落基山研究所创新中心营造了舒适高效的工作环境，摒弃了大规模的暖通空调系统，节约了空间和能源费用，实现了净零能耗。在经济性方面，创新中心的增量成本为一般建筑的 10.8%，投资回报期不到 4 年。随着零能耗建筑技术产品的规模化推广，零能耗建筑能够以更低的成本提供更高的回报。

落基山研究所创新中心刷新了人们对超高能效建筑的认识。零能耗建筑并不是技术的堆砌，而是从根本需求出发做技术的减法，以经济可行的方式实现零能耗。落基山研究所创新中心延续了落基山研究所被动式建筑的理念，结合了最前沿的技术进展，重新定义了下一代高性能建筑的设计、施工与运行，这一实践可以为更多零能耗建筑提供借鉴。

3.3.3 日本大金技术与创新中心

多年以前，日本本田汽车公司（Honda Motor Company）创造了“Waigaya”一词，指在开放合作的工作环境中，员工进行畅所欲言的活动。在大金新建的技术与创新中心“Waigaya平台”，700名研究人员和工程师能更轻松地就公司的创新进行合作。

位于大阪的大金技术与创新中心（TIC）的主旨是设计一个世界上最好的多功能工作区，包括办公室、会议室和开放协同空间，毗邻最高水平的大型实验室，用以鼓励“开放式创新”——从公司内外汲取知识。TIC汇集了原分布在三个区域的研究人员，现作为大金合作和技术开发的主要地点（图3-27）。

(a)

(b)

图3-27 大金技术与创新中心

TIC的核心工作区域于2015年建成。其设计采用了麻省理工学院教授Thomas J. Allen提出的“30米法则”，即随着工程师之间的距离增加，工程师之间的交流频率呈指数式下降的趋势。“Waigaya 平台”则位于办公区中心的楼间公共开发区域。

在设计过程中，公司工程师与机电设计团队进行了深度合作，工程师们为建筑开发了创新产品，设计团队则利用产品特性，从而最大程度上提高建筑性能。

1. 能源效率

被动式技术是降低建筑能耗的重要方法，与日本传统的建筑设计与气候条件息息相关。在夏天，TIC 外部的深色半透明的屋檐会阻挡阳光直射，并且同时不影响可见光的进入。同时 TIC 采用了具有良好隔热性能的 Low-E 玻璃、百叶窗，并且安装了可以根据太阳高度进行自动调节的控制器，这些装置均可有效减少热负荷并优化自然采光。在大办公室区，两个大的开放式顶棚和两个天窗，可以有效地让自然光和新风进入建筑物。由玻璃制成的风管，提供了出色的视野，并使得自然光可以从顶部进入，同时也形成了从屋顶到办公室的最短送风和回风路线（图 3-28）。这些措施可以将年能耗降低 20.5%。

TIC 室内的所有照明设备均为 LED 设备，所有照明设备构成了 TIC 内部的“工作环境照明系统”，使用该系统后，室内的照度能够达到 300lux。工作用的照明灯均为可调节亮度的设备，可以根据需求进行亮度的调节。其中，4 楼、5 楼的办公室在 22 点以后会进入人体感知控制模式，会根据该区域所在人员的情况，进行阶段性的照度调整。TIC 还外装了有孔钢板（图 3-29），能有效减少太阳直射带来的热量，同时因为钢板的反射，能实现自然光反射檐的效果，通过实测也证明了该设施的效果。利用了上述的所有技术后，TIC 整体建筑的照明能耗相较基准办公大楼下降了 82%（图 3-30），一次能源消耗为 69MJ/(m^2·a)，建筑物整体节约能源 6511GJ（原油节省量换算：168kl/a）。

除了高效的照明设备以外，TIC 还采用了太阳能发电。太阳能发电设备有 300kW 的太阳能板，除此之外还采用了一轴式太阳追踪装置提升了 40kW 的发电效率。经实际使用后，一轴式太阳追踪装置使大楼南侧最前排的太阳能板的效率提升了 30%，如图 3-31 和图 3-32 所示。

据统计，2016 年全年总计发电 331MWh，将这些能源应用于 TIC 大楼内，一年约能削减 8%的能耗，约为 160MJ/m^2。

除了上述的建筑设计、照明以及太阳能发电以外，项目团队还专注于进行高效率空调系统的设计、开发和应用。先进的变制冷剂流量系统（VRF）就是一个很好的例子。在该系统中，分别采用除湿热泵新风系统（desiccant-DOAS）以及高显热变制冷剂流量系统（hs-VRF）来分别处理潜热与显热。desiccant-DOAS 是大金独特的具有湿度控制功能的新风设备，desiccant-DOAS 系统允许通过混合除湿元件分别控制湿度和温度，该混合除湿元件包含吸湿材料和热交换器。hs-VRF 是专门为 TIC 开发的系统，其通过对蒸发温度的控制来处理显热，在大多数低负荷条件下体现了高效率，如图 3-33 所示。通过分别处理潜热和显热，实现了超高的空调效率。换句话说，对于温度，可以通过提高压缩机吸入处的蒸发温度来较容易地改善性能，对于湿度，专注于大金除湿技术以实现高性能。同时使用 desiccant-DOAS 和 hs-VRF 这两个系统，可以在全年实现较高的 *COP*。

夏季，desiccant-DOAS 系统对潮湿的室外空气进行除湿并处理潜热。在冷却时，hs-VRF 系统对显热进行有效处理，由于蒸发温度的提高，hs-VRF 系统不需要进行除湿。冬

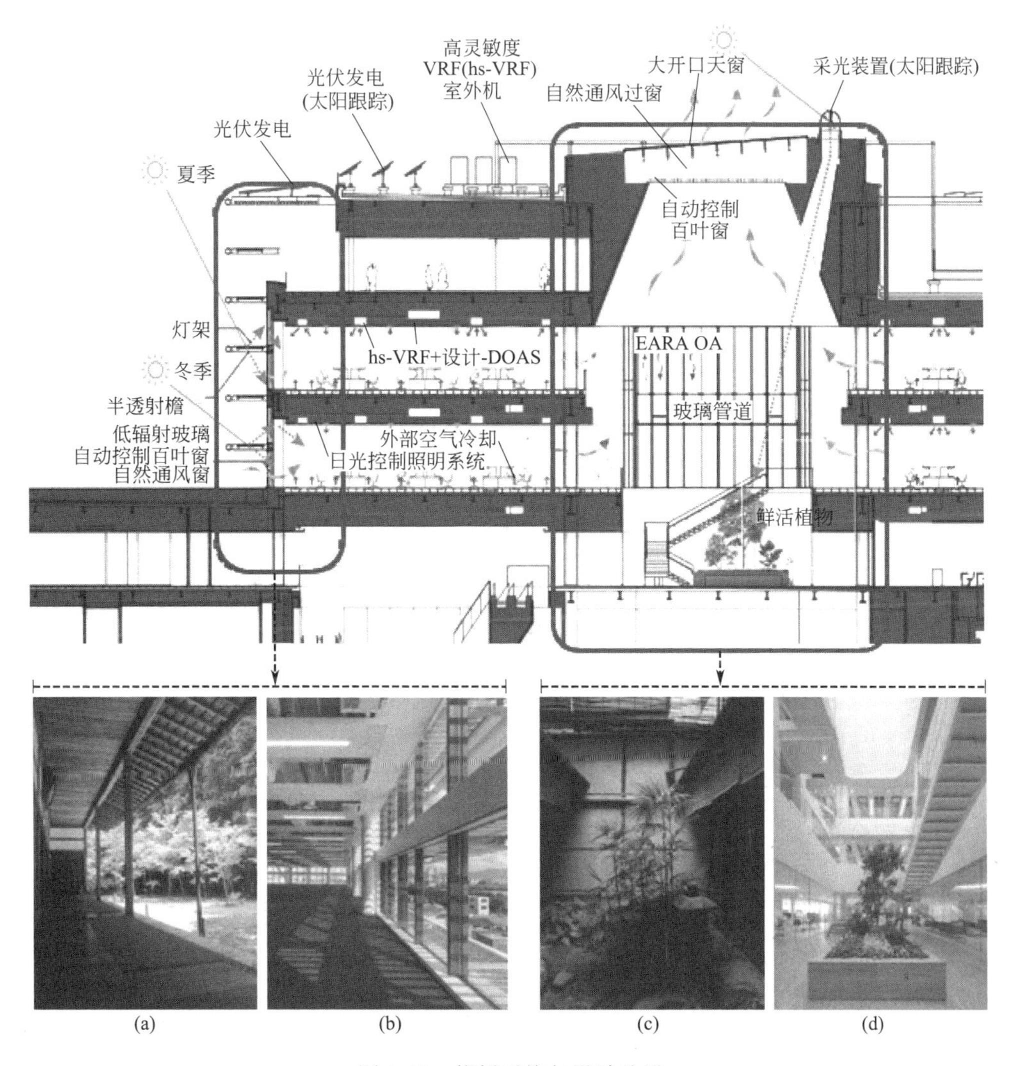

(a)　(b)　(c)　(d)

图 3-28　能耗系统与设计改进

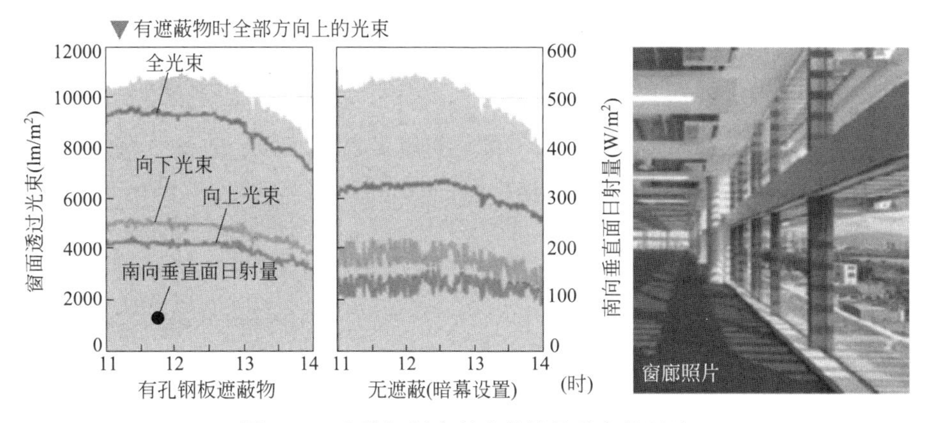

图 3-29　有孔钢板直射遮蔽效果及实景照片

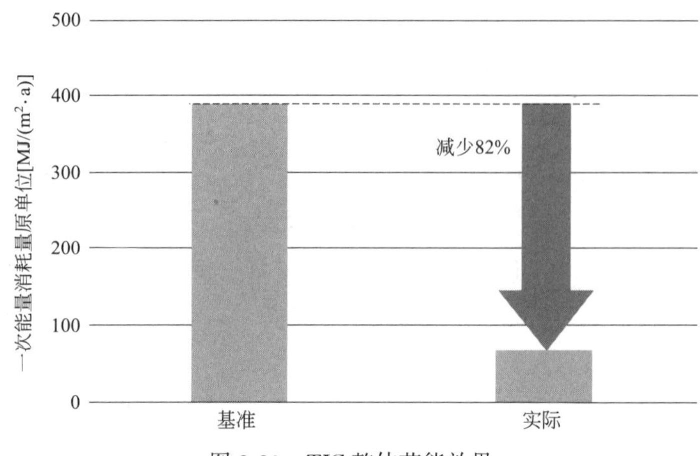

图 3-30　TIC 整体节能效果

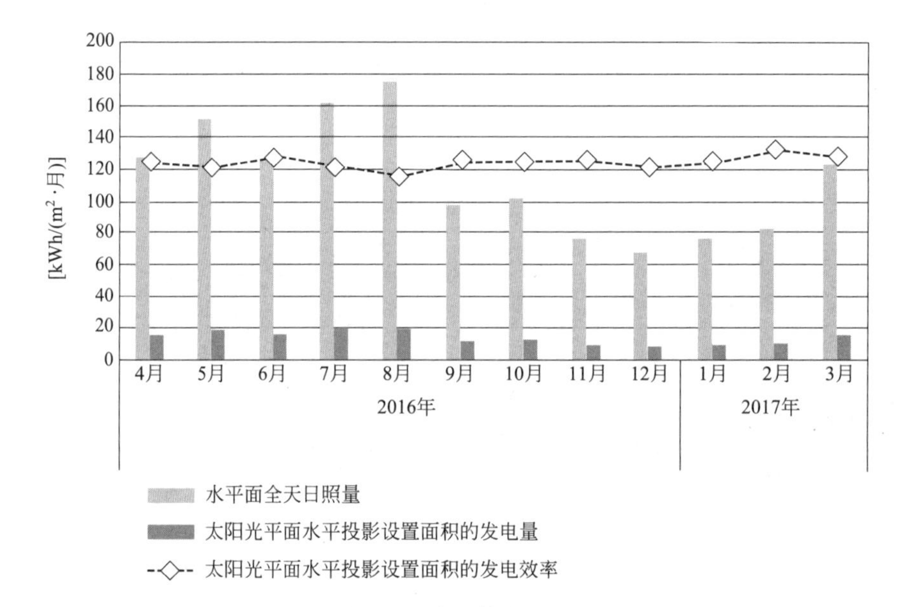

图 3-31　太阳能发电量

季，desiccant-DOAS 系统会吸收室内的湿气，达到无水加湿从室外引入的干燥空气。在过渡季节，当温度和湿度适中时，则采用自然通风模式。desiccant-DOAS 系统和 hs-VRF 也可使冷空气进入室内，从而降低室内温度。将日本传统建筑中的被动式技术系统与先进的 VRF 系统相结合，结合后的系统包括单独的潜热和显热处理、地热和太阳能等自然能源的使用以及室外空气冷却。在日本多样性的气候下，经过测试证明了系统的节能性和舒适性。与 ASHRAE/IESNA 的 90.1-2007 基准相比，在整个 2016 年，建筑能耗减少了 65%，如图 3-34 所示。

2. 室内空气品质和热舒适性

图 3-35 为焓湿图，该图表明了空调运行时室内空气温湿度以及室外空气温湿度。desiccant-DOAS 系统和 hs-VRF 系统用于在整个建筑物内进行适当有效的温度和湿度的控制。

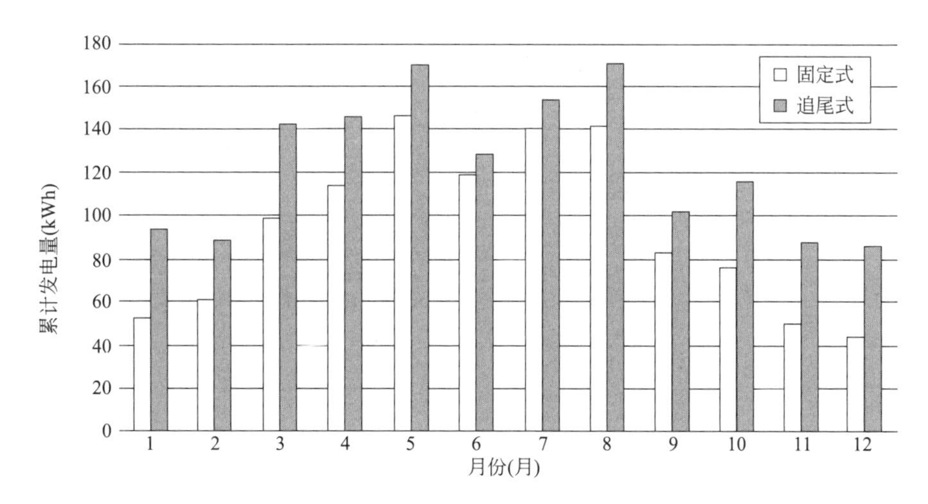

图 3-32　固定式・太阳追踪式太阳能板发电量

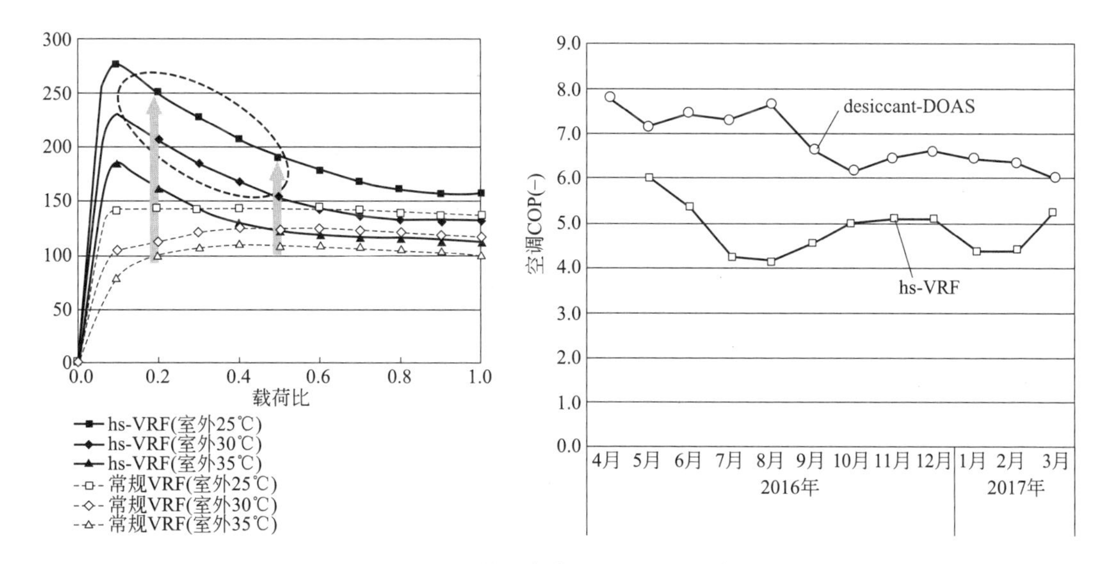

图 3-33　hs-VRF 系统的负荷和温度特性与每月 *COP* 值

由于 desiccant-DOAS 系统采用 CO_2 浓度控制，CO_2 值通常远低于 900ppm。当外部气温在 15～25℃（59～77℉）左右时，CO_2 浓度最低，这意味着自然通风和室外空气冷却效果良好。

将以前办公地点与新 TIC 的室内环境采用员工调查的方式进行比较，结果表明在所有 7 个类别中均取得了显著改善（采光、热舒适性、空气质量、声学舒适性、工作空间、IT 和整体环境）。

3. 创新性

TIC 的 VRF 系统与建筑的架构很好地结合在一起，如图 3-36 所示。该空调系统具有先进的温湿度控制以及各种节能功能，适用于各种空间类型。为了进一步提高节能性和舒适性，安装了地板送风系统（UFAD），可以在过渡季节从玻璃管道中吸入室外空气，以进行空气冷却。每个员工都可以根据自己的需求来改变地板下方送风口的方向（图 3-37）。

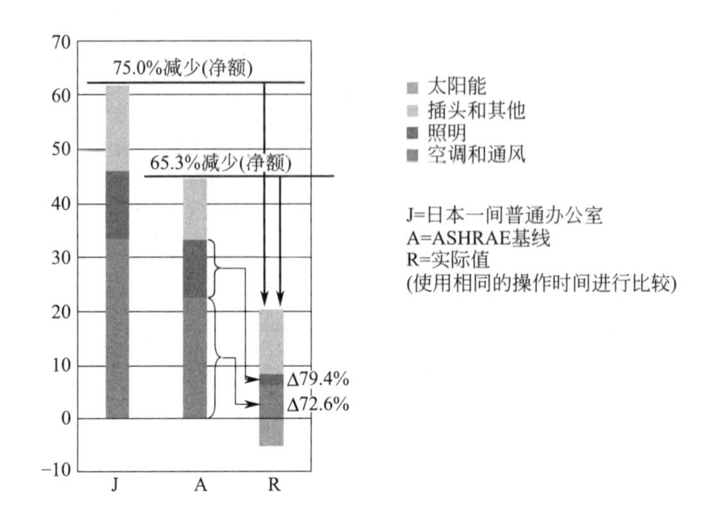

图 3-34　2016 年度能耗对比

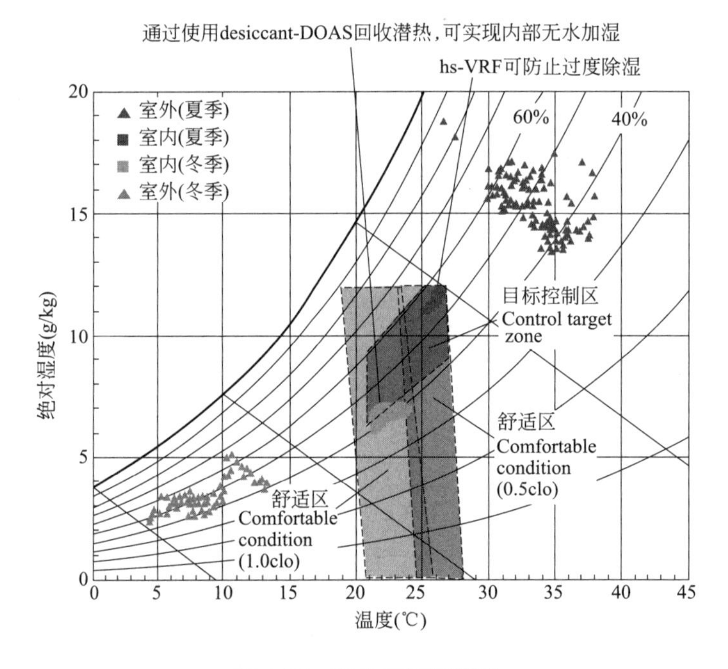

图 3-35　室内空气焓湿图

设计 TIC 的入口的空调系统时，大金在原有风冷型的多联机的基础上，进行了改良，开发了可以使用水热源和空气热源的机型，这样可以同时利用地热和太阳能。该机型采用了许多新型技术，运转效率与部分负荷率均有提升，加入了水热源流量的控制功能，同时水源水温的下限从 15℃降低到了 10℃，能够更加有效的利用地热能（图 3-38）。

此空调系统与原先旧空调系统相比，机器性能得到了很大的提高，从能耗削减的角度来看，减少了 49%的能耗。设备系统从定流量系统改为热源水变流量控制系统，减少了 3%的能耗。地热的使用实现了 18%的能耗削减，总计削减了 70%的能耗量（图 3-39）。

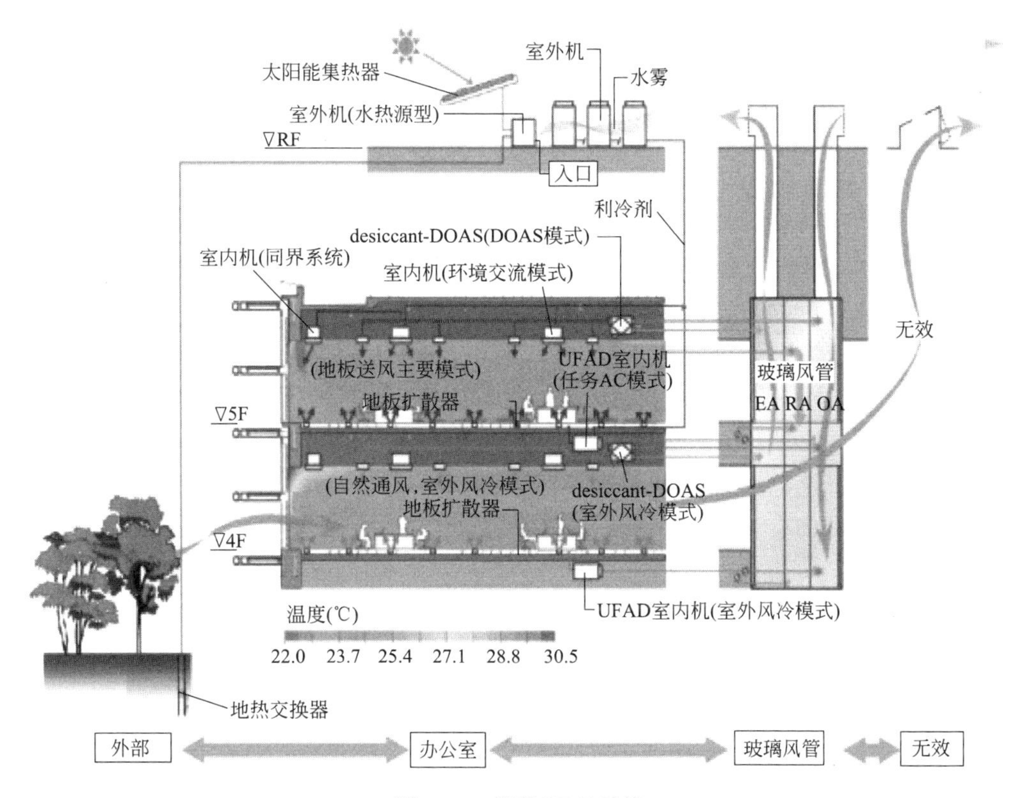

图 3-36　新型 VRF 系统

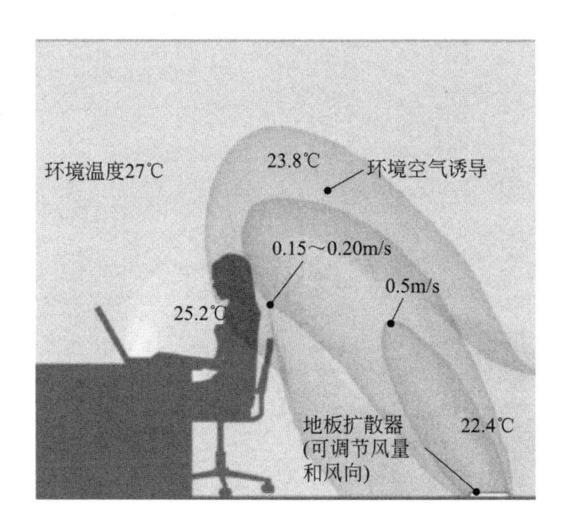

图 3-37　个人控制地板送风口的气流模拟

4. 运营维护

由于建筑物的使用者本身都是环保产品工程师，因此开发了碳管理系统，向工程师公开建筑物能源管理系统（BEMS）的相关数据。由于安装了许多传感器并使用最新的 IT 技术，可以通过可视的方式实时显示室内环境并进行实时调试。通过将理论和实际之间进行比较，可以大大减少调试所花费的时间。同时也可将这些数据用来研发新的环保产品。

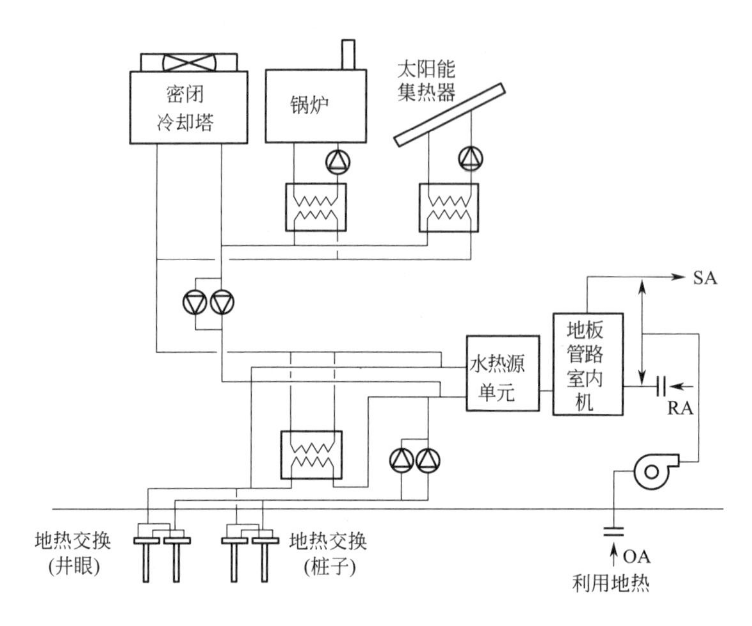

图 3-38　水冷大楼多联机系统图

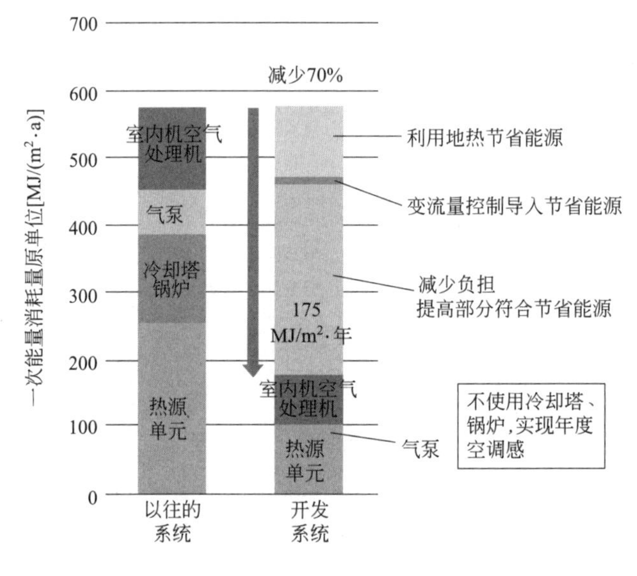

图 3-39　水冷系统节能量

在 TIC 竣工之后，为了评测其近零能耗的效果，设立了性能验证体制（图 3-40）。该验证体制以建筑物所有者（大金工业）和设计者（日建设计）为中心，运营管理者、设施利用者、研究人员共同参与设立了委员会。通过建立会议体制、设计性能检测和改善方案并实施，推进 PDCA 循环。

在这个管理体系的帮助下，TIC 在远少于委员会要求的时间内，达成了节能的目标。年度能耗数据公开后的 1 年内，能耗下降了 20%，并且 TIC 建筑物的总能耗相较于普通办公楼削减了约 70%（图 3-41）。

ZEB 统括会议【Plan】DK/NS/NSRI
规划各个分部会·WG 的管理与解决存在的问题，制定推进实现 ZEB 的计划方针。
开展频率（3～4 次/年）

运用管理部门会议【Do】DK/NS
与设施管理者沟通，获得管理者的理解和协助，为实现 ZEB 提供有效果的运行管理。
开展频率（3～4 次/年）

数据分析性能检验部门会议【Check】
DK/NS/NSRI/NTTF
分析 BEMS 数据，为实现 ZEB 进行调整或者实际验证。
建筑 WG【Check】DK/NS/理科大/阪大
进行自然采光、自然换气的性能检测
空调 WG【Check】DK/NSRI/NS
进行 ZEB 用的商用多联机的性能检测
开展频率（1 次/月）

Life Style 部门会议【Action】DK/NS
与用户分享可视化的 ZEB 成果，为创造协创环境互相进行交流。
开展频率（3～4 次/年）

各个部门会议参加者
DK：大金工业
NS：日建设计
NSRI：日建设计综合研究所
NTTF：NTT 设施
理科大：东京理科大井上研究室
阪大：大阪大学山中研究室

图 3-40　性能检测能源管理体制

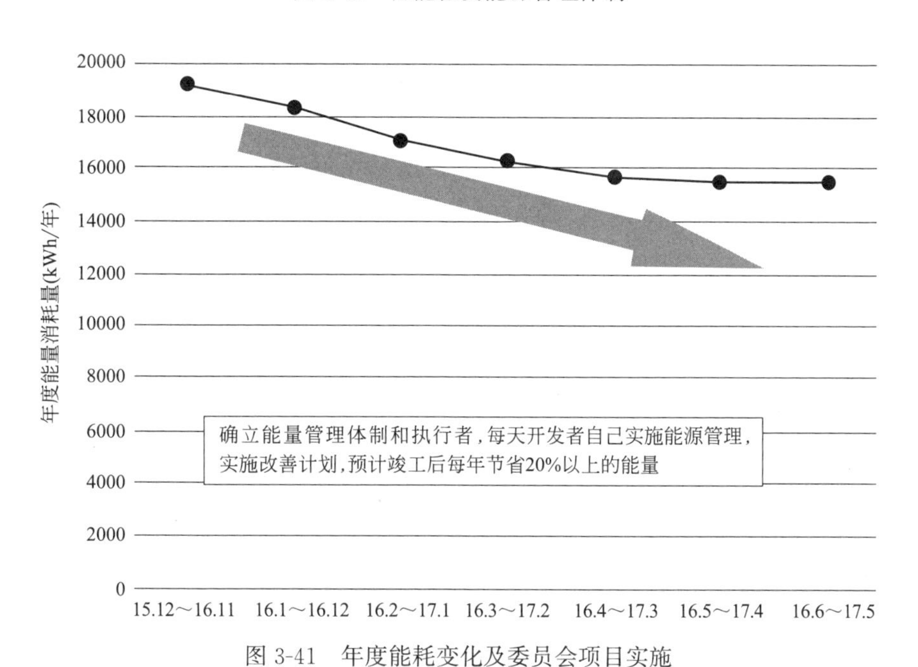

图 3-41　年度能耗变化及委员会项目实施

5．成本效益

TIC 项目成员旨在提供一个增强创造力并耗能较少的办公环境，故采用了各种降低能耗的技术，并将这些技术应用在整个建筑物。该系统的初始投资要比普通办公楼大。2013 年初始投资增加了 720 万美元或 333 美元/平方英尺。如今，运行成本每年节省了 534000 美元，比日本的普通办公楼少 66%。假设运行成本没有增加的情况下，使用简单的投资回报分析，约需要 13.7 年偿还额外投资。

新推出的空调系统显示出最大的成本效益。与日本的标准 VRF 系统相比，简单的投资回收期为 5.1 年。成本效益是促进全球能源效率提升的重要因素，而该系统在几乎所有气候下均能达到较高效率。

6. 环保因素

一体化设计和节能方面的创新极大地减少了 TIC 的碳足迹。实际减少的 CO_2 排放量为 47kg·CO_2/m^2，低于 ASHRAE/IESNA90.1-2007 标准的 65%［日本大阪市的 CO_2 排放标准为 0.509kg·CO_2/(kW·h)］。

这栋建筑物同时也装有高效节水装置（马桶：3.8L，水龙头用水为：1.5L/min，10s 自动关停流量的计时器，以及雨水使用）。目前，该建筑物的耗水量比日本普通办公楼少 75%。雨水常用于厕所冲水和植物灌溉。此外，用于吸收室内潜热的 desiccant-DOAS 系统几乎完全消除了使用自来水进行加湿的问题。

TIC 已通过 LEED v2009 新建建筑白金级认证，同时也获得了日本建筑物综合环境性能评价体系（CASBEE）中的最高的等级 S 级。

7. 社会参与

大金认为，作为社区的一员，为整个社区的和谐生活做出贡献至关重要。在 TIC 大楼的南侧有着一座叫作“TIC 之林”的小型森林，这里不光能为栖息在周边的小动物提供一个舒适的栖息空间，还能为研究员和工程师们提供更多的活力。同时“TIC 之林”还开放给附近的居民们，设计初衷也是为 TIC 的研究员、工程师、附近的居民提供一个能够进行交流的场所，工程师和邻居可以欣赏树木的阴影，品味不同种花朵的芬芳以及倾听流水的声音。

本项目以建立开放创新的工作环境，提高舒适性和降低碳排放为目标，目前已经完成目标并超出了预期。将被动式技术与新型 VRF 系统相结合，在日本多样的气候条件下实现了高节能性和舒适性。自建成以来，来自国内外的 31000 多名研究人员和工程师访问过 TIC。设计人员认为通过这种最前沿的科技，可以促进全球范围内环境的改善。

本章参考文献

[1] New building institue. https://apo.org.au/organisation/140921.

[2] USGBC. USGBCLEEDZero [EB/OL], 2018-12-28 [2019-01-11]. https://new.usgbc.org/leed.

[3] Leah, A.. 18-The Bullitt Center: A “Living Building”. 2017.

[4] Brad Liljequist. The Power of Zero: Learning from the World's leading Net Zero Energy Buildings [M]. 2016.

[5] World Architecture News. The Bullitt Center [EB/OL], 2016-11-20 [2019-04-01]. http://www.wbdg.org/additiona-resources/case-studies/bullitt-center.

[6] Bullitt Center. Bullitt Center Energy Dashboard [EB/OL] [2019-04-01]. http://www.bullittcenter.org/dashboard/.

[7] Brad Liljequist. Zero Energy [R]. Seattle: International Living Future Institute,

2018.
[8] International living future institute. Bullitt Center [EB/OL], 2018-01-15 [2019-04-15]. https://living-future. org/Ibc/case-studies/bullitt-center/.
[9] New Building Institute. 2018 Getting to Zero Status Update and List of Zero Energy Projects [EB/OL], 2018-01-14 [2019-01-11]. https://newbuildings. org/wp-content/uploads/2018/01/2018 _ GtZStatusUpdate_201808. pdf.
[10] 李 . J. : 科技与企业. 美国光伏政策研究, 2016, 000 (7): p. 107-107.
[11] U. S. Department of Energy (2013). Energy Efficiency and Renewable Energy. [EB/OL], 2018-06-07 [2019-01-11]. https://www. energy. gov/eere/office-energy-efficiency-renewable-energy.
[12] Melton, P. . Passive House U. S. Introduces PHIUS+ Certification. 2018.

第4章　中国近零能耗建筑发展

4.1　中德高能效建筑合作

为推动中国的建筑能效提升和城市低碳发展，德国能源署（dena）自2006年起与中方开展政策和技术层面的信息交流与项目合作。此节总结回顾了中德高能效超低能耗建筑示范项目的合作背景、发展现状、dena全过程质量保证体系的实施模式和经验。就如何在成功的试点示范基础上进一步推动超低能耗建筑的高质量、规模化发展，此节提出了通过建立建筑运行后评估体系和针对用户的信息渠道及建筑品质保证体系来反向倒推全产业链高质量健康发展的建议。最后，对中德两国建筑领域未来在能源效率与资源循环并举方面的创新合作空间提出了思考。

4.1.1　合作背景

为推动中国的建筑能效提升和城市低碳发展，德国能源署与住房和城乡建设部自2006年起开展政策和技术层面的交流与合作。2010年以来，以质量保证体系为核心，德国能源署与以住房和城乡建设部科技与产业化发展中心为代表的中国技术合作伙伴共同推动中德高能效建筑（被动式超低能耗建筑）示范项目。在示范实践中，中德团队借鉴德国高能效建筑标准与设计理念，针对中国不同的地域及气候特点，因地制宜地寻找最佳解决方案，为传播技术、提升标准、培养人才、推动行业发展起到了积极作用。

4.1.2　示范项目发展现状

随着2013年以来首批中德合作示范项目成功建成，被动式超低能耗建筑已成为中国建筑节能发展的新方向。截止到2020年7月，德国能源署直接参与实施的中德示范项目共计43个（32个已竣工，如图4-1和图4-2所示），建筑总面积达到92万m^2，分布于全

德国能源署中德高能效建筑示范项目列表
已竣工项目

	项目名称	建筑类型	所在城市	建筑面积（m²）	竣工时间
1	秦皇岛"在水一方"C15#楼	住宅	秦皇岛	6718	于2013年竣工
2	河北省建筑科技研发中心	办公	石家庄	14527	于2014年竣工
3	溪树庭院B4#楼	住宅	哈尔滨	8580	于2014年竣工
4	潍坊未来之家	家居展示	潍坊	2287	于2015年竣工
5	日照市新型建材住宅示范区27号楼	住宅	日照	5407	于2015年竣工

(a)

德国能源署中德高能效建筑示范项目列表
在建项目

	项目名称	建筑类型	所在城市	建筑面积（m²）	项目进度
30	北七家嵩[illegible]公园九年一贯制学校主楼（HQL-04地块）项目	教学楼	北京	29098	在建
31	润锦建筑艺术馆项目	办公/展示	北京	1713	在建
32	雁栖湖幼儿园项目	幼儿园	北京	3452.25	在建
33	长沙山水礼城别墅区	住宅	长沙	45000	在建
34	哈尔滨海凭高科产业园（南区）项目	联排别墅	哈尔滨	177000	在建

(b)

图4-1　德国能源署中德示范项目列表节选

国12个省市、4个气候区。

图4-2　部分已竣工示范项目照片

4.1.3　示范项目实施模式——dena全过程质量保证体系

中德高能效建筑示范项目能够得以持久高质量推进的“秘诀“在于，明确制定、不断完善且严格执行了全过程质量保证体系。十多年前，示范项目启动之初，基于当时国内还没有被动式超低能耗建筑设计、施工、产品的专业基础，以及中国高速城镇化发展背景下建筑设计与施工脱节、质量管控粗放的客观情况，我们制定了贯穿立项到运营全过程的质量咨询服务流程。流程包括设计培训、设计指导和审图、施工培训、材料及产品咨询和审核、施工现场检查、竣工验收和质量标识认证（竣工和运营阶段）多个重要环节（图4-3和图4-4）。以质量保证流程为载体，在项目启动之初就促使管理、设计、施工、采购等各专业人员共同组成一体化核心团队，使围绕能效技术和质量品质的各项核心指标和实施要求能够得到全方位、全过程的吸收学习、应用落实、监督改进和优化提升。

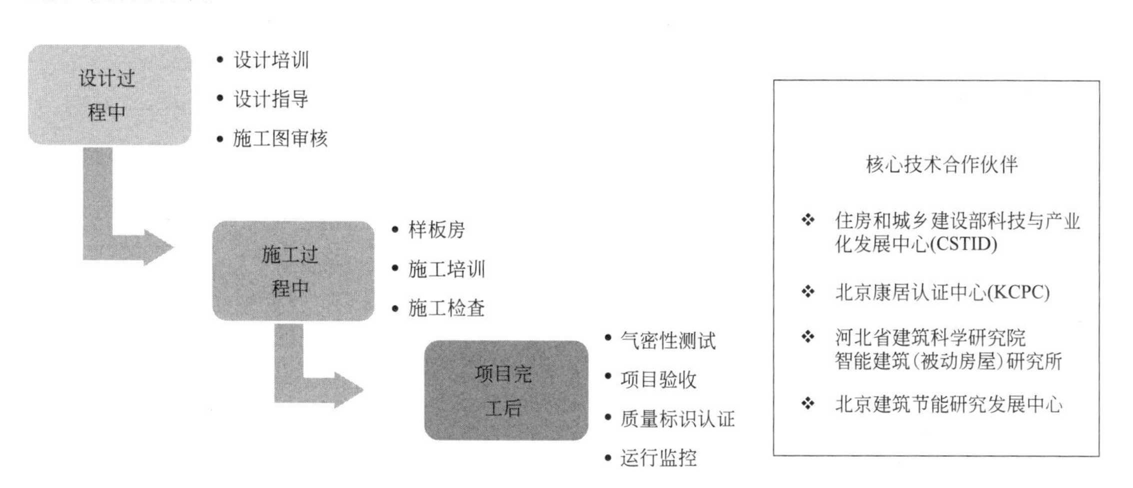

图4-3　dena全过程质量保证体系和核心技术合作伙伴

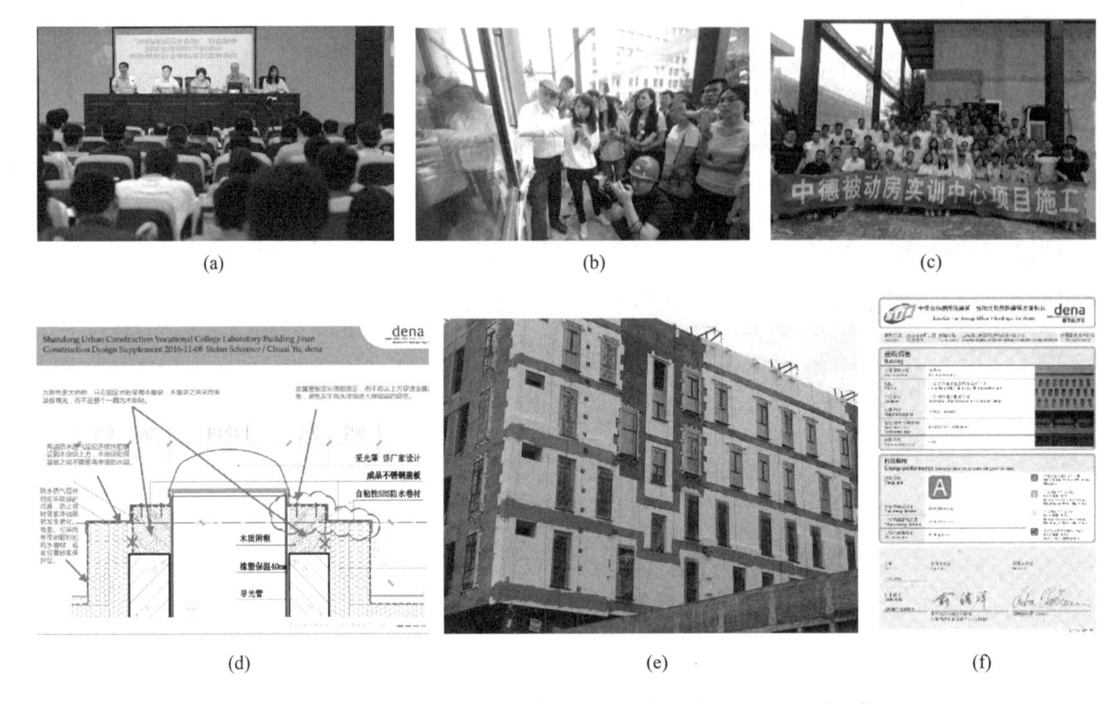

(a) (b) (c)

(d) (e) (f)

图 4-4　中德团队共同实施山东城建学院实验实训中心项目的质量保证流程

随着超低能耗建筑推广规模的扩大和各地项目量的不断增加，dena 全过程质量保证体系也被越来越多的技术咨询机构作为一种新型的服务模式所接受和借鉴，并应用于自身的项目实践中。通过不断总结实施经验，整理完善了用于设计和施工培训、审图、工地检查和验收的工作清单和模板文件，便于不同的核心技术合作伙伴能够按照统一的质量和操作要求配合实施质量保证流程各阶段的工作。

4.1.4　超低能耗建筑的高质量规模化发展

经过十多年的务实努力和坚持，中德高能效建筑示范合作成功地引领了中国超低能耗建筑发展的新方向。目前，以竣工示范项目的技术数据和实施经验为依据，除了由住房和城乡建设部于 2015 年颁布的《被动式超低能耗绿色建筑技术导则（试行）（居住建筑）》，已有有十多个省（直辖市、自治区）和近二十个城市先后为本地区制定了超低能耗建筑的设计标准、发展规划及激励政策。如何在试点示范、政策主导、标准支撑的现有基础上将超低能耗建筑带入高质量的规模化发展轨道？除了从技术层面进一步细化、深化和拓展针对不同气候带、不同建筑类型的技术路线，积极尝试多技术集成，进一步提高设计与施工水平，提升材料和产品质量，更重要的是通过建立透明的以用户和使用性能为导向的质量管控和评估机制，通过提高市场对高质量建筑产品的认知和需求，从需求侧反向倒推供给侧全产业链的高质量发展。具体地讲，可以考虑从以下两方面入手：

1. 建立后评估体系

建筑竣工只是建筑全生命周期一个基础阶段的完成，而目前绝大多数的评估标准和激励政策均以竣工验收为结束点，对实际使用和维护缺乏必要的关注和管控。建筑是否舒适、健康、节能、耐久取决于建成后的运营使用和用户体验。尤其是建成后投入使用的前三年时间里，前期设计与用户实际需求和使用行为是否匹配、设备设置与调控是否合理、材料和产品的质量和性能是否稳定等各方面都会有较集中的体现。如果政府主管部门能够将行政管理手段、激励政策与实际运行的评估结果挂起钩来，形成闭环管理，将对真正降低建筑能耗和提升使用者获得感提供更好的保障。

建议由政府牵头，在落实设计、施工、竣工验收全过程实施质量管控的基础上，进一步建立完善项目使用效果后评估机制。可由第三方专业机构对建筑性能和环境核心指标进行后评估。对用户体验和行为进行跟踪反馈，一方面可以有效地反向监督约束和推进提升建筑设计、施工、产品的前端质量；另一方面也可以专业地调整和优化设备系统，及时发现和纠正错误的使用行为，从而不断总结和积累经验，持续提升整体行业水平。

2. 建立针对用户的信息渠道和建筑品质保证体系

目前，对超低能耗建筑优势的认知和认同还只是停留在政府主管部门和建筑专业群体层面，其推动力主要自上而下地来自供给侧。如果能够利用各地住房和城乡建设主管部门和权威技术机构的宣传平台，通过简单易懂的非技术语言把超低能耗建筑具备的舒适、健康、高质量以及保值优势，特别是将“何为高质量“ 清晰量化、公开透明地传递到公众和用户层面，势必会在激发需求的同时提高市场的质量准入门槛。试想，如果开发、建设单位本着对自身质量的信心，为业主和用户提供更具吸引力的质保期，如果第三方机构可以为业主出具质量证书用于超低能耗建筑的出售和转让交易，那么基于认知和信任的市场优选就会水到渠成，而基于品质优势的合理溢价就更加有据可依，从而形成多方收益的市场良性循环和产业健康发展。

4.1.5 建筑领域中德合作的未来趋势

2020年是具有里程碑意义的一年。全球范围内，巴黎协议正式生效，对各缔约国的减排承诺目标开始具有法律约束力；欧盟范围内，围绕着“绿色新政“所明确的两个欧盟核心战略发展目标——2050年实现“温室气体净零排放”和“经济增长与资源消耗脱链”，一系列政策和措施正在调整和制定中。而在中国，2020年是“十四五“ 规划的编制之年、推进绿色高质量发展的重要时间节点。

一场突如其来的新冠病毒疫情前所未有地打乱和改变着全球的经济和社会秩序。全球疫情所引发的对国际政治经济格局的反思和应对措施，应该让世界各国在气候保护、可持续性循环发展的道路上迈出更大、更坚定的步伐，而不是停滞和倒退。

建筑领域的能源效率与资源循环

建筑业是国民经济的支柱产业，它的发展甚至可以被视为社会经济发展的缩影。危机往往催生机遇与创新，这条规律在建筑业的发展进程中体现得尤为明显。以德国为例，在过去的七十年里，伴随着“二战”结束后德国经济复苏和腾飞，建筑领域的发展和创新经历了由住房危机而引发的高速度工业化导向、由生态环境危机而引发的健康环保导向、由能源危机而引发的高能效低排放导向的阶梯状提升。特别是三十余年以环保和能效为导向的发展催生出了大量技术和产品的创新，造就了德国在该领域的国际领先地位。而随着全球进入应对气候危机的“倒计时“，德国建筑领域的技术创新方向也正从关注降低建筑使用过程的能耗，进一步拓展到关注降低材料和产品生产过程中的“灰色能源“，以及关注建筑全生命周期中能源和资源的综合效率和循环利用（图 4-5）。

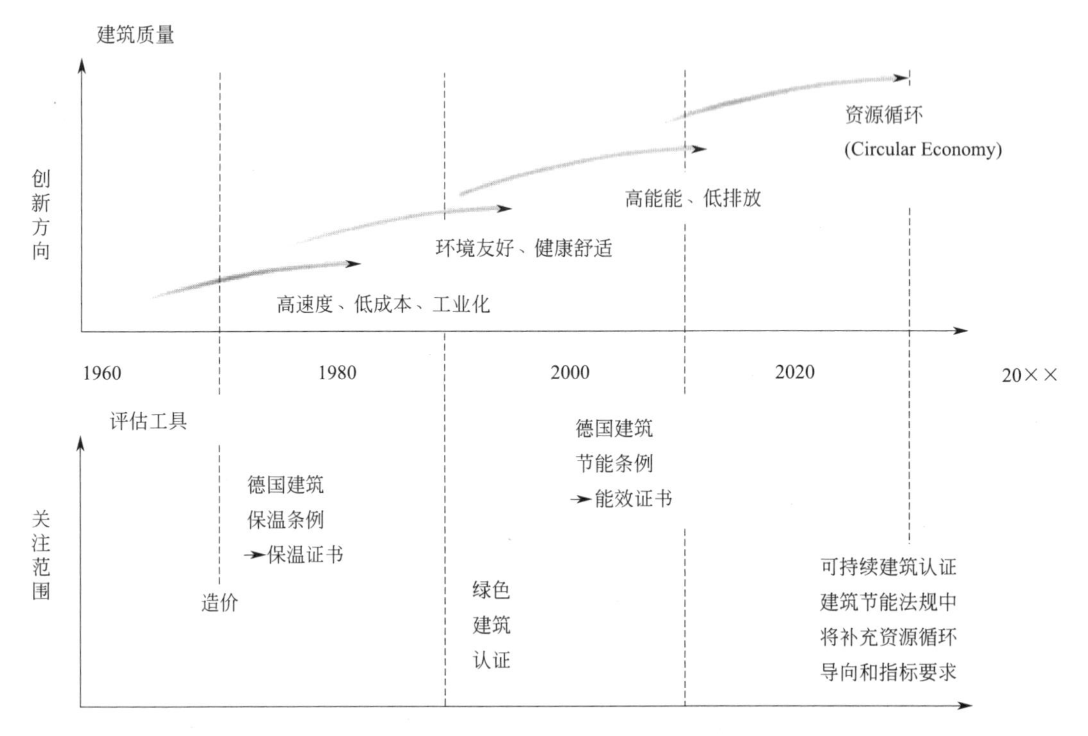

图 4-5　德国建筑领域发展进程和未来趋势
（来源：apl Prof De. -Ing. habil. Angelika Mettke.）

中国通过四十多年的改革开放，实现了举世瞩目的经济和城镇化高速发展，跃居为世界第二大经济实体。建筑领域也经历了从追求低成本、高速度到追求绿色低碳、高质量、低能耗的转变，其总体趋势与德国“二战”后至今的发展有相似之处。两国建筑领域在关注主题和技术水平方面的“时间差“ 也在短短十几年中由最初的 20～30 年，逐步缩短为几年，并继续趋于同步。

中德建筑领域的合作正由“中国借鉴德国经验和技术”的单向模式，越来越多地向“共同主题、相互学习、优势互补、成果共享”的双向模式转变。如何通过技术和商业模式创新实现高质量、规模化、经济可承受的既有建筑的功能改造和能效提升，如何通过改变建筑材料、产品设计、建筑设计和建造方式来降低上游产业链的灰色能源、提高建筑空间使用灵活性、延长建筑寿命、实现资源循环利用，如何使建筑由能源和资源的单向消费体转变为兼备存储和供给热、电、冷及钢、铝、铜、木、混凝土、砖石等基础建筑材料能力的多向互动综合功能体，实现一体化的城市能源和资源转型……这是中德两国建筑领域现在和未来都要面对的共同课题。

以 21 世纪中叶实现全球气候保护目标和完成两国可持续绿色发展及能源转型为大背景，过去十余年的中德高能效建筑示范合作才仅仅是一个良好的开端。作为“基本功”的超低能耗技术可以多维度地与装配式、数字化、可再生能源利用、新型和可再生建筑材料使用以及循环化设计和建筑方式相结合；应用范围可以由单一使用功能的建筑拓展到一体化多功能互动的城市片区和园区，由新建建筑拓展到既有建筑改造和城市更新，从城市拓展到乡村（图 4-6）。作为致力于实现能源转型和气候保护目标、促进国际合作的职能机构，德国能源署将继续持之以恒地与中国合作伙伴一起不断创新、务实探索，进一步拓展建筑能效与资源循环并举的发展新空间与新路径。

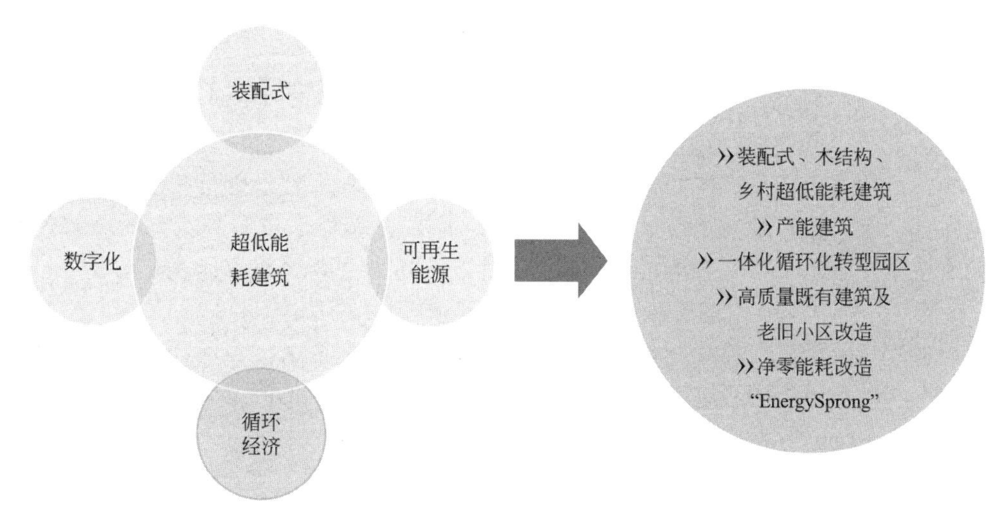

图 4-6　以超低能耗建筑为核心的技术集成和创新空间

4.2　中美 CERC 合作（一期、二期）

为促进中美双方清洁能源的研究、发展和商业化，以及为中美双方的清洁能源事业建立一个知识、人力和双边互利的平台，2009 年 11 月，胡锦涛主席和美国奥巴马总统共同宣布成立清洁能源联合研究中心。同年 11 月 17 日，美国能源部部长朱棣文，中华人民共和国科技部部长万钢和中国国家能源局局长张国宝签署了 2009 协议，并宣告研究中心正式成立。

2011 年 1 月 18 日，中美清洁能源联合研究中心在华盛顿举行了盛大的揭牌仪式。中华人民共和国科技部万钢部长、美国能源部朱棣文部长和中国国家能源局张国宝局长共同为中美清洁能源联合研究中心揭牌。同日，中美双方代表签署了中美清洁能源联合研究中心建筑节能联盟联合工作计划。2011 年 1 月 19 日，中美双方建筑节能领域的主要负责人及相关研究人员举行了研讨会，双方就合作的重点和方向展开了进一步讨论。

为了更好地开展中美清洁能源联合研究中心建筑节能合作项目，2011 年 3 月 23 日，住房和城乡建设部建筑节能与科技司在京宣告中美清洁能源联合研究中心建筑节能联盟正式成立。此次成立会暨第一次工作会议的召开标志着中美清洁能源联合研究中心建筑节能合作项目的正式启动以及建筑节能联盟领导小组、建筑节能联盟管理委员会和建筑节能联盟专家委员会的成立。住房和城乡建设部建筑节能与科技司、原住房和城乡建设部科技发展促进中心、中国城市科学研究会、中国建筑科学研究院、同济大学、天津大学等单位的领导、专家以及相关企业代表近 70 人出席了该次会议。

中美清洁能源联合研究中心建筑节能合作项目作为中美清洁能源联合研究中心启动的三个优先领域之一，由住房和城乡建设部牵头组织实施，并由原住房和城乡建设部科技发展促进中心牵头组织协调落实。

1. 中美第一期第一阶段合作（2011—2013 年）

中美第一期第一阶段合作确定了建筑能耗监测与分析、建筑围护结构体系、建筑设备系统、可再生能源建筑应用、高能效建筑技术综合集成、新型照明系统和建筑节能市场化推广机制为重点研究领域。

2013 年 3 月 28—29 日“中美清洁能源联合研究中心建筑节能合作项目一期成果总结会”在重庆召开，科技部国际合作司马林英副司长、科技部国际合作司刘志明参赞、住房和城乡建设部建筑节能与科技司韩爱兴副司长、原住房和城乡建设部科技发展促进中心梁俊强副主任、重庆市科学技术委员会潘复生副主任等 60 多位来自中美双方的联盟代表参加了此次会议。会上，各课题单位代表汇报了课题研究成果，工程方代表介绍了项目第二期“超低能耗示范建筑”的备选工程并对下一步工作进行了讨论。

会议首先由一期项目各课题单位代表对课题考核指标完成情况、课题研究成果进行了汇报。与会专家就汇报内容进行了深入的探讨和系统的点评，推进了课题成果的进一步完善，为一期项目的验收奠定了基础。

为充分利用产学研结合的合作模式，进一步鼓励科技创新、加大产业化力度，二期项目将坚持中美合作、互利共赢的原则，以企业为主体，在全国不同气候区建设超低能耗建筑示范工程，从示范工程建设的实际需求出发，围绕“超低能耗示范建筑”的设计、施工及运营管理开展相应关键技术和产品的研发。来自 10 余家企业和科研机构的代表在一期项目研究成果汇报后，还逐一介绍了建设“超低能耗示范建筑”备选工程的概况，并表示了参与未来项目的强烈意愿。

2. 中美第二期第一阶段合作（2016—2019 年）

2014 年 11 月习近平主席与奥巴马总统发表《中美气候变化联合声明》，明确继续支持中美清洁能源联合研究中心第二个五年（2016—2021 年）合作。2016 年 7 月中美清洁能源联合研究中心建筑节能联盟（CERC-BEE）中方依托单位中国住房城乡建设部科技与产业化发展中心与美方依托单位美国劳伦斯伯克利国家实验室代表中美双方在北京签署了《中美清洁能源联合研究中心二期建筑节能联盟五年合作计划（2016—2020）》，继续开展建筑节能合作研究。

基于中美一期联合研究，双方确认二期围绕“净零能耗建筑”开展合作。项目旨在围绕“净零能耗建筑”，开展技术、数据、政策与市场机制研究，将各项研究成果进行专项技术示范，进而在不同气候区建设“净零能耗建筑”综合性技术示范工程，明确建筑节能工作未来发展目标和路径，推动“净零能耗建筑”关键技术研究与应用。

基于双方合作基础以及共同面对的关键问题，系统解决“净零能耗建筑”从建筑设计、施工到运行全过程所面临的问题。通过技术研究与工程示范应用，疏通建筑一体化设计、施工和装配式建筑研究到实际工程的各个环节，为建筑工业化发展提供支撑；基于已有数据和工程实践，开展数据挖掘与建筑调适工作，发展建筑节能领域的大数据应用方式，引进美国建筑调适技术与相关标准；合作研究直流建筑与智能微网并进行工程示范，将建筑能源供应与消费模式结合，优化建筑能源供应与保障系统；针对两国不同的室内环境问题，开展室内环境营造目标和方式研究与示范，系统解决室内环境营造所涉及的建筑物设计、通风方式和评价指标等问题；基于中美双方在建筑节能领域深入调研，开展针对“净零能耗建筑”发展目标和路径的政策与市场机制研究，对比双方在资源、建造形式、用能方式和技术优势等方面的异同，进一步提升双方建筑节能合作水平，并为与其他国家和地区开展的节能合作提供支撑。

项目具体包括五个任务：任务一，夏热冬冷地区和严寒寒冷地区“净零能耗建筑”关键技术综合性工程示范；任务二，夏热冬暖地区“净零能耗建筑”关键技术综合性工程示范；任务三，“净零能耗建筑”关键技术综合性研究；任务四，建筑调适与数据挖掘研究与示范；任务五，综合性政策与市场研究。

3. 中美第二期第二阶段合作（2020—2021 年）

中美第二期第二阶段合作项目名称为“净零能耗建筑适宜技术研究与集成示范”，项目继续由住房和城乡建设部科技与产业化发展中心牵头，与国内建筑节能领域的领先研究机构、高校和企业等 30 家单位联合组成研究团队，并与美国劳伦斯伯克利国家实验室和美国企业合作开展研究。

为推动国家重点研发计划政府间国际科技创新合作重点专项中美清洁能源联合研究中心建筑节能合作项目“净零能耗建筑适宜技术研究与集成示范”（编号 2019YFE0100300，以下简称“项目”）顺利实施，按时高质量完成研究任务，实现预期目标，项目牵头承担单位住房和城乡建设部科技与产业化发展中心于 2020 年 6 月 18 日通过网络视频会议方式组织召开了项目启动会（图 4-7）。中国科学技术交流中心美大处李宁处长出席会议并讲话，项目负责人、住房和城乡建设部科技与产业化发展中心副主任梁俊强研究员及科研管理处副处长田永英研究员、建筑节能发展处处长刘幼农教授级高工、副处长马欣伯副研究

图 4-7 “净零能耗建筑适宜技术研究与集成示范”项目启动会

员在主会场参加了会议。中美清洁能源联合研究中心建筑节能联盟（以下简称“CERC-BEE”）专家委员会主任委员、中国工程院院士、清华大学江亿教授，中国城市建设研究院郝军教授级高工、中国建筑设计研究院徐稳龙教授级高工、中国建筑标准设计研究院李军教授级高工、天津市建筑设计院伍小亭教授级高工、北京中建建筑科学研究院有限公司段恺教授级高工、北京建筑大学高岩教授、北京金瑞永大会计师事务所有限公司张小艳高级会计师等专家应邀参会。来自项目牵头承担单位和参与单位的代表近120余人在各分会场参加了会议。会议由住房和城乡建设部科技与产业化发展中心马欣伯主持。

李宁处长代表项目管理专业机构对会议的召开表示祝贺，对CERC-BEE多年来取得的积极成果表示肯定，希望CERC-BEE中方研究团队以新项目为契机，在未来的两年里继续发挥联盟专家委员会和企业委员会的作用，与美方加强交流，深入合作，顺应建筑节能国际发展趋势，探索我国建筑节能的发展路径，提升我国在建筑节能领域的国际话语权。马欣伯副处长传达了项目推荐单位住房和城乡建设部标准定额司科研处领导对项目实施提出的要求，希望研究团队在实施过程中严格执行相关管理规定，按时高质量完成研究任务。江亿院士在讲话中简要回顾了CERC-BEE成立以来对中美科技合作和我国建筑节能发展做出的重要贡献，希望中美双方在已建立的合作平台基础上，延续合作交流，共同探索和解决建筑节能领域的新问题和新挑战，推动和引领建筑节能行业的高质量发展。

项目负责人梁俊强副主任介绍了项目的总体情况，对项目实施提出了明确要求，希望研究团队严把任务进度，注重成果质量，彰显示范意义，加强中美合作，严格过程管理，规范使用经费，共同做好项目实施，通过深化合作研究，引领建筑节能发展。北京市建筑设计研究院有限公司徐宏庆总工程师、中科华跃（北京）能源互联网研究院有限公司薛志峰博士、沈阳建筑大学黄凯良副教授、中国建筑科学研究院张时聪研究员、清华大学燕达教授、上海东方低碳科技产业股份有限公司袁戟博士、深圳市建筑科学研究院股份有限公司郝斌副总工程师、哈尔滨工业大学董建锴副教授、清华大学单明助理研究员和住房和城乡建设部科技与产业化发展中心马欣伯副处长分别汇报了各任务的基本情况。中国建筑西北设计研究院有限公司杨春方高级工程师、天普新能源科技有限公司吴艳元总工、水发能源集团有限公司研究院罗多院长、中国建筑西南设计研究院有限公司高庆龙教授级高工和中建科技集团有限公司马超博士分别汇报了净零能耗建筑适宜技术集成示范工程情况。合作领域技术研究负责人北京市建筑设计研究院有限公司徐宏庆总工程师、中国建筑科学研究院张时聪研究员、深圳市建筑科学研究院股份有限公司郝斌副总工程师、哈尔滨工业大学姜益强教授、住房和城乡建设部科技与产业化发展中心梁俊强副主任和中国建筑西南设计研究院有限公司冯雅教授级高工从统筹各领域研究角度，分别对“一体化设计、施工和装配式建筑”“建筑调适和数据挖掘”“直流建筑和智能微网”“室内环境质量”“综合性政策和市场机制”和“工程示范”等合作领域的研究内容和研究思路发表了意见。

4.2.1 CABR近零能耗示范楼

为将我国建筑节能领域的技术研究和国际联合研究成果进行集中展示，引领建筑节能工作迈向更高标准，主要基于中美清洁能源联合研究中心建筑节能合作项目（CERC-BEE）科研成果，由中美双方30余位专家联合研究、设计、建造的中国建筑科学研究院“CABR近零能耗示范建筑”于2014年7月落成并交付使用。示范建筑面向中国建筑节能技术发展的核心问题，秉承“被动优先，主动优化，经济实用”的原则，集成展示28项世界前沿的建筑节能和环境控制技术，示范建筑设计能耗控制目标为“冬季不使用传统能源供热、夏季供冷能耗降低50%，建筑照明能耗降低75%”。

1. 建筑基本情况

CABR近零能耗建筑位于北京，为4层办公建筑，建筑面积约4025m²，2014年7月正式入驻，常驻办公人员逐年增长，从150人上升至180人。该建筑为我国寒冷气候区第一栋近零能耗办公建筑，集科研、实验和实际使用于一体，建筑采用更高性能的围护结构保温体系、门窗体系，高能效主动式能源系统，无热桥和高气密性设计施工。建筑设计能耗目标为全年照明供冷和供暖能耗不大于25kWh/(m²·a)。

CABR近零能耗建筑的能源系统由基本制冷及供暖系统、科研展示系统组成。夏季制冷和冬季供暖采取太阳能空调和地源热泵系统联合运行的形式，屋面布置了144组真空玻璃管中温集热器，结合两组可实现自动追日的高温槽式集热器，共同提供项目所需要的热源。示范楼设置一台制冷量为35kW的单效吸收式机组，一台制冷量为50kW的低温冷水地源热泵机组用于处理新风负荷，以及一台制冷量为100kW的高温冷水地源热泵机组为辐射末端提供所需冷热水。项目分别设置了蓄冷、蓄热水箱，可以有效降低由于太阳能不稳定带来的不利影响，并在夜间利用谷段电价蓄冷后昼间直接供冷（图4-8）。

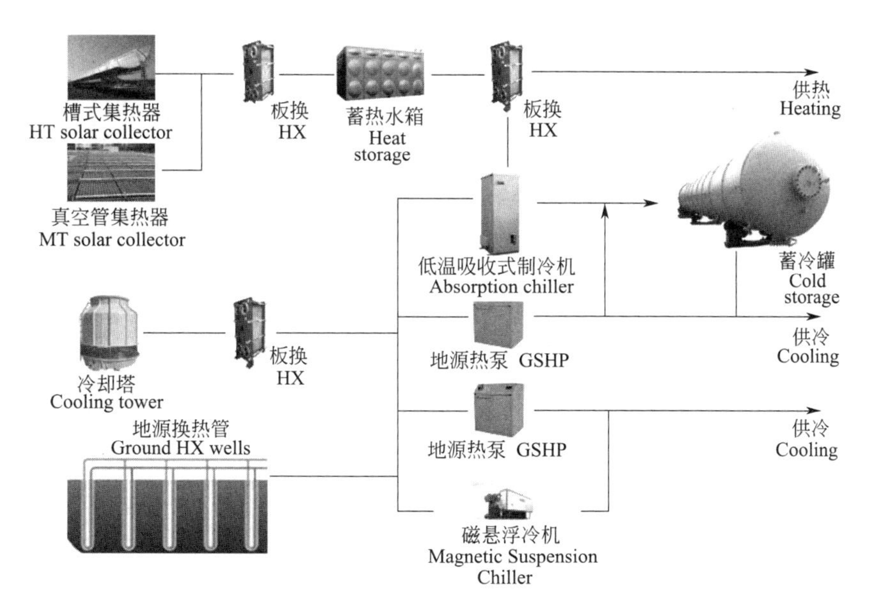

图4-8　示范楼能源系统流线图

除了水冷多联空调及直流无刷风机盘管等空调末端之外，示范楼在2层和3层分别采用顶棚辐射和地板辐射空调末端，全楼每层设置热回收新风机组，新风经处理后送入室内，提供室内潜热负荷和部分显热负荷，室内辐射末端处理主要显热负荷，采用不同品位的冷水承担除湿和显热负荷，尽量提高夏季空调系统能效（图4-9）。

2. 暖通空调系统运行策略

CABR近零能耗示范楼为常规办公建筑，周一—周五上午8：30—下午5：30为正常工作时间。照明和插座按照办公楼人员作息运行，暖通空调系统周中工作时间为早

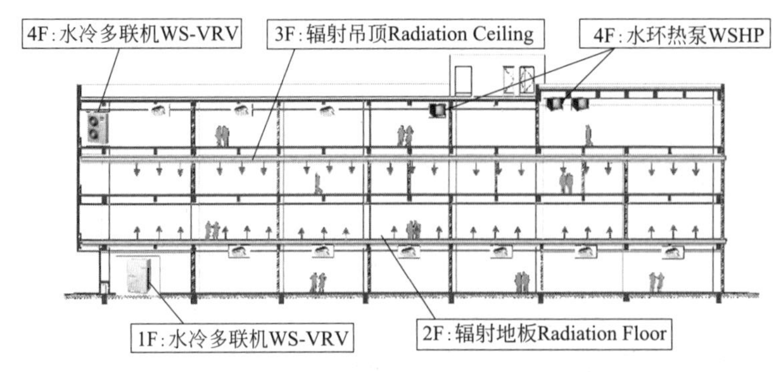

图 4-9　示范楼各楼层末端空调系统

7：00—晚 5：30，周末原则上不开启，若有重要事项或系统实验时开启。

暖通空调系统供冷供暖时间以室外环境温度条件和建筑使用人员要求为原则判断。基于最大化优先利用太阳能的原则，暖通空调系统基本运行策略如下：

夏季工况：水冷多联机系统供一四层房间负荷，建筑其他空间冷负荷和新风负荷由地源热泵和太阳能空调系统承担。优先采用太阳能空调系统为建筑供冷，太阳能空调系统供应不到区域，采用地源热泵系统供冷。在满足室内环境要求的前提下，优先采用功率较小的地源热泵机组为建筑供冷，当太阳能空调系统无法正常工作时，两套地源热泵系统同时工作。周末可利用太阳能空调蓄冷，工作日优先使用蓄冷系统为建筑供冷。

冬季工况：优先采用太阳能热水为建筑供暖，当太阳能热水无法满足建筑供暖需求时，采用太阳能热水辅助地源热泵系统的供暖模式。

过渡季工况：过渡季工况下，将太阳能集热器通过地埋管系统蓄到地下土壤中。

3. 计量和监测

为了获取建筑真实运行数据及对各系统运行评估分析，建立了完善的建筑能耗监控系统，包含用电和用热监测，分别对建筑照明、插座、暖通空调和其他用电系统和设备耗电量进行计量，对暖通空调设备冷冻、冷却侧供回水温度、流量，供冷供热量进行计量。各能耗计量设备经标定后接入系统，所有计量设备具有数据远传功能，按照设定频率，将采集到的参数上传至中央能耗监测平台。

4. 能耗分析

近零能耗示范楼运行电耗按图 4-10 所示逻辑进行分析，分别对建筑照明、插座、动力、暖通空调和特殊用电进行分析。

（1）建筑总能耗

建筑总能耗指建筑正常运行消耗的所有能耗。图 4-11 所示为建筑从 2014 年 6 月—2018 年 12 月逐年分项电耗，即建筑暖通空调系统、照明、插座、电梯、特殊用电，暖通空调系统电耗包含冷热源设备、输配系统和末端系统用电。从图 4-11 看到，2015—2018 年，总体建筑能耗呈现逐年上升的趋势，年总能耗分别为 34.2kWh/(m^2·a)、36.3kWh/(m^2·a)、38.0kWh/(m^2·a)、38.9kWh/(m^2·a)，其中暖通空调和照明能分别为 21.6kWh/(m^2·a)、23.8kWh/(m^2·a)、24.8kWh/(m^2·a)和 25kWh/(m^2·a)、照明能耗分别为 6.1kWh/(m^2·a)、5.8kWh/(m^2·a)、6.7kWh/(m^2·a)、5.9kWh/(m^2·a)。2017 年照明能耗变化较其他年大，2015 年、2016 年和 2018 年照明年平均能耗为 5.9kWh/(m^2 · a)。暖通空调系统能耗逐年上升，2018 年暖通空调能耗较 2015 年上升 13%。

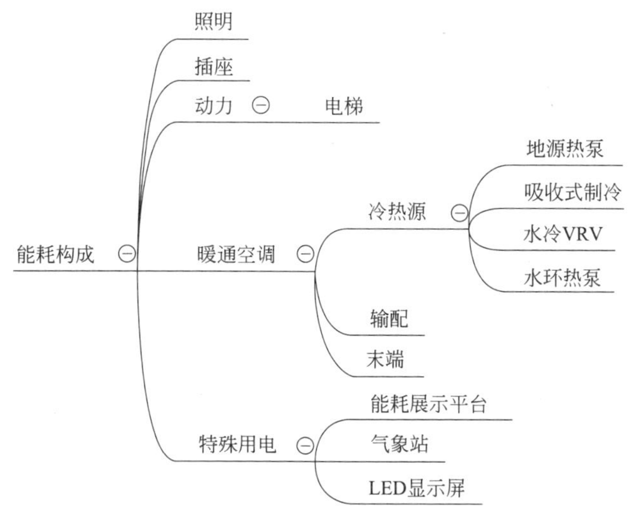

图 4-10　示范楼能耗构成示意图

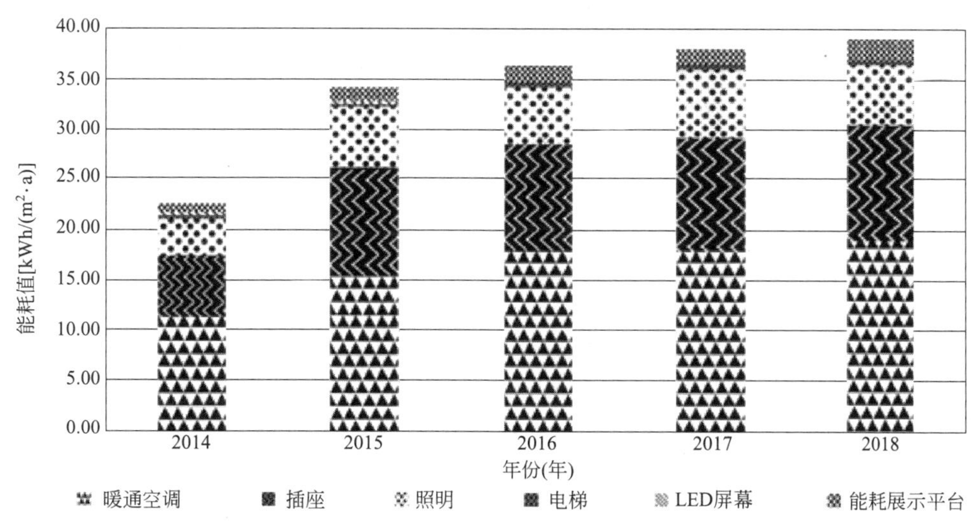

图 4-11　示范楼逐年总能耗及分项能耗

暖通空调系统能耗、插座能耗和照明能耗是示范楼总能耗的主要组成部分，图 4-12 和图 4-13 为示范楼 2017 年和 2018 年的各项能耗占比情况。其中 2017 年暖通空调系统占建筑总能耗的 49%，照明能耗占 16%，插座能耗占比为 30%。和 2017 年相比，2018 年照明和插座能耗占比下降 1%，其他部分能耗占比上升 2%。从能耗占比来看，暖通空调系统能效提升是进一步降低建筑总能耗的关键。

（2）暖通空调系统能耗

2014—2018 年暖通空调系统冷热源主机、输配和末端系统能耗占比如图 4-14 所示，从图 4-14 中看到 2016—2018 年冷热源主机系统能耗占暖通空调系统能耗约 40%，输配系统能耗占比在 30%～35%，从 2016 年开始末端系统占比明显上升。

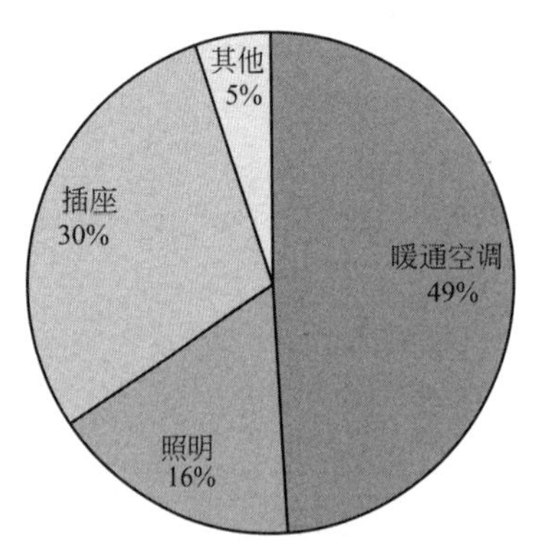

图 4-12　2017 年示范楼各分项能耗占比

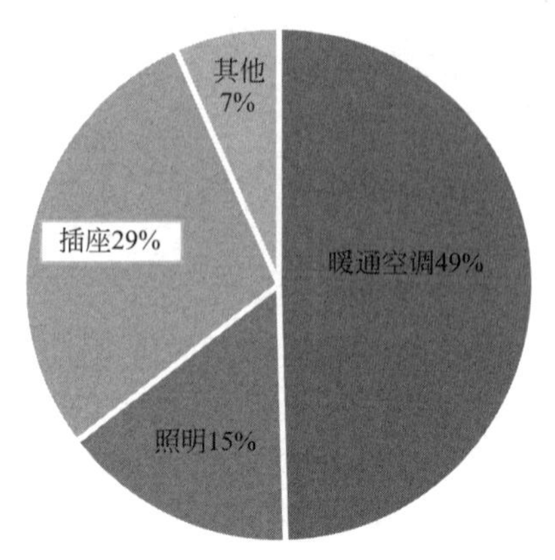

图 4-13　2018 年示范楼各分项能耗占比

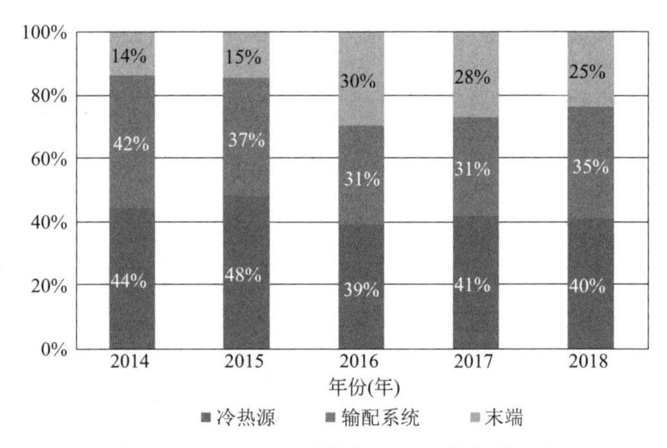

图 4-14　暖通空调系统各组成部分能耗占比

2015—2018 年建筑供冷周期为 6 月 1 日—9 月 8 日、6 月 8 日—9 月 9 日、5 月 17 日—9 月 22 日、5 月 16 日—9 月 22 日。供暖周期为 11 月 2 日—次年 3 月 24 日、10 月 31 日—次年 4 月 1 日、11 月 8 日—次年 4 月 2 日和 11 月 9 日—次年 4 月 1 日。每年供冷供暖周期不同，年度室外温湿度状况不同是影响暖通空调系统逐年能耗的原因之一。

暖通空调系统在供冷供暖期间，会根据实验需要进行不同系统配置的运行实验，也是带来系统能耗及占比变化的原因之一。如 2018 年供冷季，蓄冷水箱进行蓄冷工质改造，同时进行蓄冷水箱蓄冷供冷模式实验，带来系统能耗变化。如 2016 年某建筑使用一台溶液除湿机组，但由于该机组某阀门开启不完全，导致系统长期工作在不优化状态下，导致整个系统能耗较高，影响暖通空调系统整体能耗。

（3）照明能耗

近零能耗示范楼照明采用高效 LED 灯和荧光灯两种灯具类型，每层分别采用不同的智能照明控制策略。其中公共区域照明采用声控的方式控制，卫生间照明采用定时和声控模式，2、3 层办公室分别采用可调照明亮度或分回路开关的方式控制。建筑根据不同使用和实验需求，对照明控制方式不断进行调整。图 4-15 为办公室照明能耗逐年变化情况。

2014—2018 年，建筑常驻办公人口逐年上升，照明能耗变化相对较小，说明建筑照明能耗与人员变化较为不敏感，也主要与照明布线方式有关，如果一个功能区域只有一个回路，若无辅助台灯措施，则一人使用和多人使用照明能耗一致。另一方面也说明用户照明使用习惯并未发生较大变化。培养用户节能使用习惯，选用更加节能的照明灯具，同时采用智能化的照明控制策略，是现阶段实现照明节能的有效措施。

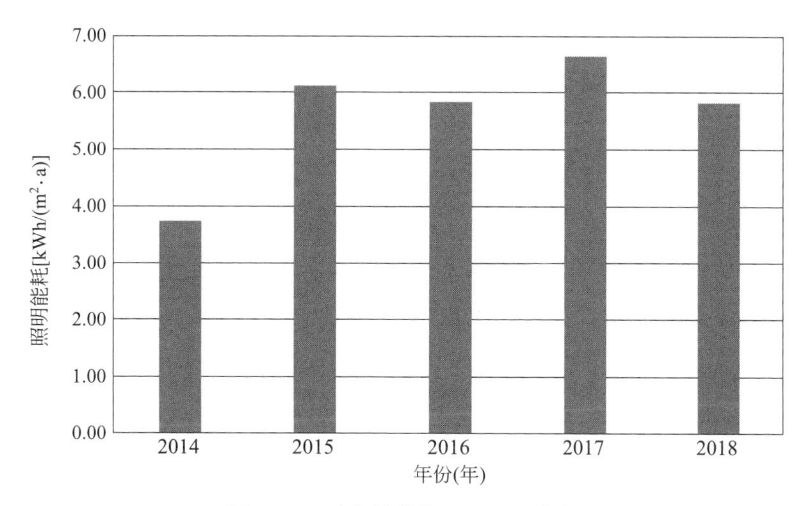

图 4-15　示范楼单位面积照明能耗

（4）插座能耗

近零能耗示范楼的插座能耗主要包括各楼层的插座用电和弱电控制器用电，涉及电脑、打印机、传真机等办公设备，饮水机、手机充电器等日常办公辅助设备用电。弱电控制器 24h 不断电，但该项能耗占总插座能耗比例较小。从图 4-16 看到，2014—2018 年，插座能耗呈现缓慢的增长趋势。建筑插座能耗与人员数量变化关系较为紧密。插座节能可通过行为节能实现，如下班关闭电脑、打印机、饮水机等用电设备。

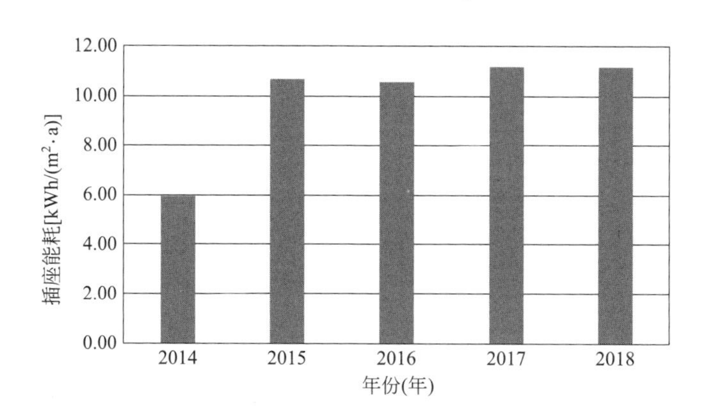

图 4-16　示范楼单位面积插座能耗

（5）电梯能耗

近零能耗示范楼投入使用以来，电梯无特殊使用限制，基本做到正常使用。电梯逐年能耗变化如图 4-17 所示。从图 4-17 可以看出，电梯能耗呈现明显的上升趋势，说明电梯使用频次逐年上升。实现电梯节能可通过选用节能电梯或待机电耗较小的电梯设备。但总的来讲，电梯能耗占总能耗比例较小，电梯节能对建筑整体节能贡献不显著。

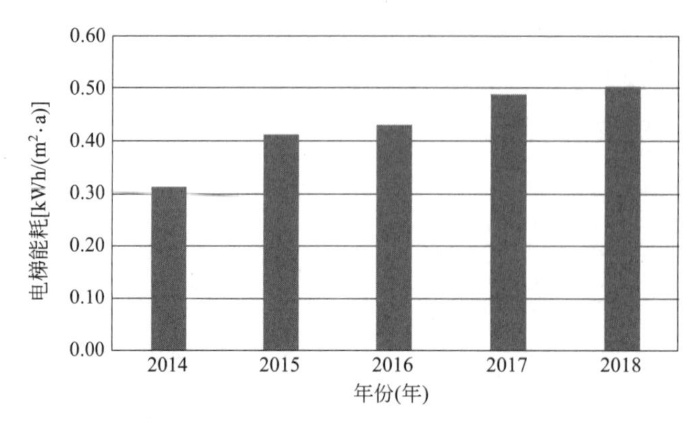

图 4-17　示范楼单位面积电梯能耗

（6）LED 显示屏能耗

LED 显示屏用来显示建筑室外环境参数，包含室外温湿度、PM2.5、风速、风向和辐照度。从图 4-18 中看到 LED 显示器能耗逐年降低。能耗降低与 LED 显示屏运行策略相关，最初采用 24h 运行模式，后期早 6 点—晚 10 点运行，最终结合人员实际到单位时间调整 LED 运行时间为早 6 点—晚 6 点。

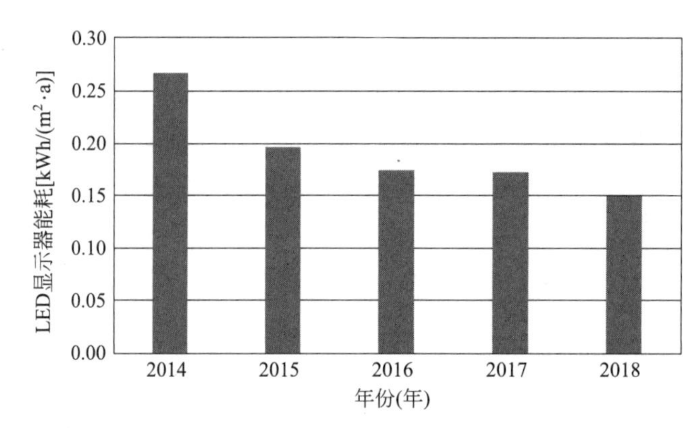

图 4-18　LED 显示屏逐年能耗

5. 典型功能房间室内环境分析

（1）夏季典型日室内参数分析

示范楼夏季室内设计温度为 26℃，图 4-19～图 4-21 分别为典型房间夏季某工作日室

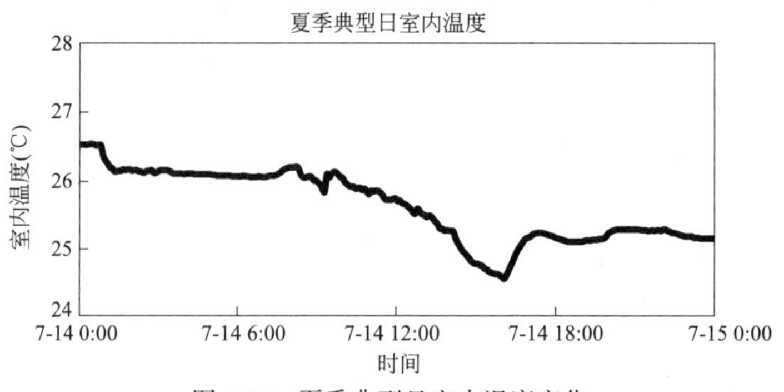

图 4-19　夏季典型日室内温度变化

内温度、相对湿度和室内 CO_2 浓度 24h 变化。从图 4-19～图 4-21 看到，工作日工作时间段内，房间温度在 24～26℃的范围内变化，相对湿度介于 50%～60%，CO_2 浓度不大于 1000ppm，多数时间，室内 CO_2 浓度不大于 800ppm。

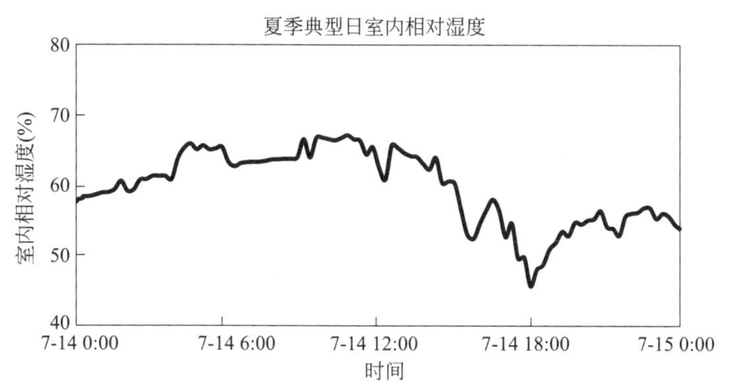

图 4-20　夏季典型日室内相对湿度变化

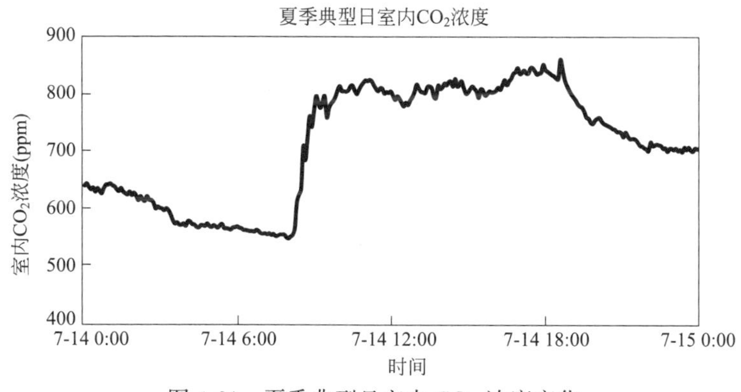

图 4-21　夏季典型日室内 CO_2 浓度变化

(2) 冬季典型日室内参数分析

示范楼冬季室内设计温度为 20℃，CO_2 浓度不大于 1000ppm。图 4-22～图 4-24 分别为建筑房间冬季某工作日室内温度、相对湿度和室内 CO_2 浓度 24h 变化。从图 4-22 看到，工作日工作时间段内，房间温度不小于 20℃，下班时间，房间温度约为 22℃。工作

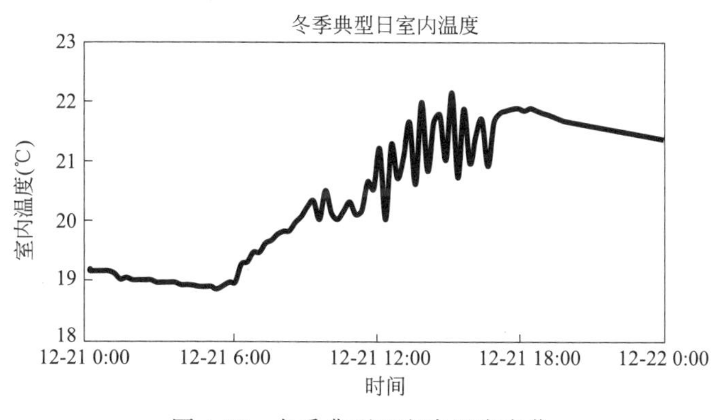

图 4-22　冬季典型日室内温度变化

时间内，室内相对湿度介于 30%～60%，CO_2 浓度不大于 1000ppm，基本实现设计要求。

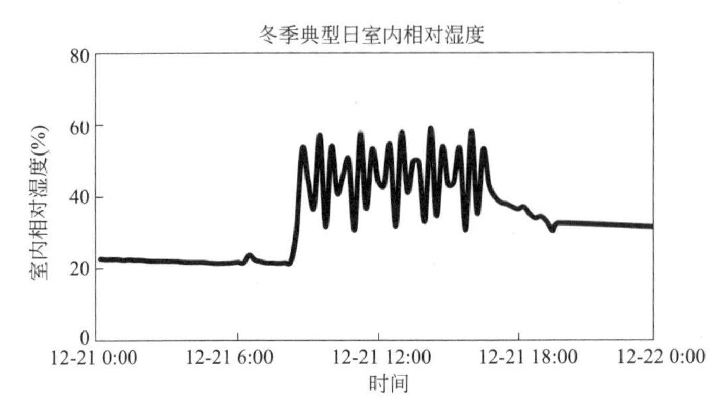

图 4-23　冬季典型日室内相对湿度变化

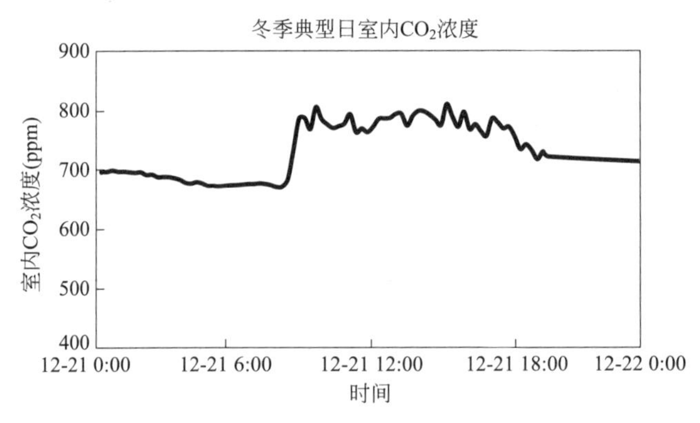

图 4-24　冬季典型日室内 CO_2 变化

通过对中国建筑科学研究院近零能耗示范楼建筑能耗的常年计量和追踪分析，可以看到，2015—2018 年示范建筑年能耗总体满足设计目标要求，室内环境参数保持在舒适度区域内。通过连续几年的能耗监测和分析发现，该项目暖通空调系统输配和末端系统能耗占比较大，在后期的运行过程中，应着重挖掘该部分的节能潜力。建筑插座和照明能耗变化不大，分别维持在 11kWh/(m^2 · a) 和 7kWh/(m^2 · a) 左右。电梯能耗逐年缓慢上升，LED 由于优化控制，能耗逐年降低。

4.2.2　珠海兴业近零能耗建筑

我国南部地处夏热冬暖地区，它的分区指标为最冷月平均温度大于 10℃，最热月平均温度 25～29℃，日平均温度不小于 25℃的天数 100～200d。按此划分，夏热冬暖地区包括海南全部及广东、福建、广西大部分地区，以及中国香港、中国澳门与中国台湾地区。该地区为亚热带湿润季风气候，其特征表现为夏季漫长，冬季寒冷时间很短，甚至几乎没有冬季，长年气温高而且湿度大，气温的年较差和日较差都小。太阳辐射强烈，雨量充沛。由于这些气候特点，该地区建筑物的能耗主要是夏季用于制冷降温的能耗；建筑节能技术的热工设计，涉及防热、除湿和过渡季节的自然通风等内容，以夏季防热节能为主，基本不考虑冬季保温。

我国夏热冬暖气候区域人口众多、建筑面积庞大，降低该气候区域的建筑能耗对我国建筑节能事业发展具有非常好的促进作用。

1. 项目简介

建筑地处广东省珠海市，属于夏热冬暖气候区域，建筑位于珠海海岸线的西面，到海岸直线距离约为2.3km，常年刮东南风，以炎热潮湿天气为主。该建筑为典型大型办公建筑，建筑地下1层，地上17层，总建筑面积23546m^2，其中地上面积为22148.38m^2，建筑高度70.35m，空调面积约为16800m^2。建筑造型像自然中生机盎然的两片新叶，是一座具有办公、会议、展示等多种功能的综合性办公楼。项目从规划设计、建造施工到运营调试，历时3年。以节地、节水、节能、节材和保护室内环境为核心，重点开展基于办公建筑的智能微能网技术、照明节能技术、建筑调适以及建筑混合通风技术的研究开发和示范。建筑获得国标绿色建筑三星级设计及运营标识、LEED铂金认证，为夏热冬暖气候区域具有代表意义的近零能耗建筑。

以“被动优先，主动优化”为建设原则，建筑采用高性能围护结构，结合建筑的通风及采光，进行多样化的光伏建筑一体化设计，包括季节控制通风光伏遮阳系统、光伏双玻百叶女儿墙、园林式光伏屋面遮阳系统及点式光伏雨篷等。同时，建筑采用智能建筑微能网合理调度各光伏系统发电量。为进一步降低建筑能耗，项目采用了基于人行为的照明、空调、新风三联控技术及建筑能源管理系统。

项目每年5月1日—10月15日为空调季，3—4月梅雨季节根据气象条件选择性开启新风系统降低室内湿度，其他时间段均采用自然通风降温，全年不需要供暖，本项目的整体设计目标为单位面积年电能消耗低于50kWh，建筑可再生能源替代传统能源比例大于10%。有较为精细的分项用电计量设备，精确计量包含空调、设备、照明及数据机房等特殊用电，有能耗监测平台进行能耗数据、光伏发电量的监测及分析。

本项目主要监测仪表见表4-1。

监测仪表精度　　**表4-1**

序号	主要监测仪表	精度	数据传输功能
1	电能表	0.5S	RS-485标准串行接口，支持Modbus通信协议
2	互感器	0.5级	—
3	电磁式热量表	2%	RS-485标准串行接口，支持Modbus通信协议

2. 主要采用的节能技术

(1) 围护结构

在夏热冬暖地区，建筑外围护结构以加强外遮阳为主要技术手段，本项目的平均窗墙比为0.51，根据现行国家标准《公共建筑节能设计标准》GB 50189，本项目属于甲类公共建筑，外窗的可见光透射比不应小于0.40，同时外窗（包括透光幕墙）的有效通风换气面积不应小于所在房间外墙的10%。

建筑外围护结构采用三银Low-E玻璃，层间安装了光伏外遮阳构件。非透明幕墙传热系数为0.44，非透明幕墙的传热系数等级为8级；透明幕墙玻璃采用三银Low-E玻璃，综合传热系数为2.362，遮阳系数$SC=0.35$，透明幕墙部分传热系数等级为5级，遮阳系数等级为6级。

(2) 太阳能光伏

在项目的屋顶及建筑南面均安装有太阳能光伏组件，光伏系统总装机容量为228.1kWp，光伏组件安装分布情况见表4-2。

光伏组件安装位置及功率　表4-2

安装位置	类型	功率(Wp)	数量(块)	总功率(kWp)
裙楼雨篷	单晶硅	192	91	17.472
南立面	单晶硅	172	739	127.108
屋顶百叶	单晶硅	24	336	8.064
屋顶平面	单晶硅	245	308	75.46

(3) 暖通空调

夏热冬暖气候区域的建筑主要考虑夏季供冷，不考虑冬季供暖。本项目所在区域的夏季室外空调计算日平均温度为30.1℃，计算干球温度为33℃，计算湿球温度为27.9℃，夏季室外平均风速为2.1m/s。建筑为高档综合性办公用途，夏季供冷工况的热舒适性根据现行的《民用建筑供暖通风与空气调节设计规范》GB 50736取为Ⅰ级（即室内温度为25℃，相对湿度为55%），新风量为30m^3/(h·人)。

考虑到使用规律不同，因此中央空调分为两部分，冷水机组供2～12层、14～17层，配套一台35000m^3/h的新风处理机。13层采用多联机空调系统并有独立新风。中央空调实现7×24h无人化管理，系统依据物业管理人员预设定的时间表进行全自动化控制，系统周一—周日8时启动，21时停止，其中8:30—18:00为正常上班时间段，18:00—21:00为加班时间段，加班时间段系统处于低负荷运行。

设备额定参数与安装位置见表4-3和表4-4。

冷水机组系统参数　表4-3

设备	台数	性能参数	区域
螺杆式冷水机组	2	额定制冷量:908kWh 额定用电量:157kWh 额定 *COP*:5.78	2～12层、14～17层
冷却水泵	3	额定功率:30kW 变频:是	2～12层、14～17层
冷冻水泵	3	额定功率:22kW 变频:是	2～12层、14～17层
冷却塔	2	风扇功率:5.5kW*2 变频:是	2～12层、14～17层
全热回收新风机	1	额定功率:67kW 压缩机功率:37kW 送风机功率:15kW(变频) 排风机功率:15kW(变频) 额定送风量:35000m^3/h 机外余压:400Pa	2～12层、14～17层
风机盘管	512	直流无刷风机盘管	2～12层、14～17层

多联机空调系统参数　　表4-4

设备	台数	性能参数	区域
多联机	1	额定制冷量:28kWh 额定用电量:8.68kWh 能效等级:一级	13层
多联机	2	额定制冷量:45kWh 额定用电量:13.4kWh 能效等级:一级	13层
多联机	1	额定制冷量:50kWh 额定用电量:15.6kWh 能效等级:一级	13层

(4) 自然采光及照明

建筑楼梯间、设备间等对采光要求不高的附属房间集中布置在核心筒内，主要功能房间布置在外沿，围护结构采用玻璃幕墙，自然采光条件良好。建筑地下室设备机房使用导光管系统，改善地下空间的自然采光效果，满足现行国家标准《建筑采光设计标准》GB 50033对空调机房/泵房的采光要求。建筑为降低能源消耗，未设置过多装饰照明，全部采用LED节能照明灯具，主要办公区域照明功率密度值5W/m^2，照明控制采用光照度感应结合工位人员在岗数据联动控制。楼道、打印室、洗手间等公共区域均采用人体感应控制开关。

(5) 自然通风

建筑1层为展示展览区域，无人员长期逗留，因此1层不设置空调，为加强自然通风，1层东、南、北面可开启电动百叶，增强自然通风的同时，营造出室内室外无界的环境。同时为提高在室外温度超过30℃气象条件的人员舒适度，在主要展示区域利用7台大直径吊扇增强气流速度。

(6) 能源供给形式

建筑的输入能源为电力，无其他能源消耗，无天然气供应，无供暖需求。

3. 数据统计

统计期间项目12层、15层、17层未投入使用，实际投入使用的面积约为总建筑面积的80%，计18836m^2。

4. 室外环境

全年平均室外温度24.5℃，湿度为75%，1—4月、11—12月为过渡季节，过渡季平均室外气温22.7℃，5—10月为制冷季，制冷季平均室外气温为30℃（图4-25和图4-26）。

5. 用电量统计

统计期间实际用电量为838308kWh，折算单位面积为35.6kWh/(m^2·a)，去除数据机房为特殊用电，空调、照明、插座、动力用电量为597114.7kWh，折算单位面积为25.2kWh/m^2。统计期间实际光伏发电总量为99219kWh，期间除特殊用电以外的净能耗为497895.7kWh，折算单位面积能耗21.1kWh/m^2。各月用电量及年分项用电量如图4-27和图4-28所示。

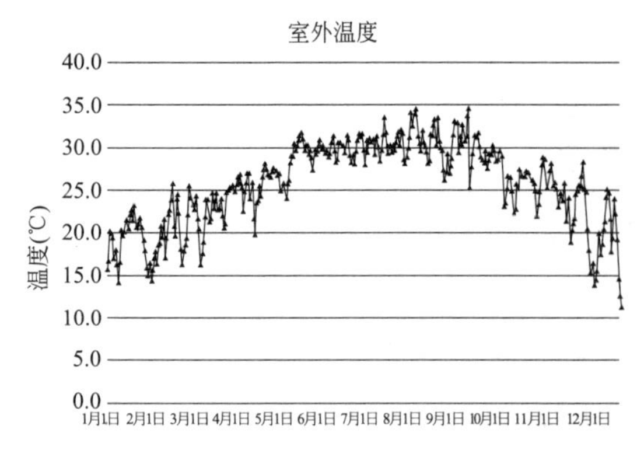

图 4-25　日平均室外温度（8—18 时）

注：室外环境数据仅统计每日 8—18 时数据。

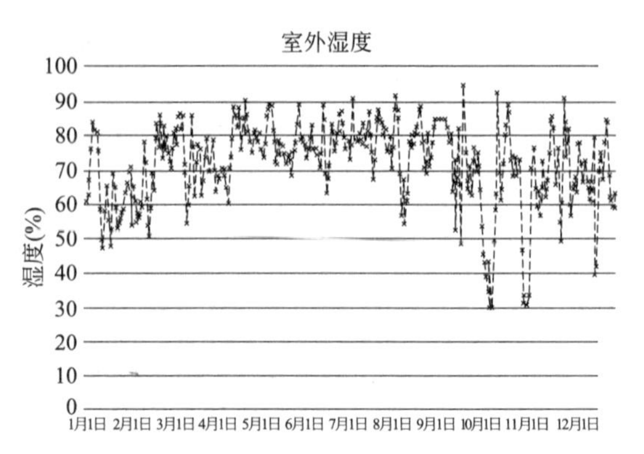

图 4-26　日平均室外湿度（8—18 时）

注：室外环境数据仅统计每日 8—18 时数据。

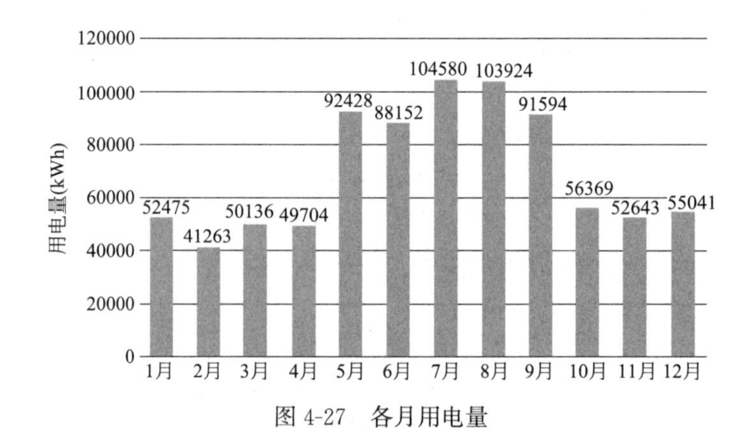

图 4-27　各月用电量

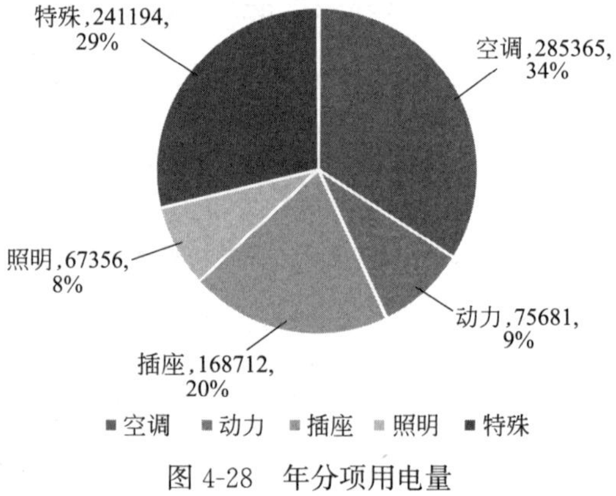

特殊,241194,
29%

空调,285365,
34%

照明,67356,
8%

动力,75681,
9%

插座,168712,
20%

■空调　■动力　■插座　■照明　■特殊

图 4-28　年分项用电量

（1）分项用电量统计（表 4-5 和图 4-29、图 4-30）

全年分项用电统计表　　　　**表 4-5**

分项	总用电（kWh）	单位面积用电[kWh/(m²·a)]	占比（%）	用能设备
空调	285365.3	12.1	34	冷水机组、多联机空调、水泵、冷却塔、新风机、风机盘管、水处理器
动力	75680.9	3.2	9	电梯、给水排水设备、雨水回收系统、消防水泵等

续表

分项	总用电（kWh）	单位面积用电［kWh/(m²·a)］	占比（%）	用能设备
插座	168712.0	7.2	20	办公电脑插座、饮水机、打印机
照明	67356.4	2.9	8	室内照明
特殊	241193.8	10.2	29	数据中心精密空调、服务器
合计	838308.5	35.6	100	—

注：2018年从5月1日开始制冷季到10月15日结束，10月份当室外气温高于28℃时间歇性开启空调。

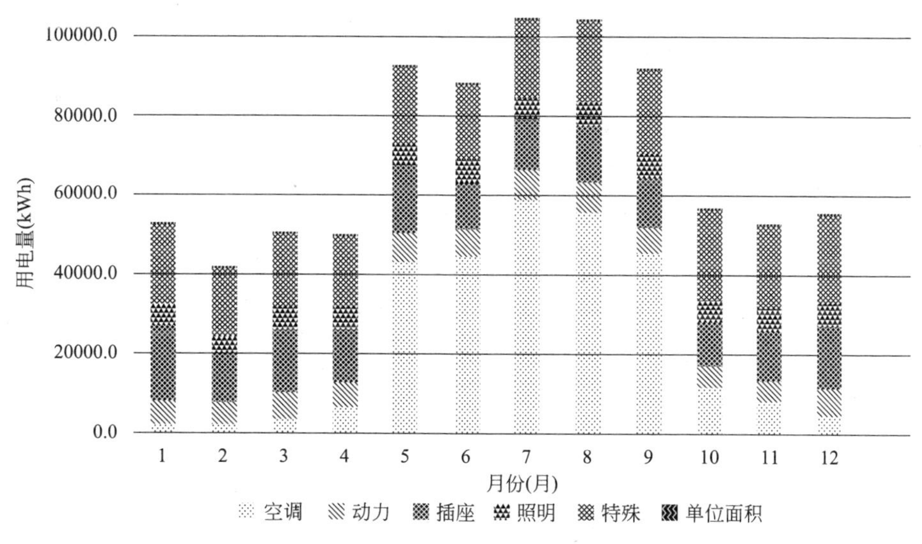

图4-29　月分项用电量

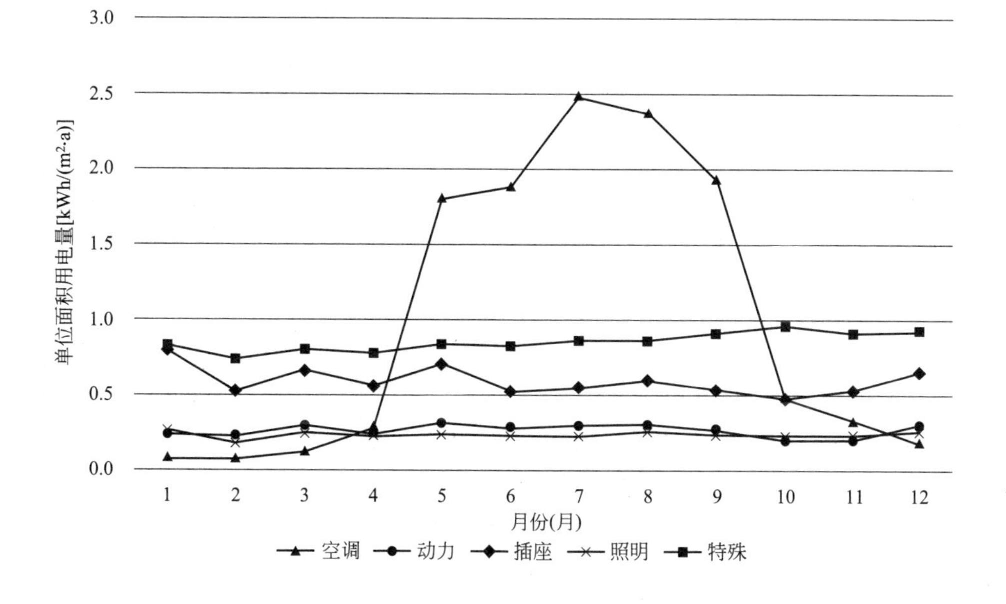

图4-30　月分项单位面积用电量

（2）各月份分项用电量统计

1）夏季典型周能耗表现

取 7 月 1 日—7 月 7 日（周日—周六）典型周数据进行分析，在该时间段内除特殊用电以外，其他各分项能耗数据与建筑运行规律基本一致。但用电量曲线反映出插座用电、照明用电、动力用电夜间待机能耗较高，存在进一步节能空间（图 4-31）。

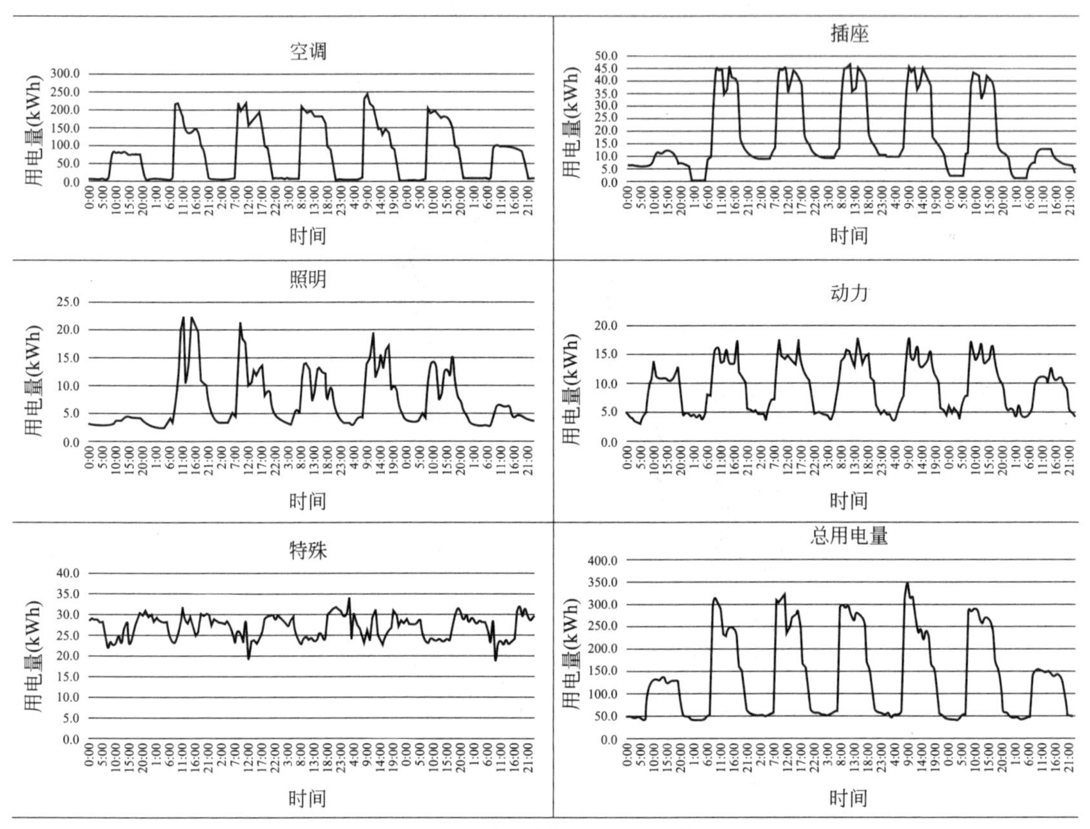

图 4-31　典型周分项用电趋势

2）空调系统专项分析

全年制冷量 935914.9kWh，折算单位面积用冷量为 39.7kWh，总用电量 285365.3kWh，其中主机用电量 156681.2kWh、冷冻泵用电量 21958.7kWh、冷却泵用电量 12704.2kWh、冷却塔用电量 9946 kWh、风机盘管用电量 25742.61kWh、新风机用电量 29959.8kWh。

全年制冷综合 *COP*3.28、制冷机房 *COP*4.65、冷机 *COP*5.97、冷冻水 *EER* 为 42.6、冷却水 *EER* 为 41.3、空调末端系统 *EER* 为 16.8，由此可见空调系统的运行能效超过标准值，均处于非常优秀的运行状态。全年暖通空调设备用电如图 4-32 所示。

湿球温度是影响主机能效的关键参数，通过分析室外湿球温度的趋近度看出，全年空调运行状态下的平均趋近度为 1.5℃。经过分析发现，建筑整体用冷负荷率较低，系统全年平均负荷率 25%，单机负荷率 50%，冷却塔长期超配运行致冷却水趋近温度小，但较低的负荷率并没有降低整体能效。由此看出优异的主机部分负荷能效，结合良好的调控手段，是实现该项目空调系统高效运行的关键原因（图 4-33～图 4-37）。

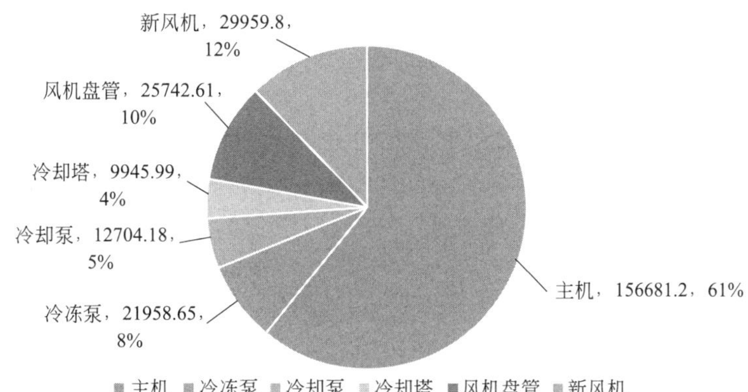

图 4-32　全年暖通空调设备用电

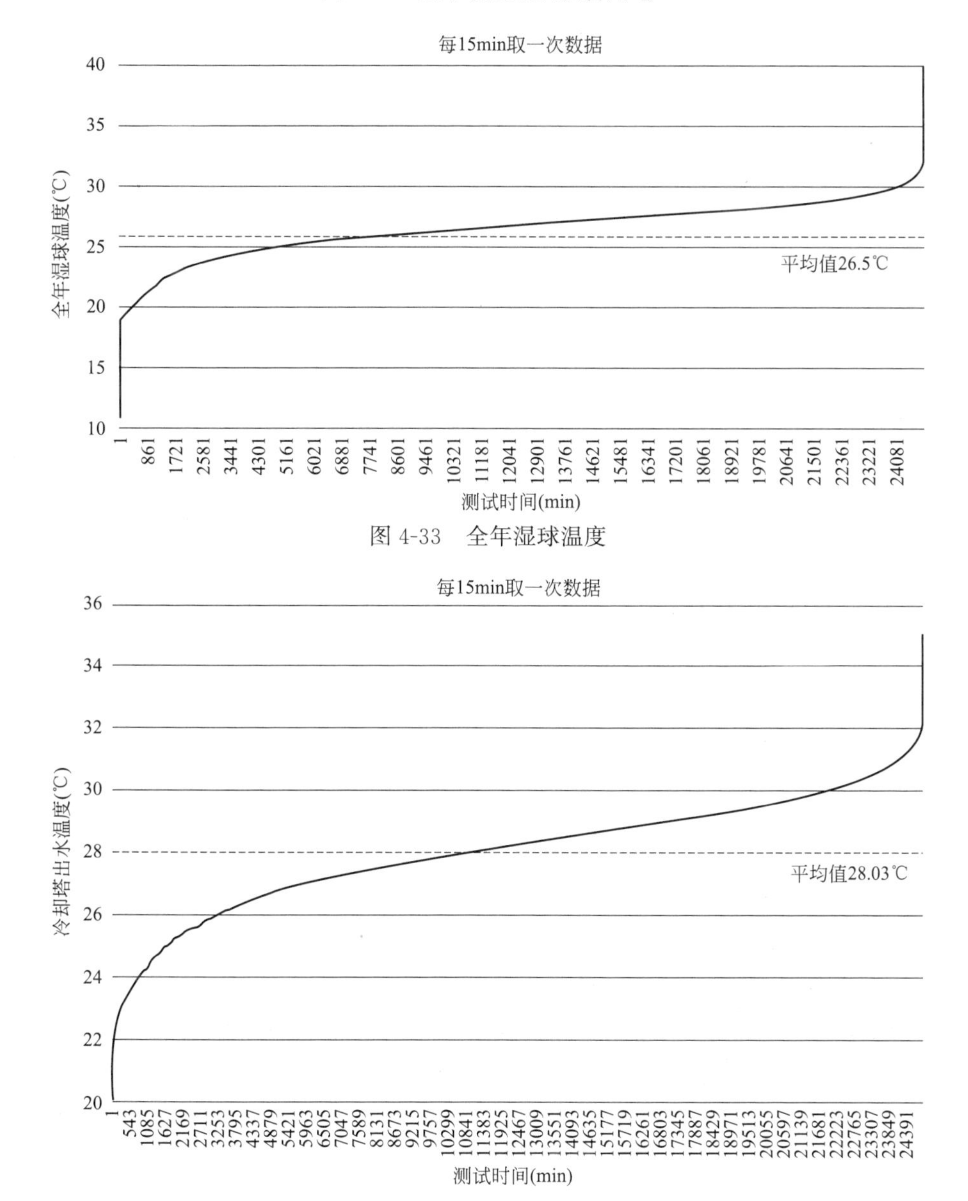

图 4-33　全年湿球温度

图 4-34　冷却塔出水温度

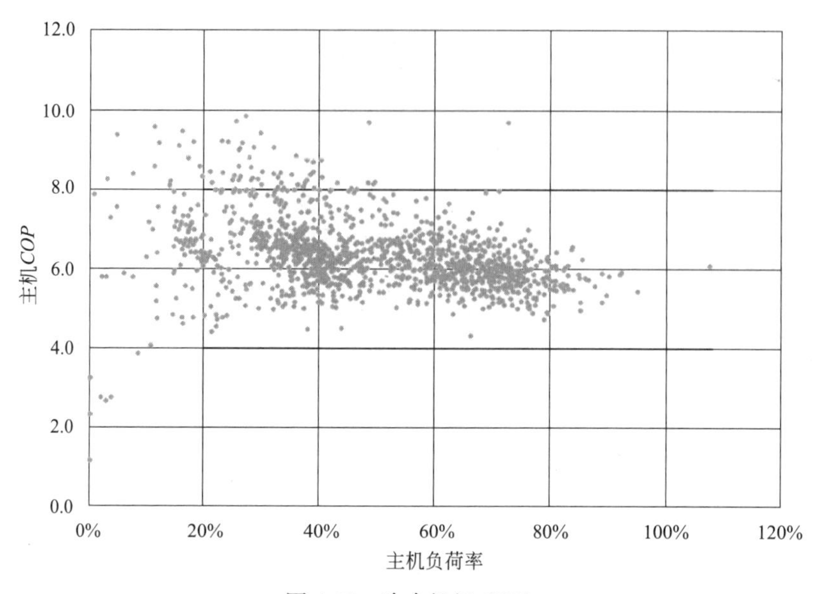

图 4-35　冷水机组 *COP*

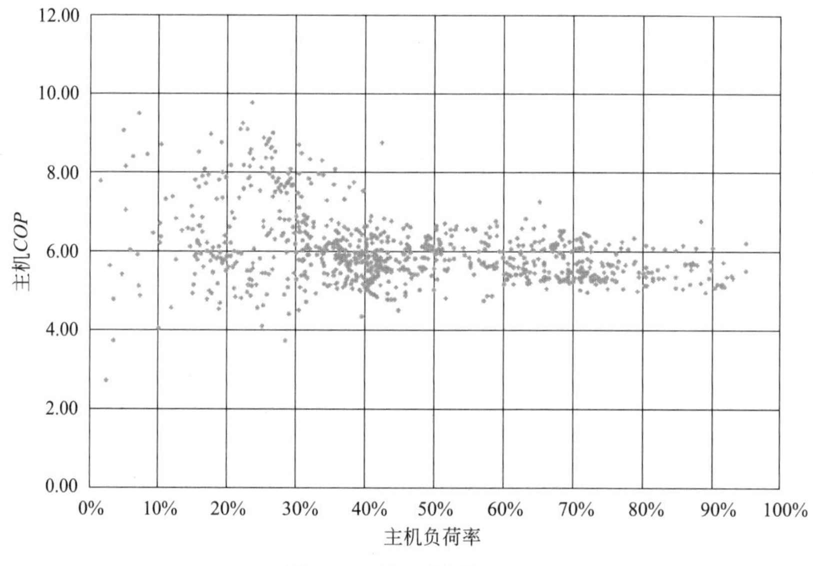

图 4-36　冷水机组 *COP*

6. 室内环境

统计全年制冷季周一—周五 8：30—18：00 典型楼层的室内环境数据，由此进行室内环境质量分析，分别采集室内温度、湿度、二氧化碳浓度参数。

现行国家标准《室内空气质量标准》GB/T 18883 规定的夏季空调室内温度标准值在 22～28℃，湿度在 40%～80%，统计数据显示全年室内温度 89%的时间在 26～27℃之间，室内湿度 92%的时间在 60%～80%，二氧化碳浓度 97%的时间在 400～800ppm 之间。由此可见室内环境在绝大部分时间是满足舒适度要求的，全年供冷量以及空调系统电耗较低并非以牺牲室内热舒适性为代价（图 4-38～图 4-40）。

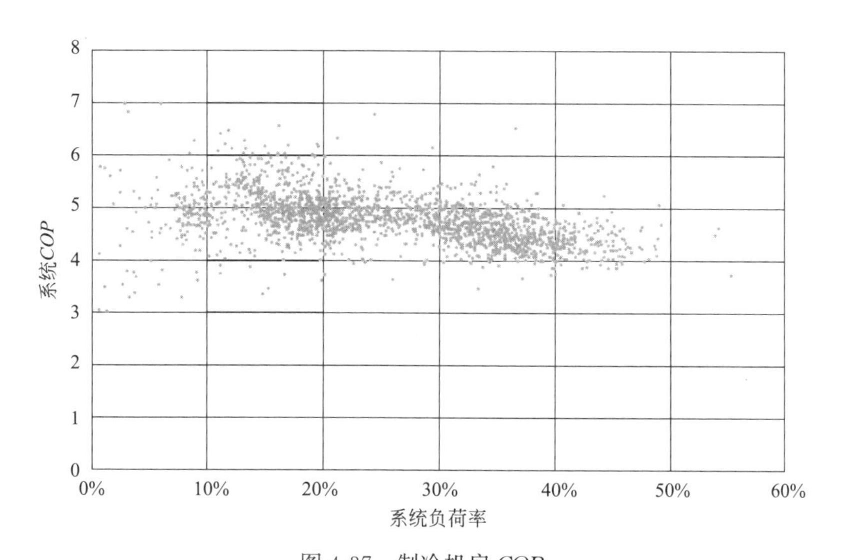

图4-37 制冷机房COP

注：制冷综合COP计算用电为空调系统全部用电，制冷机房COP计算用电包含主机、水泵、冷却塔。

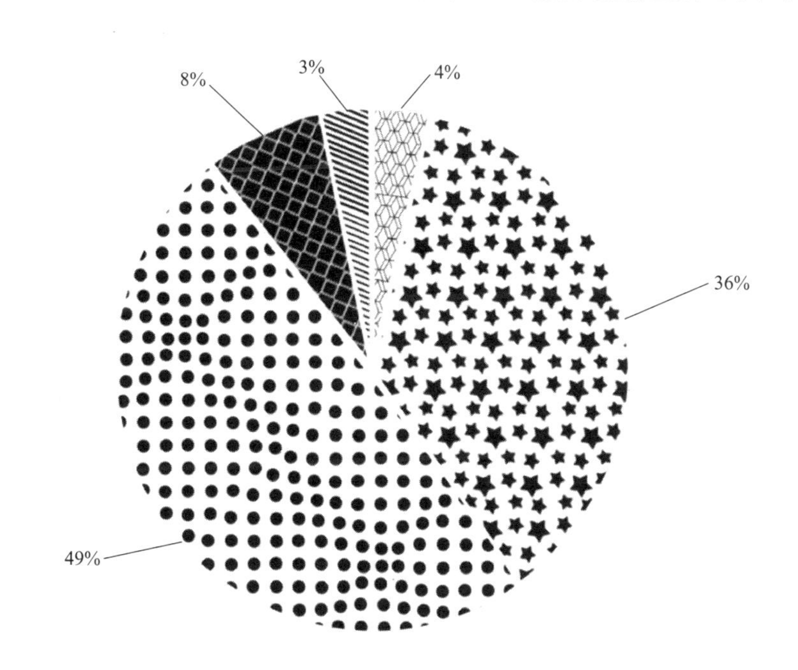

图4-38 全年工作时间室内温度分布

图4-41～图4-43分别统计了夏季典型日室内温度、相对湿度以及二氧化碳浓度的变化情况。典型日当天室外最高气温37.6℃，最低气温28.2℃，处于较为炎热的状态，而工作时间段，室内温度基本维持在27.1℃，室内相对湿度在60%～80%，室内湿度偏高的时间主要集中在刚启动空调的时间段内。室内二氧化碳浓度随着工作时间段办公人员的活动而波动，但全天都低于800ppm，满足相关标准要求。

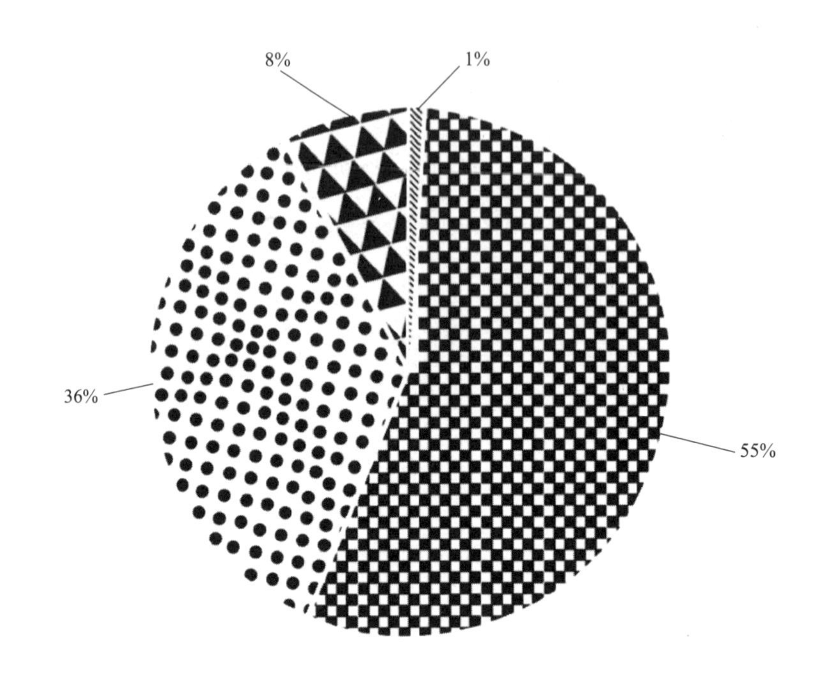

图 4-39　全年工作时间室内湿度分布

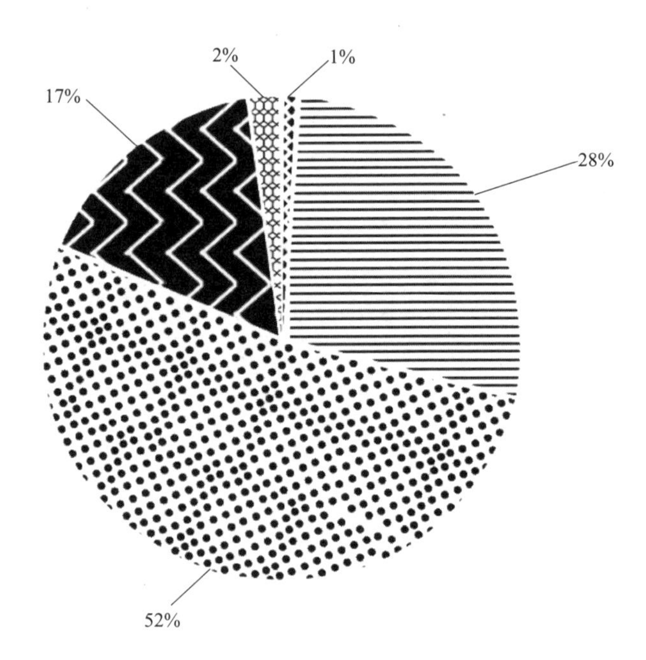

图 4-40　全年工作时间室内二氧化碳浓度分布

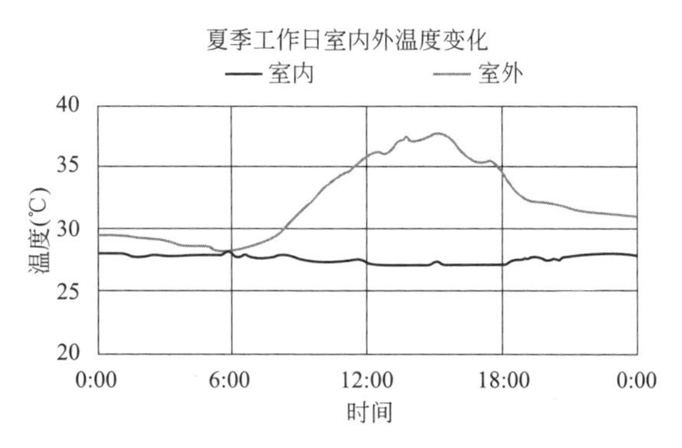

图 4-41 夏季典型日室内外温度变化

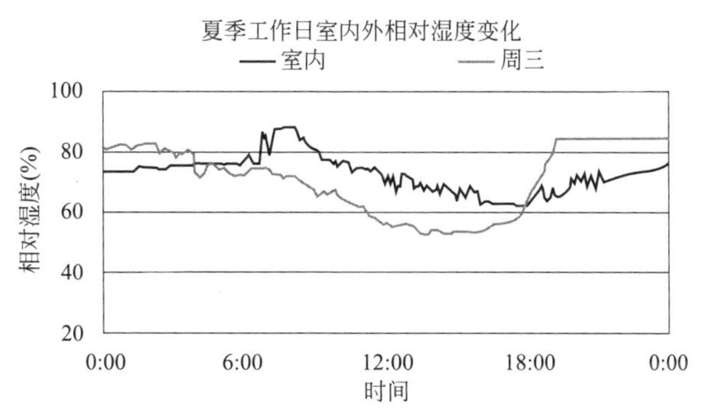

图 4-42 夏季典型日室内外相对湿度变化

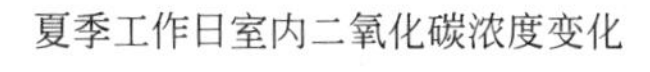

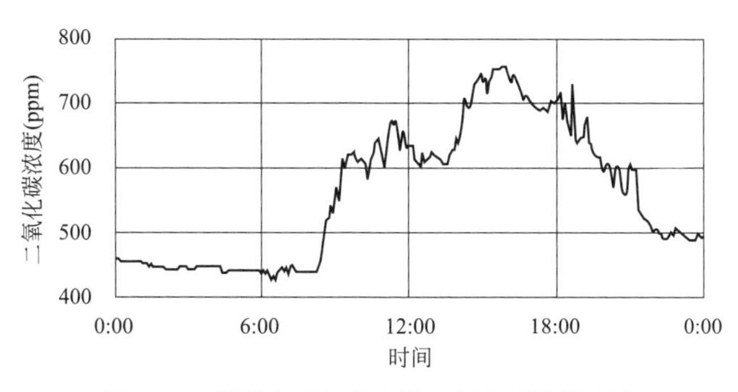

图 4-43 夏季典型日室内外二氧化碳浓度变化

2016 年 12 月 1 日起实施的现行国家标准《民用建筑能耗标准》GB/T 51161 中办公建筑非供暖能耗指标夏热冬暖地区 A 类商业办公建筑约束值和引导值分别为 80kWh/(m^2 · a) 和 65kWh/(m^2 · a)。建筑实际运行单位平方米用电量 35.6kWh/(m^2 · a)，为约束值的 44.5%，为引导值的 54.8%。建筑扣除太阳能发电的 99219kWh 后，建筑净用电量为 739089kWh，折算单位面积用电量为 31.4kWh/(m^2 · a)。扣除数据机房的特殊用电后净用电量为 497896kWh，折算单位面积用电量为 21.1kWh/(m^2 · a)。

统计了珠海市辖区内的政府办公建筑 56.8 万 m^2，2016 年总用电量为 5336 万 kWh，单位面积用电量为 93.9kWh/(m^2·a)，为本建筑的 3.0 倍。统计了非政府办公建筑 66.3 万 m^2，2016 年总用电量 7598 万 kWh，单位面积用电量为 114.5kWh/(m^2·a)，为本建筑的 3.64 倍。

建筑实际运行年总能耗为 838308kWh，相比能耗标准的约束值，每年节约用电 1045372kWh，按度电煤耗为 0.304kg/kWh，项目年煤炭消耗为 254.85t，每年减少用煤炭消耗 317.79t，减少二氧化碳排放 1042.24t。

本示范建筑的实施为夏热冬暖地区净零能耗建筑的设计、建造和运行提供真实可靠的依据。可再生能源的广泛利用，降低能耗，减少排放，保护生态环境，推进可持续发展，为人们提供更加节能、更加舒适、更好空气品质、更高质量保证的人居环境，具有良好的社会效益。

本示范建筑在设计、建造及运行过程中整合各项节能技术，以推动夏热冬暖地区的节能技术为己任，通过运行阶段的实时数据监测，收集运行数据，深入挖掘数据，为夏热冬暖地区的净零能耗建筑提供可复制、可推广的工程技术方案，推动夏热冬暖地区的净零能耗建筑的产业化发展。项目自兴建投入运行以来，吸引了大量业内外人士前来参观学习，目前累计接待参观人数已超万余人次，并获得业内一致好评。

4.3 亚太零能耗建筑技术合作

为庆祝 2014 年 APEC（亚太经合组织）中国年做准备，经国家能源局推荐，中国建筑科学研究院获得 APEC 能源工作组支持，开展“亚太零能耗建筑”国际合作联合研究项目的牵头组织实施，由于项目一期（2013—2014 年）成功地实施，项目组又在 APEC 能源工作组的支持下开展了二期（2015—2016 年）“APEC 零能耗建筑最佳案例技术路线及节能效果比对研究”和三期（2017—2018 年）“响应 *COP*21 巴黎协定的亚太零能耗建筑技术路线研究”（图 4-44）。项目组联合发表英文专著 3 部，于 APEC 官网下载突破 10000 次；项目组织国际研讨会 5 次，21 个经济体 35 个科研机构 200 位专家参加项目。

图 4-44　亚太“零能耗建筑”国际合作联合研究项目

1. 2013：APEC 零能耗建筑国际研讨会

2013 年 10 月 30 日—31 日，原中国建筑科学研究院于北京成功组织召开“APEC 零能耗建筑国际研讨会”。2013 年 5 月，原中国建筑科学研究院“智慧能源社区中的建筑节能标准研究项目”获得亚太经合组织项目资金支持，为了更好地执行项目，扩大项目影响，同时配合中国建筑科学研究院 60 周年庆祝活动，本着“以我为主，为我所用，互利多赢”的原则，经过与 APEC 秘书处、国家能源局、外交部、住房和城乡建设部等多方协调，中国建筑科学研究院组织召开本次“APEC 零能耗建筑国际研讨会”。本次会议为期 2 天，来自中国、美国、加拿大、日本、韩国、马来西亚、印尼、秘鲁、智利、墨西哥、泰国等 APEC 经济体的国家代表、知名专家学者和来自世界银行、联合国开发计划署、美国驻华大使馆、瑞士驻华大使馆、秘鲁驻华大使馆、美国能源基金会、中国欧盟世贸项目的项目官员等 60 余位国内外嘉宾参加了此次会议。

会议开幕式上，国家能源局国际合作司孙杨处长、住房和城乡建设部建筑节能与科技司张福麟处长和中国建筑科学研究院林海燕副院长为大会致辞。“APEC 智慧能源社区中的建筑节能标准研究项目”负责人、中国建筑科学研究院环能院徐伟院长为大会进行主题发言，介绍了 APEC 项目的背景、主要研究内容和工作计划，并向与会国际代表介绍了中国建筑节能政策与技术现状。14 位各国专家的精彩发言对目前 IEA（国际能源署）、中国、美国、加拿大、日本、韩国、印尼等在此领域的最新政策、标准、示范工程进行了详细介绍。会后，会议特别安排了 APEC 各经济体专家参观中国建筑科学研究院近零能耗示范建筑和位于北京通州的建筑安全与环境国家重点实验室。各国专家对中国建筑科学研究院近零能耗示范建筑和建筑安全与环境国家重点实验室给予了高度的评价。

通过组织此次 APEC 会议，我国从整体上了解了世界各国当前零能耗建筑的政策和项目设计、标准最新进展、技术发展现状和相关典型示范工程。可以看出，零能耗建筑作为建筑节能的最终目标，在未来将会得到 APEC 各经济体的更多关注。会议成功举办对提升我国此领域的国际影响力和积极完成 APEC 项目都具有重要作用。

2. 2014：APEC 零能耗建筑与社区国际技术研讨会

2014 亚太经合组织领导人峰会（APEC 2014 Summit）于 11 月在中国北京举行，节能减排和深化能源结构调整成为各方关注的共同议题。为推动 APEC 地区零能耗建筑与社区相关工作，加强各经济体在此领域技术交流，受国家能源局委托，经 APEC 能效与节能专家组各经济体委员推荐，得到 APEC 秘书处的批准，2014 年 10 月 22 日—23 日，“APEC 零能耗建筑与社区国际技术研讨会”在中国建筑科学研究院顺利召开，来自 APEC21 个经济体的国家代表、知名专家和来自世界银行、联合国开发计划署、全球环境基金、美国能源基金会等 80 余位国内外嘉宾参加了此次会议。

会议开幕式上，国家能源局国际合作司潘慧敏处长、住房和城乡建设部建筑节能与科技司仝贵婵处长为大会致辞，中国建筑科学研究院环能院徐伟院长对国内外嘉宾的到来表示欢迎。会议分为三个专题，第一个专题是 APEC 经济体零能耗建筑（社区）政策与总览，第二个专题是零能耗建筑（社区）定义及技术研究，第三个专题是零能耗建筑（社区）示范项目研究。会议由中国建筑科学研究院环能院张时聪副研究员主持。15 位专家就韩国、美国、加拿大、日本的零能耗建筑政策、整体发展情况和 2020 年、2030 年、2050 年中长期发展目标、实现零能耗建筑的关键技术及主要控制指标、各国零能耗建筑与社区示范工程的技术路线和最新进展进行交流。

会议期间，参会代表参观了中国建筑科学研究院刚刚完成的近零能耗示范建筑。此次APEC近（净）零能耗建筑与社区国际技术研讨会的成功举办，不仅使中国建筑科学研究院从整体上进一步了解了世界各国当前零能耗建筑的政策和项目设计、标准、技术最新进展和相关典型示范工程，更以承办者的姿态向APEC能源工作组及各经济体展示了中国建筑科学研究院在建筑节能领域所做的工作和决心。零能耗建筑作为建筑节能的最终目标，在未来将会得到APEC各经济体的更多关注。

3. 2015：APEC零能耗建筑最佳案例技术研讨会

2014年11月亚太经合组织领导人峰会（APEC 2014 Summit）期间，我国与美国发布《中美气候变化联合声明》，分别提出中长期减排目标。APEC能源工作组积极响应并设立国际合作项目，以中美合作为契机，将节能减排工作推动到APEC更多经济体中，实现到2035年APEC地区能源强度较2005年降低45%的工作目标。

基于APEC零能耗建筑项目一期成果，中国建筑科学研究院联合美国劳伦斯伯克利国家实验室等多国科研机构，于2015年5月成功申请APEC零能耗建筑项目二期"APEC零能耗建筑最佳案例技术路线及节能效果比对研究"。项目支持的"APEC零能耗建筑最佳案例技术研讨会"于2015年8月20日—21日在加拿大蒙特利尔顺利召开，来自APEC21个经济体的国家代表、知名专家和加拿大零能耗建筑战略联盟、国际可持续建筑环境倡议等100余位专家参加了此次会议。中国建筑科学研究院、中国被动式超低能耗建筑联盟、北京市节能环保中心、山东省建筑科学研究院、河北省建筑科学研究院等单位组成的中国代表团参加了会议。

会议开幕式上，APEC零能耗建筑项目负责人，中国建筑科学研究院环能院徐伟院长对APEC各经济体专家和代表参会表示欢迎，对APEC零能耗建筑项目一期成果和二期工作计划进行了介绍，号召APEC各经济体充分参与项目，分享各国科技成果，共同在APEC地区推动零能耗建筑。国际可持续建筑环境倡议执行主席Nil Larsson教授、美国可再生能源实验室Paul A. Torcellini研究员、美国Architecture 2030创始人Edward Mazria教授、加拿大零能耗建筑战略联盟主席Andreas Athienitis教授分别发表主题演讲，分析了全球建筑节能和绿色建筑的发展趋势和推动零能耗建筑面临的机遇和挑战，提出全球迈向零能耗建筑的技术路线。

2天的会议中，35位专家在8个专题中对零能耗建筑的最佳案例、设计实践、政策趋势、标准规范、关键技术及集成、可再生能源应用等内容进行了分享。中国建筑科学研究院张时聪副研究员介绍了《被动式超低能耗绿色建筑技术导则（试行）（居住建筑）》编制进展、于震副研究员和李怀博士介绍了CABR超低能耗示范建筑的设计和运行情况。会议期间，与会代表参观了加拿大康哥迪亚大学太阳模拟器、全尺寸建筑环境实验舱和BIPV/T示范建筑。各国代表就评选"APEC10佳零能耗建筑"进行了讨论。

此次APEC零能耗建筑最佳案例技术研讨会的成功举办，使我国从整体上进一步了解了世界各国当前零能耗建筑最新进展，以引领者的姿态向APEC各经济体展示了我国国际合作的水平和能力。会议的成功举办对扩大我国在国际建筑能源领域的影响力，顺利完成APEC零能耗建筑合作项目都具有重要作用。

4．2016：APEC零能耗建筑规模化推广技术研讨会

APEC近（净）零能耗建筑研究项目于2016年4月11日在中国台湾地区台中市组织召开项目组第四次工作会议“APEC近（净）零能耗建筑规模化推广技术研讨会”。来自联合国可持续建筑与建造10年项目、美国能源部、美国劳伦斯伯克利国家实验室、加拿大零能耗建筑战略联盟、日本名古屋大学、韩国建科院、中国建筑科学研究院等科研机构的45位代表参加会议。项目联合负责人中国建筑科学研究院张时聪副研究员主持会议。

“APEC近（净）零能耗建筑研究项目”由APEC能源工作组设立，目的在于通过信息交流，推动各国建筑节能政策制定，提升技术标准，扩大示范项目影响力，支撑建筑领域实现2013年第21次亚太经合组织领导人峰会期间提出到2035年APEC地区能源强度较2005年降低45%的工作目标。项目一期已顺利完成，一期报告在线下载量达2500次。APEC21个经济体的43所科研单位的52位专家联合参与项目联合研究。

本次会议上8位专家分享了零能耗建筑在政策推动、财政激励、技术引领、试点示范以及产业联盟和NGO建设方面所取得的成就，探讨未来大规模推广的障碍和可行性，探索联合完成APEC（净）零能耗建筑路线图的组织架构。中国建筑科学研究院吴剑林主任对中国近零能耗建筑最新进展、CABR近零能耗示范楼、《被动式超低能耗绿色建筑技术导则（试行）（居住建筑）》以及中国被动式超低能耗建筑联盟的工作做了介绍，对中国大规模推广近零能耗建筑的可行性进行分析。

此次会议成功举办，体现了我国作为大国，对未来亚太地区建筑节能工作迈向零能耗的积极推动和广泛合作意愿。为响应2015年12月巴黎气候变化大会提出的建筑节能目标，经各国代表讨论，提议由中国建筑科学研究院牵头，继续申请三期项目“APEC零能耗建筑2030路线图”。

5．2017：彰显中国实力，协调亚太迈向零能耗建筑

2017年9月4日—6日，APEC零能耗建筑研究项目组第五次会议“响应巴黎协定全球温控目标的APEC零能耗建筑政策技术路线图研讨会”在美国夏威夷州檀香山市召开，来自APEC21个经济体的40位专家在3天的会议内，分享了各经济体零能耗建筑的发展目标、激励政策和最新科研与示范成果，就基于联合国气候变化大会巴黎协定温控目标框架下，亚太地区作为整体以及各经济体2020年、2030年、2050年建筑节能目标的设置以及推动零能耗建筑的优先政策和技术措施进行了研讨。

APEC零能耗建筑研究项目是中国建筑科学研究院牵头组织协调的国际合作项目，受APEC能源工作组支持，其目的为通过最佳政策和技术的分享，推动零能耗建筑在APEC各经济体的发展，支撑完成APEC地区到2035年能源强度较2005年降低45%，到2030年可再生能源及其发电量在地区能源结构中的比重比2010年翻一番的目标。

项目负责人中国建筑科学研究院环能院徐伟院长发言：中国建筑物建设量全球第一，建筑节能潜力十分巨大，在建筑节能领域的国际合作中也十分积极。2013年，经住房和城乡建设部科技司同意，由能源局合作司推荐，中国建筑科学研究院牵头申请的APEC零能耗建筑研究项目成功立项，并于2013—2016年于北京、蒙特利尔、中国台湾地区台中召开了4次项目组研讨会，完成了项目一期、二期，对亚太地区零能耗建筑的现状、政策、标准、案例都进行了充分的研究。基于前期基础，项目于2017年开展了三期研究，本次召开的第五次会议将研讨亚太地区未来迈向零能耗建筑的中长期目标，提出政策和技

术路线建议。

徐伟院长介绍，我国建筑节能与绿色建筑“十三五”规划提出完成超低、近零能耗建筑 1000 万 m^2 的目标，并首次提出鼓励开展零能耗建筑建设试点，这些给亚太其他经济体起到了重要的榜样作用；科技部设立“十三五”重点研发专项“近零能耗建筑技术体系及关键技术开发”，对科研工作提出更高要求，其节能目标设置已经达到国际领先；中国被动式超低能耗建筑联盟的组建为搭建行业平台，快速推动技术落地应用起到重要作用。APEC 各经济体参会代表对我国建筑物不断迈向更低能耗的政策科研强力支持、快速发展的产业和紧密合作的行业组织建立都留下深刻印象。

推动建筑物不断迈向更低能耗，政策激励作用巨大。在会政策研讨环节，北京市住房和城乡建设委员会刘斐副处长和山东省住建厅李晓副处长分别介绍了北京市和山东省对超低能耗建筑的财政补贴政策和示范项目的建设情况。澳大利亚能源环境部 Jodie Pipkorn 主任、加拿大零能耗建筑战略委员会主任 Andreas Athienitis 主任、智利住房部 Paula Olivares、日本、韩国等代表分别介绍了各经济体建筑节能的鼓励政策和未来的政策预期。

APEC 覆盖地域广，气候类型多，不同气候区各类建筑物迈向更低能耗的技术路线和关键技术不尽相同，美国能源部首席建筑师 Samuel Rashkin、美国可再生能源实验室建筑组 Chuck Kutscher 主任、日本北海道大学 Katsunori Nagano 教授、香港科技大学 Yu-Hang CHAO 教授、澳大利亚皇家墨尔本大学 Usha Iyer Raniga 教授等专家分别介绍了相关最新科研成果，就不同建筑物迈向零能耗建筑的技术路线进行了探讨。

亚太经合组织可持续能源中心朱丽主任表示，在 APEC 平台上我国和亚太各经济体开展的能源合作中，零能耗建筑研究项目是最持久、参与经济体最多、效果最显著的项目，项目组完成的《APEC 零能耗建筑进展研究》《APEC 百栋零能耗建筑最佳案例研究》等公益报告在 APEC 官网累计下载突破 5000 次，这充分说明项目成果的影响力，未来也必将对亚太地区产生更广泛影响。

APEC 项目管理主任 Penelope HOWARTH 女士表示，希望中国能基于会议讨论和项目研究成果，提出“亚太零能耗建筑倡议”，继续牵头协调推动亚太各经济体迈向零能耗建筑，落实巴黎协定和 APEC 能源强度目标，为全球节能减排做出更大贡献。

我国建筑建设数量全球第一，建筑节能潜力巨大，目前也正在通过各种国际合作项目获得与数量和潜力相匹配的国际目标设定、国际标准制定，以及延伸的贸易体系规则上的更大话语权。通过开展亚太零能耗建筑合作，一方面积极引入国外先进技术，另一方面也可向其他亚太国家输出我国技术体系和配套产品，真正达到节能减排、提升建筑物寿命和室内环境、推动产业发展、开展国际贸易等多赢的局面。

4.4 中瑞零能耗建筑技术合作

为庆祝 2020 年中瑞建交 70 周年，作为“中瑞零能耗建筑与社区合作”项目的前期项目，由瑞士贸易发展署支持，中国建筑科学研究院开展“瑞士近零能耗建筑技术与标准研究”项目。2018 年 10 月 15 日，“瑞士近零能耗建筑技术与标准研究”项目启动会在中国建筑科学研究院近零能耗示范楼顺利召开。住房和城乡建设部科技司仝贵婵处长、瑞士大使馆国际合作参赞 Felix Fellmann 先生、瑞士大使馆高辉专员、中国建筑科学研究院环能院徐伟院长及项目组中瑞双方20位专家参会，徐伟院长致欢迎词。仝贵婵处长和Felix Fellmann参赞表示，非常高兴双方找到“零能耗建筑”这一技术主题，开展合作研究，希望本项目可以成为中瑞绿色城市合作的一个新起点，为节能减排和应对气候变化做出贡献。

2019年1月9日—18日，受中瑞低碳城市项目和慕尼黑国际建筑建材展邀请，由中国建筑节能协会被动式超低能耗建筑分会协调，中国建筑科学研究院等11个单位组成的23人代表团到访瑞士、奥地利、德国，于瑞士Minergie超低能耗建筑认证机构召开中瑞近零能耗建筑技术研讨会，并在瑞士SIGA集团参加全球气密性峰会（Global Airtightness Academy），而后参加了慕尼黑全球建筑建材展，到访卢塞恩应用科技大学进行技术交流，参观了瑞士生态环境博物馆、瑞士森德集团、慕尼黑住宅超市、海德堡列车新城等项目（图4-45）。

图4-45　中瑞近零能耗建筑技术研讨会

2019年10月3日，受瑞士第三届建筑技术大会邀请，“瑞士近零能耗建筑技术与标准研究”项目负责人，中国建筑科学研究院张时聪研究员于大会做“中国近零能耗建筑的发展与展望”主题报告。

2019年11月5日瑞士发展合作署全球气候变化与环境项目主任Janine Kuriger到访中国建筑科学研究院，就下一步开展“中瑞零能耗建筑与社区合作”项目进行深入交流。

“瑞士近零能耗建筑技术与标准研究”项目组通过1年的时间对瑞士近零能耗建筑发展历史和趋势进行研究，研究组发现：经过近二十年发展，瑞士已经形成了较为完备的近零能耗建筑体系，这对于我国未来近零能耗建筑发展有重要的借鉴和学习作用，特别是在顶层设计、标准完善、技术革新、既有建筑改造和近零能耗建筑城区建设等方面，主要可以包括以下几个方面：

1. 加强顶层设计

瑞士有非常长期的能源战略规划——能源战略 2050，对于全社会的能源发展方向都做了比较详细的规划，并根据整体目标，提出建筑行业的中长期发展明确的目标：到 2035 年，建筑能耗强度必须较当前降低 40%，建筑二氧化碳排放强度必须较当前降低 30%；到 2050 年，全瑞士建筑领域实现人均一次能源消耗功率降到 3500W，并且在 2150 年最终实现全社会人均一次消耗功率为 2000W 的目标。

对于近零能耗建筑，过去我国处于借鉴跟随的发展阶段，发展趋势比较明晰，但是现如今我国的近零能耗建筑已经到了产业创新引领的阶段，规划和政策的可能性很多，因此，我国对于建筑节能工作的中长期顶层设计的重视程度还需向瑞士学习。加强顶层设计，稳定政策预期，一是需要针对建筑行业现有的问题制定国家层面的规划，使中国的建筑市场形成良性循环；二是需要长期、稳定、科学的鼓励激励政策支持。

2. 完善近零能耗建筑标准体系

瑞士的国土面积较小，全国气候区基本一致，Minergie 标准的适用性普遍良好，而我国幅员辽阔，不同气候区之间建筑的能耗特性差异明显，近零能耗建筑的实现又受到诸多因素的影响，是一项涉及多专业、多环节的挑战性工作，因此，近零能耗建筑的全面推广还需要在现行国家标准《近零能耗建筑技术标准》GB/T 51350 的指引下，由各地方科研工作者的共同努力，针对各个气候区给出近零能耗建筑的最优实现方式和性能化设计指导，因地制宜进行推广。

瑞士 Minergie 标准分为三类：Minergie、Minergie-P 以及 Minergie-A，并且辅以生态认证 ECO 和施工质量认证 MQS 作为补充，在规划设计、施工验收以及调试运维方面都做出了详细的规定，可以说 Minergie 标准贯穿了建筑的全生命周期。而我国的建筑标准重设计而轻调适运维，实际的施工和运维阶段缺乏有效的指导和监管，造成建筑能耗水平高于设计预期，尤其是负荷较低的近零能耗建筑。因此，完善建筑评价标准，特别是有关施工监管和调试运维方面的评价标准，也是当前标准制定工作者需要重视和解决的问题。

瑞士的 Minergie 标准体系涵盖了所有的建筑类型，对于不同类型的建筑都给出了适宜的能耗指标和推荐的技术体系，而我国的近零能耗建筑多数聚焦于居住建筑和公共建筑中的办公建筑和学校，没有具体细化各类建筑的能耗指标，对于商场、餐厅、体育馆等诸多建筑类型尚没有明确的指导建议。

3. 建立中国特色的近零能耗建筑认证标识体系

我国的近零能耗建筑及部件认证标识体系尚未完全建立。首先，国内盛行的德国 PHI 被动房认证体系专属性较强，该认证体系标准与我国近零能耗建筑相关技术标准和检测方法有很多不相符合的地方，可以作为国内项目获取国际影响力的一个有效途径，但不能作为我国近零能耗建筑的主流认证体系，我们需要借鉴国际认证体系的经验，在自主标准体系下发展符合我国国情的认证标识体系。

其次，瑞士的 Minergie 认证和 GEAK 认证是与各州的补贴直接挂钩的，这种比较统一权威的认证标识便于各个州制定推广政策。尽管我国相关的产业技术联盟或学、协会自主开展了一些近零能耗建筑的认证，但认证标准和标识形式不统一，社会也缺乏对权威性的判断。

因此，建议加快建立我国统一化、系统化、规范化的近零能耗建筑认证标识制度，建立我国统一的认证标准、标识形式和类型，出台《近零能耗建筑认证标识管理办法》，对政府主管部门、咨询机构、认证机构等市场主体的职责进行明确的界定与区分，对咨询机构和认证机构的资质做出规定，对认证流程、监督管理明确相关的管理办法；大力培育中介服务机构，最终通过有效完善的认证标识制度推动近零能耗建筑的规模化发展推广。强化标准引领近零能耗建筑的发展，加大创新技术的产品标准、应用规程与图集、检测标准等标准化的建设，鼓励企业和团体标准的建立。

4. 加快技术产品革新

瑞士近零能耗建筑对我国早期的近零能耗建筑发展起到了非常重要的借鉴作用，但欧洲的建筑类型、气候特点、生活习惯、室内环境标准、用能观念以及能源结构方面与我国有较大的差异，要实现近零能耗建筑在我国本土遍地开花，依然存在很多技术难点。

首先，应加强基于我国国情的基础理论研究。如：(1) 近零能耗建筑在高气密性、超低能耗负荷特性下，有关空间形态特征、热死传递、热舒适性、新风及能源系统最优运行模式等各参数的规律和耦合关系等基础理论；(2) 研究开发精细化设计所需的具有国产化知识产权的模拟软件，如热湿模拟分析软件、3D多维热巧模拟软件等，改善性能化设计软件的性能，实现更精细化的计算；(3) 加强近零能耗建筑技术集成的理论创新和实践应用，如：不同结构形式近零能耗建筑在不同气候区的技术集成研究与工程实践，装配式建筑和超低能耗建筑结合的成套技术和施工工艺研究，区域化规模化的近零能耗建筑社区能源解决方案与分布式能源的协同应用等。

其次，进一步加强关键技术研发、技术集成创新和产业合作，加快技术集成创新研究和应用，通过国际合作促进国内外科研机构的合作研发，推动企业的技术创新和产业合作，加大力度开发研究制约我国近零能耗建筑发展的关键技术和产品，如：(1) 保证结构安全的低导热高强度的断桥构件、拉结件、门窗密封的纤维加强材料、气密性材料、新风系统中热湿交换的膜材料；(2) 提高外门窗、外保温系统的产品质量，加强系统集成研究，鼓励工程项目采用系统供应商；(3) 建立完善近零能耗建筑技术和产品认证机制，建立近零能耗建筑认证产品目录，定期进行公示；鼓励产业联盟和产业创新平台的建立，鼓励上下游企业资源整合、合作创新，加大培育龙头企业，完善产业链的建设；进一步探索合作的机制体制，建立以市场为导向、企业为主体、产学研深度融合的技术创新体系。

最后，推动高效绿色节能技术的综合应用与前瞻性研究。国际上近零能耗建筑或零能耗建筑已不单纯是单项技术或某几项节能技术的示范，而是集绿色低碳技术、高效节能技术、数字控制技术、绿色建材技术于一体，形成全寿命周期系统性解决方案，保证建筑实现绿色、节能、宜居、智慧、可持续等综合性目标。建议应该进一步开展近零能耗建筑技术与绿色宜居技术结合的综合创新示范，在具备条件的不同气候区，以绿色宜居技术综合应用为核心，以互联网为纽带，建设绿色社区，促进绿色宜居技术、新一代信息技术与生产生活生态空间的融合创新。

5. 推动既有建筑节能改造

要想实现全社会普遍的建筑节能，光靠每年新建的高能效建筑是远远不够的，低能效的既有建筑具有庞大的基数（2017年，我国建筑总面积约591亿m^2），要切实改变建筑在我国能源结构中的用能比例，还需要从既有建筑节能改造下手。目前，瑞士对于既有建筑改造给予了诸多优惠政策，Minergie 中也明确规定了既有建筑改造需要达到的能耗指标，而我国的既有建筑节能改造的进程较为缓慢，除了北方清洁取暖的城市在做一些老旧小区的改造之外，大面积城市更新和既有建筑改造还有待时日。既有建筑的改造应当与健康建筑、适老建筑等诸多领域结合起来，制定合理的既有建筑节能改造目标，加大既有建筑改造政策的力度，加快既有建筑改造问题的研究进程，创造既有建筑改造的优质产业链。

我国目前近零能耗建筑主要聚焦于新建建筑，对于量大面广的既有建筑囿于各种困境而鲜有涉及。发达国家将既有建筑节能改造视为建筑能效提升的重要途径，并长期给予资金支持，将既有建筑改造为低能耗或超低能耗已成为许多发达国家城市传统工业区或平民聚集区进行城市更新的重要内容和亮点之一，为城市经济转型，社会融合与平等提供了新的契机。我国目前同样也面临着城市更新、老旧小区改造、新农村建设等方面的挑战与任务，因此，积极开展既有建筑改造成低能耗或超低能耗的实践，将扩大近零能耗建筑建设规模，同时为城市发展、人居环境改善提供机遇。既有建筑节能改造应成为推动建筑能效提升的率先垂范。

6. 近零能耗建筑由单体迈向建筑群

我国对于近零能耗建筑的研究大多还停留在单体建筑层面，对于建筑群乃至建筑城区的研究和实践还相对较少。近零能耗建筑群不应当是单体近零能耗建筑的拼凑，而应该在区域能源供需优化、分布式可再生能源系统集成应用、社区建筑多功能空间有机协调等方面做出创新。

瑞士的“2000 瓦社区”认证让我们看到了瑞士在实现全社会建筑节能的努力，这也是近零能耗建筑未来的发展方向之一——由实现近零能耗单体建筑到实现近零能耗建筑群、建筑城区，瑞士已有的“Greencity”和“不止于居”社区正是近零能耗建筑社区的一种实践和创新。近零能耗建筑社区的目标应当是：实现近零能耗建筑社区在经济、社会和生态领域的可持续发展，并将建筑社区中的每一个功能空间有机地结合起来，实现居民健康宜居的美好生活。

我国应当鼓励近零能耗建筑加大规模集中连片、区域化开展示范；同时，鼓励在适宜地区开展产能建筑、产能社区的前瞻性研究和试点，特别是将高能效建筑与分布式可再生能源系统结合，辅以储存转换系统，深入推动我国区域化能源转型，响应和推动国家可持续发展战略。

7. 建立近零能耗建筑可持续的激励模式

国内对近零能耗建筑示范项目的激励主要依靠财政补贴、以容积率奖励、提前预售、商品房售价上浮等多措施辅助并举，但直接补贴具有不可持续性，容积率、预售和商品房售价上浮等政策也掣肘于房地产市场宏观调控，不能在所有地区适用。因此，从长远来看，常规措施深入发展的空间有限，建立可持续的激励模式势在必行，建议措施包括：

（1）进一步建立健全绿色金融体系，安排金融、财政、税收等政策和相关法律法规的配套支持，调动金融机构积极性，提高房地产开发单位开发近零能耗建筑的积极性，例如：扩大近零能耗建筑绿色保险的试点，鼓励开发单位购买净零能耗建筑的绿色保险，并承诺近零能耗建筑达到的等级，持保单向银行申请绿色信贷，享受信贷规模增量、信贷利用率适度降低等优惠；财政对购买了绿色保险的近零能耗建筑项目收益给予税收减免。

(2) 扩大财政直接补贴的目标群，激发用户需求并调动整个产业链的积极性，促进产业协同的高质量的发展，如对近零能耗建筑购买者提供直接补贴或贷款优惠；对近零能耗建筑研发单位、设计、施工、培训单位进行奖励扶持；建立动态的近零能耗建筑绿色供应商目录，对进入目录的供应商给予财政或者税收方面的优惠。

8. 推动 EPC 和全过程质量保证咨询相结合的新型建造模式

近零能耗建筑在我国发展时间不长，技术门槛较高，涉及的技术体系多，施工工艺复杂，许多开发单位因为不具备相关专业知识，无法判断投资风险而缺少积极性。为了打破技术壁垒、降低成本、缩短工期、提升投资效益，同时保证高质量的近零能耗建筑的建设，我们应该积极探索在该领域逐步推进 EPC 和第三方全过程咨询服务结合的创新建造模式，从设计、施工、采购、竣工验收检测、运行监测调适的全过程进行系统集成、专业协作、过程优化，保证设计、施工、采购和运维各方的深度融合，从而降低开发单位的投资风险。在创新机制的带动下，可以培养具有先进管理水平的总承包商和第三方咨询单位，促进建筑行业的转型升级。

9. 加强人才培养和宣传推广

鼓励普通高校、职业院校开设近零能耗建筑专业或课程，建立健全职业人才培养体系；建立近零能耗建筑的设计培训和施工实践培训资格认证制度；鼓励高校、职业院校或者企业建立教育培训基地，定期开展教育培训；鼓励引进和聘用海外高端技术人才，建立人才引进的优惠政策，通过国际合作，加大人才培训与交流，鼓励产学研深度融合，提高科技成果的转化。

加强宣传推广，制作近零能耗建筑的公益宣传和技术讲座视频向社会投放；利用公共交流平台、技术产业联盟、行业大会等平台扩大宣传，加强公共教育和专业知识普及。

4.5 “十三五”重点研发专项——近零能耗建筑技术体系及关键技术开发

4.5.1 “十三五”初期我国近零能耗建筑发展存在的问题

1. 我国发展近零能耗建筑的特殊性

中国作为一个历史悠久、国土广袤的多民族发展中大国，不同地区的文化和气候差异很大，因此，我国的近零能耗建筑技术体系应考虑我国独特的建筑特征的影响。我国研究近零能耗建筑的特殊国情主要体现在以下三个方面：

不同于发达国家的高舒适度和高保证率下的高能耗，我国建筑能耗特点为低舒适度和低保证率下的低能耗。研究表明，无论是人均建筑能耗还是单位面积建筑能耗，我国目前都远低于发达国家，这主要是由于我国的建筑形式和能源使用方式决定的[1, 2]。在我国长江流域及以南地区，由于采用“部分时间、部分空间”的供暖方式，供暖能耗远远低于同样气候状况的欧洲国家[1]。在室内温度方面，我国夏季室内温度高于欧美，冬季室内温度普遍偏低[3]，并且，我国开窗是居住建筑获得新风的普遍形式[4]，而在欧美发达国家，通常使用机械通风保证新风量的供应。如果我国近零能耗建筑追求欧美的全空间、全时间的高舒适度，势必导致建筑能耗的快速上升。就现阶段而言，使用国际相关指标体系中的一次能源消耗量要求对于我国是不适用的。

我国地域广阔，气候差异大。现行国家标准《建筑气候区划标准》GB 50178 将我国划分为五个气候区，不同气候区的气候差异巨大。从供暖/供冷度日数的概念来看，深圳、武汉和北京地区的平均年供冷度日数分别为 2107、1189 以及 840[5]，差异巨大。因此，我国无法实施统一的近零能耗建筑能耗指标，各气候区需要建立自己的指标体系。

多层、高层居住建筑是我国住宅建筑的主要形式，空置率过高导致的户间传热损失大和集中设备负荷率低对建筑能耗产生重要的影响。

2. 目标与技术路线不清晰

科学界定我国近零能耗建筑的定义及不同气候区能耗指标是发展近零能耗建筑的基础。“十三五”初期尚存在近零能耗建筑定义、能耗指标以及技术指标体系缺失的问题。

近零能耗建筑的技术特征是根据气候特征和场地条件，通过被动式设计降低建筑用能需求，提升主动式能源系统和设备的能效，进一步降低建筑能源消耗，再利用可再生能源对建筑能源消耗进行平衡和替代。通过对国际上相关定义的比对可以看出[6,7]，各国政府及机构对于近零能耗、零能耗建筑的物理边界、能耗计算平衡边界、衡量指标、转换系数、平衡周期等问题都不尽相同。不同的定义对近零能耗建筑的计算的结果影响很大。因此，应以我国建筑特点、能源结构以及经济生活水平特点为基础，对我国近零能耗建筑进行定义。

近零能耗建筑能耗指标的确定应通过对建筑全生命周期内的经济和环境效益分析得到。德国被动房的性能，即累计热负荷小于 15kWh/(m^2 · a)，就是考虑该能耗水平能使欧洲近零能耗建筑在经济性上达到相对较优的水平，接近经济最优点[8]。最优方案的确定，需要利用到快速自动优化能耗模拟计算工具。“十三五”初期，我国尚缺少多参数多目标优化算法和工具，用以寻找不同气候区、不同类型近零能耗建筑的经济和环境效益最优方案，从而建立适宜的能耗指标体系。

要建立适合我国特点的近零能耗建筑技术体系，不同气候区技术路线应有所差异。以建筑高保温围护结构为例，极低的传热系数是以供暖需求为主地区实现近零能耗建筑的关键[9]。有研究显示，对于以供冷需求为主的地区，围护结构热工性能的提高，反而导致建筑能耗的增加[10]。这是由于内热及辐射得热不易散失导致的，即使增加通风量，对于保温较好的建筑冷负荷仍会有增长。因此，建立适应我国建筑特征、气象条件、居民习惯、能源结构、产业基础、法规及标准体系的近零能耗建筑能耗技术体系尤为重要。

3. 基础性理论研究缺乏

近零能耗建筑是指适应气候特征和自然条件，通过被动式技术手段，最大幅度降低建筑供暖供冷需求，最大幅度提高能源设备与系统效率，利用可再生能源，优化能源系统运行，以最少的能源消耗提供舒适室内环境，且室内环境参数和能耗指标满足标准要求的建筑物，已有的基础性理论研究不适宜应用于近零能耗建筑。“十三五”初期，我国尚缺少对近零能耗建筑高气密性、超低负荷等特性下，有关空间形态特征、热湿传递、气密性、空气品质、热舒适、新风系统能源系统等各参数间的耦合关系规律等基础理论的研究。

以气密性研究为例，首先，由于近零能耗建筑的高气密性，尽管理论上室内污染源特征与普通建筑并无差别，但是由于高气密性等新材料的使用，以及使用后形成的高气密性室内环境，使得室内污染物在散发种类与速率、气相中的传播途径等方面产生差异，最终影响室内污染物的分布。其次，由于我国由装修和家具引起的室内污染较为严重，近零能耗建筑的新风全部依赖于机械通风，而非开窗通风，因此如何科学界定我国近零能耗建筑的基准新风量以及分时分季的修正方法以满足室内空气品质要求，需要进一步研究和确定。新风量的增加势必导致能耗的上升。有研究表明[11]，由于使用初期，内装修刚完成不久，残留异味较大，需要不定时开窗通风，因此系统供冷初期试运行阶段能耗较高。再次，对于可以开窗的普通建筑以及全部依赖机械通风的近零能耗建筑而言，科学评价热舒适所应采用的方法和标准也应有不同[12]。

4. 主被动技术性能及集成度低

近零能耗建筑主被动技术性能及集成度低问题主要体现在：(1) 缺少高性能墙体、外门窗、遮阳关键技术与产品；(2) 缺少集成式高效新风热回收设备；(3) 不同气候区低冷热负荷建筑供暖供冷系统方式不明确；(4) 可再生能源和蓄能技术耦合集成应用不高。

(1) 被动式技术

2016年发布的《中国超低/近零能耗建筑最佳实践案例集》[8] 对我国既有超低/近零能耗建筑进行调研，本案例集选取14栋有完整以及合理数据的建筑进行分析。通过比较可以发现（表4-6），用于超低/近零能耗建筑的部品性能要远远高于现行节能标准。平均而言，超低/近零能耗建筑屋面、外墙和外窗的传热系数比普通建筑分别低68%、70%和62%，因此，需要开发高性能产品与技术以推动近零能耗建筑的发展。

超低/近零能耗建筑部品的传热系数与现行国家建筑技能设计标准之间的比较　表4-6

建筑编号①	屋面			外墙			外窗		
	NZEB[W/(m²·K)]	标准[W/(m²·K)]	性能提升	NZEB[W/(m²·K)]	标准[W/(m²·K)]	性能提升	NZEB[W/(m²·K)]	标准[W/(m²·K)]	性能提升
C-1	0.14	0.45	69%	0.20	0.50	60%	1.1	2.4	54%
C-2	0.12	0.45	73%	0.17	0.50	66%	0.8	2.4	67%
C-3	0.14	0.45	69%	0.14	0.70	80%	1.0	2.5	60%
C-4	0.14	0.45	69%	0.13	0.50	74%	0.8	2.4	67%
C-5	0.11	0.45	77%	0.13	0.70	82%	1.0	2.5	60%
C-6	0.14	0.45	69%	0.13	0.50	74%	1.0	2.4	58%
C-7	0.11	0.35	69%	0.14	0.45	69%	0.8	2.0	60%
C-8	0.12	0.35	66%	0.14	0.45	69%	0.8	2.0	60%
C-9	0.11	0.45	76%	0.12	0.50	76%	0.9	2.4	63%
C-10	0.13	0.45	71%	0.13	0.50	74%	0.8	2.4	67%
SC-1	0.11	0.35	69%	0.15	0.43	65%	0.8	2.3	65%
SC-2	0.11	0.35	69%	0.12	0.43	72%	0.9	2.3	61%
SC-3	0.10	0.25	60%	0.10	0.50	80%	0.8	2.0	60%
HSCW-1	0.2	0.4	50%	0.27	0.6	55%	1.0	2.6	62%
平均	0.13	0.40	68%	0.15	0.52	70%	0.84	2.33	62%

① C、SC、HSCW分别代表寒冷地区、严寒地区、夏热冬冷地区。

(2) 主动式技术

《被动式超低能耗绿色建筑技术导则（试行）（居住建筑）》[27] 中明确规定，新风热回收系统的显热回收装置温度交换效率不应低于75%，全热回收装置的焓交换效率不应低于70%。而“十三五”初期我国新风机组热回收效率水平参差不齐，调查表明在实际工况中，我国建筑中使用的新风热回收装置效率分布在40%～65%[13]，远低于设计效率以及《被动式超低能耗绿色建筑技术导则（试行）（居住建筑）》中要求。并且，新风热回收系统的抗寒冷水平不同，在严寒地区应用时有结冰现象。“十三五”初期尚缺少集成式高效新风热回收设备。

近零能耗建筑由于应用了高保温隔热性能和高气密性的外围护结构，以及合理的采光、太阳辐射设计，使其具有低冷热负荷的特点。因此，由于输入能量的减少，近零能耗建筑需要配备更加灵活的能源系统。传统建筑的能源系统往往过大，过于复杂，灵活性不足，无法满足近零能耗建筑的需求[14]。对于近零能耗建筑中供热、通风和空调系统中能量的转移、传输、利用规律尚不清晰，严寒、寒冷、夏热冬冷（暖）地区近零能耗建筑能源系统中冷热源、微管网、末端方式、运行模式等共性关键技术上不明确，需要构建不同气候区超低冷热负荷情境下的建筑供暖供冷系统方式。

（3）可再生能源技术及集成

近零能耗建筑的特点之一就是可再生能源的高效利用。由于可再生能源的间歇性及多样性，为了保证系统的稳定运行，蓄能技术是近零能耗建筑不可缺少的环节[15]。因此，基于用户需求，可实现精准控制与可再生能源、蓄能技术（例如：墙体蓄热、相变材料蓄热、土壤蓄热）相结合的主动式能源系统（例如：热泵、除湿机、新风系统），其是近零能耗建筑高效低耗运行的关键[16]。“十三五”初期，相关技术仍有待研究。

5. 设计施工测评方法缺失

近零能耗建筑的性能化优化设计是一项复杂且费时的工作，它在考虑和满足热舒适、经济最优等一系列参数的同时，需达到既定的能耗目标。虽然过去十年，人们越来越关注基于能耗模拟的建筑性能化优化设计方法的研究，但相关应用仍处于初步发展阶段[17]。“十三五”初期，尚缺少适用于近零能耗建筑、以能耗控制为目标的可独立运行并快速分析的方法和工具。

（1）设计计算方法

近零能耗建筑合规评价工具是评价近零能耗建筑设计的重要手段。依照国际标准ISO520161：2017提出的准稳态计算理论和方法得到了广泛的应用，其简单、快速、透明、可重复以及足够准确的特点，使该方法适用于建筑能耗的合规检查[18]，中国建筑科学研究院基于此方法，并结合我国国情、用户习惯和建筑标准体系，开发了一款近零能耗建筑设计与评价软件爱必宜（IBE）[19]。该软件通过住房和城乡建设部组织的专家评定，并经过两年多的使用，获得行业专家和用户高度好评。

通过对我国既有超低/近零能耗建筑的调研[1]，被动式技术的应用包括围护结构的无热桥设计和施工，是近零能耗建筑增量成本的重要组成部分（表4-7）。有研究表明，由于热桥而产生的能耗损失占到整个供暖能耗的11%～29%[20]，而这一比例在高性能建筑中还将更高[21]。由于建筑热桥的产生是多维传热问题，因此其详细的计算是非常复杂且费时的，基于建筑热桥构造图集的简化设计方法，是很多欧洲国家解决该问题的方法和手段[22]。“十三五”初期，尚缺少适应于我国近零能耗建筑围护结构特点的热桥构造图集以指导无热设计。

超低/近零能耗建筑不同技术的增量成本占比 表4-7

建筑标号①	被动式技术	主动式技术	可再生能源应用	控制
C-1	55%	8%	32%	5%
C-2	80%	0%	5%	15%
C-3	79%	3%	18%	0%
C-4	50%	10%	10%	30%
C-5	70%	25%	2%	3%
C-6	79%	21%	0%	0%
C-7	92%	8%	0%	0%
C-8	35%	10%	43%	12%
C-9	30%	60%	10%	0%
SC-1	76%	10%	5%	9%
SC-2	35%	25%	30%	10%
平均	62%	16%	14%	8%

① C、SC分别代表寒冷地区、严寒地区。

(2) 施工工艺

近零能耗建筑由于具有高气密性以及高保温无热桥的特性，其在施工工艺上与传统建筑有很大不同。通过对我国既有超低/近零能耗建筑的调研分析发现[1]，部分项目的能耗设计值与实际运行监测值之间有一定差距。其原因之一便是由于施工过程中质量控制不到位造成的。“十三五”初期我国近零能耗建筑的施工过程存在如下问题：①缺少合格的施工人员；②质量控制不到位；③缺少无热桥、高气密性、保温隔热施工工艺。

(3) 检测方法

近零能耗建筑中被动式、主动式关键部品的性能及高效利用，直接影响近零能耗建筑能耗指标的实现。“十三五”初期我国缺少近零能耗建筑主被动关键部品以及建筑整体能耗性能的检测与评价方法及工具。以适用于近零能耗建筑的门窗保温性能检测技术为例。国家标准《建筑外门窗保温性能分级及检测方法》GB/T 8484中提出的热箱法被用于建筑门窗保温性能的检测，这一方法也在全球其他相关标准中广泛应用[23]。但是，热箱法的精度仅为±0.1W/(m^2·K)。近零能耗建筑所使用的高性能外窗的传热系数的数量级为10^{-1}，如果继续沿用此方法，则会导致较大误差。

鼓风门法普遍用于建筑的气密性检测。利用风扇或鼓风机在建筑内外产生10～75Pa的压差，尽可能地减少天气因素对压力差的影响，并通过维持压力差所需的气流速率计算建筑物气密性。国际上，相关标准ASTM E779、EN ISO 13829都对鼓风门法进行了详细的介绍[24]。然而在我国，有关建筑气密性的研究和实际测试都比较缺乏，也缺少针对建筑气密性检测的相关标准[25]。

6. 试点与示范工程数据完整性、系统性不够

为促进“十三五”时期建筑业持续健康发展，国家层面出台了一系列指导意见，北京市、江苏省、河北省、山东省等地方层面也制定了一系列鼓励政策，推动被动式超低能耗

绿色建筑的发展。然而，我国仍存在试点与示范数量不足的问题。通过对我国严寒、寒冷、夏热冬冷和夏热冬暖四个气候区 50 栋示范建筑进行收集和整理可以看出[26]，我国超低/近零能耗建筑已从试点成功向示范过度，但“十三五”初期仍处于起步阶段，对照住房和城乡建设部科技司提出的“十三五”期间发展 1000 万 m^2 的目标有一定距离，试点与示范尚未总结和凝练适合我国气候区和建筑类型的技术体系。

我国尚缺少示范工程在线案例库及实时数据检测平台。“十三五”初期，仅有部分示范工程建成并运行满一年以上。实际运行监测结果表明，示范项目的实际能耗均可达到能耗控制的设计目标。但是，由于缺少对示范工程的能耗、室内温湿度等关键指标进行长期监测的实时数据监测平台以及用以集中展示的在线案例库，因此不能对示范工程进行长期跟踪并对近零能耗建筑技术进行有效验证，也不足以建立不同气候区基准建筑和近零能耗建筑之间的控制指标关系。

我国尚缺少系统化近零能耗建筑示范工程实施效果评价研究。近零能耗建筑尚处在起步阶段，其示范工程性能指标能否满足、能源消耗是否合理、室内环境以及使用者是否满意等，都是值得深入探讨和分析的问题。这就需要以主客观评价为基础，对示范工程进行系统的、全过程的跟踪和评价，从而总结出近零能耗建筑技术路线的适用性综合评价，并对新技术和新方法的可行性加以验证。

4.5.2 问题的解决路径

2017 年 9 月，由中国建筑科学研究院牵头，共 29 家单位参与的“十三五”国家重点研发计划项目“近零能耗建筑技术体系及关键技术开发”（以下简称“近零能耗项目”）启动。中国建筑科学研究院专业总工程师徐伟研究员为项目负责人，项目总研究经费 11973 万元，其中中央财政经费 3373 万元。本项目为本批次绿色建筑与建筑工业化转向中唯一获批的支撑建筑节能迈向更高水平的研究项目。该项目旨在以基础理论研究和指标体系建立为先导，以主被动技术和关键产品研发为支撑，以设计方法、施工工艺和检测评估协同优化为主线，建立我国近零能耗建筑技术体系并集成示范。项目研究成果将直接服务于我国下一阶段建筑节能标准全面提升，对近零能耗建筑技术体系的建立、规范和发展具有重要意义，对于建筑业向低碳绿色转型升级具有重要推动作用。

根据第 4.5.1 节可以看出，我国近零能耗建筑尚存在理论基础缺乏、目标和技术路线不清晰、主被动技术性能偏低/集成度差、设计施工测评方法缺失、缺乏实际数据有效验证等主要问题。针对这些问题，近零能耗项目以基础理论与指标体系建立为先导，主被动技术和关键产品研发为支撑，设计方法、施工工艺和检测评估协同优化为主线，建立近零能耗建筑技术体系并集成示范（图 4-46），项目共分 10 个课题。

1. 确定适应国情的定义及技术指标体系

解决近零能耗建筑技术方案的多参数多目标优化算法和工具缺失的现状，针对近零能耗建筑技术指标体系缺失、评估方法不健全的问题，确定我国近零能耗建筑的定义，建立适应我国建筑特征、气象条件、居民习惯、能源结构、产业基础、法规及标准体系的近零能耗建筑能耗技术体系。

（1）基于国际发达国家提出的近零能耗建筑及类似定义开展技术研究和比对，并结合我国建筑节能水平不断提升的实际需求，从物理边界、能耗计算平衡边界、衡量指标、转

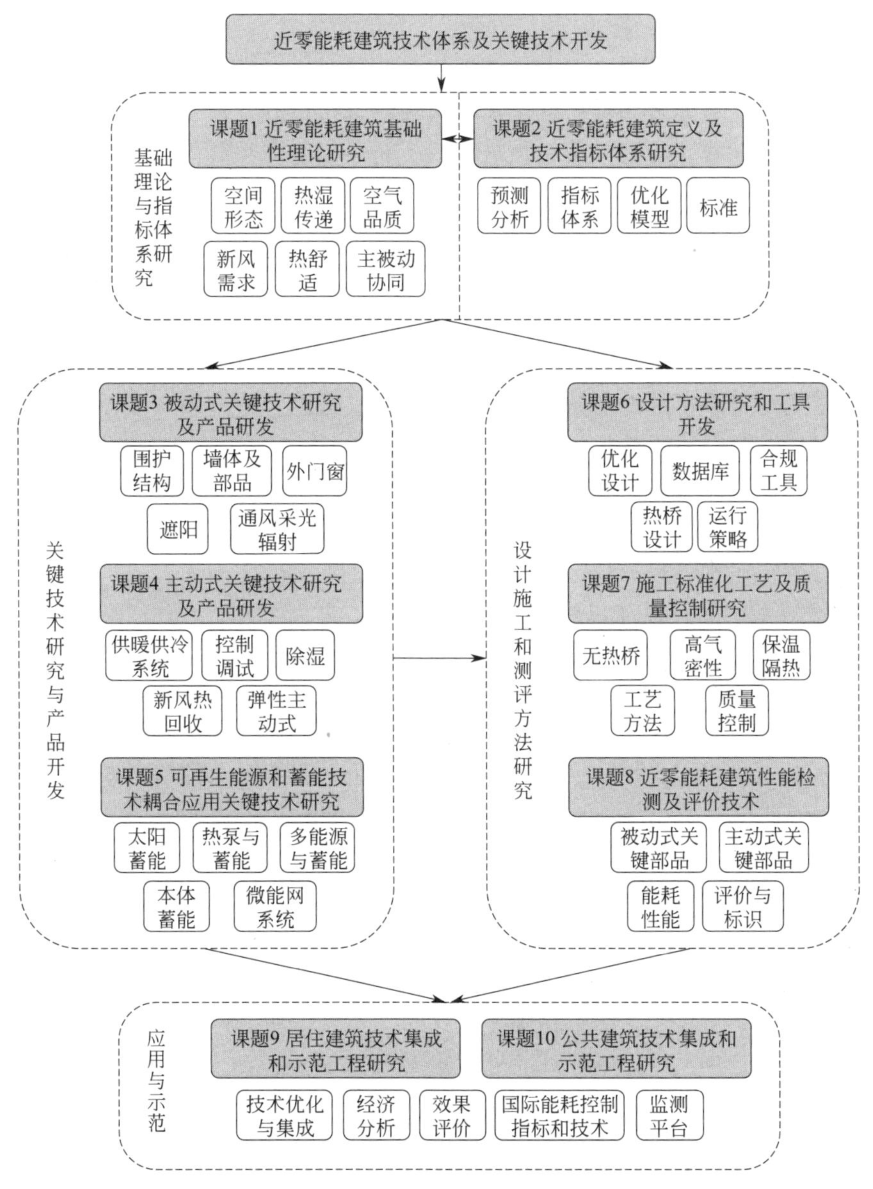

图 4-46　近零能耗建筑技术体系及关键技术开发项目课题设置

换系数、平衡周期等几个方面，制定适合我国国情的近零能耗建筑定义及内涵。

（2）基于影响建筑负荷的太阳辐射、温度、湿度等因素的时空分布特征，以及不同气候区建筑光伏利用潜力，利用近零能耗建筑优化工具建立不同气候区不同类型近零能耗建筑最优方案，最终形成我国近零能耗建筑技术指标体系。

（3）通过对不同气候区典型建筑室内环境、能源系统控制等关键参数的测试机调研，建立不同气候区近零能耗建筑能耗分析用关键参数数据库。建立不同气候区近零能耗建筑关键部品和设备性能与经济模型。基于上述研究，建立适用于近零能耗建筑性能研究的优化理论，开发多目标多参数非线性优化计算理论及工具。

（4）搭建全尺寸近零能耗居住建筑技术综合实验平台，对建筑能耗及关键部品、设备及系统性能参数进行实测验证。

2. 近零能耗建筑基础性理论研究

通过不同气候区基础案例数据库以及数学预测分析模型，研究近零能耗建筑空间形态特征、热湿传递、气密性、空气品质、热舒适、新风与能源系统等各参数间的耦合规律的科学问题。

（1）针对不同气候区气候条件特点，分析近零能耗建筑围护结构在多外扰、双向热流作用下的热湿迁移机理，构件典型近零能耗建筑保温围护结构模型，提出基于热湿传递的室内环境及建筑节能调控方法及保温系统耐久性控制策略。

（2）基于我国主要建筑类型室内污染源强度、污染物浓度水平的基础数据，研究高气密条件下近零能耗建筑新风需求基础理论问题，建立适用于我国近零能耗建筑的新风量需求分级控制设计框架以及间歇式、分季节控制方法。

（3）提出近零能耗建筑室内空气品质评价方法，以及适用于高气密性建筑的空气渗透耗能量简化计算模型，提出适宜典型气候区的近零能耗建筑整体气密性能与室内空气品质及建筑能耗的最佳平衡点。

3. 主被动技术产品开发与集成

针对我国主被动技术和关键产品缺失的问题，开发适用于我国不同气候区近零能耗建筑的关键产品与技术集成，为近零能耗建筑示范和推广提供产业化基础。

（1）开展高性能保温材料及构件的研究，研发适用于近零能耗建筑的高性能保温装饰结构一体化建筑墙体结构。研发高性能门窗产品与相应安装技术（包括高层建筑用特殊产品），开发相关设计软件，针对居住与办公建筑研发门窗遮阳光热耦合智能控制技术，提高门窗综合性能。

（2）针对近零能耗建筑低负荷、微能源和环境质量控制要求高等特点，研究严寒、寒冷、夏热冬冷（暖）地区低冷热负荷建筑供暖供冷系统的运行规律、研发弹性主动式能源系统和相关设备、湿热地区除湿技术与产品、高效新风热回收技术及产品，实现基于用户需求的主动式能源系统的精准控制和调试，达到近零能耗建筑深度节能与提升室内热环境的目标。

（3）研究可再生能源和蓄能技术在近零能耗建筑中耦合应用的关键技术，包括低负荷情境下太阳能蓄能、热泵与蓄能、多能源与蓄能储能耦合功能系统关键技术研究，并开发相关产品。

4. 设计施工检测方法研究

（1）研究近零能耗建筑多性能参数优化能耗预测模型及设计流程，建立近零能耗建筑性能化优化设计方法。研究建筑能耗简化计算理论与方法，建立包括气象参数、房间使用模式及产品性能参数等数据库，开发快速准确能耗计算工具及合规工具。以上两种方法将为近零能耗建筑设计和评价提供方法和手段。

（2）围绕无热桥、高气密性、保温隔热系统和装配式施工等关键技术环节，借鉴国际经验，建立关键施工技术体系；研究低成本、高效率、耐久性的新技术措施，形成针对近零能耗建筑的标准化施工工艺；提出施工质量控制要点和控制措施，形成全过程质量管控方法。

（3）建立包括施工用气密性材料性能指标、围护结构热桥现场检测、新风热回收装置、地源热泵系统等近零能耗建筑主被动式关键部品以及建筑整体性能检测评价方法；建立近零能耗建筑评价标识技术体系。

4.5.3　小结

建筑节能和绿色建筑是推进新型城镇化、建设生态文明、全面建成小康社会的重要举措。从世界范围看，欧美发达国家都制定了相关政策目标，以推动近零能耗建筑的发展。我国在过去几年中，也积极开展国际合作，参照国外指标及技术体系建造了一批超低能耗、近零能耗建筑示范工程，示范效果显著。围绕我国在气候特征、室内环境、居民生活习惯等方面的特点，相关科研课题陆续开展。“十三五”期间，国务院、住房和城乡建设部、部分地方政府对近零能耗建筑发展提出明确要求，近零能耗建筑有巨大市场需求和广阔发展前景。

4.6　试点示范项目

住房和城乡建设部于2015年11月发布《被动式超低能耗绿色建筑技术导则（试行）（居住建筑）》（本节以下简称《导则》）[27]，《导则》的出台对示范项目建设提出了新的要求，中国建筑科学研究院研究团队通过收集整理按照《导则》已建成及在建的64栋超低/近零能耗建筑示范项目，对其能耗控制指标、所采用的主被动技术、可再生能源利用情况以及增量成本变化趋势与分布组成等内容进行分析，并将示范项目相关技术参数与国家标准《近零能耗建筑技术标准》GB/T 51350—2019[28] 要求进行比对，发现64栋示范项目均达到国家标准中超低能耗建筑能耗控制指标要求，其中32个示范项目达到近零能耗建筑能耗控制指标要求。

《近零能耗建筑技术标准》GB/T 51350—2019颁布之后，中国建筑节能协会被动式超低能耗建筑分会依据《近零能耗建筑技术标准》GB/T 51350—2019和《近零能耗建筑测评标准》T/CABEE 003—2019，对12个示范项目进行评价，并对其技术指标进行分析。该12个项目是首次以国家标准为依据进行认证，获得超低/近零/零能耗建筑标识的试点示范项目。从64栋被动式超低能耗建筑和国家标准的对标结果和首批以国家标准进行认证的示范项目可以看出，我国超低/近零能耗建筑技术体系已经形成，国家标准指标设置合理，试点示范已取得初步成效，并正在向连片建设推进。

4.6.1　64栋被动式超低能耗建筑

1. 示范项目概况与能耗控制指标

中国建筑科学研究院研究团队收集了我国已建成、在建的超低能耗建筑示范项目，并对其中具有代表性的64个示范项目展开技术经济分析。64个项目分别于2012—2019年期间建成，其中建筑类型涵盖居住建筑、办公建筑、学校建筑等常规建筑类型，以及康复中心、展览馆等特殊功能建筑。图4-52给出了各示范项目开建年份分布。

从图4-47可以看出，2014年底我国示范项目总面积仅为4.7万m^2，2015—2016年期间示范项目数量开始呈现快速增长态势，至2018年年底，收集示范项目面积超过160万m^2。由于示范项目收集的地域和类型限制，考虑到石家庄、郑州等政策对行业的推动作用，估算至 2019 年底，全国超低/近零能耗建筑总面积应达 800 万 m^2。

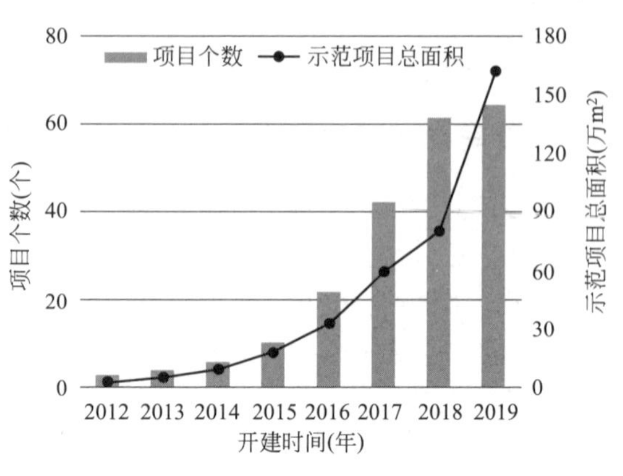

图 4-47 示范项目开建时间

表 4-8 给出各类型示范项目气候区分布，可以看出项目主要分布在严寒和寒冷地区，示范项目个数 55 个，示范面积 139.31 万 m^2，占统计示范项目总面积的 86.7%，夏热冬冷和夏热冬暖地区目前尚处于尝试阶段，主要以办公建筑和小型居住建筑为主，9 个示范项目中有 7 个已经入住并取得良好的运行效果。图 4-48 给出不同建筑类型的示范项目面积，早期尝试阶段仍然以居住建筑和办公建筑为主，64 个示范项目中居住建筑和办公建筑总面积为 154.43 万 m^2，占示范项目总面积的 96.1%。

示范项目气候区及建筑类型分布统计（面积单位：万 m^2） **表 4-8**

	严寒		寒冷		夏热冬冷		夏热冬暖	
	总面积	个数	总面积	个数	总面积	个数	总面积	个数
居住建筑			108.90	21	17.55	2	0.15	1
办公建筑	2.24	6	22.09	17	3.50	3		
展览建筑			0.96	2	0.30	2		
学校建筑			3.02	5			0.67	1
酒店建筑			0.80	1				
档案馆			1.07	2				
交通枢纽			0.23	1				
总计	2.24	6	137.07	49	21.35	7	0.82	2

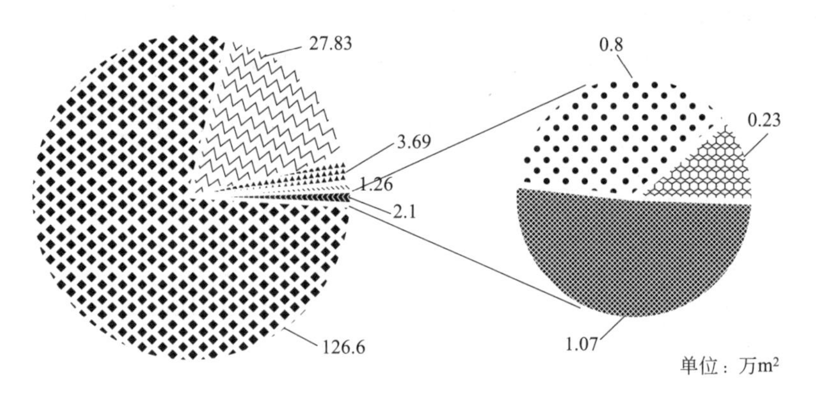

图 4-48 不同建筑类型示范项目分布

图 4-49 给出居住建筑示范项目的一次能耗情况，目前居住建筑示范项目主要集中于寒冷地区，根据《导则》要求，居住建筑一次能源消耗低于 60kWh/(m^2·a)，且气密

性低于 0.6 次/h。居住建筑示范项目尚无严寒地区项目收录，寒冷地区示范项目由于良好的围护结构保温性能和气密性，冬季供暖能耗普遍降低 50%～75%，夏热冬冷和夏热冬暖地区的示范项目由于充分采用高效设备系统和可再生能源，项目全年能耗水平也有明显降低。

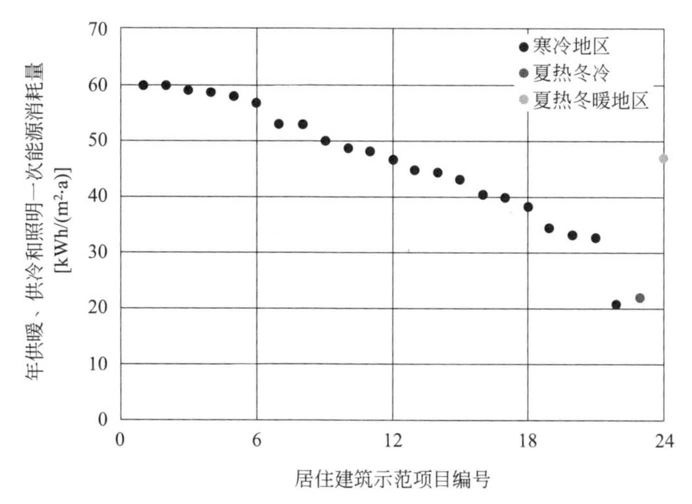

图 4-49　居住建筑示范项目一次能源消耗

图 4-50 给出公共建筑示范项目的综合节能率，经统计，所有公共建筑示范项目综合节能率皆能够达到 60%以上，其中 9 个示范项目相对节能率可达到 80%以上，冬季完全不采用化石燃料供暖，夏季供冷负荷相较于常规建筑也有大幅降低。

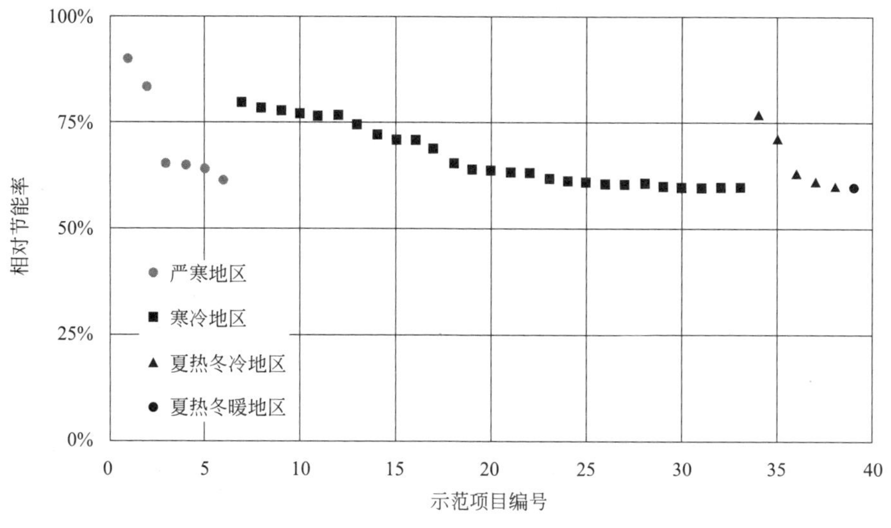

图 4-50　公共建筑综合节能率

2. 技术应用

从现有示范项目所应用的技术体系来看，我国超低能耗建筑发展的主要技术路线：以高性能围护结构和建筑整体气密性提升建筑保温性能，以遮阳、自然通风、自然采光等被动式技术手段降低建筑冷热负荷；同时通过合理优化建筑用能系统，提升建筑整体能效，实现超低能耗建筑；通过可再生能源补充实现近零能耗或零能耗建筑。

（1）非透光围护结构

目前示范项目围护结构采用的保温材料主要为岩棉、XPS、EPS，以及真空绝热板等，其中使用最为普遍的仍然是岩棉和XPS。根据对64个示范项目的研究统计，有45个示范项目根据建筑不同构造采用多种保温材料构建建筑整体保温系统，具体如图4-51所示。

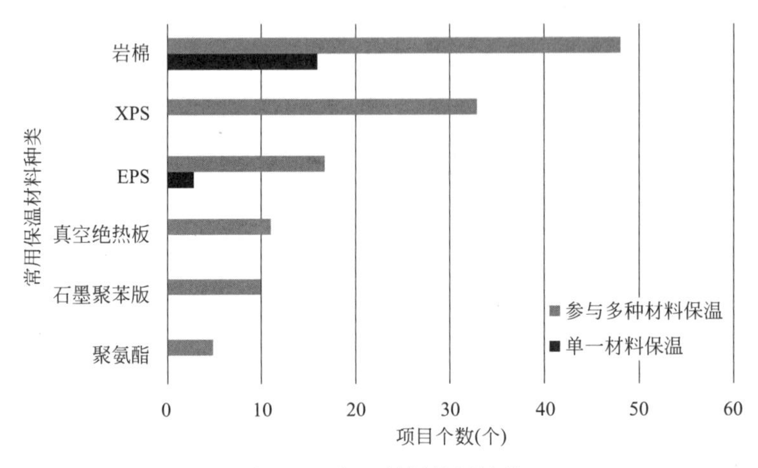

图4-51 保温材料使用情况

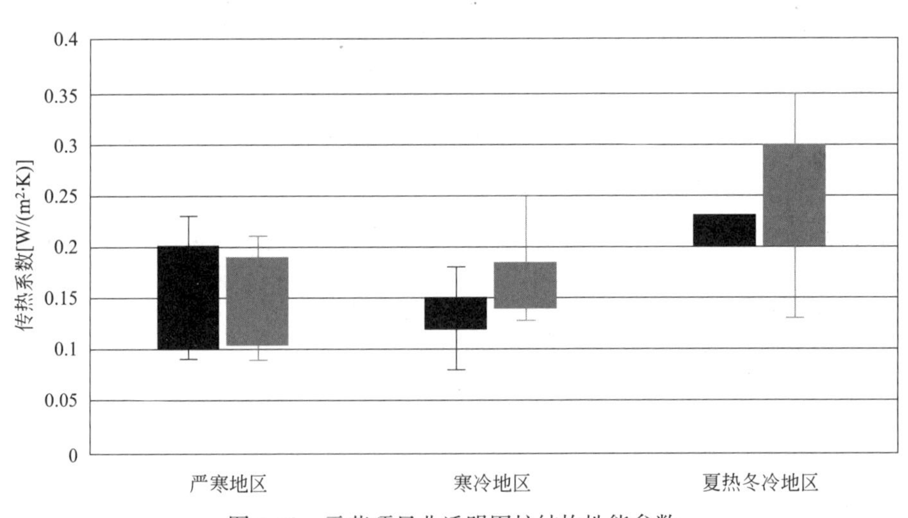

图4-52 示范项目非透明围护结构性能参数

图4-52给出目前示范项目非透明围护结构保温性能，严寒和寒冷地区屋面传热系数控制在0.2W/(m^2·a)以下，较现行节能标准提升55%～60%，外墙传热系数控制在0.17W/(m^2·a)以下，较现行节能标准提升65%～80%。夏热冬冷和夏热冬暖地区外墙传热系数较严寒和寒冷地区相比，围护结构性能稍有放松，但仍远高于现行节能标准。

（2）外窗性能

图4-53给出示范项目外窗传热系数，严寒和寒冷地区外窗的传热性能对冬季降低供

暖需求有着重要意义，目前我国北方地区示范项目外窗传热性能基本可以达到 0.8～1.0W/(m^2·a)，较现行节能标准提升 58%～60%。夏热冬冷和夏热冬暖气候区示范项目传热系数也控制在 1.2W/(m^2·a)以下，较现行节能标准提升 40%。

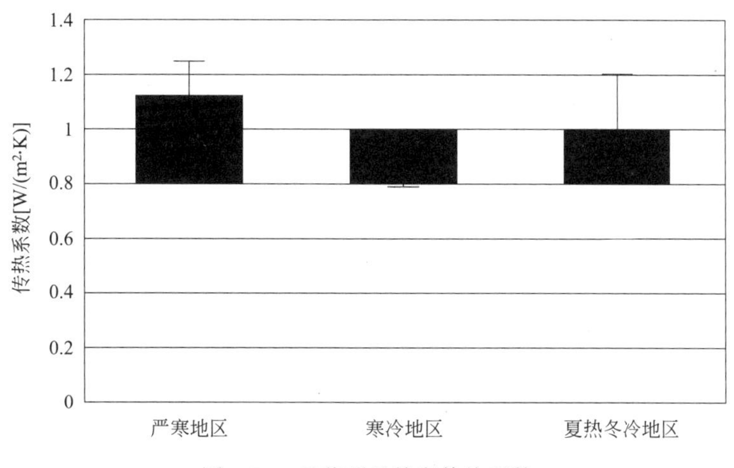

图 4-53 示范项目外窗传热系数

（3）建筑整体气密性

建筑气密性是超低能耗建筑减少冬季冷风渗透和夏季空调供冷及通风能耗的重要途径。超低能耗建筑通过采用高气密性门窗和整体气密性设计，可以有效提升建筑气密性。64 个示范项目其气密性设计目标全部控制在 0.6 次以下，其中 17 个示范项目已经完成现场检测验证，气密性均能达到设计目标，部分项目的气密性可以控制在 0.2 次，如图 4-54 所示。

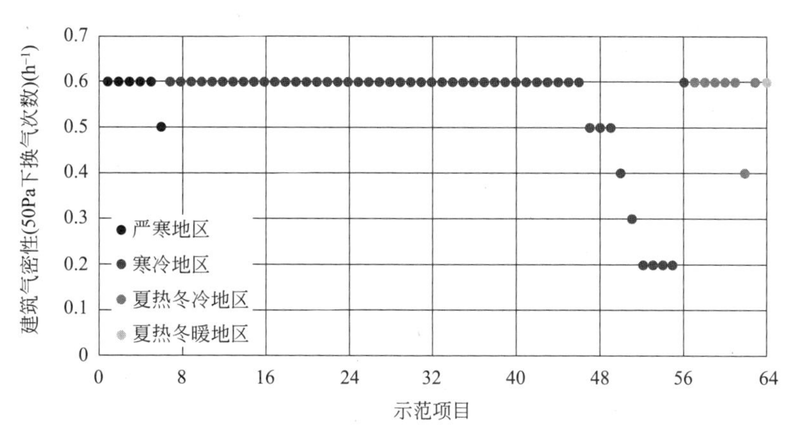

图 4-54 示范项目建筑气密性

（4）被动式建筑设计

通过对被动式技术的统计可以发现，目前我国不同气候区示范项目的被动式技术体系已经初步形成，除采用高性能外窗和墙体外，自然通风、外遮阳和自然采光是减少空调负荷和照明能耗的有效途径，同时，被动式手段的应用可以大幅提升室内环境的舒适度。

图 4-55 给出示范项目所采用的主要被动式技术措施统计，其中 63 个项目强化了自然

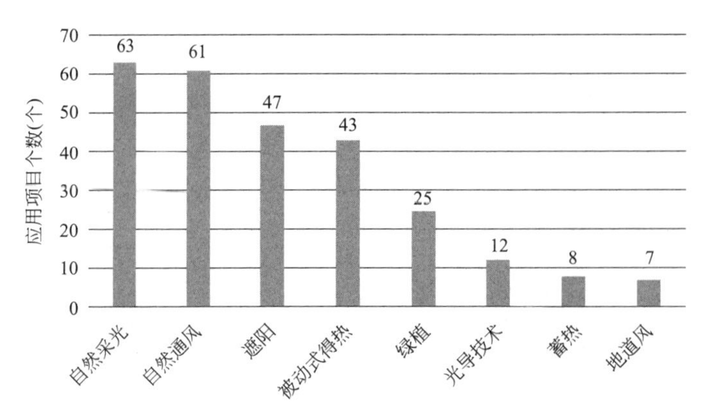

图 4-55　示范项目被动式技术措施统计

采光设计，61 个示范项目在建筑设计阶段注意协调和利用自然通风降低冷热负荷，47 个示范项目采用建筑外遮阳和中置遮阳，部分示范项目通过采用大面积生态绿植避免等方式调节室内温湿度，营造舒适的室内声场环境，目前绿植环境优化技术主要应用在公共建筑中。除前述较为常用的被动式措施外，光导技术、蓄热技术及地道风设计由于受限于应用建筑体量，目前尚处于尝试阶段，统计中有 12 个示范项目采用光导管，8 个项目采用楼板蓄热活储热罐蓄热系统，7 个项目采用地道风设计有效降低热负荷。

（5）主动式技术

主动式技术应用方面，超低能耗建筑主要集中于提升用能系统整体能效。图 4-56 给出示范项目中主要应用的主动式技术，包括空调系统和末端形式。

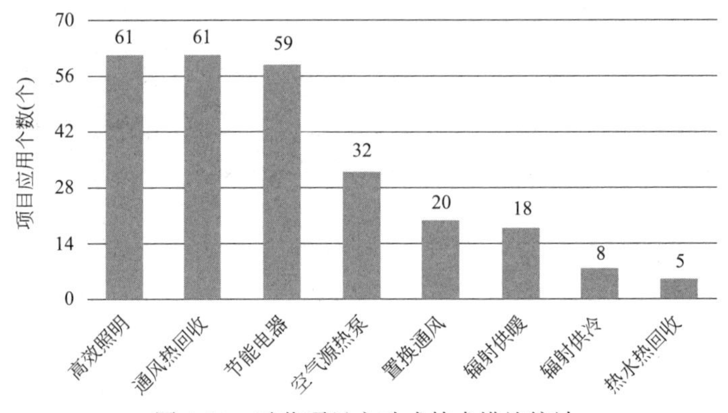

图 4-56　示范项目主动式技术措施统计

通过图 4-56 可以看出，高效照明和节能电器是降低建筑整体能耗的有效途径，由于超低能耗建筑高气密性的特点，机械通风系统须配有热回收装置，目前示范项目中 61 个项目在机械通风系统中采用热回收装置，热回收的全热回收效率可以达到 75%。

（6）可再生能源利用

根据《导则》要求，可再生能源应用并非强制性要求，因此，目前已建成示范项目的可再生能源应用还处于尝试探索阶段。图 4-57 为示范项目可再生能源的应用情况，从图 4-57 中可以看出，可再生能源的应用主要集中于太阳能光伏利用、光热利用和热泵系统。其中办公建筑中多应用地源热泵系统，居住建筑应用中多应用空气源热泵。

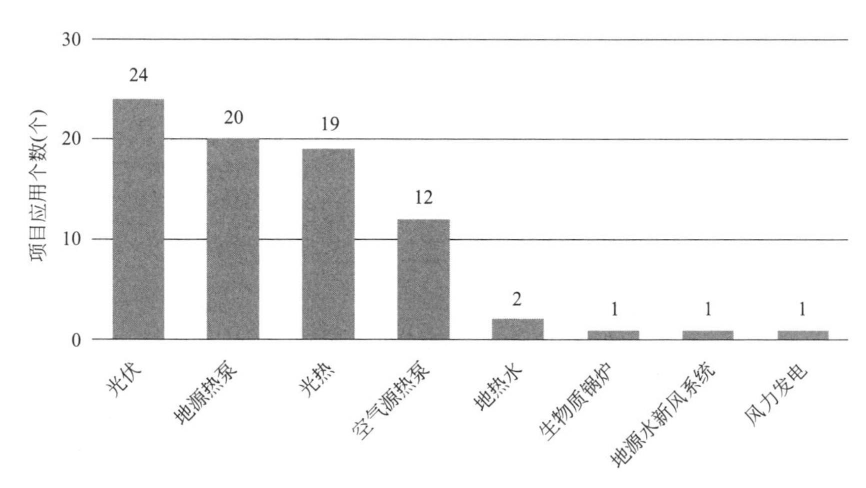

图 4-57　可再生能源系统应用

根据统计，目前居住建筑可再生能源提供量占建筑年能耗的 10%～25%，供能主要集中于冬季供暖和生活热水；办公建筑可再生能源提供量占比较高，占 35%～55%。

通过对示范项目进行技术分析，可以看出，早期我国超低能耗示范项目所采用的技术体系较大程度借鉴德国被动房技术体系，随着建筑体量逐渐增大，气候区不断扩展，技术相对成熟，建筑形式更加丰富，已逐渐形成超低/近零能耗建筑技术体系。

3. 增量成本研究

(1) 发展趋势

对示范项目增量成本进行统计可以发现，我国超低能耗示范项目的增量成本呈逐年下降的趋势，如图 4-58 所示。其中居住建筑由于技术和市场逐渐成熟，增量成本从 1300 元/m^2 降至 600 元/m^2，降幅达 53.8%；办公建筑增量成本从 1620 元/m^2 降至 800 元/m^2，降幅 50.6%；学校类建筑增量成本主要集中在围护结构和空调新风系统方面，增量成本从 1540 元/m^2 降至 1000 元/m^2，降幅 35.1%。公共建筑由于建筑形式、建筑体量变化较大，增量成本可能由于建筑外形、功能设计复杂而存在较大的差异性。从 2016—2018 年间示范项目的整体发展情况来看，经过不断尝试，近零能耗建筑技术体系逐渐建立，从早期的完全摸索尝试阶段逐渐向以实际应用转变，示范项目也逐渐从多能源系统形式转向最适能源系统。需要说明的是，2016 年统计的项目中很多为 2012 年开始建造的示范性建筑，因此增量成本相对偏高，同时，2017 年、2018 年间，夏热冬冷地区项目增多，此气候区示范建筑增量成本较寒冷地区相对降低。

(2) 增量成本分布

图 4-59 给出不同类型示范项目的增量成本分布。从图 4-59 中可以看出，被动式技术依然是增量成本的主要来源，占总增量成本的 47%～66%，其中对于居住建筑来说由于其他能源系统需求相对简单，被动式技术增量成本占比较为突出；主动式技术所产生的增量成本占 8%～20%，主要是由于末端系统复杂程度的增加，办公建筑中可再生能源系统占比较其他类型建筑相对较高，学校建筑由于在对人员新风处理有一定要求，新风及空调系统部分的增量成本相对较高；可再生能源应用所带来的增量跨度较大，占 8%～45%。随着建筑部品逐渐升级，产业逐渐形成，部品成本逐步降低，被动式技术成本增量将逐渐降低。

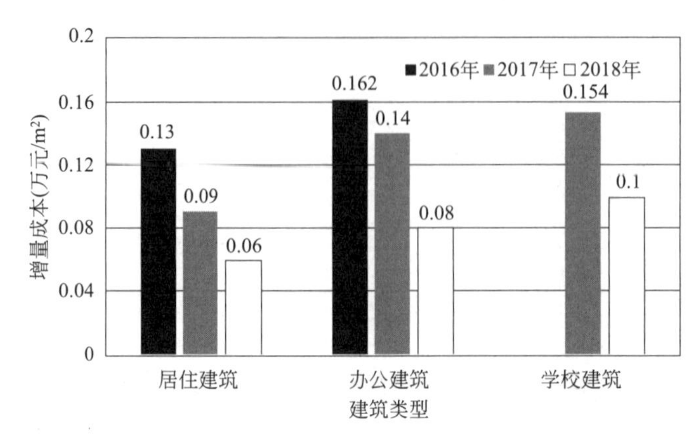

图 4-58 示范项目增量成本统计

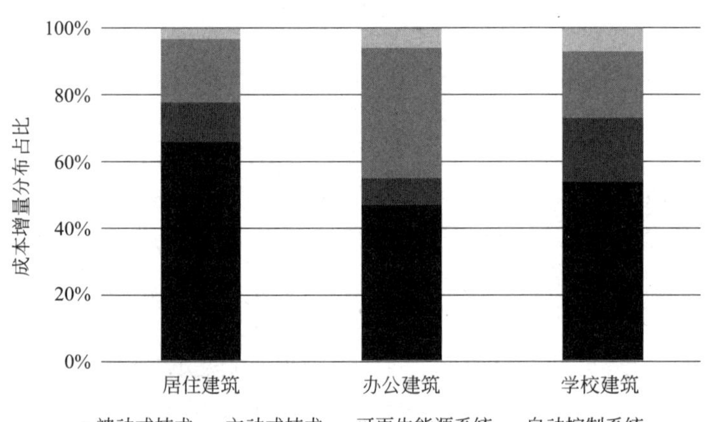

图 4-59 示范项目增量成本分布

4. 技术指标对标国家标准《近零能耗建筑技术标准》GB/T 51350—2019

2019 年 2 月国家标准《近零能耗建筑技术标准》GB/T 51350—2019[28]（本条以下简称 GB/T 51350）正式发布，提出超低能耗建筑、近零能耗建筑和零能耗建筑 3 个建筑节能进一步发展目标，其中超低能耗建筑是近零能耗建筑的初级阶段，零能耗建筑是近零能耗建筑的更高表现形式。根据建筑能耗综合值、建筑本体性能指标（包含供暖年耗热量、供冷年耗冷量、建筑气密性）、可再生能源利用率等指标对居住建筑进行划分；根据建筑综合节能率、建筑本体性能指标（建筑本体节能率、建筑气密性）、可再生能源利用率对公共建筑进行划分。本文将对 64 栋示范项目分别依据 GB/T 51350 中居住建筑和公共建筑指标要求进行对标。

（1）居住建筑

根据 GB/T 51350，建筑能耗综合值是衡量超低/近零能耗建筑的重要指标，其指在设定计算条件下，单位面积年供暖、通风、空调、照明、生活热水、电梯的终端能耗量和可再生能源系统发电量，利用能源换算系数，统一换算到标准煤当量后，取两者的差值。对于超低能耗居住建筑，其建筑能耗综合值应小于 65kWh/(m^2 · a)或不大于 8.0kg/(m^2 · a)；对于近零能耗居住建筑，应小于 55kWh/（m^2 · a)或不大于 6.8kg/(m^2 · a)，同时可再生能源利用率不大于10%。此外，GB/T 51350还对不同气候区的供暖、供冷能耗进行了限值要求。

图4-60为24个居住建筑示范项目在GB/T 51350下的能耗水平对标，其中12个示范项目达到标准中超低能耗居住建筑要求，12个示范项目达到近零能耗建筑示范项目要求，其中有3个示范项目虽然可再生能源应用比例较高，达到近零能耗建筑要求，但由于其建筑能耗综合值未能达到近零能耗建筑要求，仍然为超低能耗建筑。

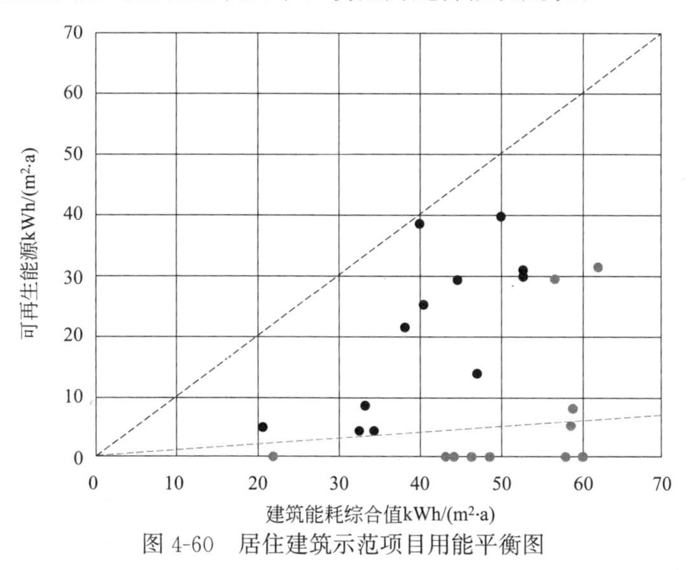

图4-60　居住建筑示范项目用能平衡图

（2）公共建筑

公共建筑由于建筑体量、建筑形式和建筑功能都相对多样，因此，通过建筑综合节能率进行约束，对于超低能耗公共建筑，其建筑综合节能率应不小于50%；对于近零能耗公共建筑，建筑综合节能率应不小于60%，同时可再生能源利用率不小于10%。需要指出的是，对于夏热冬冷、夏热冬暖和温和地区，对超低/近零能耗公共建筑的气密性不作要求。

图4-61为40个公共建筑示范项目在GB/T 51350下的对标，其中20个示范项目达到标准中超低能耗公共建筑要求，20个示范项目达到近零能耗建筑示范项目要求。

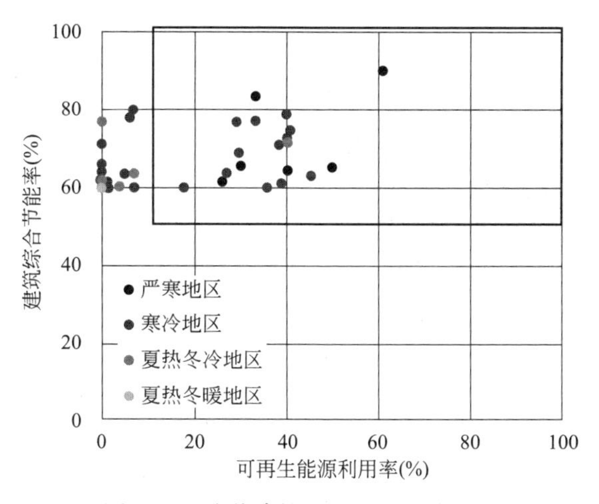

图4-61　公共建筑示范项目能效指标

表 4-9 给出各气候区超低/近零能耗示范项目统计。按照 GB/T 51350 能效指标要求，64 个示范项目全部达到超低能耗建筑要求标准，其中 32 个示范项目达到近零能耗建筑要求。由于目前我国大部分示范项目，尤其是公共建筑，多以试点示范，技术尝试为主，项目设计初期定位较高，因此，近零能耗建筑比例较高。

各气候区超低/近零能耗示范项目统计　　表 4-9

建筑类型 / 气候区	超低能耗建筑		近零能耗建筑	
	居住建筑	公共建筑	居住建筑	公共建筑
严寒地区	0	1	0	5
寒冷地区	11	16	10	12
夏热冬冷地区	1	4	1	1
夏热冬暖地区	1	1	0	0
总计	13	22	11	18

4.6.2　12 栋近零能耗建筑

1. 项目概况与能效指标

首批评价项目中，居住建筑 3 个，公共建筑 9 个。从气候分区来看，寒冷地区 8 个，夏热冬冷地区 4 个。评级标识等级以能效指标来约束进行判别，能效指标包括建筑能耗综合值、可再生能源利用率和建筑本体性能指标三部分，三者需要同时满足要求。量化指标采用绝对能耗数值和相对节能率两种方式，能耗统计的计量单位以一次能源消耗为主。

对于居住建筑通过建筑能耗综合值进行约束，即单位面积年供暖、通风、空调、照明、生活热水、电梯的终端能耗量和可再生能源发电量，统一换算到标准煤当量后，取两者的差值。公共建筑由于建筑体量、建筑形式和建筑功能都相对多样，因此，通过建筑综合节能率进行约束。建筑综合节能率是指设计建筑和基准建筑的能耗综合值的差值，与基准建筑的建筑能耗综合值的比值。

图 4-62 是获评项目指标分布情况，达到近零能耗标准指标要求以上项目为 6 个，其中包括 1 个获评零能耗建筑评价标识。获评超低能耗建筑评价标识 6 个，其中包括 3 个居住建筑和 3 个公共建筑。

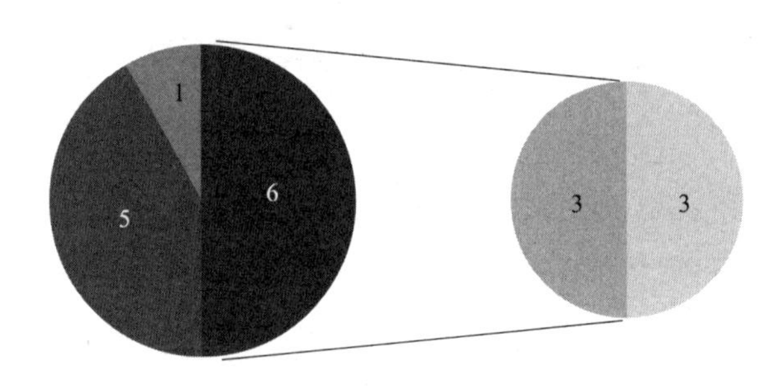

图 4-62　示范项目分布

图 4-63 是近零能耗建筑能效指标图。6 个获得近零能耗建筑的项目均为公共建筑，满足综合节能率大于 60%、可再生能源利用率大于 10%的目标。6 个超低能耗建筑包括公共建筑和居住建筑，分别以综合节能率和能耗综合值进行判定。

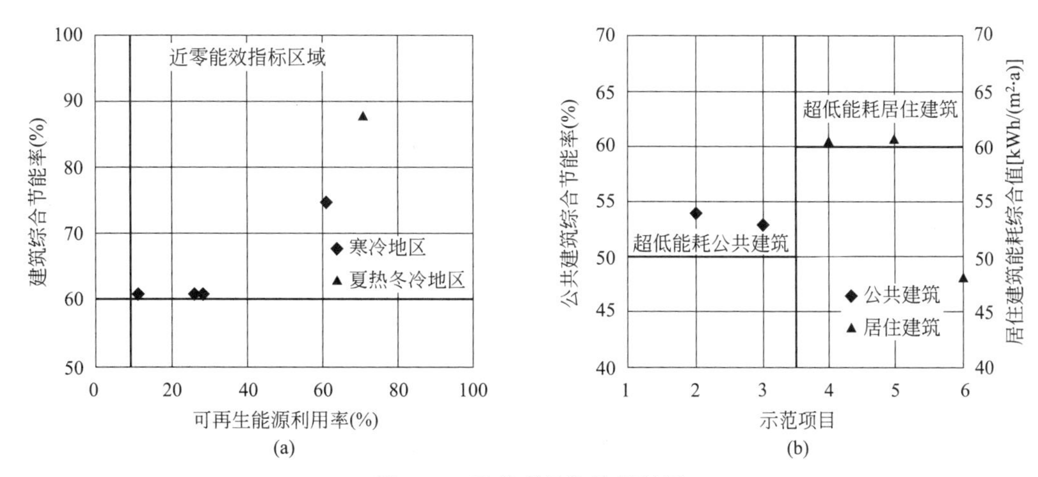

图 4-63　示范项目能效指标图

(a) 近零能耗建筑；(b) 超低能耗建筑

示范项目均按照 GB/T 51350 的技术路径进行设计施工，满足标准的各项要求，因地制宜地利用自然条件实现了超低/近零/零能耗目标。

2. 示范项目技术应用

12 个示范项目因地制宜地利用自然条件，营造舒适健康的室内环境，提高建筑使用寿命，极大降低能源消耗，均有各自技术特点。但总的来说，结合 64 栋被动式超低能耗建筑，其核心技术是一致的：通过建筑被动式设计、主动式高性能能源及可再生能源系统应用，最大幅度减少化石能源（图 4-64）。

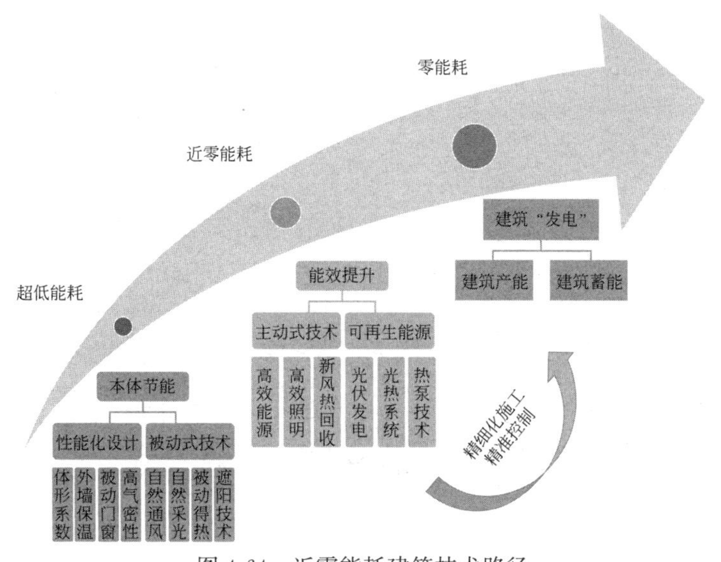

图 4-64　近零能耗建筑技术路径

4.6.3 近零能耗建筑发展新趋势

随着近零能耗建筑技术逐渐成熟，展览馆、档案馆、学校等公共建筑也在逐步探索过程中，部分企业出于战略影响力考虑，将其员工宿舍楼、办公楼等进行超低能耗建筑尝试，起到较好的示范作用。

国家标准的颁布标志着适合我国国情的完整的近零能耗建筑技术体系已经形成，示范试点项目从早期的摸索尝试阶段逐渐向以实际应用转变。近零能耗建筑探索尝试的建筑形式范围逐渐扩大，既有建筑近零能耗改造、装配式＋近零能耗建筑等新的探索逐步开始进行。为进一步提升近零能耗建筑设计标准，推动产业发展，全面覆盖，还需要对各类型建筑进行评价认证，鼓励其发展，使近零能耗建筑全方位、大面积的普及开来。

4.7 行业组织

4.7.1 中国建筑节能协会被动式超低能耗建筑分会

1. 成立背景

中国建筑节能协会被动式超低能耗建筑分会（China Passive Building Alliance，简称CPBA）是民政部批准成立的公益社团二级组织，成立于2014年12月9日，挂靠单位为中国建筑科学研究院（图4-65）。CPBA原名“中国建筑节能协会被动式超低能耗绿色建筑创新联盟”，2018年1月根据民政部关于社团管理的有关规定，按照《中国建筑节能协会关于规范分支机构管理工作的通知》（国建节协［2017］42号）要求，将名称变更为“中国建筑节能协会被动式超低能耗建筑分会”。CPBA分会自成立以来，充分发挥了行业多领域、跨部门的特色，在技术探讨、成果展示、交流合作和服务社会等方面充分发挥自身优势，助力我国建筑节能行业的产业升级，规范行业健康可持续发展，至今已有280余家成员单位，涵盖建筑科研单位，高校，项目开发单位，高性能建筑部品、设备生产商，施工单位。分会通过组织开展行业活动、行业研究、标识评价、国际合作、年度盛会等各类活动，搭建国际交流平台，服务会员单位，已累计服务建筑节能领域相关单位2400余家，近28000人次。

图4-65　2014年12月9日联盟成立

2. 分会主要工作

（1）构建平台抓手

1）建立服务会员机制。秘书处调查会员诉求，构建会员服务中心，宣传会员单位，推广会员单位产品与技术；每年定期开展走访副主任委员单位活动，开展会员调查研究，了解会员诉求，为会员单位发展提供技术咨询（图 4-66）。

2）完善建立“一网＋两微”交流平台。①建立更新“中国建筑节能协会被动式超低能耗建筑分会”官网 http：//www. chinapb. org. cn；②建立微信公众号平台“中国超低能耗分会”，关注量达 7840 人，累计阅读量达 265320 人次，单篇点击量最高达 1.3 万＋人次；③建立点对点微信服务号，共发送/转发信息 525 条，服务行业人员 3200 人次。

(a)

(b)

图 4-66　分会网站

3）出版行业刊物，拓宽收益范围。①出版《成功设计和建造被动房质量保证指南》；②出版《APEC 亚太零能耗建筑项目二期报告》；③出版《中国超低/近零能耗建筑最佳实践案例集》；④出版《超低/近零能耗建筑 2017 年年报》；⑤出版《超低/近零能耗建筑 2018 年年报》；⑥出版《超低/近零能耗建筑 2019 年年报》（图 4-67）。

4）新华社、中国建设报、中国能源报专刊报道。①2020 年 7 月中国建设报专访中国建筑科学研究院环能院徐伟院长，报道专刊《因时而进的近零能耗建筑》；②2020 年 3—4 月分会举办的“超低能耗建筑”系列直播中，参与第五期直播的“千亿房企探索与实践”夏热冬冷地区探索超低能耗建筑应用的首个项目——《台州碧桂园保利·玖樟台体验馆》受到中国能源报的专刊报道；③2020 年 1 月中国建设报专访中国建筑科学研究院环能院徐伟院长，发表《对话：发展超低能耗建筑不能光喊口号，科学、有序推进成关键》；④2019 年 3 月中国建设报发表专刊《发展超低能耗建筑其时已至，其风正劲》（图 4-68）。

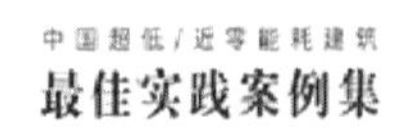

(a)　　(b)　　(c)

图 4-67　出版物图集

（a）《APEC 亚太零能耗建筑项目二期报告》，2017 年 11 月；（b）《中国超低/近零能耗建筑最佳实践案例集》，2017 年 10 月；（c）《超低/近零能耗建筑 2018 年年报》，2018 年 11 月

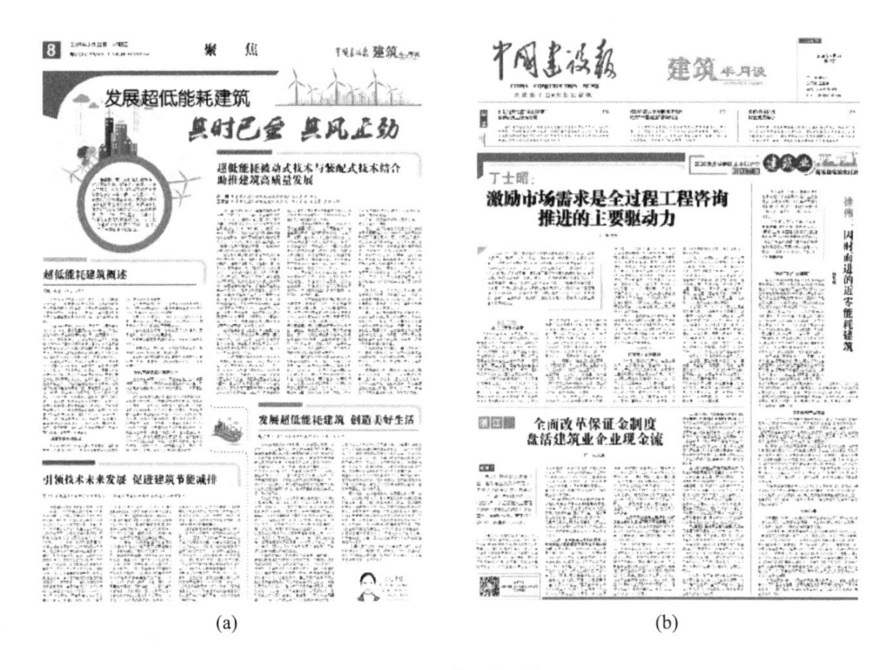
发展超低能耗建筑

其时已至 其风正劲

超低能耗被动式技术与装配式技术结合助推建筑高质量发展

超低能耗建筑概述

发展超低能耗建筑 创造美好生活

引领技术未来发展 促进建筑节能减排

中国建设报

建筑半月谈

丁士昭：

激励市场需求是全过程工程咨询推进的主要驱动力

徐伟：

因时而进的近零能耗建筑

全面改革保证金制度 盘活建筑业企业现金流

(a)　　(b)

图 4-68　专刊报道

5）副主任委员工作会议。分会于每年春季召开副主任委员内部工作会议，商议全年工作计划，研判行业形势，发展回顾，副主任委员单位介绍重点工作，徐伟主任委员为新增副主任委员单位授牌。2018 年 5 月 8 日，分会召开 2018 年理事会会，42 家副理事长单位代表参会。2019 年 4 月 23 日，2019 年理事会会议在同济大学顺利召开，52 家副理事长单位和 6 家观察员单位代表参会（图 4-69）。

图 4-69 理事会合影

（2）科研标准支撑

1）国家重点研发计划“近零能耗建筑技术体系及关键技术研发”项目重点参与。科技部“十三五”绿色建筑与建筑工业化专项中唯一获批的支撑建筑节能迈向更高水平的研究项目。在该课题的 28 家参与单位中，全部来自于分会成员单位，其中副主任委员单位 11 家。

2）参与住房和城乡建设部《被动式超低能耗绿色建筑技术导则（试行）（居住建筑）》、国家标准《近零能耗建筑技术标准》GB/T 51350—2019、《公共机构超低能耗建筑技术标准》CECS、北京市《超低能耗居住建筑技术标准》编制，山东、河北等地方标准编制，30 家成员单位参与各类标准编制工作，其中副主任委员 21 家参编国标，充分体现了副主任委员单位在标准编制工作中的核心作用（图 4-70）。

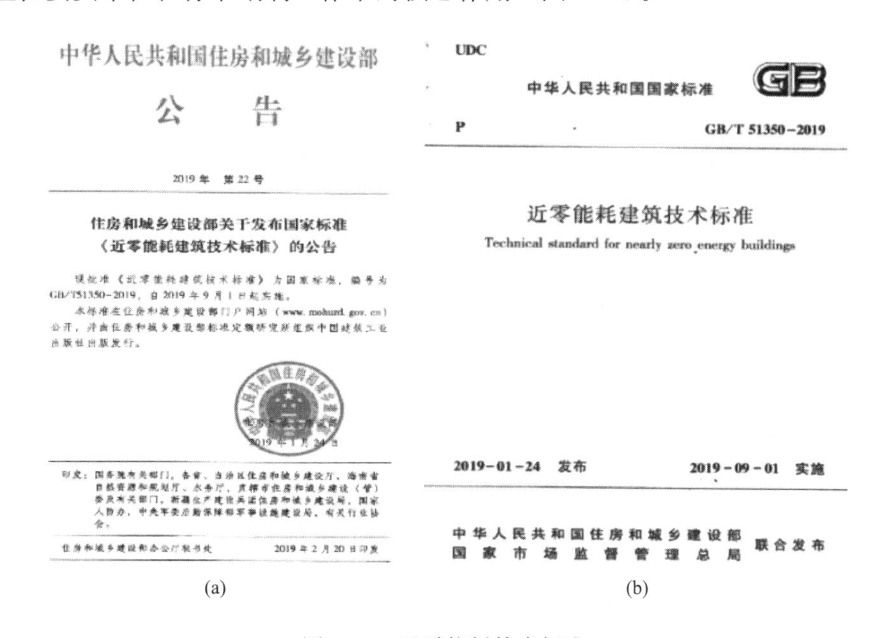

中华人民共和国住房和城乡建设部

公　　告

2019年　第22号

住房和城乡建设部关于发布国家标准
《近零能耗建筑技术标准》的公告

现批准《近零能耗建筑技术标准》为国家标准，编号为GB/T51350-2019，自2019年9月1日起实施。

本标准在住房和城乡建设部门户网站（www.mohurd.gov.cn）公开，并由住房和城乡建设部标准定额研究所组织中国建筑工业出版社出版发行。

中华人民共和国住房和城乡建设部
2019年1月24日

抄送：国务院有关部门，各省、自治区住房和城乡建设厅，海南省自然资源和规划厅、水务厅，直辖市住房和城乡建设（管）委及有关部门，新疆生产建设兵团住房和城乡建设局，国家人防办，中央军委后勤保障部军事设施建设局，有关行业协会。

住房和城乡建设部办公厅秘书处　　2019年2月20日印发

(a)

UDC

中华人民共和国国家标准　GB

P　　GB/T 51350-2019

近零能耗建筑技术标准

Technical standard for nearly zero energy buildings

2019-01-24 发布　　2019-09-01 实施

中华人民共和国住房和城乡建设部
国家市场监督管理总局　联合发布

(b)

图 4-70 近零能耗技术标准

3）主编团体标准《近零能耗建筑测评标准》T/CABEE 003-2019，2019 年 12 月 20 日，中国建筑节能协会发布了《关于发布〈近零能耗建筑测评标准〉团体标准的公告》，自 2020 年 2 月 1 日起实施（图 4-71）。对推动近零能耗建筑测评工作在我国市场化的规范化，发挥标识的市场激励作用具有积极影响。

中国建筑节能协会文件

国建节协〔2019〕25 号

关于发布《近零能耗建筑测评标准》

团体标准的公告

现批准《近零能耗建筑测评标准》为中国建筑节能协会团体标准，标准编号为：T/CABEE 003—2019，自 2020 年 2 月 1 日实施。现予公告。

2019 年 12 月 20 日

图 4-71　中国建筑节能协会文件

（3）超低/近零能耗建筑能效测评

1）64 个超低能耗建筑示范项目。分会依托 2015 年住房和城乡建设部颁发《被动式超低能耗绿色建筑技术导则（试行）（居住建筑）》，于 2016—2018 年开展 5 次超低能耗建筑评价工作，累计获得超低能耗建筑评价的项目涵盖全国 5 个气候区，公建、居住、幼儿园、学校等共 64 个项目，分会通过收集整理按照《被动式超低能耗绿色建筑技术导则（试行）（居住建筑）》已建成及在建的 64 栋超低/近零能耗建筑示范项目，对其能耗控制指标、所采用的主被动技术、可再生能源利用情况以及增量成本变化趋势与分布组成等内容进行分析（图 4-72）。

图 4-72　被动式超低能耗建筑案例

2）12 个近零能耗建筑示范项目。中国建筑节能协会发布《近零能耗建筑测评管理办法》并委托中国建筑科学研究院牵头编制团体标准《近零能耗建筑测评标准》T/CABEE 003—2019。根据中国建筑节能协会《近零能耗建筑测评管理办法》，中国建筑科学研究院作为第三方评价机构，2019 年 11 月 11 日开展首批近零能耗建筑测评评审工作，全国 12 个示范项目获得近零能耗测评标识认证。中国建筑节能协会李德英秘书长和 CPBA 分会徐伟主任委员于 11 月 27 日在河南郑州召开第六届全国近零能耗建筑大会主论坛对获得近零能耗建筑测评的 12 项目方进行授牌，同时分会秘书处编制《2019 近零能耗建筑评价标识项目研究报告》，为行业同仁提供参考（图 4-73）。

(a)　　(b)　　(c)

图 4-73　示范项目标识

（4）行业推广活动

1）举办六届全国近零能耗建筑大会。全国近零能耗建筑大会自 2014 年开始举办，至今已成功举办 6 届，现已成为行业内规模最大、涵盖领域最全面的专业技术盛会（图 4-74）。大会为我国超低/近零能耗建筑在国家与地方层面的政策制定、行业企业标准编制起到了积极推动作用，为行业企业提供了面向专业人员的展示平台，为广大从事超低/近零能耗建筑科研、设计、咨询、开发的技术人员提供了广阔的交流空间，大会助推我国建筑能源革命和绿色发展，对建筑节能产业升级起到重要引导和支撑作用，已累计服务建筑节能领域相关单位 2200 余家，近 18000 人次。

(a)　　(b)

(c)　　(d)

图 4-74　推广活动现场

(a) 2016 年 12 月，山东济南，450 人；(b) 2017 年 11 月，河北高碑店，500 人；
(c) 2018 年 12 月，北京，600 人；(d) 2019 年 11 月，河南郑州，1000 人

2）行业推广交流活动。分会在北京、青岛、郑州、沈阳、高碑店、石家庄等城市主办技术论坛和专题交流会，并配合全国绿建大会、全国暖通年会、中国建筑节能协会年会、雄安超低能耗建筑大会等积极组织“超低能耗建筑”“近零能耗建筑”专题论坛30次。2015—2019年累计共举办超低能耗建筑技术导则培训4次。开展“中国超低/近零能耗建筑公众周”活动3次，参与3次公众开放日的18个城市45个项目在公众日期间向社会开放，项目方均从设计、施工、运行、调试、设备部品等各方面向参与人全面展示超低能耗建筑细节，结合座谈研讨、技术交流会等形式丰富了公众对超度能耗的了解。通过开展行业活动已累计服务建筑节能领域相关单位2000家，12000多人次（图4-75）。

(a) (b) (c)

(d) (e) (f)

图4-75 推广交流会现场

3）国家标准《近零能耗建筑技术标准》GB/T 51350—2019全国宣贯推广。在6省7市举办了技术交流。国家标准《近零能耗建筑技术标准》GB/T 51350—2019对超低能耗建筑、近零能耗建筑、零能耗建筑的能耗控制指标提出要求，结合我国首批超低/近零能耗示范建筑技术措施和关键技术指标，建立了从缓慢到跨越的5种超低/近零/零能耗建筑发展情景，对不同情景下我国2025年、2035年、2050年中长期建筑能耗相对节能量和达峰时间进行预测研究。分会于2019年5—10月相继在拉萨、长春、西安、兰州、银川、石家庄、张家口6省7市开展国家标准《近零能耗建筑技术标准》GB/T 51350—2019技术交流会，服务行业城乡建设主管部门、设计、审图机构、施工、监理等相关单位技术人员1700人，受到行业广泛关注（图4-76）。

4）10期“超低能耗建筑”专题公益在线网络云直播。“超低能耗建筑”专题直播由CPBA联合凤凰网地产频道开展，以多位嘉宾座谈对话形式，探讨基于国家标准《近零能耗建筑技术标准》GB/T 51350—2019，全国各气候区不同建筑类型实现超低、近零、零能耗建筑的技术体系。自2020年3月10日开启线上直播以来，总特邀38位行业专家分享经验，开设“回顾与展望”“迟来的女王节”“精细化施工现场交流会”“边战役，边低碳——零能耗国际研讨”“千亿房企探索与实践”“夏热冬冷地区技术路线再探讨”“既有建筑改造案例实践”“助力美丽乡村建设”“未来已来，科技住宅时代发展趋势”“心在远

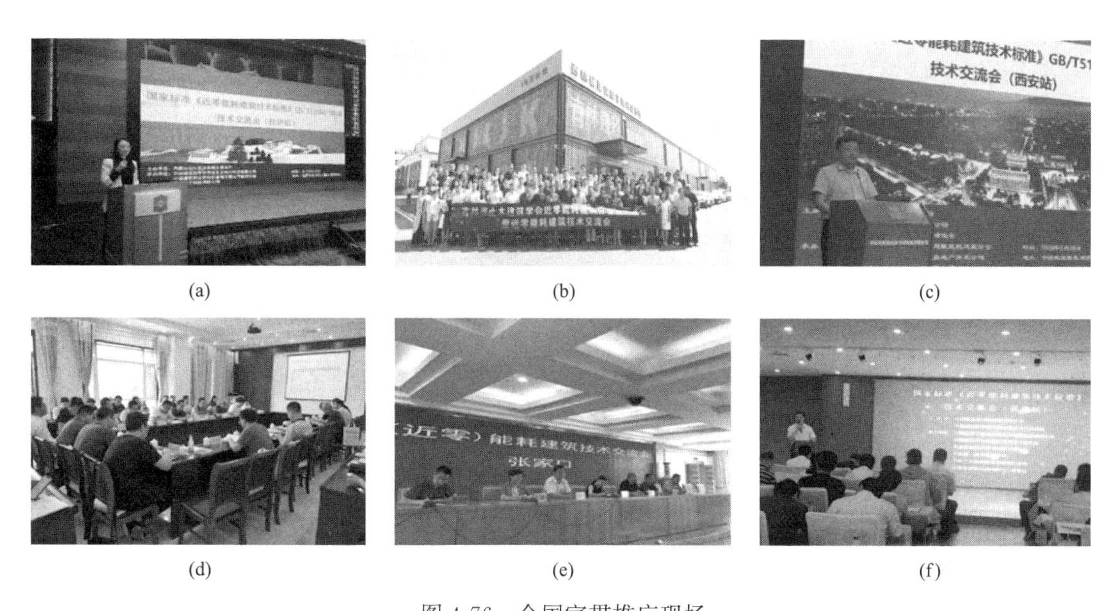

图 4-76　全国宣贯推广现场

（a）5 月 9 日，西藏拉萨；（b）6 月 27 日，吉林长春；（c）7 月 16 日，陕西西安；
（d）8 月 12 日，河北石家庄；（e）8 月 14 日，河北张家口；（f）9 月 7 日，甘肃兰州

方，路在脚下”10 期技术交流直播，累计观众点击量突破 150 万+次，受到行业广泛关注（图 4-77）。

图 4-77　超低能耗建筑专题直播

（5）行业研究

1）28 项超低能耗建筑政策研究。分会完成了我国超低能耗建筑既有政策研究并提出下一步发展建议。工作组对 2015—2019 年 7 个省及自治区 13 个城市的 28 项超低能耗建

筑激励政策进行汇总分析。研究了既有激励政策的有效性和可复制性，对已经出台超低能耗建筑政策的城市提出加强第三方评估、规模化推广、迈向零能耗建筑等 7 项下一步发展政策建议；对于尚未出台超低能耗建筑政策的地区，按照经费是否充足、意愿是否强烈划分为 4 种城市类型并分别提出不同类型城市的潜在政策建议，促进超低/近零能耗建筑在全国的更快推广。

2）超低能耗建筑逐渐从单体迈向区域，迈向零能耗。高碑店列车新城和青岛德建公园等项目的快速落地，极大地激发了行业关注。德国 GIZ 启动的“产能建筑/社区/城区”项目的启动也将对我国未来建筑从单体迈向区域起到重要作用。

3）零能耗建筑推广对我国中长期（2025 年、2035 年、2050 年）建筑能耗的影响研究，助推建筑节能 2020—2050 年新三步走。推动建筑物不断迈向更低能耗是建筑领域应对气候变化和节能减排的重要技术措施。

（6）国际合作交流

1）拓展视野，搭建纽带，促进国际交流。整合会员资源，促进协同创新，引进来，走出去，拓展国际视野（图 4-78）。CPBA 分会与美国、加拿大、瑞士、德国、芬兰、日本、韩国等国家开展友好合作，协调成员单位国际出访 27 次，服务分会成员单位 85 家，服务行业人员 520 人次，促进国际交流合作。在超低/近零能耗建筑能效指标、经验分享、模式创新等方面构建与国际组织的紧密合作关系，支持超低/近零能耗建筑国际对标工作，加快我国超低/近零能耗建筑的快速发展。

(a) (b) (c)

图 4-78　国际合作交流现场

（a）2017 年 9 月，美国夏威夷；（b）2018 年 9 月，美国西雅图；（c）2019 年 3 月，法国巴黎

2）持续推进，开展国际合作与咨询项目。积极争取与中美清洁能源联合中心、能源基金会、自然资源保护协会、加拿大木业协会、世界银行等国际组织建立合作伙伴关系，完成了中美清洁能源联合中心一期项目合作、中瑞零能耗建筑合作项目、中加木结构碳排放计算、美国能源基金会“超低/近零能耗建筑规模化推广研究”（G-1906-29811）等项目。

4.7.2　中国建筑学会零能耗建筑学术委员会

1. 成立背景

中国建筑学会零能耗建筑学术委员会是我国第一个聚焦研究零能耗建筑的学术性团体，由中国建筑科学研究院牵头，联合 28 家单位成立于 2017 年 11 月 21 日。中国建筑科学研究院环能院徐伟院长担任中国零能耗建筑学术委员会首任主任委员，清华大学张寅平教授、同济大学宋德萱教授、中国建筑科学研究院环能院邹瑜副院长、北京市建筑设计研究院有限公司徐宏庆总工程师、沈阳建筑大学冯国会教授、湖南大学张国强教授、西安建筑科技大学刘艳峰教授、天津大学王成山教授担任副主任委员（图 4-79）。

(a)

(b)

图 4-79　中国建筑学会零能耗建筑学术委员会成立

中国建筑学会零能耗建筑委员会的宗旨是在全国范围内，号召相关科研设计机构、高等院校、先锋企业，积极跟进研究全球零能耗建筑的最新发展，结合我国气候分区、建筑类型、能源结构、室内环境要求和居住工作习惯等特点，研究建筑物迈向零能耗的技术路径。零能耗建筑学术委员会将促进本领域学术和实践的交流、提供交流平台、协助制定相关标准及规范，将完成总会确定的学术研究、技术交流等工作，按照总会确定的工作原则和要求，创造性地开展工作，促进零能耗建筑理念的推广和发展，促进学术繁荣和科技进步，并紧密联系经济建设实际，促进科技转化为生产力。其成立对于行业促进学术和实践交流，并结合我国特点研究建筑物迈向零能耗的技术途径有着重要意义。

2. 学术交流

（1）2018 中国零能耗建筑学术论坛在沈阳建筑大学召开。2018 年 7 月 10 日，由中国建筑学会零能耗建筑学术委员会主办的 2018 年零能耗建筑学术论坛在沈阳建筑大学新宁科学会堂举行。来自全国高校、科研院所、设计施工单位以及产品企业的近 200 名零能耗建筑领域专家参加了本次论坛。本次论坛也是中国建筑学会 65 周年系列学术活动第 21

场。论坛开幕式由中国建筑学会零能耗学术委员会张时聪秘书长主持（图 4-80）。

(a)

(b)

图 4-80　学术交流现场

（2）2019 中国零能耗建筑学术论坛在上海同济大学召开。2019 年 4 月 24 日，由中国建筑学会零能耗建筑学术委员会、中国绿色建筑委员会零能耗建筑与社区学组、中国建筑科学研究院主办，同济大学大学协办的 2019 年中国零能耗建筑学术论坛在同济大学中法中心报告厅举行，来自全国高校、科研院所、设计施工单位以及产品企业的近 260 名行业代表参加了本次论坛。中国建筑学会零能耗建筑学术委员会徐伟主任委员致欢迎词，对全国各地参会代表表示欢迎和感谢。中国工程院院士、同济大学吴志强副校长做开幕式致辞，对论坛的召开表示祝贺，并强调了发展超低能耗、零能耗建筑的重要性。吴志强副校长表示：推动城市、社区和建筑不断迈向零能耗和产能是全球趋势，从上海世博会的汉堡之家示范到现在，我国示范建筑不断探索，正在形成适合我国国情的技术体系，希望通过学术委的活动不断推动我国此领域工作。论坛开幕式由中国建筑学会零能耗学术委员会张时聪秘书长主持（图 4-81）。

(a)

(b)

图 4-81　零能耗建筑学术论坛

（3）2019 年中国建筑学术年会二级组织工作会议在苏州召开零能耗建筑学术会议，58 个二级组织代表参加工作会议。中国建筑学会零能耗建筑学术委员会秘书处汇报零能耗学术委员会 2019 年工作计划（图 4-82）。

（4）2019 年中国建筑学会 CADE 建筑设计师博览会，设立展台并召开“迈向零能耗

(a)

(b)

图 4-82　建筑学术年会二级组织工作会议

建筑”沙龙。2019 年 11 月 7 日，中国建筑学会主办“CADE 建筑设计博览会”，中国建筑学会零能耗建筑学术委员会主办“迈向零能耗建筑”沙龙，设立展台，围绕国标定义与指标体系、高性能被动式超低能耗技术、主动式技术与系统集成、示范工程最佳案例等创新成果交流，特邀 8 位专家分享经验，此次沙龙受到行业广泛关注，参会代表加参展代表共 450 余人（图 4-83）。

(a)

(b)

图 4-83　中国建筑学会 CADE 建筑设计师博览会

本章参考文献

［1］ 江亿．我国建筑节能战略研究［J］．中国工程科学，2011，13（6）：30-38.

［2］ 杨秀．基于能耗数据的中国建筑节能问题研究［D］．北京：清华大学，2009.

［3］ 胡珊．中国城镇住宅建筑能耗及与发达国家的对比研究［D］．北京：清华大学，2013.

［4］ 郭偲悦，燕达，崔莹等．长江中下游地区住宅冬季供暖典型案例及关键问题［J］．暖通空调，2014，44（6）：25-32.

［5］ SIVAK M. Potential energy demand for cooling in the 50 largest metropolitan areas of the world：Implications for developing countries［J］．Energy Policy，2009，37（4）：1382-1384.

[6] 张时聪，徐伟，姜益强等．“零能耗建筑”定义发展历程及内涵研究 [J]．建筑科学，2013，29（10）：114-120.

[7] D'AGOSTINO D，ZANGHERI P，CUNIBERTI B，et al. Synthesis report on the national plans for nearly zero energy buildings（NZEBs）：Progress of member states towards NZEBs [R]．Luxembourg：Publications Office of the European Union，2016.

[8] 孙德宇，徐伟，余镇雨．全寿命周期寒冷地区近零能耗居住建筑能效指标研究 [J]．建筑科学，2017，33（6）：90-107.

[9] FEIST W，SCHNIEDERS J，DORER V，et al. Re-inventing air heating：Convenient and comfortable within the frame of the passive house concept [J]．Energy and Buildings，2005，37（11）：1186-1203.

[10] WANG J，YAN D，LIN L. The applicability of high performance envelope building in China [J]．Heating Ventilating & Air Conditioning，2014，44（1）：302-307.

[11] 李怀，徐伟，吴剑林等．基于实测数据的地源热泵系统在某近零能耗建筑中运行效果分析 [J]．建筑科学，2015，31（6）：124-130.

[12] PARKINSON T，DE DEAR R. Thermal pleasure in built environments：Physiology of alliesthesia [J]．Building Research & Information，2015，43（3）：288-301.

[13] 清华大学建筑节能研究中心．中国建筑节能年度发展研究报告 [M]．北京：中国建筑工业出版社，2014.

[14] 杨灵艳，徐伟，张时聪等．寒冷地区被动式建筑能源系统形式分析 [J]．建筑节能，2016，44（7）：29-32.

[15] DENHOLM P，ELA E，KIRBY B，et al.. The role of energy storage in commercial building-a preliminary report [R]．United States：National Renewable Energy Laboratory，2010.

[16] LI H，XU W，YU Z，et al.. Discussion of a combined solar thermal and ground source heat pump system operation strategy for office heating [J]．Energy and Buildings，2018，162：42-53.

[17] NGUYEN A T，REITER S，RIGO P. A review on simulation-based optimization methods applied to building performance analysis [J]．Applied Energy，2014，113：1043-1058.

[18] VAN DIJK H，SPIEKMAN M，DE WILDE P. A monthly method for calculating energy performance in the context of european buildings regulations [C] //Ninth International IBPSA Conference，August 15-18，2005，Montréal，Canada. Australasia：IBPSA，2005：255-262.

[19] 余镇雨，徐伟，邹瑜等．准稳态建筑负荷计算软件 IBE 与动态模拟软件 TRNSYS 在寒冷地区应用的对比研究 [J]．暖通空调，2018，48（8）：107-113.

[20] EVOLA G，MARGANI G，MARLETTA L. Energy and cost evaluation of thermal bridge correction in Mediterranean climate [J]．Energy and Buildings，2011，

43 (9): 2385-2393.

[21] ZHU Y, LIN B. Sustainable housing and urban construction in China [J]. Energy and Buildings, 2004, 36 (12): 1287-1297.

[22] ROELS S, DEURINCK M, DELGHUST M, et al.. A pragmatic approach to incorporate the effect of thermal bridging within the EPBD-regulation [C] //Proceedings of the 9th Nordic Symposium on Building Physics May 29-June 2, 2011, Tampere, Finland. Tampere, Finland: Tampere University of Technology, 2011: 1009-1016.

[23] ASDRUBALI F, BALDINELLI G, BIANCHI F. A quantitative methodology to evaluate thermal bridges in buildings [J]. Applied Energy, 2012, 97: 365-373.

[24] SADINENI S B, MADALA S, BOEHM R F. Passive building energy savings: A review of building envelope components [J]. Renewable and Sustainable Energy Reviews, 2011, 15: 3617-3631.

[25] CHEN S, LEVINE M D, LI H, et al.. Measured air tightness performance of residential buildings in North China and its influence on district space heating energy use [J]. Energy and Buildings, 2012, 51: 157-164.

[26] 中国建筑科学研究院有限公司. 中国建筑节能协会被动式超低能耗建筑分会 [C]. 北京: 中国建筑节能协会被动式超低能耗建筑分会.

[27] 中华人民共和国住房和城乡建设部. 被动式超低能耗绿色建筑技术导则(试行)(居住建筑) 2015.

[28] GB/T 51350—2019, 近零能耗建筑技术标准 [S]. 北京: 中国建筑工业出版社, 2019.

第 5 章　政策与标准

5.1 《被动式超低能耗绿色建筑技术导则（试行）（居住建筑）》

5.1.1 编制背景

“被动房”（Passive House）由瑞典 Bo Adamson 教授和德国 Wolfgang Feist 教授 1986 年联合提出，通过使用高性能墙体保温隔热、高性能外门窗、无热桥设计、气密性和高效通风热回收系统 5 个核心技术，将能耗指标控制在：单位面积供暖热需求不大于 15kWh/（m^2·a），单位面积制冷需求不大于 15kWh/（m^2·a），全年一次能耗不大于 120kWh/（m^2·a）。2010 年，我国上海世博会“汉堡之家”成为中国境内首座以“被动房”理念建造完成的示范项目。

随着“被动房”理念被逐步引入中国，其突出的节能与高舒适度等优点受到了普遍的关注和试点推广，最早国内开展的示范项目所采用的技术均为直接照搬德国经验，存在的问题为：（1）技术理念与体系在中国各气候区是否完全适用；（2）评价指标在中国各气候区是否一致；（3）计算工具基础数据库是否适用于国内；（4）我国产品部品质量与性能是否满足要求。

我国按照气候特点可划分为五大气候区，不同的气候特点赋予了当地建筑不同的建筑特性，各气候区建筑能耗特点并不相同，因此，我国提出“被动式超低能耗建筑”一词，应根据气候特征，制定适用于各气候区的被动式超低能耗建筑指标及应用技术体系，以此促进被动式超低能耗建筑在我国的健康发展。

编制组通过开展我国被动式超低能耗建筑在不同气候区适应性研究，形成针对不同气候区的气候特点的被动式超低能耗建筑指标体系，研究各气候区被动式超低能耗建筑的关键技术并提出相应的解决方案，为被动式超低能耗建筑在我国各气候区的应用提供技术支撑。此导则作为前期相关工作的标准化经验总结，对未来国家标准的编制和颁布起到前期规范市场的重要作用。

5.1.2 主要研究

项目组在文献研究、实际调研、优化理论及工具开发、典型建筑模型研究基础上，确定了我国不同气候区不同类型的超低能耗建筑技术路线，创新性地提出了多目标多参数能耗和室内环境控制理论，并开发了超低能耗建筑优化工具平台；建立了适应我国气候条件、建筑特征、居民习惯，体现国内现阶段最高技术发展水平的被动式超低能耗建筑技术指标体系，并开展了适宜性研究。主要研究内容如下：

1. 我国特殊气候条件下的超低能耗技术路线研究

课题建立被动优先、主动优化、充分利用可再生能源的技术路线，在以供暖为主的北方地区，强调适应气候特征的建筑设计、高保温性能的围护结构，适当采用遮阳技术提高建筑能效。在以供冷为主的南方地区，强调建筑方案的优化设计，充分利用气候资源，采用高性能的季节性遮阳、高性能的冷源系统，利用可再生能源系统的技术路线，针对我国雨热同期、部分地区高温高湿地区的冷负荷，提出室内潜热控制和自然通风技术措施，解决潜热负荷的控制和处理技术难题。最终构建我国被动式超低能耗建筑技术路线和指标体系。

2. 特有居民习惯和建筑特征下被动式超低能耗建筑室内环境要求和使用模式

通过对比目前国际上发达国家所采用的室内环境相关标准，分析热舒适评价指标对室内参数确定的指导意义，对比不同标准对于室内环境参数设定的依据和出发点，结合同类型地区基于舒适性的室内环境参数实测调研结果，确定适合于我国资源条件及发展趋势的超低能耗建筑室内环境参数。提出符合我国用能特点的建筑使用模式设置，包括空调使用强度及开启时间、人员、照明及通风时间表，采用群集系数代表部分负荷特性，并在建筑能耗模拟模型中建立了相应的模式设置模型。

研究表明超低能耗建筑使用被动式技术在所有的气候区都能够营造健康和舒适的室内环境，它通过供暖系统保证冬季室内温度不低于20℃，在过渡季，通过高性能的外墙和外窗遮阳系统保证室内温度在20～26℃之间波动；在夏季，当室外温度低于28℃、相对湿度低于70%时，通过自然通风保证室内舒适的室内环境，当室外温度高于28℃或相对湿度高于70%时以及其他室外环境不适宜自然通风的情况下，主动供冷系统将会启动，使室内温度不大于26℃，相对湿度不大于60%。

3. 多参数经济与技术双目标约束下超低能耗建筑技术指标

建立了适用于超低能耗建筑的多目标多参数优化分析方法及平台，采用Trnsys与Genopt软件结合的优化方法将能耗模拟工具和优化分析工具结合，实现数据的准确交互，进行多目标多参数非线性优化计算，解决超低能耗建筑能耗、室内环境参数、围护结构性能、经济性、设备性能等多参数的最优化问题。

基于优化分析结果，结合我国建筑技术的发展水平和产业支撑能力，研究建立了我国不同气候区超低能耗建筑约束性技术指标。在此基础上，对能耗目标进行分解，提出了不同气候区推荐的围护结构等关键性能参数。

4. 示范项目检测监测研究

受住房和城乡建设部委托，课题组分别在2015年初和2016年初对全国范围内被动式超低能耗建筑进行调研统计。2015年共收到全国上报项目11个，其中住宅项目3个，公共建筑项目8个。从地域分布来看，严寒地区项目2个，寒冷地区项目6个，夏热冬冷地区项目1个，夏热冬暖地区项目2个。2016年初的统计结果，共收集项目100个，分布在21个省、自治区、直辖市。其中公共建筑66项，居住建筑32项，工业建筑2项。从气候区看，严寒地区13项，寒冷地区62项，夏热冬冷地区14项，夏热冬暖地区11项。从一年时间示范项目数量的增长可以看出，业内对超低能耗建筑的关注度非常高；从建筑种类看，示范建筑数量以小型公共建筑居多；从地域分布可以看出，除温和地区外，各个气候区都有落实的示范项目，以寒冷地区为最多。同时严寒和寒冷地区的项目数量总和占到全国的75%，这也从另一个侧面说明，这两个气候区实施超低能耗建筑的技术思路相对明确，节能效果明显。

5.1.3 示范项目研究

1. 技术研究

2016 年 5—10 月，课题组对全国范围内的所有示范项目进行了进一步的问卷形式调研。由于各项目的进展程度不同，课题组共收到已明确技术方案的项目问卷 49 份，其中严寒地区 4 份、寒冷地区 31 份、夏热冬冷地区 9 份、夏热冬暖地区 5 份。寒冷地区项目最多、进展最快，是我国发展被动式超低能耗建筑技术相对成熟的气候区。课题组对这些示范项目的技术使用类别进行了初步统计，结论如下：

（1）被动式技术中应用数量最多的是自然采光、自然通风、遮阳 3 项，公共建筑中这 3 项的应用领先优势尤为明显；应用光导、蓄热和地道风应用比较少。公共建筑和居住建筑的不同之处在于居住建筑对遮阳的强调相对较少，这也与居住建筑人员行为模式不受控有关，公共建筑基本为集中管理，利用遮阳发挥对建筑节能的作用具有更高的可操作性。

（2）主动式技术应用方面，应用比例最高的是高效照明、机械通风热回收和节能电器，居住公建两种建筑类别间差异不明显。

（3）可再生能源应用最多的是太阳能光热、太阳能光伏和地源热泵。建筑类别间差异较大的是太阳能光伏，在公建项目的应用比例明显高于居住建筑。风力发电、相变蓄热、地源水新风预冷热、水源热泵技术在公建项目中有少量应用；尚没有应用在居住项目中的实例。

2. 示范建筑测试

项目组选取示范项目中 4 个已入住或处于准入住状态的工程进行进一步的工程现场测试，包括严寒地区一个居住建筑、一个公共建筑，寒冷地区一个居住建筑、一个公共建筑。测试内容为建筑的关键性能参数，包括围护结构墙体性能、外窗性能、建筑气密性、部分项目的能源系统效率和室内环境。有条件的项目进行了冬夏两季的测试，以考察其能源系统在不同工况下的实际性能。

实测显示，国内现有示范工程各项性能绝大多数达到设计值，施工、验收等操作环节需要精细化、标准化，建筑实际能耗与运行状况高度相关。

（1）非透光围护结构热工性能：被测工程的屋面和外墙主体传热系数都达到或十分接近设计值，远高于现行建筑节能设计标准，未检出外围护结构存在明显热工缺陷，但热桥处理效果存在差别。

（2）外窗性能：被测工程中应用的外窗产品可以实现外窗传热系数 $K \leqslant 1.0\mathrm{W/(m^2 \cdot K)}$；有的冬季太阳得热系数偏低。外窗气密性等级均达到 7 级以上；窗密封条有密封不严现象，改善窗密封条将会很大程度提高窗气密性；部分外窗安装有缝隙造成空气泄漏；玻璃边缘是热工薄弱点。建议根据冷热负荷变化实现窗冬夏不同太阳得热系数，合理利用太阳辐射；建议改善玻璃边缘热工状况且严格控制窗的安装质量环节。

（3）建筑整体气密性或户气密性：可以达到气密性 $n_{50} \leqslant 0.6$ 次/h 的设计目标，但居住建筑装修后典型户实测气密性多数没有达到 0.6 次/h，建议气密性测试结果应以装修后测试数据为准。建议将建筑或户整体气密性作为建筑评价的关键测试内容，且需要在测试条件和计算范围两个方面进行详细明确的规定。

（4）建筑新风系统和热回收装置：出于对供冷、供暖季的节能以及室内空气品质保障需要，新风系统加热回收装置是目前严寒或寒冷气候区超低能耗建筑必备的设置；设置新风系统可以在室外空气质量较差的时段有效保障室内空气品质。

（5）建筑运行能耗：使用状态与设计吻合的，建筑运行能耗基本可以达到预期水平；使用状态与设计相比差别大的，无论室内环境的控制还是建筑能耗的控制都有很大难度。可见，对于可能存在使用功能与设计不符的建筑，用能系统的弹性、适应性设计是非常必要的。

3. 实施效果

（1）导则向标准转化。项目组编制的住房和城乡建设部《被动式超低能耗绿色建筑技术导则（试行）（居住建筑）》的理念和参数，相继转变为河北、山东、青岛、北京等地方标准。

（2）示范工程不断涌现。项目开发的被动式超低能耗建筑技术体系广泛应用于项目组设计咨询的超低能耗建筑51栋，建筑面积237万m^2。《被动式超低能耗绿色建筑技术导则（试行）（居住建筑）》行业组织累积培训3500人次。

（3）政策支撑力度持续加强。山东、北京、河北、河南等省市对于被动式超低能耗建筑的激励政策持续出台，严寒寒冷地区累积建造示范工程目前已经突破500万m^2。

（4）区域推广不断展开。目前，在试点示范工程技术体系验证后，河北、山东等地的100万m^2以上的被动式超低能耗建筑规模化应用已经完成规划，并逐步实施。

5.2 “十三五”时期主要激励政策

5.2.1 现有政策统计

截止到2020年6月，我国共有10个省及自治区和17个城市出台了共计47项政策，对超低能耗建筑项目给出明确发展目标或激励措施。

2015年，江苏省海门市人民政府出台《市政府关于加快推进建筑产业现代化的实施意见》（海政发［2015］27号），首次明确规定超低能耗建筑项目2017年完成比例5%、2020年完成比例10%的工作目标，而后2016年，北京市出台《北京市推动超低能耗建筑发展行动计划（2016—2018年）》，提出3年内建设30万m^2示范建筑目标；《青岛市“十三五”建筑节能与绿色建筑发展规划》明确2020年超低能耗建筑100万m^2发展目标。

2017年，北京市、河北省石家庄市、宁夏回族自治区和新疆乌鲁木齐市紧随其后，出台7项政策，明确各地区超低能耗建筑发展目标、资金使用和示范项目奖励与管理办法。

2018年，河北省（石家庄、衡水、保定、承德）、河南省（郑州、焦作）、湖北省（宜昌市）和天津市分别出台了关于超低能耗建筑项目共12项政策，该年出台的政策和地区数量显著增多。

2019年，河北省、河南省、青岛市进一步出台6项政策，完善各部门对超低能耗项目各环节的支持政策，进一步加快产业发展；山东省发布《山东省绿色建筑促进办法》（山东省人民政府令第323号），规定县级以上人民政府应当安排绿色建筑与装配式建筑资金，用于超低能耗建筑。

2020年，北京市、河北省（保定市、石家庄市、张家口市）、河南省、青岛市、黑龙江省、重庆市、山西省和上海市又新出台12项政策。2020年1月，河北省工业和信息化厅、河北省住房和城乡建设厅、河北省科学技术厅三部门联合制定并发布了《河北省被动式超低能耗建筑产业发展专项规划（2020—2025年）》，分三个阶段对超低能耗建筑未来发展制定短期、中期和长期目标，提出到2025年底，超低能耗建筑建设项目面积达到900万m^2以上，全产业链产值力争达到1万亿元，全产业链、全生命周期的质量追溯体系基本建成。2020年4月，青岛市住房和城乡建设局发布了《青岛市绿色建筑与超低能耗建筑发展专项规划（2021—2025）》，明确指出近期（2021—2025年）将累计实施超低能耗建筑380万m^2，开展近零能耗建筑试点示范20万m^2；远期（2026—2035年）将累计实施近零能耗建筑50万m^2，超低能耗建筑950万m^2。加快推进近零能耗建筑与超低能耗建筑相关产业发展。

5.2.2 政策数量与分布地区

1. 出台时间

从发布年份来看，年超低能耗建筑项目的政策文件数量呈现逐年显著上升趋势：自2015年起开始出台第1项政策后，发布数量逐渐攀升；2017—2019年3年政策出台数量激增，与前1年相比3年分别增加7项、13项和9项，累计共发布了33项；2020上半年又增加出台14项，截至目前累计出台47项政策，政策内2020年全国范围内超低能耗总建筑面积目标已经超过1100万m^2。累年具体出台政策数量如图5-1所示。

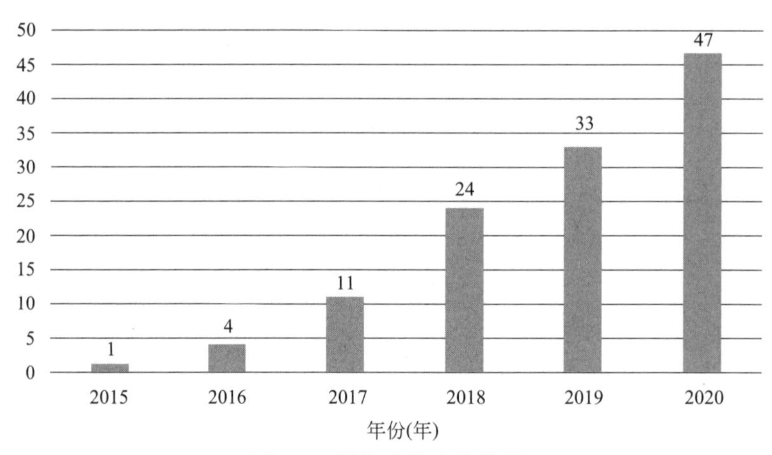

图5-1 累年政策出台数量

2. 地区分布

从分布地区来看，河北省、河南省、山东省和北京市政策数量最多，分别为16项、8项、5项和4项，占政策总数量的62%，其他各省市政策数量较少，政策主要分布在寒冷地区。各省市及自治区历年政策发布数量如图5-2所示。

5.2.3 政策文件类型

上述47项政策文件，可按照发布部门性质、政策覆盖范围和文件具体内容划分为以下三类：

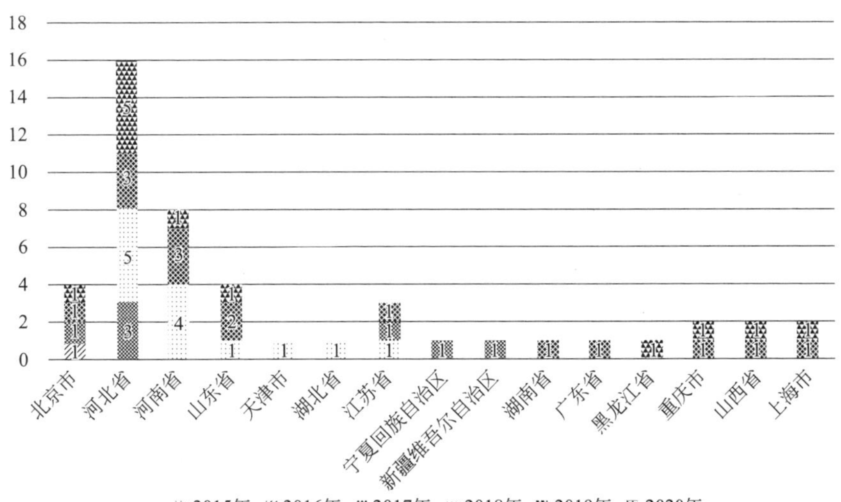

图 5-2　政策出台地区分布

1. 人民政府文件

主要由各省市政府、财政部出台的环境保护类政策，涵盖范围较广，主要包括：清洁供暖、生态环保、污染防治、节能减排等大方向，该类文件大多仅是提及了超低能耗建筑的发展目标和资金奖补，少数文件会明确给予其他支持政策，例如容积率奖励、绿色金融或用地保障等。

5 个省及自治区、1 个市共出台该类型政策 8 项，占政策总数比重较小，具体情况见表 5-1。

人民政府文件汇总表　　　　**表 5-1**

地区		时间	政策文件	奖励措施
河北省	河北省	2016 年 7 月	《河北省科技创新“十三五”规划》	资金奖补
		2019 年 1 月	《河北省推进绿色建筑发展工作方案》	规划目标
		2019 年 12 月	《河北省大气污染防治(建筑节能补助)专项资金管理办法》	资金奖补
河南省	河南省	2019 年 1 月	《关于印发河南省财政支持生态环境保若干政策的通知》	资金奖补
		2020 年 2 月	《关于支持建筑业转型发展的十条意见》	容积率奖励、绿色金融
江苏省	江苏省	2017 年 1 月	《江苏省“十三五”建筑节能与绿色建筑发展规划》	规划目标、科技支持
新疆维吾尔自治区	乌鲁木齐市	2017 年 5 月	《全面推进绿色建筑发展实施方案》	规划目标、配套产业优先、科技支持
广东省	广东省	2020 年 5 月	《广东省“十三五”建筑节能与绿色建筑发展规划》	规划目标

2. 建筑行业与建筑科技发展文件

主要由各省市及地区住建部门、工信部门等部门发布的有关建筑节能大方向的政策文件，主要包括：科技规划、循环利用、绿色建筑、建筑现代化、高质量发展、建筑节能资金使用等方面的政策。该类政策内容同样以超低能耗建筑规划目标和资金奖励为主，仅承德市在《关于加快推进建筑产业现代化的实施意见》（承市政字［2018］79号）中除了上述两个政策外，还明确提出了容积率奖励、提前预售和商品房价格上浮措施。

7个省及自治区、9个市共出台该类政策文件共20项，占政策总数量的41.6%，具体情况见表5-2。

建筑行业与建筑科技发展文件汇总表　　表5-2

地区		时间	政策文件	奖励措施
河北省	河北省	2017年12月	《关于省级建筑节能专项资金使用有关问题的通知》	资金奖补
	石家庄市	2017年4月	《石家庄市建筑节能专项资金管理办法》	资金奖补
	保定市	2020年3月	《加快推进绿色建筑发展实施方案》	规划目标
		2020年6月	《保定市绿色建筑专项规划》(2020—2025)	规划目标
	承德市	2018年8月	《关于加快推进建筑产业现代化的实施意见》	资金奖补、规划目标、容积率奖励、提前预售、商品房价格上浮
河南省	河南省	2018年12月	《河南省节能和资源循环利用专项资金及项目建设管理办法》	规划目标、资金奖补
		2019年5月	《关于超低能耗建筑和装配式建筑项目拟列入2019年省节能和资源循环利用专项资金计划项目公示》	资金奖补
	郑州市	2018年4月	《关于印发郑州市清洁取暖试点城市示范项目资金奖补政策的通知》	资金奖补
	焦作市	2018年12月	《焦作市冬季清洁取暖财政专项资金管理暂行办法》	资金奖补
山东省	山东省	2016年3月	《山东省省级建筑节能与绿色建筑发展专项资金管理办法》	规划目标、资金奖补
	青岛市	2016年12月	《青岛市“十三五”建筑节能与绿色建筑发展规划》	规划目标
		2019年1月	《关于组织申报2019年度青岛市绿色建筑及装配式建筑奖励资金的通知》	资金奖补
天津市	天津市	2020年7月	《天津经济技术开发区促进绿色发展暂行办法》	资金奖补
江苏省	江苏省	2019年11月	《关于组织申报2020年度江苏省节能减排(建筑节能)专项资金奖补项目的通知》	规划目标
	海门市	2015年	《市政府关于加快推进建筑产业现代化的实施意见》	规划目标
宁夏回族自治区	宁夏回族自治区	2017年5月	《宁夏回族自治区绿色建筑示范项目资金管理暂行办法》	规划目标、资金奖补
湖南省	湖南省	2019年9月	《湖南省绿色建筑发展条例》	容积率奖励
山西省	山西省	2019年7月	《山西转型综改示范区绿色建筑扶持办法(试行)》	资金奖补、容积率奖励
		2020年4月	《绿色建筑专项行动方案》	规划目标
上海市	上海市	2020年3月	《上海市建筑节能和绿色建筑示范项目专项扶持办法》	资金奖补

3. 超低能耗建筑专项文件

由各省市及地区政府、住房和城乡建设部门、财政部门等部门出台的针对超低能耗建筑的专项文件，包括：专项奖励、实施意见、产业规划等，是超低能耗建筑发展的核心政策文件，除了规划目标和资金奖补措施外，专项文件大多给出多种政策激励措施。4 个省、11 个市共出台该类政策 15 项，占政策总数量的 31.2%，具体情况见表 5-3。

超低能耗建筑专项文件汇总表　　**表 5-3**

地区		时间	政策文件	奖励措施
北京市	北京市	2016 年 10 月	《推动超低能耗建筑发展行动计划》	规划目标、资金奖补
		2017 年 6 月	《北京市超低能耗建筑示范工程项目及奖励资金管理暂行办法》	资金奖补
河北省	河北省	2020 年 2 月	《河北省被动式超低能耗建筑产业发展专项规划(2020—2025 年)》	规划目标、用地保障、税收优惠
	石家庄市	2018 年 2 月	《关于加快被动式超低能耗建筑发展的实施意见》	规划目标、资金奖补、容积率奖励、配套产业优先、提前预售、科技支持、用地保障、流程优化、商品房价格上浮、配套费用减免
		2018 年 5 月	《关于落实被动式超低能耗建筑优惠政策工作的通知》	规划目标、容积率奖励用地保障、配套费用减免
	保定市	2018 年 6 月	《保定市人民政府关于推进被动式超低能耗绿色建筑发展的实施意见(试行)》	规划目标、资金奖补、容积率奖励、提前预售、科技支持、用地保障、流程优化、商品房价格上浮、配套费用减免
	衡水市	2018 年 4 月	《关于加快推进被动式超低能耗建筑发展的实施意见(试行)》	规划目标、配套产业优先
	沧州市	2019 年 8 月	《关于加快推进超低能耗建筑发展的实施意见》	规划目标、容积率奖励、提前预售、科技支持、流程优化、商品房价格上浮、公积金奖励
	张家口市	2020 年 4 月	《关于加快推进绿色建筑、装配式建筑和被动式超低能耗建筑工作的通知》	资金奖补、容积率奖励、提前预售
	邯郸市	2020 年 6 月	《关于推进超低能耗建筑发展的实施意见》(征求意见稿)	规划目标、容积率奖励、绿色金融、公积金奖励
河南省	郑州市	2018 年 8 月	《关于发展超低能耗建筑的实施意见》	规划目标、资金奖补、容积率奖励、绿色金融、用地保障
山东省	青岛市	2018 年 11 月	《青岛市推进超低能耗建筑发展的实施意见》	资金奖补、容积率奖励、配套产业优先、提前预售、用地保障、公积金奖励、评奖优先
		2020 年 4 月	《绿色建筑与超低能耗建筑发展专项规划(2021—2025)》	规划目标、配套产业优先、绿色金融、税收优惠
天津市	天津市	2018 年 11 月	《关于加快推进被动式超低能耗建筑发展的实施意见》	规划目标、资金奖补、容积率奖励、配套产业优先
湖北省	宜昌市	2018 年 12 月	《关于推进被动式超低能耗建筑发展的意见(试行)》	规划目标、资金奖补、容积率奖励、配套产业优先、绿色金融、科技支持、用地保障、流程优化、公积金奖励、评价优先

各省市及自治区出台的各类政策数量分布规律如图 5-3 所示。

由图 5-3 可以看出，河北省政策出台覆盖范围较广，省级层面三类政策均有出台，石家庄市除第一类政策外其余政策也均有出台，保定市出台了专项和科技发展规划两类政策，其余各市均出台一类专项政策或科技发展规划政策；河南省、郑州市、天津市、青岛

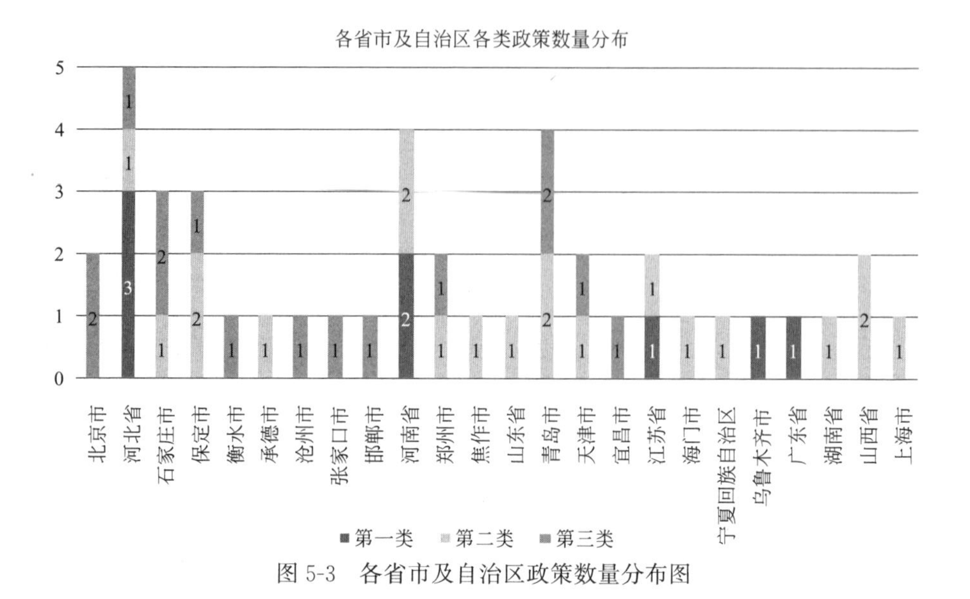

图 5-3 各省市及自治区政策数量分布图

市和江苏省也出台了两类政策；其余地区均只出台了一类政策。

5.2.4 政策体系初步形成

从上述 47 项超低能耗建筑相关政策文件可以看出，不同类型政策之间存在相互依存、递进和呼应关系，多种政策联合出台便形成了超低能耗建筑的支持政策体系。通常是以第一类省市政府文件开始，在清洁供暖、节能减排或生态环保等大政策文件中提及超低能耗建筑的推动和发展建设意见；再通过住建部门出台的第二类科技发展规划文件，通常是在绿色建筑、建筑产业现代化和建筑节能等科技发展规划中，对超低能耗建筑提出若干发展目标和鼓励措施；随后根据各省市及地区前两类政策内容要求和执行情况，由政府出台第三类超低能耗建筑专项文件政策，针对各地区对超低能耗建筑试点示范、规模推广、产业规划和实施意见给出明确要求和激励措施，是超低能耗政策体系中最核心的激励文件；最后由各省市及地区政府根据该年度或某段时期对上述政策要求的执行情况、超低能耗建筑发展现状和政策响应情况制定政府年度工作文件，结合各地实际情况对日后政策支持力度和工作目标进行修改和完善。

5.2.5 政策范围不断扩大

目前，随着各地超低能耗建筑试点示范不断落成，行业呈现迅速发展态势，超低能耗建筑规模化推广得到了各地政府的大力支持，相关激励政策逐渐从超低能耗建筑技术导则、示范试点项目、规模化推广和房地产方面，扩大至产业发展、节能环保、人才培养和宣传引导等领域，政策级别逐步提高，覆盖面逐步扩大。各激励政策级别和针对领域如图 5-4 所示。

图 5-4 展示了各级政策及对应领域，下面分别对其功能、作用和对超低能耗建筑发展的意义进行介绍。

第一级：房地产政策。政策类型中较大部分都是与房地产领域相关的，首先政府提出明确的规划目标，同时对示范项目或规划项目给予一定优惠政策，包括：每平方米资金奖补、容积率奖励、用地保障、商品房预售等；示范项目落成后，进而对示范项目中应用节能技术

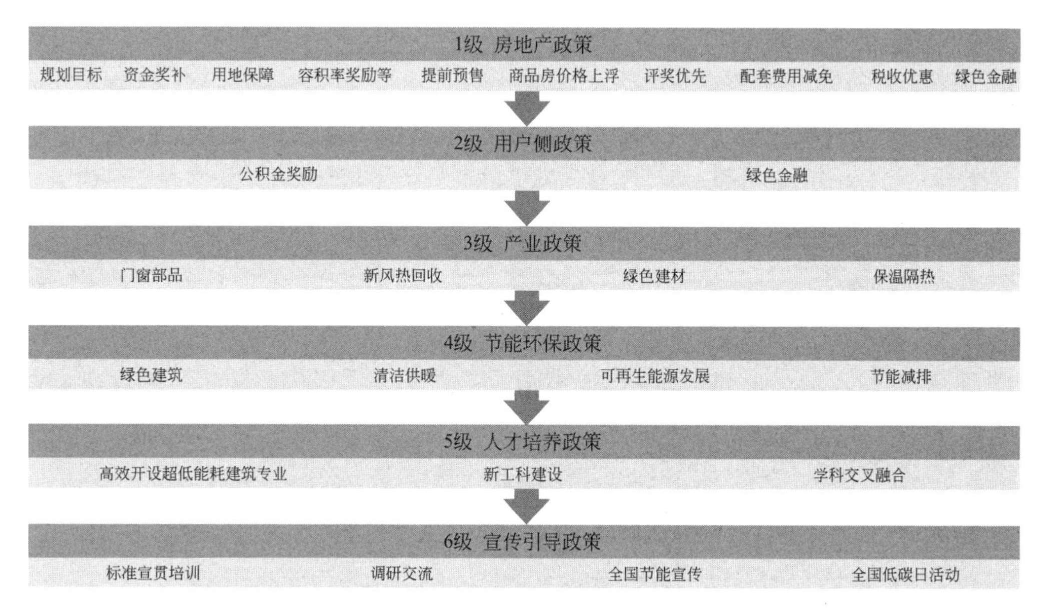

图 5-4 政策分级与针对领域

作为科研项目展开研究，进一步为超低能耗建筑的落成、使用和运行维护提供技术保障。

第二级：用户侧政策。主要通过对消费者和用户给予一定的优惠补贴，例如购房公积金奖励、税收优惠、绿色金融和基金即征即退等措施，同时能得到较为客观的经济优惠。

第三级：产业政策。住房和城乡建设部《建筑节能与绿色建筑发展“十三五”规划》提出实施“建筑全产业链绿色供给行动”，积极推动建筑节能与绿色建筑方面的新技术、新产品、新材料和新工艺应用，为超低能耗建筑的产业化提供政策保障，促进相关产品、部品、系统和设备的生产制造，建立完善市场化机制，为超低能耗建筑从示范走向市场的产业发展奠定坚实基础。

第四级：节能环保政策。中央财政通过大气污染防治资金鼓励北方冬季清洁取暖试点地区做好清洁取暖改造和建筑能效提升工作，通过节能减排补助资金、可再生能源发展专项资金等多种渠道对节能减排技术应用等予以支持。

第五级：人才培养政策。教育部门在高等教育学校和职业教育学校中开设超低能耗建筑专业，并成立了高等学校建筑类专业教学指导委员会，对超低能耗建筑类相关人才培养工作进行研究、咨询、指导、评估和服务；为超低能耗建筑长远发展提供人才来源和技术保障。

第六级：宣传引导政策。通过开展标准宣贯培训、调研交流，以及与国家发展改革委联合开展全国节能宣传周和全国低碳日活动等方式，积极对建筑节能、绿色建筑等相关理念和技术等进行宣传推广，营造有利于超低能耗建筑发展的社会氛围。社会各界对超低能耗建筑的理解和认知逐渐清晰并完善，建筑节能意识更加深入人心，形成良好的社会环境。

5.2.6 激励力度逐步提升

超低能耗建筑的资金奖励力度在逐渐提升。河北省在 2016 年 7 月，《河北省科技创新

“十三五”规划》中规定，超低能耗示范项目奖励资金为 10 元/m^2、不超过 80 万元/个；既有改造超低能耗建筑项目 600 元/m^2、不超过 100 万元/个；2017 年 12 月，《关于省级建筑节能专项资金使用有关问题的通知》中将超低能耗建筑的资金奖励提高到 100 元/m^2、不超过 300 万元/个；到 2020 年 2 月，《河北省大气污染防治（建筑节能补助）专项资金管理办法》中又将其提升至 400 元/m^2、不超过 1200 万元/个。每平方米资金奖补增加约 40 倍、单个项目最多奖励资金增加约 15 倍。

5.2.7 发展目标中长明确

各省市及自治区在部分超低能耗建筑相关政策文件中明确规定了“十三五”时期（2016—2020 年）、“十四五”时期（2021—2025 年）和之后到 2035 年的短、中、长期超低能耗建筑项目规划面积，如图 5-5 所示。

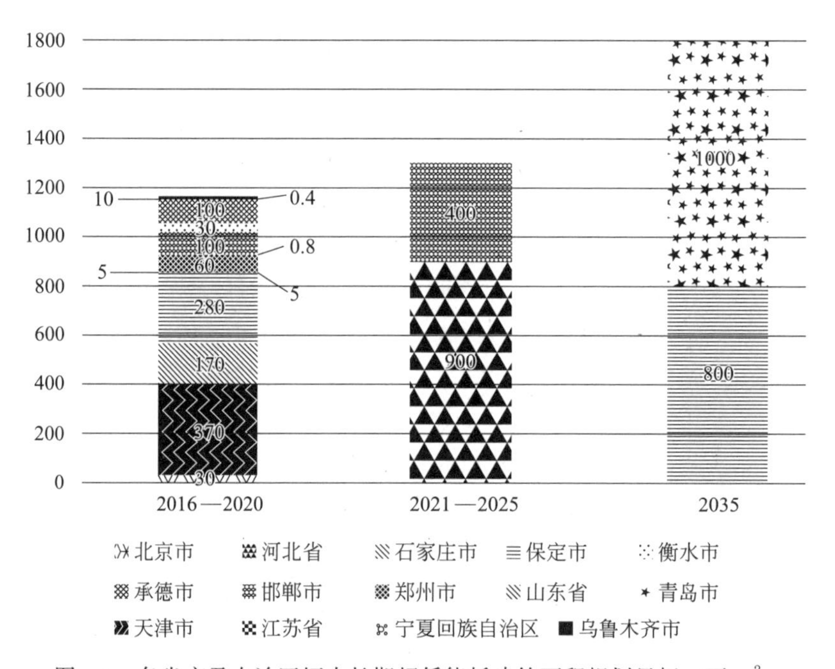

图 5-5 各省市及自治区短中长期超低能耗建筑面积规划目标（万 m^2）

由图 5-5 可以看出，4 个省及自治区、10 个城市提出了“十三五”期间（2016—2020 年）超低能耗建筑规划目标共计 1161.2 万 m^2，已经超过《建筑节能与绿色建筑发展“十三五”规划》中提出 1000 万 m^2 的建设目标，主要以保定市（280 万 m^2）、石家庄市（170 万 m^2）、青岛市（100 万 m^2）和江苏省（100 万 m^2）贡献较大。河北省和青岛市提出了“十四五”时期（2021—2025 年）超低能耗建筑的规划面积目标共 1300 万 m^2，可以看出河北省的新规划面积目标比前 5 年有极大提升，约是“十三五”时期的 3 倍、青岛市新规划目标面积达到“十三五”时期规划目标的 4 倍。目前已有保定市和青岛市给出了 2035 年超低能耗建筑面积规划长期发展目标共 1800 万 m^2，远超各省市及地区短、中期规划面积，表明超低能耗建筑在全国范围内的规模化推广态势已经逐步出现并迅速发展。

5.3　国家标准《近零能耗建筑技术标准》GB/T 51350—2019

2019年1月24日，依据《住房和城乡建设部关于发布国家标准〈近零能耗建筑技术标准〉的公告》，批准《近零能耗建筑技术标准》GB/T 51350—2019自2019年9月1日起实施（图5-6）。本标准为我国首部引领性建筑节能国家标准，由中国建筑科学研究院有限公司和河北省建筑科学研究院会同46家科研、设计、产品部品制造单位59位专家历时3年联合研究编制完成。标准主编中国建筑科学研究院专业总工、环能院院长徐伟表示：本标准是国际上首次通过国家标准形式对零能耗建筑相关定义进行明确规定，建立符合中国国情的技术体系，提出中国解决方案。标准的实施将对推动建筑节能减排、提升建筑室内环境水平、调整建筑能源消费结构、促进建筑节能产业转型升级起到重要作用。

中华人民共和国住房和城乡建设部

公　告

2019年　第22号

住房和城乡建设部关于发布国家标准
《近零能耗建筑技术标准》的公告

现批准《近零能耗建筑技术标准》为国家标准，编号为GB/T51350-2019，自2019年9月1日起实施。

本标准在住房和城乡建设部门户网站（www. mohurd. gov. cn）公开，并由住房和城乡建设部标准定额研究所组织中国建筑工业出版社出版发行。

住房和城乡建设部

2019年1月24日

印发：国务院有关部门，各省、自治区住房和城乡建设厅，海南省自然资源和规划厅、水务厅，直辖市住房和城乡建设（管）委及有关部门，新疆生产建设兵团住房和城乡建设局，国家人防办，中央军委后勤保障部军事设施建设局，有关行业协会。

住房和城乡建设部办公厅秘书处　　2019年2月20日印发

图5-6　近零能耗建筑技术标准公告

1. 延承历史，引领未来

自1980年以来，我国建筑节能工作以建筑节能标准为先导取得了举世瞩目的成果，尤其在降低严寒和寒冷地区居住建筑供暖能耗、公共建筑能耗和提高可再生能源建筑应用比例等领域取得了显著的成效。建筑节能工作经历了30年的发展，现阶段建筑节能65%的设计标准已经全面普及，建筑节能工作减缓了我国建筑能耗随城镇建设发展而持续高速增长的趋势，并提高了人们居住、工作和生活环境的质量。

为满足人民群众美好生活的向往，建筑物迈向“更舒适、更节能、更高质量、更好环境”是大势所趋，因此，我国近零能耗建筑标准体系的建立，既要和我国1986—2016年的建筑节能30%、50%、65%的三步走进行合理衔接，又要和我国2025年、2035年、2050年中长期建筑能效提升目标有效关联，指导建筑节能相关行业发展。

本标准以国家建筑节能设计标准《公共建筑节能设计标准》GB 50189—2015、《严寒和寒冷地区居住建筑节能设计标准》JGJ 26—2018、《夏热冬冷地区居住建筑节能设计标准》JGJ 134—2010、《夏热冬暖地区居住建筑节能设计标准》JGJ 75—2012为基准，给出相对节能水平。考虑我国不同气候区特点，使用同一个百分比约束不同气候区不同类型建筑难度加大，因此，对不同气候区近零能耗建筑提出不同能耗控制指标。严寒和寒冷地区，近零能耗居住建筑能耗降低70%～75%以上，不再需要传统的供热方式；夏热冬暖和夏热冬冷地区近零能耗居住建筑能耗降低60%以上；不同气候区近零能耗公共建筑能耗平均降低60%以上。

2. 对接国际，落地国内

从世界范围看，美国、日本、韩国等发达国家和欧盟盟国为应对气候变化和极端天气，实现可持续发展战略，都积极制定建筑迈向更低能耗的中长期（2020年、2030年、2050年）政策和发展目标，并建立适合本国特点的技术标准及技术体系，推动建筑迈向更低能耗正在成为全球建筑节能的发展趋势。在全球齐力推动建筑节能工作迈向下一阶段中，很多国家提出了相似但不同的定义，主要有超低能耗建筑、近零能耗建筑、（净）零能耗建筑，也相应出现了一些具有专属技术品牌的技术体系，如德国“被动房”Passive House、瑞士Minergie近零能耗建筑等技术体系。因此，我国近零能耗建筑标准体系的建立还要考虑和主要国际组织和发达国家的名词保持基本一致，为今后从并跑走向领跑、参与“一带一路”建设、产品部品出口国际奠定基础。

但我国地域广阔，各地区气候差异大，目前室内环境标准偏低，建筑特点以及人们生活习惯，都与发达国家相比存在差异。因此，编制组通过借鉴国外经验，结合我国已有工程实践，提炼示范建筑在设计、施工、运行等环节的共性关键技术要点，形成我国自有技术体系，指导我国超低、近零和零能耗建筑推广，为我国中长期建筑节能工作提供支撑和引导。

3. 试点验证，政策激励

我国近零能耗建筑试点示范自国际科技合作开始起步，2002年开始的中瑞超低能耗建筑合作，2010年上海世博会的英国零碳馆和德国汉堡之家是我国建筑迈向更低能耗的初步探索。2011年起，在中国住房和城乡建设部与德国联邦交通、建设及城市发展部的支持下，原住房和城乡建设部科技发展促进中心与德国能源署引进德国建筑节能技术，建设了河北秦皇岛在水一方、黑龙江哈尔滨溪树庭院、河北省建筑科技研发中心科研办公楼等建筑节能示范工程。2013 年起，中美清洁能源联合研究中心建筑节能工作组开展了近零能耗建筑、零能耗建筑节能技术领域的研究与合作，建造完成中国建筑科学研究院近零能耗建筑、珠海兴业近零能耗示范建筑等示范工程，取得了非常好的节能效果和广泛的社会影响。

2017 年 2 月，住房和城乡建设部《建筑节能与绿色建筑发展“十三五”规划》提出：积极开展超低能耗建筑、近零能耗建筑建设示范，引领标准提升进程，在具备条件的园区、街区推动超低能耗建筑集中连片建设，到 2020 年，建设超低能耗、近零能耗建筑示范项目 1000 万 m^2 以上。随后，我国山东省、河北省、河南省、北京市、石家庄市等省市针对超低能耗建筑示范推广的政策不断出台，纷纷提出发展目标，并给予财政补贴、非计容面积奖励、备案价上浮、税费和配套费用减免、科技扶持、绿色信贷等方面的政策优惠。

4. 定义明晰，路径一致

能效指标是判别建筑是否达到近零能耗建筑标准的约束性指标，本标准首次界定了我国超低能耗建筑、近零能耗建筑、零能耗建筑等相关概念，明确了室内环境参数和建筑能耗指标的约束性控制指标。迈向零能耗建筑的过程中，根据能耗目标实现的难易程度表现为三种形式，即超低能耗建筑、近零能耗建筑及零能耗建筑，这三个名词属于同一技术体系。其中，超低能耗建筑节能水平略低于近零能耗建筑，是近零能耗建筑的初级表现形式；零能耗建筑能够达到能源产需平衡，是近零能耗建筑的高级表现形式。超低能耗建筑、近零能耗建筑、零能耗建筑三者之间在控制指标上相互关联。

在建筑迈向更低能耗的方向上，基本技术路径是一致的，即通过建筑被动式设计、主动式高性能能源系统及可再生能源系统应用，最大幅度减少化石能源消耗。主要途径依次为：(1) 被动式设计。近零能耗建筑规划设计应在建筑布局、朝向、体形系数和使用功能方面，体现节能理念和特点，并注重与气候的适应性。通过使用保温隔热性能更高的非透明围护结构、保温隔热性能更高的外窗、无热桥的设计与施工等技术，提高建筑整体气密性，降低供暖需求。通过使用遮阳技术、自然通风技术、夜间免费制冷等技术，降低建筑在过渡季和供冷季的供冷需求。(2) 能源系统和设备效率提升。建筑大量使用能源系统和设备，其能效的持续提升是建筑能耗降低的重要环节，应优先使用能效等级更高的系统和设备。能源系统主要指暖通空调、照明及电气系统。(3) 通过可再生能源系统使用对建筑能源消耗进行平衡和替代。充分挖掘建筑本体、周边区域的可再生能源应用潜力，对能耗进行平衡和替代。如建筑节能目标为实现零能耗，但难以通过本体和周边区域的可再生能源应用达到能耗控制目标，也可通过外购可再生能源达到零能耗建筑目标，但需以建筑本身能效水平已经达到近零能耗为前提。

5. 技术引领，产业覆盖

本标准提出的室内环境参数和建筑能耗控制指标为我国实现更高室内环境舒适性和节能目标提供了技术依据，为我国近零能耗建筑的设计、施工、检测、评价、调适和运维提供了技术引领和支撑。以设计方法为例，区别于传统建筑节能的指令性（规定性）设计方法，近零能耗建筑设计应以目标为导向采用性能化设计方法，以“被动优先，主动优化”为原则，结合不同地区气候、环境、人文特征，根据具体建筑使用功能要求，综合比选不同的建筑方案和关键部品的性能参数，通过不同组合方案的优化比选，制定适合具体项目的针对性技术路线，实现全局最优。

本标准提出的围护结构和能源设备与系统等技术指标，较国内现行标准大幅提升，整体上达到了国际先进水平。以外窗为例，传热系数的要求较现有标准大幅提高，与同纬度发达国家先进水平基本一致，如北京所在的寒冷地区居住建筑外窗传热系数限值为 1.2W/（m^2·K），基本与德国外窗传热系数限值 1.1W/（m^2·K）持平。以气密性为例，首次在国家标准中进行明确规定并给出检测方法。

《近零能耗建筑技术标准》GB/T 51350—2019 的颁布实施是贯彻党中央国务院关于加强节能减排和提升节能标准要求的具体体现，是开展建筑节能标准国际对标的需要，是建筑节能行业发展的需求导向，将为住房和城乡建设部 2016—2030 年建筑节能新三步走的战略规划提供技术依据。

第6章　近零能耗建筑技术体系

6.1　定义与技术指标

近零能耗建筑最基本的技术要求为室内环境和能效指标，以下对其要求进行介绍。

近年来，我国城镇化的进程稳步推进，年均城镇化率基本稳定在1.2个百分点，并步入国际公认的快速发展和转型关键阶段，由此带来的城镇建筑能耗大幅攀升、能源区域经济架构不合理等问题成为目前亟待解决的重要议题。

随着城市经济发展水平进步，城镇居民生活水平提升，对于居住环境的要求也不断提高，居民对于室内环境的舒适度要求使得既有的室内环境设计工况与实际使用工况相比出现较大的偏差，传统的冷热负荷以及冷热需求计算方法所采用的计算指标已经不能准确反映建筑实际能耗需求。此外，各种中高档家电的种类和使用数量也大幅增多，虽然目前相比于欧美发达国家仍有相当大的差距，但保证较高生活水准的服务电器产生的能耗也成为建筑能耗计算及能耗指标确定过程中亟需研究的重要议题。

6.1.1　发达国家室内环境相关标准

为保证研究的合理性及前瞻性，本文对目前国际上室内环境设计要求和部分发达国家实际室内环境温度进行梳理，对比我国室内环境与发达国家室内环境参数设计上的差异并进行分析。

1. 国际标准《适中的热环境——PMV与PPD指标的确定及热舒适条件的确定》BS ISO 7730—2005

国际标准化组织（ISO）根据丹麦工业大学PO Fanger教授的PMV研究成果制定了建筑热湿环境标准《适中的热环境——PMV与PPD指标的确定及热舒适条件的确定》BS ISO 7730—2005[1]，该标准已经成为目前欧洲建筑标准体系中室内环境参数制定的官方参照标准，其中详细规定了高舒适度室内环境要素和控制值。

（1）室内温度：20～26℃，即冬季满足20℃以上，夏季满足26℃以下。

（2）相对湿度：相对湿度40%～60%。

（3）声环境控制：白天低于45dB，夜晚低于35dB。

（4）室内空气品质：室内新风量要求30m^3/(h・人)；空气流速：夏季0.3m/s，冬季0.2m/s，可吸入颗粒PM10低于0.15mg/(m^3・d)；细菌菌落总数低于2500cfu/m^3。

此外，该标准还对光照环境等进行了较为细致的规定。该标准对于室内环境参数的制定最大限度地考虑了热湿环境对人员的舒适性影响，同时兼顾了节能角度的要求。相比于我国建筑节能标准中的规定，该标准对全年室内相对湿度和室内人员新风量及空气流速都做了较为详细的规定，在高性能围护结构及高气密性要求下，该标准的限值极具参考价值。

2. 世界卫生组织《健康住宅标准》

世界卫生组织（WHO）与2012年10月发布关于健康住宅的15项标准。根据世界卫生组织的定义，健康住宅是指能够使居住者在身体上、精神上、社会上完全处于良好状态的住宅。在所提出的健康住宅的15项标准中，对室内环境提出如下的定量要求[2]：

（1）起居室、卧室、厨房、厕所、走廊、浴室等要全年保持在17～27℃范围内。

（2）室内的湿度全年保持在40%～70%。

（3）二氧化碳浓度要低于1000ppm。

（4）悬浮粉尘浓度要低于0.15mg/m^3。

除以上定量要求外，该标准还对室内有机污染物排放、声光环境、私密性和居住便利性等做了定性的要求。相比于专业的室内环境参数规定设计标准，该标准的提出更多是偏向于人体舒适和健康生活的角度，并非建筑设计参数的规定，但从这一规定中，可以看出未来世界范围内，居住建筑室内环境的发展要求，在节能的基础上更加注重对舒适健康的要求，这已是居住建筑室内环境要求的发展趋势。

3. 美国《室内热环境及人员舒适性标准》ANSI/ASHRAE Standard 55

《室内热环境及人员舒适性标准》ANSI / ASHRAE Standard 55 于1966年首次发布，是基于人体热舒适提出的可接受的室内热环境提供最低要求的标准。它确定了可接受的室内环境条件的范围，以实现人员的热舒适。自2004年以来，该标准由行业专家组成的ASHRAE技术委员会定期更新。

该标准对于室内环境的要求设定基于丹麦工业大学PO Fanger教授的PMV评价方法，将满足室内人员90%的接受度的环境参数作为最低环境参数，由此规定了一整套室内环境参数限值，包括室内干湿球温度、相对湿度、室内风速、新风量、送风温度、建筑外墙内表面与室内环境温差等。其中对于冬季，室内干球温度为18～20℃，相对湿度应保证在20%～60%，建筑外墙内表面与室内环境温度温差限值见表6-1。

建筑外墙内表面与室内环境温度温差限值（单位:℃）[3]　　**表6-1**

暖顶棚	冷顶棚	冷壁面	暖壁面
<5	<14	<10	<23

此外，ANSI/ASHRAE Standard 55还对地板供冷时地面温度、室内竖直方向温差等参数进行规定。

6.1.2 发达国家建筑室内环境状况调查

1. 美国办公及居住建筑实际室内环境状况

在美国，室内空调环境对人体健康程度的影响一直受到政府部门的高度关注。美国劳工部保证工人在工作环境中的温度要求是，室内低温最低不能低于20℃，最高不能超过24℃，这是均衡的正常舒适温度。同时，他们对湿度要求保持在20%～60%。这些规定自美国政府工人安全保健办公室1975年建立，一直延续至今。对于居住建筑而言，使用中央空调系统的建筑一般仍延续官方规定，但是不同情况有不同处理方式，分体式空调居民家中温度模式差异较大，与地区经济及人群收入有着较大的关联。2010年美国居住建筑各项终端能耗占比如图6-1所示。

在美国民用住宅中，出现室内温度过低的情况相对较办公建筑而言较少。美国办公建筑由于员工着装相对正式，且较低温度下工作效率容易保持在较高水平等原因，美国办公建筑夏季室内空调温度一般在 20～24℃。而在居住建筑中，居民普遍以舒适性为主，空调温度以体感温度舒适为准，因此差异较大。

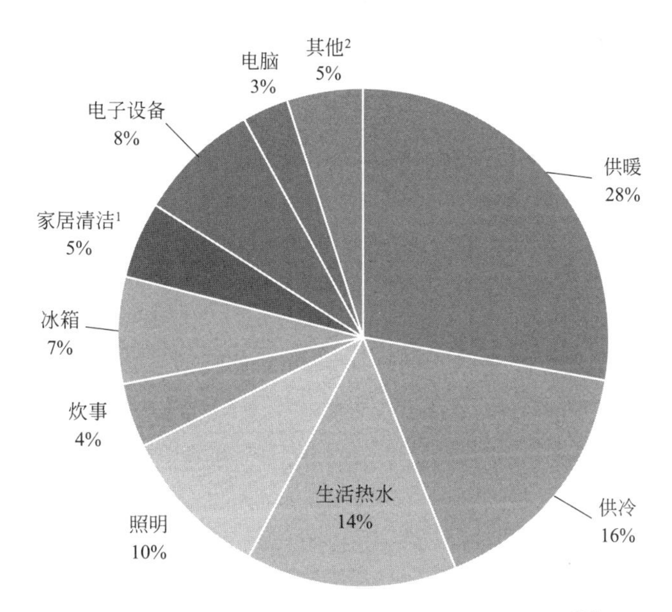

图 6-1　2010 年美国居住建筑各项终端能耗占比[4]

1：家居清洁用能项包括洗衣机、天然气驱动烘干机、电动烘干机、洗碗机等。

2：其他用能项包括小型电子设备、其他加热元件、发动机、泳池加热等。

表 6-2 给出 2010 年美国居住建筑各项终端能耗及对应所占比例。从表中可以看出，美国居住建筑的空调制冷能耗和供暖能耗远高于中国。尽管美国政府一再要求建筑节能降耗，但是可以看出，美国建筑的节能是时刻保证满足室内环境需求的情况，其温度设定更多地考虑人员实际感受等因素，且由于大功率家用电器的使用，使得美国居住建筑的插座用电比例较高。表 6-2 给出美国能源部（Department of Energy，DOE）发布的美国居住建筑各项能源消耗占比[5]。

美国住宅各项能源消耗占比[5]　　**表 6-2**

能源种类	天然气	石油	可再生能源	电能
占比	24%	5%	2%	69%

2. 新加坡建筑室内环境情况

新加坡作为赤道附近国家，属于全年湿热环境，加上自然资源稀缺，新加坡对于建筑节能减排、可持续发展的意识非常强烈，从政府、企业到市民，都有一种真正视生态环境和能源节约为生命的绿色意识。新加坡于 2005 年 1 月起开始推行绿色建筑标识认证计划，但通过对新加坡居住建筑室内环境调查显示，新加坡室外空气温度一般在 26～36℃。基本上所有地方白天大部分时间都要开空调，尤其在办公区，比如写字楼，空调温度一般会调得很低，居住建筑中通常温度会稍高于办公建筑，但也会保持在 24～27℃。

6.1.3 现行标准中规定的室内环境参数

我国现行室内环境设计参数的规定遵循《民用建筑供暖通风与空气调节设计规范》GB 50736—2012[6] 和《住宅设计规范》GB 50096—2011[7] 中的规定。

供暖室内设计温度，严寒寒冷地区主要房间应采用 18～24℃（最低设计温度：卧室、起居室（厅）和卫生间 18℃，厨房 15℃，涉供暖的楼梯间和走廊 14℃）。

1. 人员长期逗留区域空气调节室内设计温度（表 6-3）

舒适度等级划分 **表 6-3**

类别	热舒适度等级	温度(℃)
供热工况	Ⅰ级	22～24
	Ⅱ级	18～22
供冷工况	Ⅰ级	24～26
	Ⅱ级	26～28

注：Ⅰ级热舒适度较高，Ⅱ级热舒适度一般。

2. 最小通风换气次数（表 6-4）

最小通风换气次数 **表 6-4**

人均居住面积 FP	换气次数
$FP \leqslant 10m^2$	0.70
$10m^2 < FP \leqslant 20m^2$	0.60
$20m^2 < FP \leqslant 50m^2$	0.50
$FP > 50m^2$	0.45

3. 室内环境参数的设计与选择

室内环境参数，通常指室内环境的空气设计参数，主要包括室内干球温度、相对湿度、空气流速、新风量等。我国既有的居住建筑设计规范，如《民用建筑供暖通风与空气调节设计规范》GB 50736—2012[6] 和《住宅设计规范》GB 50096—2011[7]，对于室内环境设计参数普遍以保障性指标为优先设定原则，即室内环境参数的选择能够满足居民基本的生活保障即可。这种设定更多的是从节能的角度出发，从人体对舒适性的需求出发的探讨还有待增加。

6.1.4 热舒适评价指标对室内环境参数确定的指导

热舒适是指人体对热环境的主观热反应。1992 年，美国供暖、制冷与空调工程师协会标准（ASHRAE Standard 55-1992）中明确定义：热舒适是指对热环境表示满意的意识状态。Gagge 将热舒适定义为，一种对环境既不感到热也不感到冷的舒适状态，即人们在这种状态下会有“中性”的热感觉[8]。目前国际上主要应用的是：PMV-PPD 指标、有效温度 SET、PD（Predicted Dissatisfied Due to Draft）等指标。

对于热舒适评价指标的选择，国外关于人体对热湿环境的反应的研究起步很早。早在

20世纪初，美国供热制冷空调工程师学会ASHRAE（American Society of Heating，Refrigerating and Air-Conditioning Engineers）的前身ASHVE（The American society of Heating and Ventilation Engineers 1894）便得出了通过人体热舒适感觉而得出的评价室内热湿环境的指标：ET（Effective Temperature）。随着研究的深入，人体热舒适理论不断完善，可以说现阶段国外的研究已经很成熟了。

6.1.5 欧美室内环境参数设计标准限值比对

通过前述对国际上发达国家普遍采用的室内环境实际水平进行对比，不难发现，目前成熟的、广泛认可的室内环境参数的设定都有采用热舒适性评价方法对人体舒适温湿度区间进行设定。

欧美的建筑设计标准中对于环境参数的设定并非集中于某一本标准或设计规范，而是通过一系列的标准规范对不同参数分类别进行阐述和规定。表6-5为部分欧美发达国家所采用的建筑设计标准中对建筑室内环境参数的规定，以及与我国现行主要技术标准的参数对比。

建筑设计标准对室内环境参数的规定　　表6-5

室内参数相关标准	室内温度(℃)		相对湿度(%)		新风量
	冬季	夏季	冬季	夏季	
BS ISO 7730—2005	>20	<26	40～60		30m^3/(h·人)
ASHRAE Standard 55-2013	>18	<28	25～60	40～60	—
ASHRAE Standard 62.2 -2013	—	—	30～60		27m^3/(h·人)
《民用建筑供暖通风与空气调节设计规范》GB 50736—2012	18～24	24～28	≥30	40～70	1次/h
《住宅设计规范》GB 50096—2011	卧室、起居室、卫生间>18；厨房 > 15	—	40～60		3/(h·人)

除对室内参数进行限值规定外，国际标准ISO7730和欧盟EN15251还建议对建筑按照不同的热舒适水平进行分级，见表6-6。

建筑分级　　表6-6

建筑级别	PMV及热感觉	PPD
Ⅰ级	0,热中性	5%
Ⅱ级	−0.5～+0.5,舒适	10%
Ⅲ级	−1.0～+1.0,稍凉～稍暖	27%

建筑分级可以为设计者提供更为精确的设计要求，设计者可以根据所设计建筑的舒适要求选择室内设计参数，提高了室内热舒适水平。

根据预测平均热反应（PMV）作为划分建筑热舒适等级的依据：以热感觉“凉”和“暖”作为舒适区的边界，即PMV的范围在−1～+1之间。具体分级见表6-7。

不同热舒适度等级对应的 PMV、PPD 值　　表 6-7

热舒适度等级	PMV	PPD
Ⅰ级	−0.5≤PMV≤0.5	≤10%
Ⅱ级	−1≤PMV<−0.5，0.5<PMV≤1	≤27%

建筑分级有利于我国的建筑节能政策的实施，在人员热舒适要求不高的环境中可以采用更为宽松的热舒适要求，既节约了能源也能满足大部分人的热舒适要求。

我国近零能耗建筑的发展应要求建筑分级至少达到二级，用户评价接受度要达到 90%以上，这就要求近零能耗建筑室内环境参数要在我国现有节能设计标准的基础上进一步提升。

6.1.6　近零能耗建筑室内环境参数确定

2010 年，天津大学分别在严寒和寒冷地区选取典型气候城市，并对两座城市中 140 多处住宅进行室内冬夏两季室内环境参数测试和舒适性评价调研，北京市作为寒冷地区典型城市，可以充分借鉴基于舒适度评价的调研结果，并对北京市居住建筑室内温湿度参数进行确定。

1. 冬季室内温湿度参数确定

通过查阅文献，分别对有供暖需求的严寒和寒冷地区各选取一个典型城市对其住宅室内环境进行实测，实测结果见表 6-8。

供暖室内温度实测结果　　表 6-8

温度(℃)	寒冷地区典型城市		严寒地区典型城市
	普通住宅	节能住宅	普通住宅
设计参数	18	18	18
最低值	19.5	21.9	12
最高值	20.9	22.9	25.6
平均值	20.2	22.4	20.1

伴随着室内环境实测的同时，还对接受检测的居民进行了舒适性问卷调查，一共发放了 670 份有效调查问卷。

寒冷地区典型城市受调查居民中，普通住宅居民 84.5% 热感觉良好，即热感觉处于适中以上（包括适中），节能住宅居民 89.2% 热感觉良好。对比普通建筑和节能建筑的居民热感觉，其中普通住宅居民 44.9% 处于适中的水平上，节能住宅居民只有 33.3%处于适中水平。因此，节能住宅的室内热环境令人更舒适。

严寒地区典型城市受调查居民中，91.7%的居民能够接受所处的热环境，则根据 80%的居民可接受的温度为热舒适环境，反推得到本地区居民可接受的操作温度为 18～25℃。

通过室内温度实测以及热舒适环境调查可以发现，不论是在寒冷地区还是在严寒地区，即在冬季不同室外环境条件下，对于 20℃的室内温度，居民接受率较高，基本达到 90%。北京作为寒冷地区城市，其气候特点符合寒冷地气象参数特征，因此同样适用于该调研统计结果。

综合以上两点，近零能耗居住建筑冬季室内供暖温度应该在18℃基础上有所提高，提高2℃，设为20℃比较适合。

2. 夏季室内温湿度参数确定

对空调室内设计参数的设定，同样可以参考严寒寒冷地区典型城市夏季同等工况下的室内环境调研测试结果。对全国范围内的140多栋建筑室内计算参数进行调研，运用概率统计的方法对参数进行整理归纳。

在调研时，根据人体活动的剧烈程度，将空调建筑分为五类（表6-9）。

空调建筑分类 **表6-9**

代码	人体活动程度	房间用途
A	静坐、轻度活动	会场、宴会厅、礼堂、剧院
B	坐、轻度活动	办公室、银行、旅馆、餐厅、学校、住宅
C	中等活动	百货公司、商店、快餐
D	观览场所	体育馆、展览馆
E	其他	酒吧等

由于夏季空调末端具有可调节性，夏季空调室内温度实测分布往往更能够体现用户对于舒适性的需求。通过总结整理，得到夏季空调室内计算参数的分布图，如图6-2和图6-3所示。

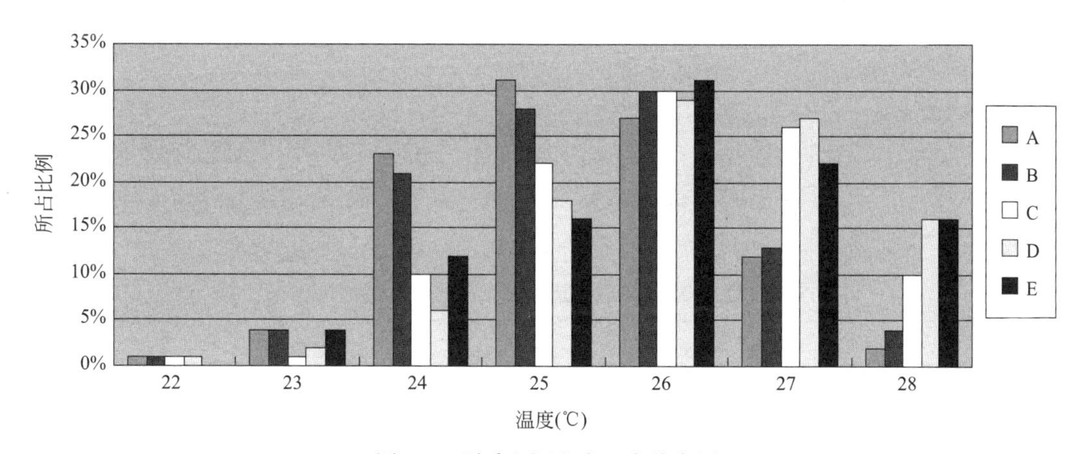

图6-2 夏季空调室内温度分布图

通过调研可以发现，夏季空调室内温度分布比较集中，主要在25～27℃，同类型的建筑温度分布不同。B类建筑的人员活动量小而且较为稳定，温度主要分布在24～26℃，基于我国建筑节能设计标准中对于夏季空调室内温度不低于26℃的规定，研究认为近零能耗居住建筑夏季空调室内温度应在26℃较为合适。

在对夏季空调室内相对湿度情况调研测试中发现，相比于干球温度，夏季空调室内湿度分布更加集中，而且不同建筑类型的湿度没有明显差别。住宅类建筑室内相对湿度主要分布在50%～65%。

根据我国制定的《热环境的人类工效学 通过计算PMV和PPD指数与局部热舒适准则对热舒适进行分析测定与解释》GB/T 18049—2017，相对湿度应该设定在30%～70%，本

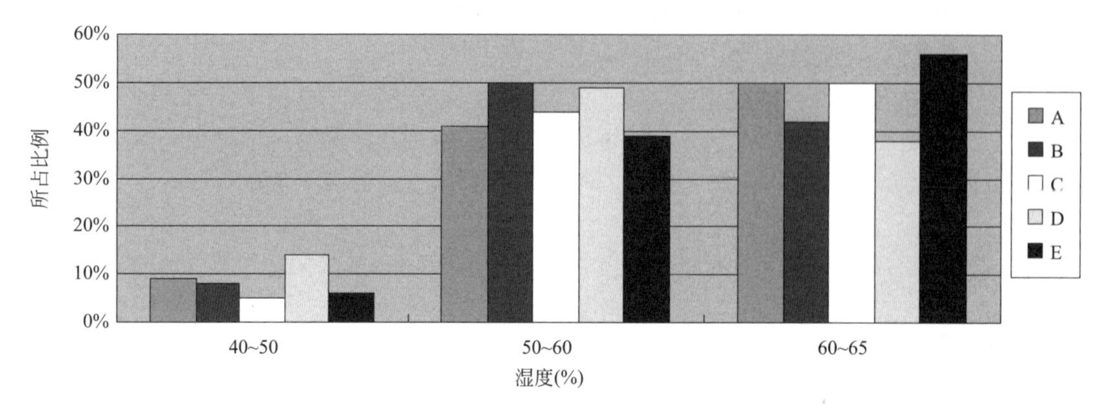

图 6-3 夏季空调室内湿度分布图

着节能的原则，夏季应在满足舒适条件的前提下选择偏热的环境，即：0<*PMV*<1。通过以上的研究，对于相同的 *PMV* 值，相对湿度越低，能耗变化越大，当相对湿度低于 40%时，能耗显著增大，结合调研测结果和相关满意度评价，研究认为夏季室内设计相对湿度不宜低于 40%，推荐相对湿度为 60%。

因此夏季室内设计参数为：温度 26℃，相对湿度 60%。冬季供暖，不考虑湿度要求。

3. 新风量的确定

住宅的新风量确定通常需要综合考虑换气次数和最少人员新风量两个因素，取两者计算最大值作为新风量确定依据。目前国际上通常采用人员新风量作为计算保准，我国人均住宅面积相对较小，采用人员新风量更加合理。

现行建筑节能标准中对于新风量的设定为 $30m^3/(h \cdot 人)$，这一标准与国际标准 BS ISO 7730-2005[19] 中建筑室内新风量设定保持一致，能够保证室内人员新风需求。

公共建筑的新风量确定按现行国家标准《民用建筑供暖通风与空气调节设计规范》GB 50736—2012 的规定选用（表 6-10）。

公共建筑主要房间每人所需最小新风量 [单位：$m^3/(h \cdot 人)$] **表 6-10**

建筑房间类型	新风量
办公室	30
客房	30
大堂、四季厅	10

设置新风系统的居住建筑和医院建筑，所需最小新风量宜按换气次数法确定。居住建筑换气次数宜符合表 6-11 规定，医院建筑换气次数宜符合表 6-12 规定。

居住建筑设计最小换气次数 **表 6-11**

人均居住面积 F_P	每小时换气次数
$F_P \leqslant 10m^2$	0.70
$10m^2 < F_P \leqslant 20m^2$	0.60
$20m^2 < F_P \leqslant 50m^2$	0.50
$F_P > 50m^2$	0.45

医院建筑设计最小换气次数 表 6-12

功能房间	每小时换气次数
门诊室	2
急诊室	2
配药室	5
放射室	2
病房	2

高密人群建筑每人所需最小新风量应按人员密度确定，且应符合表 6-13 规定。

高密人群建筑每人所需最小新风量［单位：$m^3/(h\cdot 人)$］ 表 6-13

建筑类型	人员密度 P_F（人/m^2）		
	$P_F \leqslant 0.4$	$0.4 < P_F \leqslant 1.0$	$P_F > 1.0$
影剧院、音乐厅、大会厅、多功能厅、会议室	14	12	11
商场、超市	19	16	15
博物馆、展览厅	19	16	15
公共交通等候室	19	16	15
歌厅	23	20	19
酒吧、咖啡厅、宴会厅、餐厅	30	25	23
游艺厅、保龄球房	30	25	23
体育馆	19	16	15
健身房	40	38	37
教室	28	24	22
图书馆	20	17	16
幼儿园	30	25	23

4. 自然通风温度设定

近零能耗建筑对于室内环境参数保持稳定具有较高的要求，当室外温度满足自然通风温度条件时，通过自然通风换气带走室内部分冷热负荷，是建筑节能的重要举措。我国居民普通有开窗进行自然通风的习惯，通过行为模式调研显示，北京市城镇居民在冬季仍有开窗换气的习惯，而这部分并不属于自然通风的设计工况。

有学者认为自然通风的设计温度可以设为人体热舒适的上限 28～29℃，通过保证换气次数来提升用户接受度。这一确定方法更多的是从节能的角度出发，通过增加吹风感来降低人体的热感受，这与研究中近零能耗建筑高舒适性的研究初衷不符。为保证室内人员的舒适度和室内环境参数的稳定性，将自然通风温度范围设为不大于 26℃，相对湿度设定在不大于 60%。

通过对比目前国际上发达国家所采用的室内环境相关标准，分析热舒适评价指标对室内参数确定的指导意义，对比不同标准对于室内环境参数设定的依据和出发点，结合同类型地区基于舒适性的室内环境参数实测调研结果，给出适合于我国近零能耗建筑较高水准室内环境参数。

（1）冬季室内环境参数设定：室内干球设计温度不小于 20℃；室内相对湿度：不控制。

（2）夏季室内环境参数设定：室内干球设计温度不大于 26℃；室内相对湿度不大于 60％。

（3）人员新风量不小于 $30m^3/h$ 人。

（4）自然通风条件：室外干球温度不大于 26℃且室外相对湿度不大于 60％。

6.1.7 近零能耗居住建筑的能效指标

能效指标是判别建筑是否达到近零能耗建筑标准的约束性指标，其计算方法应符合《近零能耗建筑技术标准》GB/T 51350—2019 附录 A 能效指标计算方法的规定。能效指标中能耗的范围为供暖、通风、空调、照明、生活热水、电梯系统的能耗和可再生能源利用量。

能效指标包括建筑能耗综合值、可再生能源利用率和建筑本体性能指标三部分，三者需要同时满足要求。建筑能耗综合值是表征建筑总体能效的指标，其中包括了可再生能源的贡献；建筑本体性能指标是指除利用可再生能源发电外，建筑围护结构、能源系统等能效提升要求，其中公共建筑以建筑本体节能率作为约束指标，居住建筑以供暖年耗热量、供冷年耗冷量以及建筑气密性作为约束指标，照明、通风、生活热水和电梯的能耗在建筑能耗综合值中体现，不作分项能耗限值要求。

能效指标确定主要基于以下原则：第一，在现有建筑节能水平上大幅度提高，尤其在严寒和寒冷地区，对于居住建筑可不采用传统供暖系统，夏热冬冷地区在不设置供暖设施的前提下，冬季室内环境大幅改善；第二，建筑实际能耗在现有基础上大幅度降低；第三，能耗水平基本与国际相近气候区持平。能效指标是在对典型建筑模型优化分析计算基础上，结合国内外工程实践，经综合比较确定。指标确定的控制逻辑为通过充分利用自然资源、采用高性能的围护结构、自然通风等被动式技术降低建筑用能需求，在此基础上，利用高效的供暖、空调及照明技术降低建筑的供暖空调和照明系统的能源消耗，同时建筑内使用高效的用能设备和利用可再生能源，降低建筑总能源消耗。

近零能耗建筑是达到极高能效的建筑，建筑的负荷及能源消耗强度为现有技术集成后的最低值。由于我国不同地区气候特征以及不同建筑类型用能强度差异显著，导致有可能存在部分地区部分类型建筑实现近零能耗建筑的技术难度较大的情况，且从沿海到内陆经济发展差距不均衡，考虑我国气候、建筑和经济特征，为了便于推广近零能耗建筑的理念，实现建筑能耗的降低，设立超低能耗建筑能效指标，其能效水平低于近零能耗建筑，同时不设定可再生能源利用率的要求。零能耗建筑是在近零能耗建筑基础上的进一步提升，现阶段部分地区部分类型建筑具有实现零能耗建筑的可行性，随着技术的不断发展，建筑实现零能耗乃至产能是建筑节能发展的最终目标。

民用建筑分为居住建筑和公共建筑。居住建筑中包含住宅、宿舍、公寓等，其中住宅类建筑是居住建筑中最主要的类型。随着时代的发展，居住建筑中非住宅类建筑的使用模式和建筑特点逐渐接近公共建筑，因此考虑到建筑的特征，《近零能耗建筑技术标准》

GB/T 51350—2019中居住建筑的能效指标适用于居住建筑中的住宅类建筑，居住建筑中的非住宅类建筑的能效指标参照公共建筑，这种划分方式也和国际上主流划分方法一致。

对居住建筑，最大限度利用被动式技术降低建筑能量需求，是实现近零能耗目标的最有效途径，同时，高性能外墙、外窗等被动式技术在提高建筑能效的同时，还可以大幅度提高建筑质量和寿命，改善居住环境。为此，以供暖年耗热量、供冷年耗冷量以及建筑气密性指标为约束，保证围护结构的高性能。在此基础上，在通过提高能源系统效率和可再生能源的利用进一步降低能耗。建筑能耗综合值计算范围为建筑供暖、空调、通风、照明、生活热水和电梯的能耗，不包括炊事、家电和插座等受个体用户行为影响较大的能源系统消耗。其中供暖和空调能耗与围护结构和能源系统效率有关，照明系统的能耗与天然采光利用、照明系统效率和使用强度有关，通过优化设计可以降低供暖、空调、通风、照明、生活热水、电梯等系统能耗。炊事、家用电器等生活用能与建筑的实际使用方式、实际居住人数、家电设备的种类和能效等相关度较大，均为建筑设计不可控因素，在设计阶段对其准确预测存在一定难度，因此在能效指标计算中不予考虑。

其中，供暖年耗热量在同一气候区的绝对数值差异不大，供冷年耗冷量从北到南变化较大，因此采用以影响冷负荷的主要因素作为变量的公式进行约束。由于全国范围内大部分城市近零能耗建筑的建筑能耗综合值基本相近，因此建筑能耗综合值采用统一数值约束。可再生能源利用率主要用于引导可再生能源系统在近零能耗建筑中应用，随着近零能耗建筑能耗强度的降低和可再生能源技术的发展，多种可再生能源在近零能耗建筑中应用已经具有较好的经济性。建筑光伏系统是建筑可再生能源利用的重要方式之一，随着光伏系统组件价格的变化，在政策补贴的条件下，建筑光伏一体化系统的经济性正逐渐变化，但经济性受到居民用电需求、系统构建成本、贷款利率、贷款比例等因素的共同影响，推荐光伏系统以建筑自身消纳为主，并在运行过程中优先使用可再生能源。

建筑气密性影响建筑的保温、防潮、隔声和舒适性，是建筑品质的必要条件，另外从健康的角度，通过开启门窗的自然通风是非常有益的，但建筑气密性差导致的无组织通风并不能有效保证健康的环境，因此，为了保证建筑在采用机械通风时具有良好的气密性，对建筑的气密性进行要求。对室内外温差小的南方地区降低了气密性的要求，但依然在现行节能标准的基础上有较大幅度的提升。

对公共建筑，由于建筑功能复杂、用能特征差异大，不同气候区不同类型建筑实现近零能耗的技术路线侧重点也不同。设计过程中，应充分利用建筑方案和设计中的被动式措施降低建筑的负荷，例如在以空调为主的气候区采用利于通风的建筑形式，在以供暖为主的气候区采用紧凑的建筑形式；因地制宜利用遮阳装置和采光性能优异的遮阳型玻璃，在不影响使用和舒适度的前提下，适度增加不需要供暖和空调室内室外过渡区域和公共区域的面积等。

由于不同气候区不同类型的公共建筑能耗强度差别很大，分气候区和建筑类型约束绝对能耗强度，在实际执行过程中缺乏可操作性，也不便于近零能耗建筑的推广。经研究，吸收借鉴了美国、欧盟、日本等国家的成功经验，并沿用我国公共建筑节能设计标准中相对节能率计算方法，通过设定基准建筑，以建筑综合节能率作为近零能耗建筑的约束性指标，避免了能效指标过于复杂的问题，并提高了能效指标的适用性和有效性。同时在《近零能耗建筑技术标准》GB/T 51350—2019附录B中提供部分近零能耗建筑的建筑能耗综合值作为工程实践的参考。

其中，建筑本体节能率是用来约束建筑本体应达到的性能要求，避免过度利用可再生能源补偿低能效建筑以达到近零能耗建筑的可能性。

《近零能耗建筑技术标准》GB/T 51350—2019 附录 B 中参考指标是依据典型城市中建筑面积大于 20000m² 和小于 20000m² 的典型办公建筑和典型酒店建筑、典型商场建筑、典型学校建筑（教学楼和图书馆）、典型医院建筑，采用爱必宜（IBE）近零能耗建筑设计与评价工具（www.ibetool.com）计算确定，基本覆盖了 90％以上的公共建筑类型，为工程设计的能耗目标提供参考。

已有工程实践表明，小型非住宅类建筑的超低能耗和近零能耗目标比较易于达成，随着建筑体量的增加和功能的多样化，建筑冷负荷强度变大，单位建筑面积可利用场地内的可再生能源资源变小，实现超低能耗建筑和近零能耗建筑的难度加大，此时应在充分降低建筑自身能量需求的前提下，提供更多的可再生能源以达到近零能耗的目标。在建筑设计时，应充分考虑多种技术方案，通过综合比较确定最优的技术路线。现阶段，例如航站楼、候车楼、短时间使用的体育场馆等类型的建筑实现近零能耗建筑的难度很大，应通过详细的技术经济分析，确保其实现近零能耗的可行性和合理性。

零能耗建筑的本质是以年为平衡周期，极低的建筑终端能源消耗全部由本体和周边可再生能源产能补偿，不同类型的能源应折算到标准煤当量，建筑本体和周边未被建筑消耗的可再生能源可以输出到电网或提供给其他建筑使用，用来平衡建筑终端能耗中由外界提供的能耗。建筑终端能源消耗是指建筑的全部能源消耗，包括供暖、通风、供冷、照明、生活热水、电梯、插座、炊事等。

实现零能耗，极低的建筑终端能源消耗量是基础，建筑本体和周边充足的可再生能源产能则是必要条件。

1. 近零能耗居住建筑能耗指标规定（表 6-14）

近零能耗居住建筑能效指标　　表 6-14

<table>
<tr><td colspan="2">建筑能耗综合值</td><td colspan="5">≤55[kWh/（m²·a）]或≤6.8[kgce/（m²·a）]</td></tr>
<tr><td rowspan="4">建筑本体性能指标</td><td rowspan="2">供暖年耗热量[kWh/（m²·a）]</td><td>严寒地区</td><td>寒冷地区</td><td>夏热冬冷地区</td><td>温和地区</td><td>夏热冬暖地区</td></tr>
<tr><td>≤18</td><td>≤15</td><td colspan="2">≤8</td><td>≤5</td></tr>
<tr><td>供冷年耗冷量[kWh/（m²·a）]</td><td colspan="5">$\leqslant 3+1.5\times WDH_{20}+2.0\times DDH_{28}$</td></tr>
<tr><td>建筑气密性（换气次数 N_{50}）</td><td colspan="2">≤0.6</td><td colspan="3">≤1.0</td></tr>
<tr><td colspan="2">可再生能源利用率(％)</td><td colspan="5">≥10％</td></tr>
</table>

注：1. 建筑本体性能指标中的照明、生活热水、电梯系统能耗通过建筑能耗综合值进行约束，不作分项限值要求；

2. 本表适用于居住建筑中的住宅类建筑，表中 m² 为套内使用面积；

3. WDH_{20}（Wet-bulb degree hours 20）为一年中室外湿球温度高于 20℃时刻的湿球温度与 20℃差值的逐时累计值（单位：kKh，千度小时）；

4. DDH_{28}（Dry-bulb degree hours 28）为一年中室外干球温度高于 28℃时刻的干球温度与 28℃差值的逐时累计值（单位：kKh，千度小时）。

2. 近零能耗公共建筑能效指标

近零能耗公共建筑能效指标应符合表 6-15 的规定，其建筑能耗值可按《近零能耗建筑技术标准》GB/T 51350—2019 附录 B 确定。

近零能耗公共建筑能效指标　　表 6-15

建筑综合节能率(%)		≥60%				
建筑本体性能指标	建筑本体节能率(%)	严寒地区	寒冷地区	夏热冬冷地区	夏热冬暖地区	温和地区
		≥30%		≥20%		
	建筑气密性(换气次数 N_{50})	≤1.0		—		
可再生能源利用率(%)		≥10%				

注：本表也适用于非住宅类居住建筑。

3. 超低能耗居住建筑能效指标

超低能耗居住建筑能效指标应符合表 6-16 的规定。

超低能耗居住建筑能效指标　　表 6-16

建筑能耗综合值		≤65[kWh/(m^2·a)]或≤8.0[kgce/(m^2·a)]				
建筑本体性能指标	供暖年耗热量[kWh/(m^2·a)]	严寒地区	寒冷地区	夏热冬冷地区	温和地区	夏热冬暖地区
		≤30	≤20	≤10		≤5
	供冷年耗冷量[kWh/(m^2·a)]	$\leq 3.5+2.0\times WDH_{20}+2.2\times DDH_{28}$				
	建筑气密性(换气次数 N_{50})	≤0.6		≤1.0		

注：1. 建筑本体性能指标中的照明、生活热水、电梯系统能耗通过建筑能耗综合值进行约束，不作分项限值要求；

2. 本表适用于居住建筑中的住宅类建筑，表中 m^2 为套内使用面积；

3. WDH_{20}（Wet-bulb degree hours 20）为一年中室外湿球温度高于 20℃时刻的湿球温度与 20℃差值的逐时累计值（单位：kKh，千度小时）；

4. DDH_{28}（Dry-bulb degree hours 28）为一年中室外干球温度高于 28℃时刻的干球温度与 28℃差值的逐时累计值（单位：kKh，千度小时）。

4. 超低能耗公共建筑能效指标

超低能耗公共建筑能效指标应符合表 6-17 的规定。

超低能耗公共建筑能效指标　　表 6-17

建筑综合节能率(%)		≥50%				
建筑本体性能指标	建筑本体节能率(%)	严寒地区	寒冷地区	夏热冬冷地区	夏热冬暖地区	温和地区
		≥25%		≥20%		
	建筑气密性(换气次数 N_{50})	≤1.0		—		

注：本表也适用于非住宅类居住建筑。

5. 零能耗居住建筑的能效指标

零能耗居住建筑的能效指标应符合下列规定：

（1）建筑本体性能指标应符合《近零能耗建筑技术标准》GB/T 51350—2019 表 5.0.1 的规定。

（2）建筑本体和周边可再生能源产能量不应小于建筑年终端能源消耗量。

6. 零能耗公共建筑的能效指标

零能耗公共建筑的能效指标应符合下列规定：

（1）建筑本体节能率应符合《近零能耗建筑技术标准》GB/T 51350—2019 表 5.0.2 的规定。

（2）建筑本体和周边可再生能源产能量不应小于建筑年终端能源消耗量。

6.2 IBE 能耗计算与评价软件

6.2.1 性能化设计方法与能耗快速计算

相较于传统的规定性建筑设计方法，近零能耗建筑设计针对面向建筑能耗总量控制要求，提出采用基于建筑负荷、能耗等总体目标的性能化设计方法。围护结构热工性能、窗墙面积比等参数不再以规定性要求提出，而是需要结合不同气候区、建筑类型、室内环境等要求，以性能化指标的形式展现。目前我国近零能耗建筑能耗控制目标主要为建筑年供暖、供冷需求和照明一次能源消耗，图 6-4 为建筑能耗计算的能源范围。

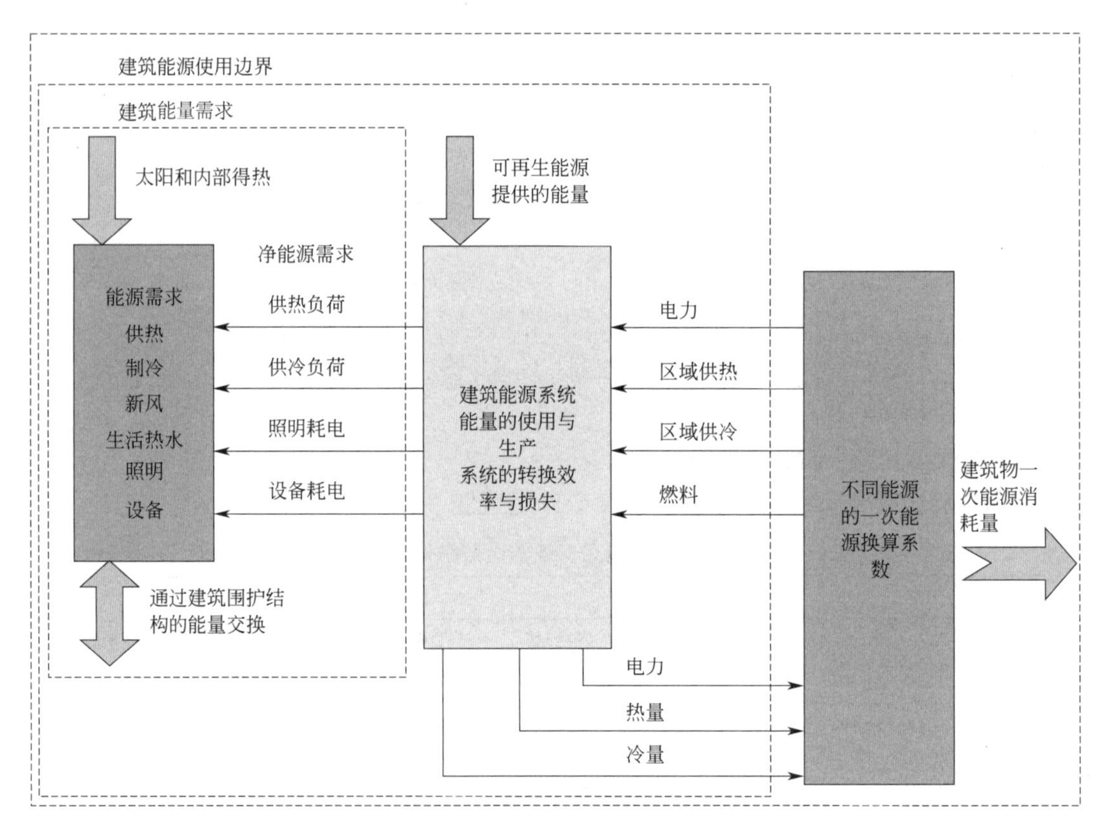

图 6-4 建筑能源边界的划分

计算建筑年供暖、供冷需求的方法总体上可分为 2 类：动态计算方法和简化的准稳态计算方法。其中动态计算方法时间尺度相对较短，一般为 1h 或更短，而准稳态计算方法的计算时间尺度较长，譬如 1 个月。动态计算方法具有更高的准确性，且可以对室温、室内照度等光、热环境进行进一步评价，在一些非传统系统形式的模拟上，具有较高的灵活性[9-14]。准稳态计算方法兼顾了计算的准确性和简捷性，且计算过程透明、稳定（不存在收敛性问题）、一致性好，由于所需输入参数较少，一方面便于对多个算例在统一边界条件下进行比较，另一方面也减少了计算者的主观性或经验对计算结果的影响[15]。因此，准稳态计算方法非常适用于建筑能效标识或性能指标的认证。

ISO 52016-1：2017《建筑能效——供暖和供冷需求、室内温度、潜热和显热负荷计算》（《Energy performance of buildings——Energy needs for heating and cooling，internal temperatures and sensible and latent heat loads》）（以下简称 ISO 52016）中提出了规范化的准稳态计算方法。该方法基于建筑宏观上的热量收支，通过经验确定得热（或热损失）利用系数来考虑动态效应。

中国建筑科学研究有限公司开发了被动式超低能耗绿色建筑能耗分析软件 IBE，采用的也是基于 ISO 52016 的准稳态计算方法，图 6-5 为软件主要功能架构。

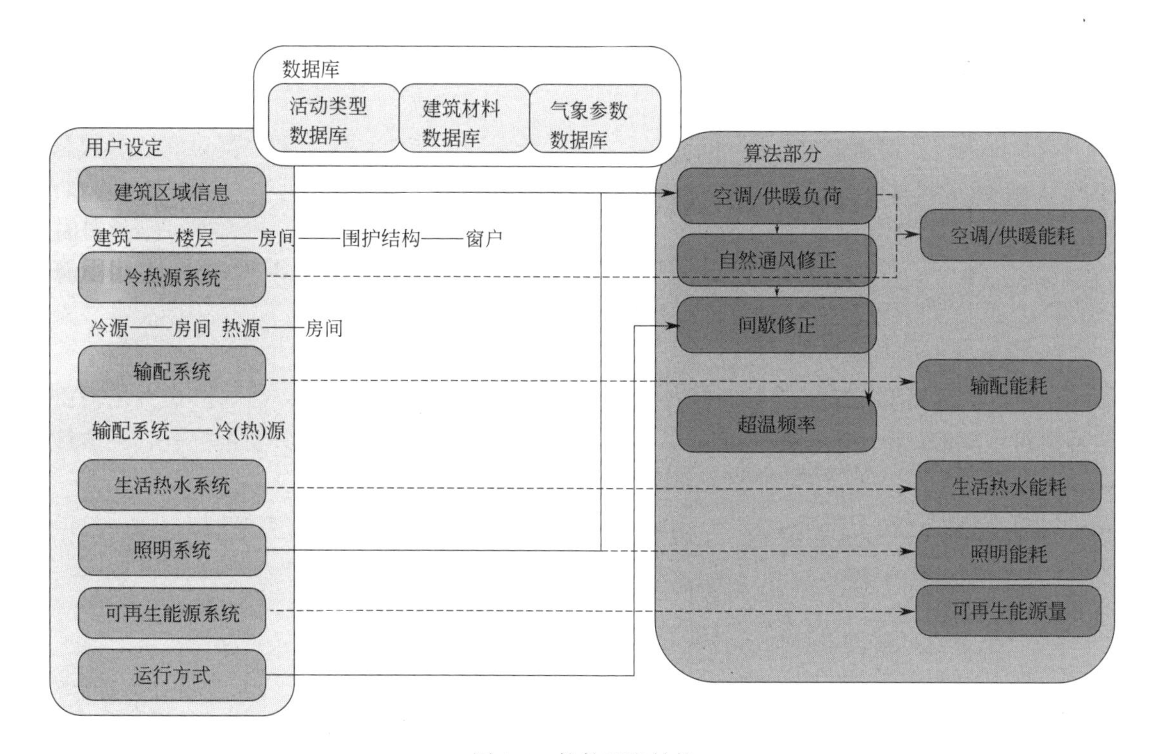

图 6-5　软件开发结构

经过与 TRNSYS、EnergyPLUS 等动态负荷模拟软件针对不同气候区进行计算比较可以得到，IBE 软件具有较快的计算速度、较好的计算稳定性[16]。

6.2.2　软件功能及版本更新

爱必宜（IBE）建筑能耗计算分析软件是针对被动式超低能耗建筑设计阶段能耗、性能指标计算及方案评估而发布的能耗计算软件。针对被动式建筑、超低能耗建筑设计和评估的工作需求，采用国际标准化组织标准 ISO 52016 并结合中国建筑特点开发。软件采用月平均方法计算，计算速度快；通过默认数据库和友好的软件界面提高软件的易用性。能够计算建筑全年累计冷热负荷、暖通空调系统能耗、生活热水系统、照明系统以及可再生能源系统的能耗，计算范围覆盖建筑生命周期内的运行能耗的主要部分，同时考虑了被动式超低能耗建筑对气密性、无热桥、性能化设计等要求。软件依据《被动式超低能耗绿色建筑技术导则（试行）（居住建筑）》的性能要求对建筑进行评估并生成符合认证要求的报告。软件具有如下特征：

1. 一致化原则

建筑能耗计算中涉及大量参数，设计师通常难以获得完整准确的信息，导致计算结果一致性差。软件通过凝练算法，并提供包含主要计算信息的完整数据库，完美解决建筑能耗计算中遇到的实际数据问题，因此，在系统性能参数设置上，尽量遵循准确统一的原则，极大地实现不同工程师计算结果的一致性。保证了计算和评估结果的一致性。

2. ISO 标准体系与我国建筑标准体系相结合

该软件同时面向建筑设计、施工工作人员，以及建筑节能科研人员，能耗计算设置尽量减少复杂难以获得的数据的输入。软件界面友好，参数设置基本不涉及过于复杂的专业术语，方便业内人员使用。

3. 涵盖建筑所有用能产能系统

该软件内设能源系统能够基本涵盖目前建筑常用用能产能系统，同时提供默认参数和用户自定义参数两种设定模式，以增强软件的灵活性和适应能力。

4. 计算便捷快速

软件依据 ISO 52016 采用全年逐月计算方法，一个完整的计算周期里包含 12 个计算点，极大地缩短了软件的计算时间，计算时长减少 90%以上。

5. 直接输出计算报告

IBE 工程实用型建筑能耗计算软件在完成计算周期后，以 Word 文档的形式直接输出包括建筑主要信息和计算结果并满足认证要求的建筑节能计算报告，方便用户查看整体计算情况，同时减少整理计算结果的繁冗工作量。

目前，软件可在官网 http://www.ibetool.com/免费获取更新版本使用。

本章参考文献

[1] BRITISHST AND ARDSINSTITUTION. BS EN ISO 7730：2005 Ergonomics of the thermal environment - Analytical determination and interpretation of thermal comfort using calculation of the PMV and PPD indices and local thermal comfort criteria [S]. London：Standards Policy and Strategy Committee，2006.

[2] 新华网．世界卫生组织确定的“健康住宅”标准 [J]．化学分析计量，2011 (3)：94.

[3] ASHRAE STANDARDS COMMITTEE. Thermal Environmental Conditions for Human Occupancy (ANSI/ASHRAE Standard 55-2010) [S]. Atlanta，Georgia：Amer-

ican Society of Heating, Refrigerating and Air-Conditioning Engineers, Inc. , 2010.
[4] U. S. DEPARTMENT OF ENERGY. Buildings energy data book [M/OL]. Washington, DC: DOE, 2011 [2021-01-07] . http: //buildingsdatabook. eren. doe. gov/TableView. aspx? table=2. 3. 5.
[5] U. S. DEPARTMENT OF ENERGY. Residential sector energy consumption [EB/OL] . [2021-01-07] . http: //buildingsdatabook. eren. doe. gov/TableView. aspx? table=2. 1. 1.
[6] GB 50736—2012,民用建筑供暖通风与空气调节设计规范 [S] . 北京:中国建筑工业出版社,2012.
[7] GB 50096—2011,住宅设计规范 [S] . 北京:中国建筑工业出版社,2011.
[8] GAGGE A P. Introduction to thermal comfort [J] . INSERM, 1997, 12 (4): 21-29.
[9] GB/T 51350—2019,近零能耗建筑技术标准 [S] . 北京:中国建筑工业出版社,2019.
[10] D'AGOSTINO D, ZANGHERI P, CUNIBERTI B, et al. Synthesis report on the national plans for nearly zero energy buildings (NZEBs): Progress of member states towards NZEBs [R] . Luxembourg: Publications Office of the European Union, 2016.
[11] 孙德宇,徐伟,余镇雨. 全寿命周期寒冷地区近零能耗居住建筑能效指标研究 [J]. 建筑科学,2017,33 (6):90-107.
[12] FEIST W, SCHNIEDERS J, DORER V, et al.. Re-inventing air heating: Convenient and comfortable within the frame of the passive house concept [J] . Energy and Buildings, 2005, 37 (11): 1186-1203.
[13] WANG J, YAN D, LIN L. The applicability of high performance envelope building in China [J] . Heating Ventilating & Air Conditioning, 2014, 44 (1): 302-307.
[14] 李怀,徐伟,吴剑林等. 基于实测数据的地源热泵系统在某近零能耗建筑中运行效果分析 [J] . 建筑科学,2015,31 (6):124-130.
[15] PARKINSON T, DE DEAR R. Thermal pleasure in built environments: Physiology of alliesthesia [J] . Building Research & Information, 2015, 43 (3): 288-301.
[16] 清华大学建筑节能研究中心. 中国建筑节能年度发展研究报告 [M] . 北京:中国建筑工业出版社,2014.

第 7 章　规划与方案设计

7.1　总体原则

7.1.1　气候适应性设计

近零能耗建筑应使用极少的能源，为使用者提供安全、舒适的室内环境。近零能耗建筑应该充分考虑当地的气象、地理特征、场地条件等因素，充分利用自然方式，比如微气候营造、自然采光、自然采光、被动式得热、建筑遮阳、围护结构性能提升等方式，尽量降低建筑供暖、空调、通风、采光负荷需求，适应气候、环境条件，打造冬暖夏凉、采光通风良好的建筑形式。在不同气候环境条件下的不同功能和规模的建筑，应该具有不同的形式。在传统建筑中，由于当时没有更多的机电设备，在气候适应性方面有着多种多样的经验，值得现代建筑借鉴和学习（图 7-1）。

(a)　　(b)

图 7-1　北京四合院与藏式民居

北京地处寒冷地区，本地的典型民居四合院，院落宽绰疏朗，四面房屋各自独立，彼此之间有走廊连接，起居十分方便，在院中赏心悦目，适合活动。冬季四面房屋合围避风，夏季庭院利于乘凉，在保持安全、私密的前提下改善采光、通风，满足社交需求，非常适合北方寒冷地区气候条件。

高原高寒地区冬季漫长寒冷，夏季短促凉爽，阳光强烈，干燥多风。藏式民居体型系数通常较小，围护结构厚重，开窗通常朝向南侧，在注意防寒、防风、防震的同时，也采用开辟风门，设置天井、天窗等方法，较好地解决了气候、地理等自然环境不利因素对生产、生活的影响，达到通风、供暖的效果。

在不同气候条件下，合理的建筑方案应该能够适应当地温度、湿度、风力、风向、日照、降雨等多种自然条件，符合自然规律的自然衍化生成，体现出建筑与自然的共生和谐。

尽管传统建筑中有着大量的经验可供借鉴，在现代建筑中，由于科学技术的进步，即使建筑方案不太合理，体型系数、窗墙比较差，也可以使用保温隔热性能良好的保温材料降低围护结构传热，应用双玻、三玻透光性能良好的玻璃和断桥隔热的窗框组成的保温气密门窗，也能实现较低的建筑冷热负荷。利用现代机械电气设备，冬天冷可以用暖气，夏天热可以用空调，采光差可以开灯，现代建筑不再特别需要依赖于合理的建筑设计，就可以实现舒适的室内环境。在一段时间内，大量的现代建筑方案千篇一律，在不同气候区，不同文化背景和经济背景条件下，建筑方案雷同，千城一面。近年来，随着对气候变化、能源安全和绿色发展的关注，建筑界已经开展了大量的反思，绿色可持续理念已经深入人心，充分利用气候适应性设计理念，优化建筑形式，降低建筑能源资源需求，已经成为业界共识。

7.1.2 建筑方案关键要素

在前期头脑风暴时，应当尽量考虑各种对建筑最终性能带来影响的相关设计要素。图7-2给出了一些重要的被动式建筑设计要素，首先应在建筑规划环节考虑建筑空间的开放或集约、规整或变化、朝向和空间的分布、明确分区或混搭等相关要素；在建筑形态环节，应考虑进深的大与小、围合关系、大空间或小开间、人流物流处理等要素；在立面设计时，要考虑窗墙比、外窗分布规律、通风与采光开口、建筑被动遮阳考虑等问题；在建筑肌理设计时，应考虑建筑保温、建筑热惰性、建筑材料性质、建筑耐久性等问题。

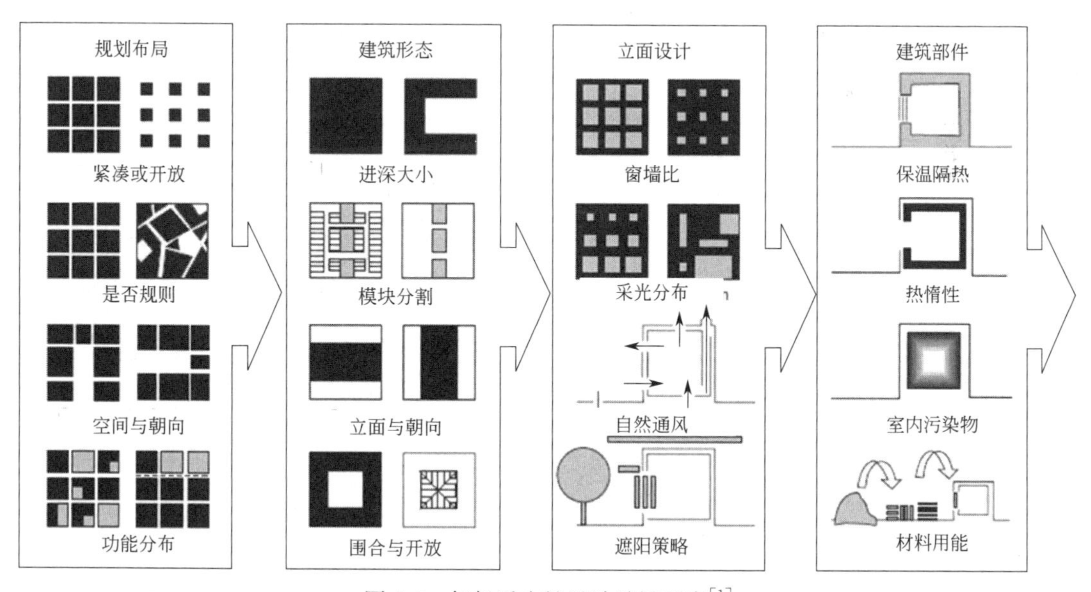

图7-2 气候适应性设计关键要素[1]

在每个项目中，以上要素都应在美学形式和性能功能之间充分考虑，并尽量采用定量的方法进行分析。与主动式建筑技术应用不同，被动式建筑设计之间存在着彼此的关联和限制。图7-3给出了这一关联关系的示意。

举例来说，建筑采用混搭模式的时候，进深的大小、建筑朝向、立面形式、窗墙比、遮阳设计等相关要素都会产生影响，这体现出建筑形式牵一发而动全局的特点。有经验的

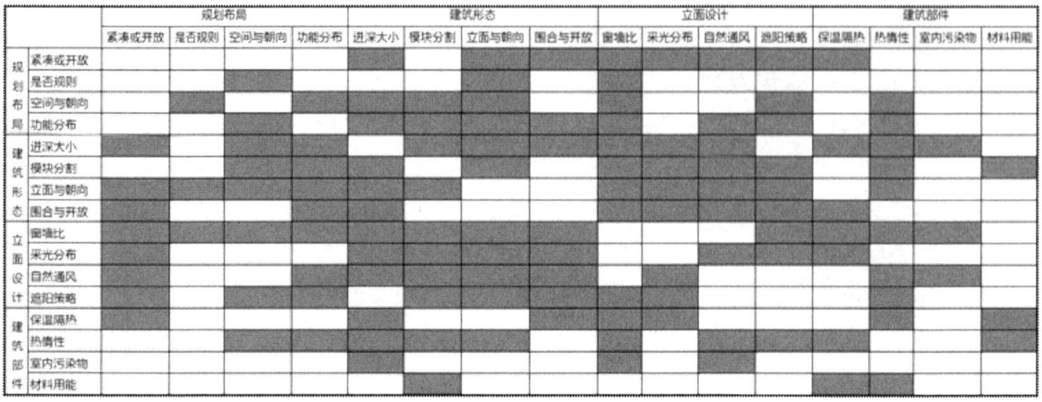

		规划布局				建筑形态				立面设计				建筑部件			
		紧凑或开放	是否规则	空间与朝向	功能分布	进深大小	模块分割	立面与朝向	围合与开放	窗墙比	采光分布	自然通风	遮阳策略	保温隔热	热惰性	室内污染物	材料用能
规划布局	紧凑或开放																
	是否规则																
	空间与朝向																
	功能分布																
建筑形态	进深大小																
	模块分割																
	立面与朝向																
	围合与开放																
立面设计	窗墙比																
	采光分布																
	自然通风																
	遮阳策略																
建筑部件	保温隔热																
	热惰性																
	室内污染物																
	材料用能																

图 7-3　建筑设计要素之间的关联[2]

设计师能够通过较少的变化，实现奇妙的化学反应，起到事半功倍的效果。这不是通过应用某种设计方法或设计工具，就能够自然而然实现。虽然目前学术界也有一些关于自动参数化设计的相关研究，但在目前阶段，建筑设计仍然是一个掺杂着艺术创作和工程实践的过程。近零能耗建筑设计，尤其是被动式设计这一部分，也仍然要遵循建筑设计的普遍规律。

主动式建筑技术与被动式建筑设计之间的关联关系如图 7-4 所示。与被动式建筑设计各要素之间的关联不同的是，主动式建筑设计与被动式建筑设计之间的关系更多地通过指标联系的，而不是形式上的限制。比如说，建筑朝向的选择会影响供暖、空调、采光各项技术的应用，在一些特定建筑朝向的房间，供暖、空调的负荷与其他朝向的房间明显不同，这会影响主动式建筑技术的一些策略或选型，但通常而言，对后者应用的限制体现的不明显。

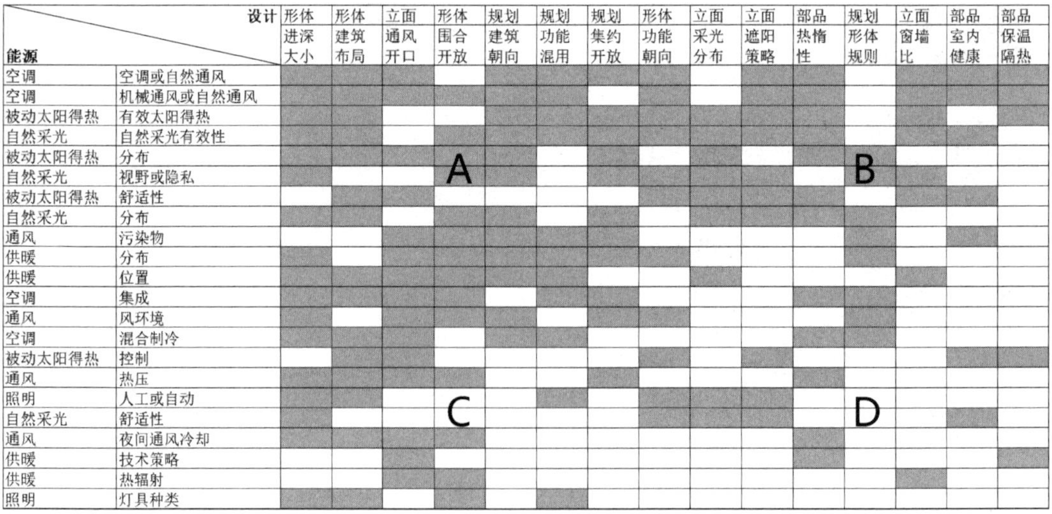

能源	设计	形体进深大小	形体建筑布局	立面通风开口	形体围合开放	规划建筑朝向	规划功能混用	规划集约开放	形体功能朝向	立面采光分布	立面遮阳策略	部品热惰性	规划形体规则	立面窗墙比	部品室内健康	部品保温隔热
空调	空调或自然通风															
空调	机械通风或自然通风															
被动太阳得热	有效太阳得热															
自然采光	自然采光有效性															
被动太阳得热	分布															
自然采光	视野或隐私				A								B			
被动太阳得热	舒适性															
自然采光	分布															
通风	污染物															
供暖	分布															
供暖	位置															
空调	集成															
通风	风环境															
空调	混合制冷															
被动太阳得热	控制															
通风	热压															
照明	人工或自动															
自然采光	舒适性				C								D			
通风	夜间通风冷却															
供暖	技术策略															
供暖	热辐射															
照明	灯具种类															

图 7-4　被动式建筑设计与主动式建筑技术的关联[2]

注：A 为设计和能源密切相关；B 为能源影响设计；C 为设计影响能源；D 为基本无关。

在建筑美学和形式不受影响，同样实现业主对建筑空间功能和环境的要求的前提下，主动式技术与被动式设计不应有简单的优劣判断或优先等级划分。在明确和定量的评价方法后，应当按照各方统一、互相理解、透明量化的评价方法对主动式技术和被动式设计进行比较分析。

7.1.3 气候适应性设计流程

在进行近零能耗建筑规划和设计时，应充分利用当地自然资源和场地现有条件，减少建筑能耗，利用自然采光、被动太阳得热、遮阳、围护结构保温隔热等措施，多角度全面考虑建筑关键要素的选择。使用建筑性能模拟软件定量评估，综合功能和美学的因素，实现经济、实用、美观和节能的多目标优化。设计流程各阶段任务如图7-5所示。

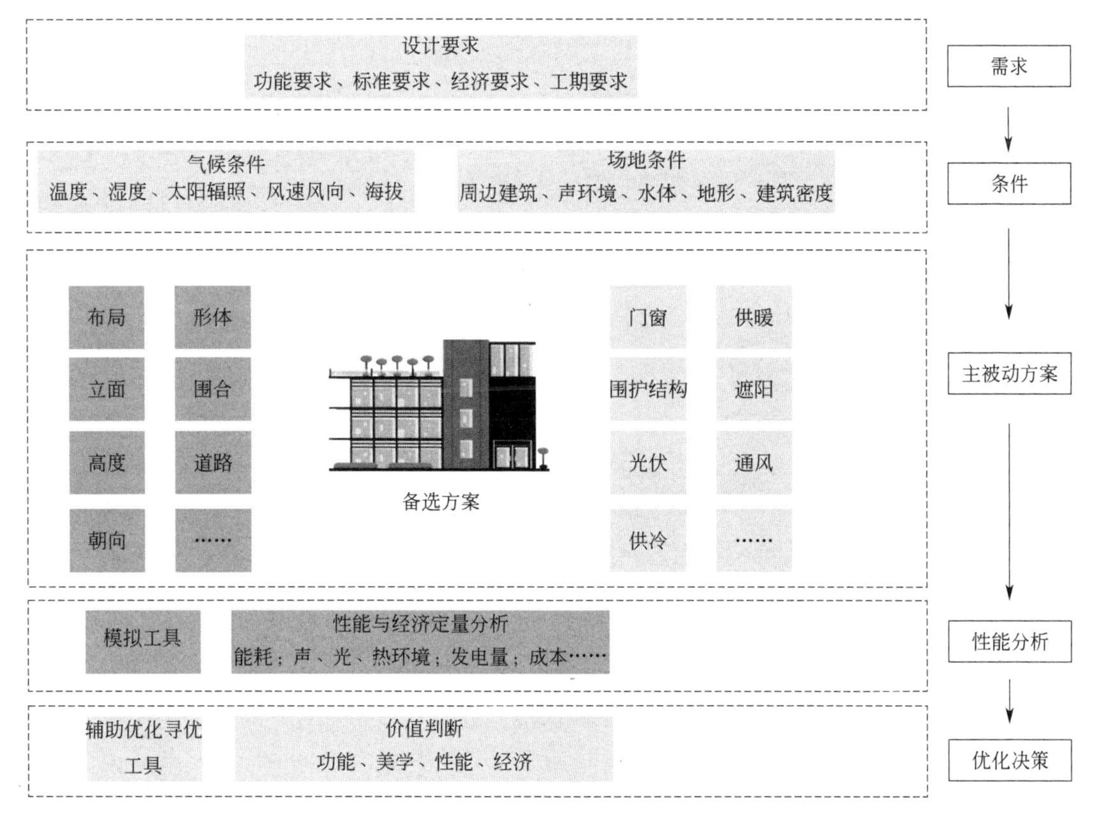

图7-5 气候适应性设计流程

7.1.4 近零能耗建筑评价工具IBE

在按照图7-5中建议的流程进行近零能耗建筑规划和设计方案的优化选择时，应通过定量的建筑能耗性能模拟工具，模拟分析不同设计策略的能耗指标。中国建筑科学研究院开发了爱必宜（IBE）软件，用于对近零能耗建筑进行工程快速模拟（图7-6）。

IBE软件包含超低、近零以及零能耗建筑设计阶段能耗、性能指标计算及方案评估等功能，能够计算建筑全年累计冷热负荷、暖通空调系统能耗、生活热水系统、照明系统及可再生能源系统的能耗，计算范围覆盖建筑生命周期内的运行能耗的主要部分，同时考虑超低、近零能耗建筑队气密性、无热桥、性能化设计等要求。最新版软件依据《近零能耗建筑技术标准》GB/T 51350—2019 的性能要求对建筑进行评估并生成符合认证要求的报告。

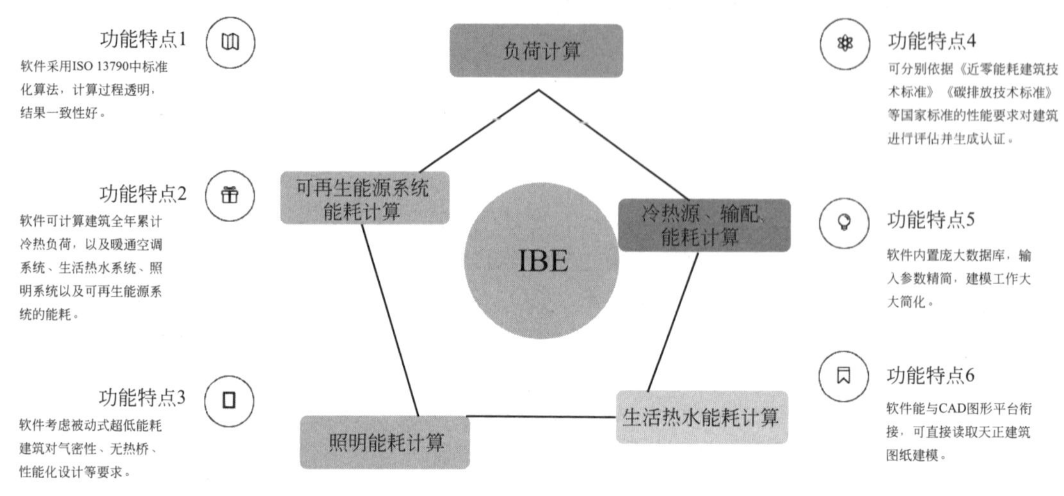

图 7-6　IBE 软件功能特点

7.2　建筑规划

7.2.1　概述

城市及建筑群的规划设计与建筑节能关系密切。尽管建筑所在地的宏观气候环境无法选择，但研究表明，城市及建筑群的总体规划可以改善局部的微气候，从而为改善室内外人居环境，降低建筑供冷供热需求，降低建筑能耗和碳排放起到积极作用。

通过优化建筑空间布局，合理选择和利用景观、生态绿化等措施，夏季增强自然通风、减少热岛效应，冬季增加日照，减弱冷风对建筑的影响。建筑的主朝向宜为南北朝向，主入口宜避开冬季主导风向。

近零能耗建筑设计首先要从规划阶段开始，在城市规划时，通过控制建筑密度、区域微气候营造等角度创造近零能耗建筑发展的前提条件，在建筑群规划时，应考虑如何利用自然能源，冬季多获得热量和减少热损失，夏季少获得热量并加强通风。具体来说，要在冬季控制建筑遮挡以加强日照得热，并通过建筑群空间布局分析，营造适宜的风环境，降低冬季冷风渗透；夏季增强自然通风，通过景观设计，减少热岛效应，降低夏季新风负荷，提高空调设备效率。通常来说，建筑主朝向应为南北朝向，有利于冬季得热及夏季隔热，有利于自然通风。主入口避开冬季主导风向，可有效降低冷风对建筑的影响。

7.2.2　建筑布局与微气候

1. 风环境

建筑风环境是建筑微气候的重要维度，与项目所在地的气象条件和建筑布局关系紧密。结合当地气象条件，优化进行建筑群落的布局，可以优化局部的风环境。适宜的建筑风环境应该有助于在夏季适当提高室外人员停留区域的风速，提高室外停留时的热舒适感觉；在冬季，应降低冷风对室外活动的影响，避免在一些项目中出现的冬季大风天气局部风速过大，不仅无法长期停留进行社交活动或运动，甚至走路都困难的情况。建筑的主入口避开冬季主导风向，可有效降低冷风渗透，降低建筑供暖负荷，提高建筑入口区域的冬季室内环境温度。在夏季和过渡季时，应结合建筑布局和单体建筑门窗位置，尽量营造有利于室内自然通风的外部风环境条件。

在不同气候和场地条件下，基于风环境分析的规划布局理念应该有针对性地开展。比如，在严寒地区，应主要关注冬季防风，结合当地风速风向联合概率密度，保障在建筑周围行人活动区域距离地面高度1.5m左右位置的风速小于5m/s，风速系数小于2.0，限制冬季除迎风面外的建筑物前后压差不大于5Pa。常用的措施包括在冬季主导风向上设置建筑物，阻挡和降低冬季来风；建筑物在冬季主导风向上，错落设置，避免出现直通的通风风道；合理设置高层建筑和低层建筑位置，利用高层建筑降低低层建筑冬季前后立面风压；结合景观设计，利用微地形高差，设置景观墙、防风绿化带、局部避风景观等方式，改善冬季室外活动环境的同时，也为单体建筑节能创造有利的外部条件。

在夏热冬暖和夏热冬冷地区，则应该更加关注夏季和过渡季的通风促进，营造建筑前后压差不小于1.5Pa，促进室内自然通风；结合夏季当地方向风速条件，适当增加场地内的通风，营造更舒适的室外环境。在建筑布局时，应注意阻挡夏季和过渡季主风向来风，注意控制建筑面宽，注意景观和地形的结合，可以考虑底部架空等促进通风的设计策略。

在进行风环境分析时，应结合主观经验和数值模拟工具定量计算结果。由于进行室外风环境CFD模拟计算量较大，很难完全依赖计算工具进行全部可能性的分析比较，因此，还要结合设计师的经验和定性判断，结合数值模拟定量分析进行综合判定。

常用软件Fluent是目前国内外上使用较多的商用计算流体力学（CFD）软件工具，可应用于多种流体、热传递和化学反应等有关的场景。它具有丰富的物理模型、先进的数值方法和强大的前后处理功能，在建筑行业有着广泛的应用。Fluent为设计者、工程师和建筑公司，提供全自动、最高效、超经济的仿真方法，可以用于室外风环境的评估。Fluent软件涵盖各种物理建模功能，可对工业和建筑应用中的流动、湍流、热交换和各类反应进行建模。

使用Fluent软件，仿真建筑群所处的物理环境，使设计者在设计初级阶段，就可以对建筑在各种场景下的性能进行分析，而无需生产出建筑模型，就可以进行方便地设计评估，量化建筑物外的空气流动状况对于实现更好的建筑风环境非常重要[3]。

设计举例：在对山东城建学院实验实训中心设计时，考虑济南当地冬夏季主导风向，设置透风连廊和室外中庭，在过渡季和夏季时，促进建筑的自然通风。在冬季主导风向上，避免设置建筑出入口，并利用建筑立面阻挡主要来风，给室外中庭营造比较舒适的室外风环境，平均风速低于3m/s。为项目达到近零能耗建筑目标起到了积极作用（图7-7）。

2. 热环境

城市热岛效应是指当城市发展到一定规模，由于城市下垫面性质的改变、大气污染以及人工废热的排放等使城市温度明显高于郊区，形成类似高温孤岛的现象。研究表明，城市人口密集、工厂及车辆排热、居民生活用能的释放、城市建筑结构及下垫面特性的综合影响等是其产生的主要原因。年均气温的城乡差值约1℃，在大型城市的热岛效应相对于中小型城市更加显著，上海观测到的热岛强度达到6度以上。建筑所在地热岛强度过高，一方面影响夏季人员在室外停留、活动时的舒适度，同时也提高了夏季供冷系统的负荷，

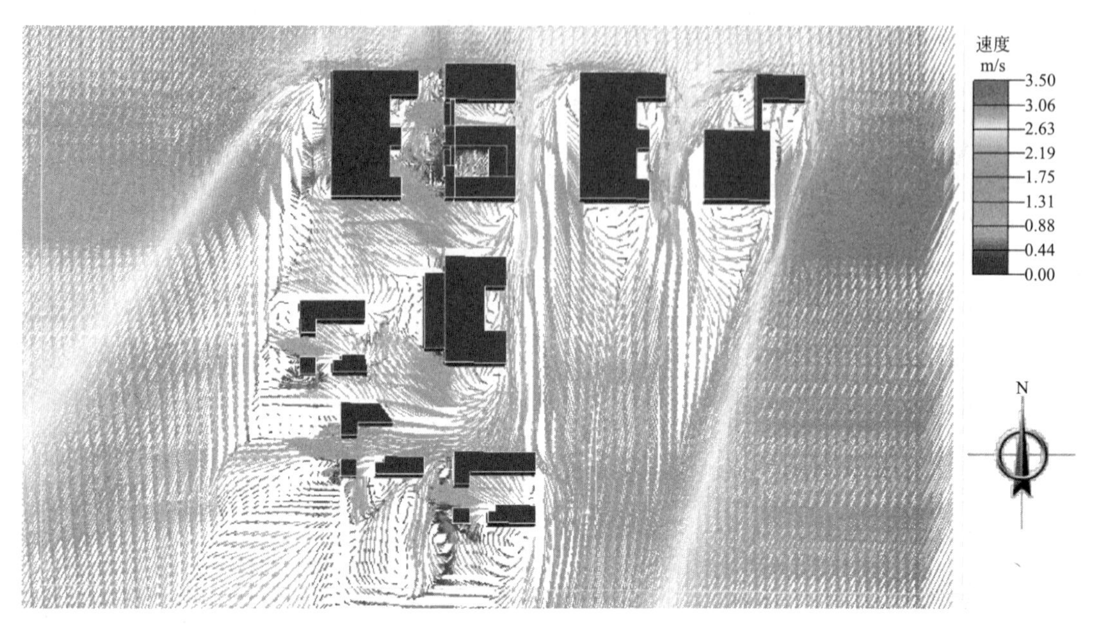

图 7-7　山东城建职业学院实验实训中心冬季室外风环境

降低空调系统的效率，不利于实现近零能耗建筑的节能目标。

在改善建筑热环境方面，首先可以从规划开始，结合景观设计，优化下垫面属性。研究结果表明，景观水体、乔木灌木和草体结合的绿化、屋顶绿化和垂直绿化等措施，当水体和绿地面积达到一定比例后，能够显著降低热岛效应，改善区域热环境。当不得不采用硬化下垫面时，可注意选择高反射率的下垫面材质，降低下垫面吸收太阳辐射热量的能力。美国近年大力推广 Cool Roof 技术（图 7-8 和图 7-9），认为降低屋面太阳得热能力对于降低建筑空调能耗具有重要意义，推出了涂料、薄膜等一批相关产品和解决方案。

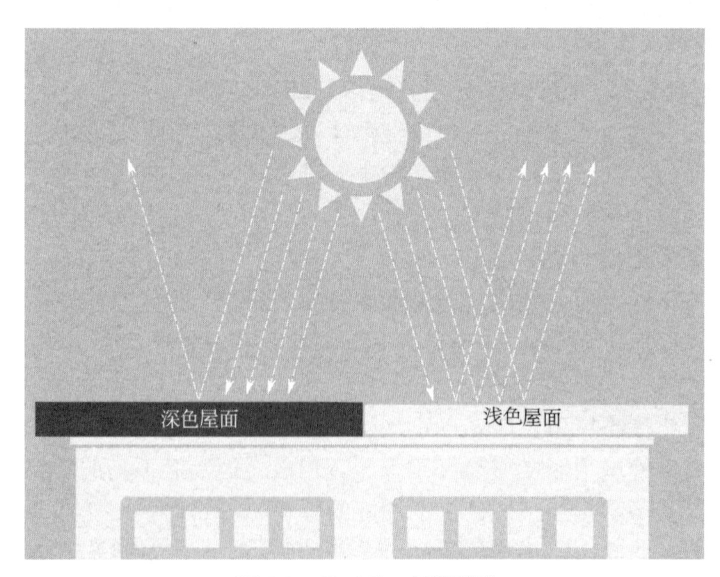

图 7-8　Cool Roof 原理图

（来源：https：//www. gaf. com/en-us/for-professionals/resources/cool-roof-solutions）

图 7-9　浅色屋面和建筑屋面
（来源：https：//www. coolroof. biz）

在兼顾建筑美学和功能要求的前提下，考虑采用浅色建筑外立面，有也有助于改善建筑夏季热环境，降低建筑外表面温度，减少夏季因传热导致的空调负荷。在严寒和寒冷地区，考虑使用浅色建筑表面，降低空调负荷的同时，也要兼顾冬季外表面温度降低导致供暖负荷的增加。

除了选择下垫面及建筑表面的太阳反射系数之外，利用景观绿化和遮阳设施，也有助于改善建筑群落的建筑热环境。尤其是落叶乔木，由于其夏季能提供遮阳效果，冬季落叶后又不影响建筑和下垫面得到太阳辐射热量，具有一定的选择性，对于改善冬季和夏季的建筑热环境能起到较好的效果。

3. 光环境

光环境设计是近零能耗建筑规划中的重要组成部分。传统意义上，节能建筑主要着眼于建筑热工性能、机电系统效率、可再生能源应用等。其实在建筑和区域中优化考虑光环境设计，能够有效节约照明用电，改善区域环境，对建筑光环境利用计算机模拟分析，进行优化和评价，有助于建筑空间的合理规划、设计和使用。

在近零能耗建筑的规划和设计阶段，需要考虑的光环境相关内容包括：(1) 自然采光分析。在自然采光分析时，主要考虑为保证室内环境的卫生要求，根据建筑物所处气候区和场地条件，在一天不同时刻进行日照阴影分析。(2) 场地辐射分析。根据建筑周围地面的辐射分布情况，把场地不同区域设置为绿地、道路、活动广场等不同功能。(3) 采光和遮阳分析。主要以室内采光系数为依据，对建筑布局、开窗位置、遮阳设计等进行优化分析。

应用计算机模拟软件，可以通过优化建筑位置和采光口位置，得到更加宜人的自然采光环境；通过合理布置建筑位置，在夏季减少太阳光直射，冬季尽量引入太阳光直射得热；通过采光分析，可以在保障足够采光强度的同时达到较好的照度均匀度，减少白天的照明能耗，改善建筑使用人员的感受。通过模拟分析，将光环境定量分析结果作为规划设计工作的一个维度，利用模拟软件，进一步优化建筑群的布局和门窗位置，协助规划阶段的相关场地和立面风格的确定，为实现健康、舒适、节能的建筑设计目标提供基础（图 7-10）。

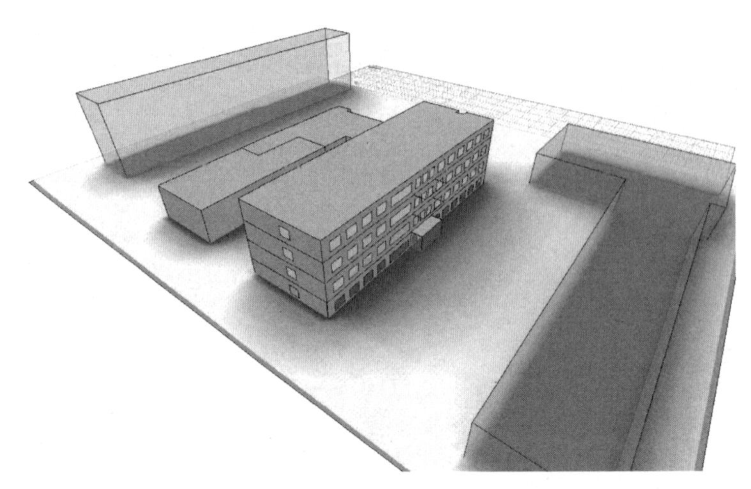

图 7-10　场地日影模拟示意图

常用的计算软件 Ecotect Analysis 是 Autodesk 公司研发的一款全面分析建筑热环境、光环境、声环境，以及经济环境影响、造价分析、气象数据等重要建筑环境的计算机模拟分析软件，主要应用领域包括建筑设计、城市规划设计、建筑环境等专业设计与教学、绿色建筑研究等。Ecotect 中内置了 Radiance 的输出和控制功能，这大大拓展了 Ecotect 的应用范围，并且为用户提供了更多的选择（图 7-11）。

自 2015 年 3 月 20 日起，Autodesk 将不再销售 Ecotect Analysis 许可，将 Ecotect Analysis 等类似的功能整合至 Revit 产品系列中。

Ecotect 建筑光环境分析功能包括：(1) 建筑天然采光系数的空间分布分析；(2) 建筑天然采光照度分析；(3) 建筑人工照明照度分析；(4) 能输出到专业光学分析软件中进行深度的光学渲染分析等。

Ecotect 日照分析功能包括：(1) 建筑窗体日照时间分析；(2) 建筑群的光影变化情况；(3) 建筑群之间的遮蔽情况分析等；(4) 太阳某段时间的平均太阳辐射、累积太阳辐射等。

7.2.3　优化建筑朝向

选择合理的建筑朝向是近零能耗设计中应首先考虑的问题之一。建筑物的朝向对太阳辐射得热量和空气渗透量都有影响。在其他条件相同的情况下，东西向板式多层住宅建筑的传热耗热量要比南北向的高 5%左右，建筑物主立面朝向冬季主导风向，会使空气渗透量增加。因此，建筑物朝向宜采用南北向或接近南北向，主要房间宜避开冬季主导风向。

影响建筑朝向的因素很多，如地理纬度、地段环境、局部气候特征及建筑用地条件等。“良好朝向”或“最佳朝向范围”的概念是对各地日照和通风两个主要影响朝向的因素进行观察、实测后，整理得出的成果，是一个具有地区条件限制的提法，它是在只考虑地理和气候条件下对朝向的研究结论。各地城市的最佳建筑朝向范围不同，如哈尔滨市最佳建筑朝向范围是南偏东 15°、南偏西 15°，北京市最佳建筑朝向范围是南偏东至南偏西 30°。由于不同朝向上太阳辐射强度变化比较大，因此合理选择建筑朝向对争取更多的太阳辐射量是有利的。

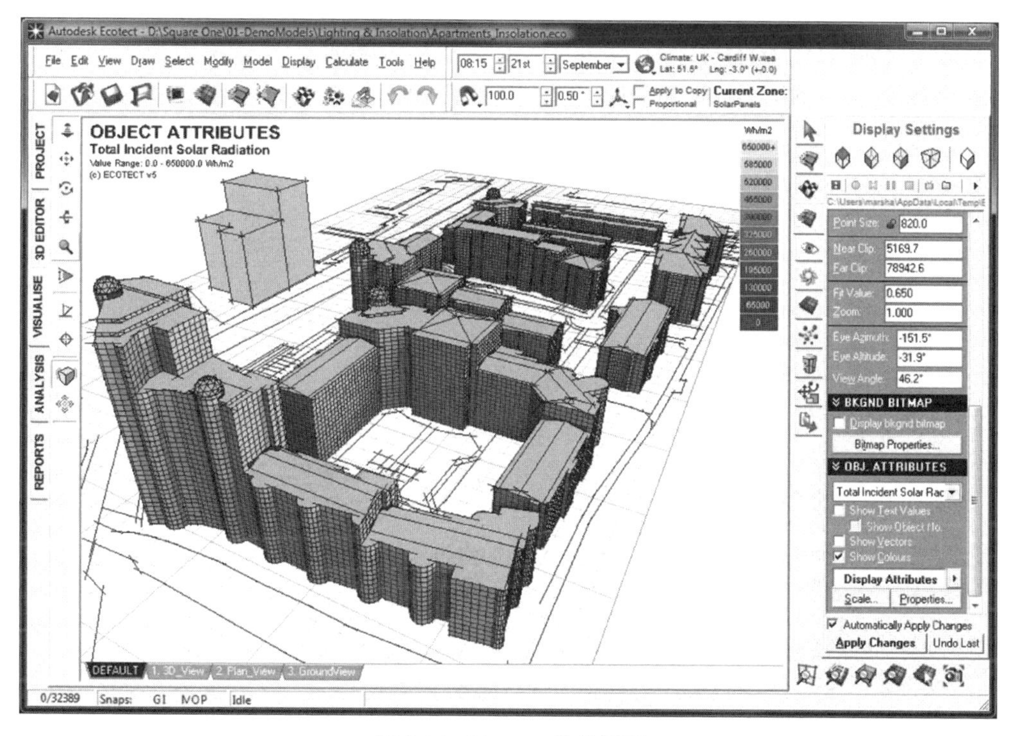

图 7-11　Ecotect 软件界面

（来源：https://www.archdaily.com/21168/autodesk-announces-ecotect-analysis-2010-and-free-guide-to-sustainable-design）

严寒和寒冷地区、夏热冬冷地区、夏热冬暖地区的居住建筑宜朝向南北或接近朝向南北。

设计举例：青海果洛藏族自治州高寒高海拔康养中心（图 7-12）

图 7-12　青海果洛藏族自治州高寒高海拔康养中心

在青海果洛藏族自治州高寒高海拔康养中心的设计中，结合场地条件，对建筑采用补充朝向进行分析计算，从图 7-13 中结果可以看到，建筑朝向对于建筑累计单位面积供暖耗热量具有较大的影响，最不利朝向的累计耗热量是最有理朝向的累计耗热量的 2.4 倍。因此，在规划许可的前提下，应该进行建筑朝向对能耗影响的定量分析计算，辅助设计师进决策。

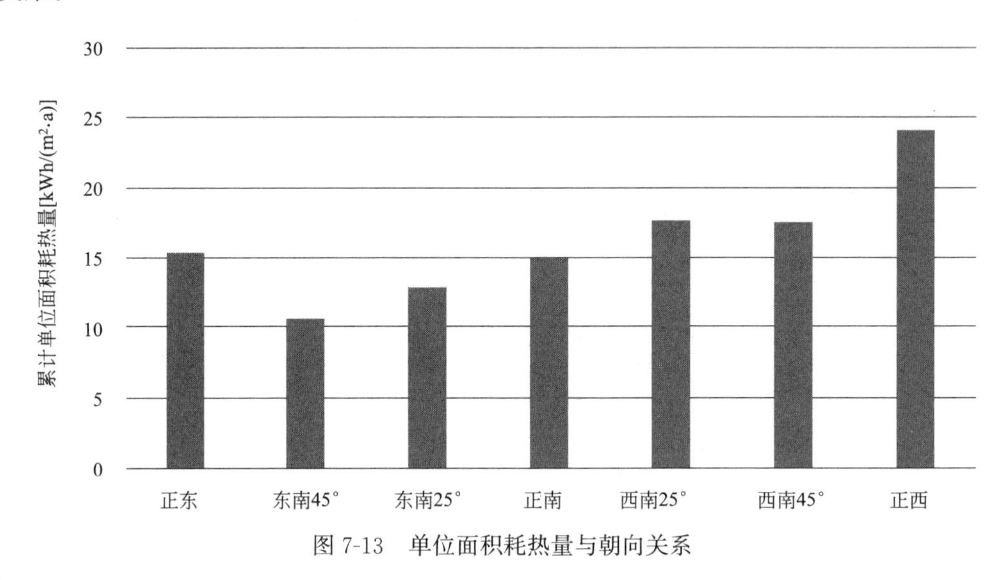

图 7-13　单位面积耗热量与朝向关系

7.3　建筑方案设计

近零能耗建筑的建筑方案设计应根据建筑功能和环境资源条件，以气候环境适应性为原则，以降低建筑供暖年耗热量和供暖年耗冷量为目标，充分利用天然采光、自然通风，考虑结合围护结构保温隔热和遮阳措施等被动式建筑设计手段，降低建筑的用能需求。

近零能耗建筑应遵循“被动优先”的设计原则，通过建筑设计手段降低建筑能耗，然后采用主动节能技术进行优化补充。在很多情况下，通过被动式建筑设计降低建筑能耗具有一次性的特点，与采用主动节能技术相比，不需要考虑设备效率下降、调试使用不当、设计工况与实际工况偏离等常见问题。

充分运用被动式建筑设计手段进行初步设计方案是定量分析的基础，只有在通过因地制宜地分析，以“被动优先，主动优化”为原则，结合不同地区气候、环境、人文特征，根据具体建筑使用功能要求，充分利用自然通风、自然采光、太阳得热，控制体型系数和窗墙比等，才能为后续定量分析优化打下坚实的基础，为最终获得最优设计策略提供依据。

7.3.1　设置环境缓冲区或灰色空间

采用部分时间、部分空间供冷供热，并按照不同功能使用要求，确认室内环境水平，是降低建筑冷热负荷和暖通空调能耗的有效策略。环境缓冲区或灰空间，是指介于室内空间或室外空间、空调供暖空间或非空调供暖空间的过渡空间。环境缓冲过渡空间的设置，在一定程度上抹去了建筑内外部的界限，使两者成为一个有机的整体。从建筑设计的角度，空间的连贯和设计的统一创造出内外一致的建筑，消除了内外空间的隔阂，给人一种自然有机的整体感觉。从建筑节能的角度看，环境缓冲区的设置，可以有效减少供暖空调面积和供暖空调负荷，改善自然通风和自然采光条件。

从建筑节能角度，可将环境缓冲区大致分为以下几类：(1) 按照气象条件和使用工况进行室内和室外转换的环境缓冲区；(2) 根据使用特点，室内环境指标比其他空间相应降低的环境缓冲区；(3) 为降低室外环境影响，提供室内外环境过渡的环境缓冲区。

下面分别以典型项目设计应用为例，介绍3种环境缓冲区的原则和工程应用。

设计举例1：按照气象条件和使用工况进行室内和室外转换的环境缓冲区

在镇江被动式建筑展示中心项目中，在环境控制难度高、冷热负荷较大的中庭区域，创造性地设置了室外环境缓冲区（图7-14），不仅仅改善了内部采光效果，环境缓冲区在冬季还起到被动式太阳房的功能，通过围护结构的封闭，作为室内空间，避免得到的太阳辐射热量的外漏，提供温暖舒适的室内交流空间。在过渡季的时候，将缓冲区域幕墙大面积打开，缓冲区域内不进行空调供应和机械通风，利用自然通风和采光，营造类似于室外的环境，并建立良好的视野，将室外的生态环境和室内的绿植景观联系到一起，建造自然、宜人的室内外融合环境，同时大幅降低夏季和过渡季的空调、通风及采光能耗。

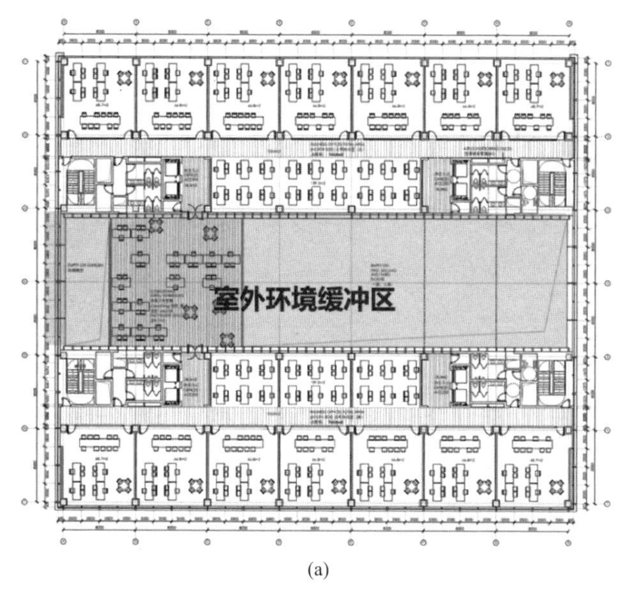

(a)

(b)

图7-14 镇江被动式建筑展示中心室外环境缓冲区的应用

设计举例2：根据使用特点，室内环境指标比其他空间相应降低的环境缓冲区

由中美两国领导人倡议，中美两国政府于2009年11月签署的《关于中美清洁能源联合研究中心合作议定书》，中美双方同意在2009—2014年内共同出资1.5亿美元，支持清洁煤、清洁能源汽车和建筑节能等3个优先领域产学研联盟的合作研发。中美清洁能源联合研究中心CABR近零能耗示范楼，是中美建筑节能合作二期的工作载体。示范项目位于中国建筑科学研究院内，建筑面积约4025m^2，共4层，建成后作为建筑环境与节能研究院的办公会议楼和技术展示中心（图7-15）。项目于2013年3月启动，2014年7月投

入使用。目前年供暖、空调、照明能耗小于 25kWh/(m^2 · a)，并获得中国环境人居奖、国家发展改革委节能最佳实践等奖励，获得了行业的广泛关注。

图 7-15　CABR 近零能耗建筑示范楼

在 CABR 近零能耗建筑示范楼的设计过程中，根据建筑使用情况设置不同的环境指标，将建筑功能区域划分为空调空间、机房和过渡区（图 7-16）。空调区域夏季环境指标为温度 26℃，湿度 60%；过渡空间环境指标为温度 28℃，湿度 70%；机房环境不作要

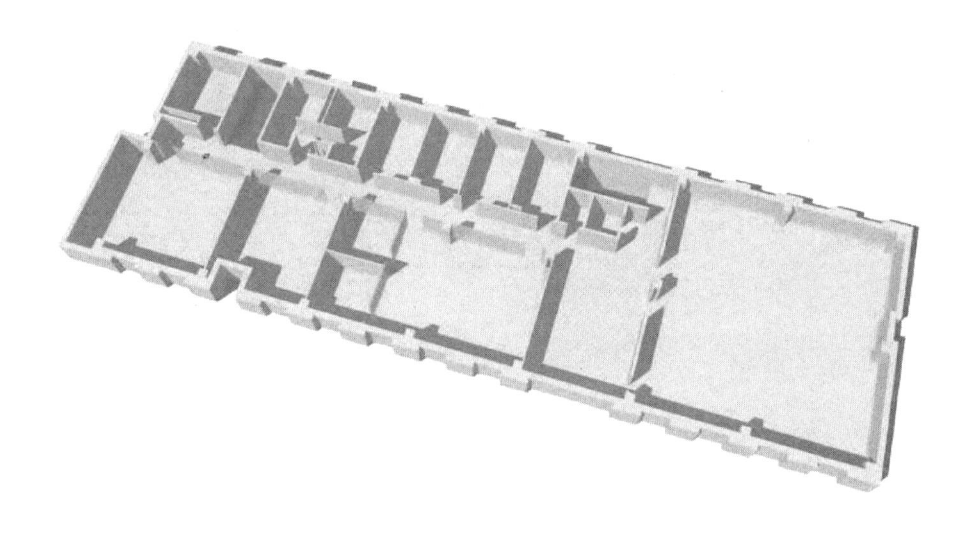

空调空间　　走廊、过渡区　　机房

图 7-16　CABR 近零能耗建筑示范楼环境缓冲区设置

求。通过不同空间的环境温度设定，建筑使用者在夏季进入室内时，从高温高湿的室外环境进入比较适宜的走廊和过渡空间区域，感觉比较舒适；当需要长期办公、开会等静态工作状态时，停留在舒适度较高的空调空间，实现动态的热舒适的同时，有效减少了空调负荷和相关能耗。

设计举例 3：为降低室外环境影响，提供室内外环境过渡的环境缓冲区。

在一些室内外环境差异较大、室外人流较多、室外环境对室内环境影响较大的位置，设置环境缓冲区过度，可有效减少室内外空气的交换，降低室外空气侵入和渗透（图 7-17）。在青海果洛藏族自治州高寒高海拔康养中心项目设计时，从室外到室内，首先设置阳光房过渡区，在阳光房过渡区中不进行供暖，并担任室外高寒环境和室内供暖区域之间的缓冲；此外，在进入阳光房过渡区后，设置压力缓冲区，作为增压增氧区域和阳光房过渡区之间的压力缓冲，在压力缓冲区域设置开启门连锁控制，减少增压增氧区域由于人员进出导致的压力泄漏和氧气泄漏，减少相关设备开启时间，降低供暖负荷，降低建筑能耗。

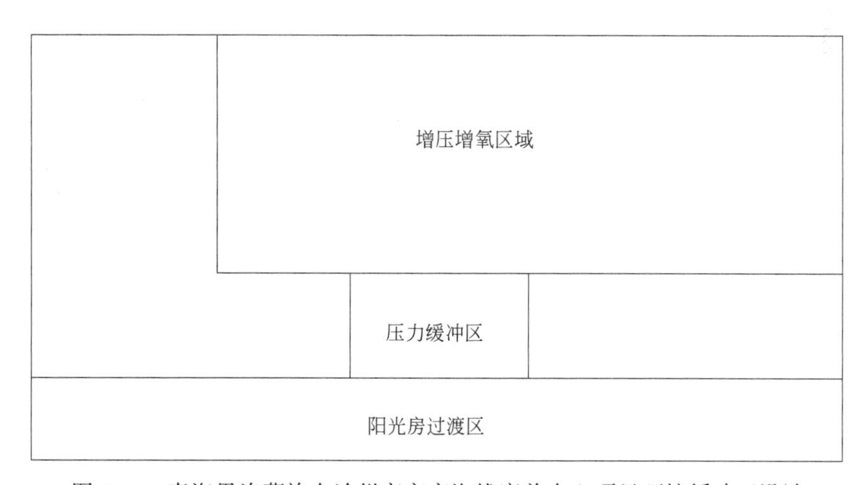

图 7-17　青海果洛藏族自治州高寒高海拔康养中心项目环境缓冲区设计

7.3.2　内部空间设计与自然通风

对于大多数气候区来说，在过渡季节充分利用自然通风，都是有效降低空调能耗的重要手段。自然通风主要驱动来自于风压和热压，促进自然通风可以从两个方面着手，首先是通过建筑空间布局和开口设计增加风压和热压，另一个方面是通过优化建筑布局减小自然通风穿过室内空间的流动阻力。

增加热压和风压的措施包括设置通风中庭、空中花园或调高空间，在高大空间顶部和底部设置可开启的开启部件，在建筑迎风面和背风面设置可开启的门窗或自然通风开启扇，利用建筑高度或地形，在建筑顶部设置可开启天窗等方式，都可以增强热压和风压的作用效果。在建筑中建立起热压和风压后，还需要降低自然通风通过建筑内部空间的流动阻力，或者说需要建立自然通风在建筑内部顺畅的流动通道。常用的策略包括减少室内通风流道中的不必要隔断，扩大自然通风区域的空间，合并功能适宜合并的功能空间，设置利于自然通风的可调节通风口，对齐空气流动开口位置等。

除了基于直觉和经验的设计外，在面向自然通风效果的设计优化时，也应充分利用专业计算软件，应用计算机模拟工具协助设计优化。自然通风模拟可采用 CFD（计算流体力学）计算工具或 Zonal Model（区域模型）计算工具开展。其中 CFD 计算将每个建筑空间均离散为多个网格，能够得到室内各个位置的自然通风流量、流速、温度等参数。但是，对于复杂建筑进行模拟计算时，由于网格数量和计算量的增加，模拟难度较大，要求高性能计算服务器的长时间计算。

Zonal Model 将每个空间简化为 1 个或几个空间节点，由节点间的联通关系代表着建筑物内可通风空间的联通关系，根据质量平衡和能量平衡的基本方程进行迭代求解，Zonal Model 仅能够得到每个空间的一个代表参数组，包括温度、流速、压力等相关指标。Zonal Model 相对 CFD 方法来说，尽管精细程度相对下降，但计算量大幅降低，基本可实现秒级计算，具有较强的工程实用性。

1. 设计举例：江苏省大通超低能耗展示中心

在江苏省大通超低能耗展示中心项目中，在立面上注意开口位置之间的关系，促进过渡季穿堂风流通顺畅；设置了通风采光中庭，中庭顶部利用设置可开启的天窗，在过渡季时充分利用热压自然通风。此外，项目在自然通风新风入口处，设置景观和水体，利用水体和种植下垫面蒸发冷却效应，降低夏季进风温度，改善自然通风工况下的室内热环境（图 7-18 和图 7-19）。

图 7-18　江苏省大通超低能耗展示中心通风中庭方案

2. 设计举例：山东城建学院实验实训中心

在山东城建学院实验实训中心项目中，将建筑南北两侧开窗位置、房间开门位置、中间透明隔断通风开启扇尽量对齐，为夏季和过渡季进行南北自然通风营造顺畅的流动通道，经过 CFD 模拟夏季和冬季两种工况，可以看出夏季比较流畅的室内自然通风，各房间的换气次数都满足绿建评价准则要求的 2 次/h。对于换气次数较大的房间，为了保障室

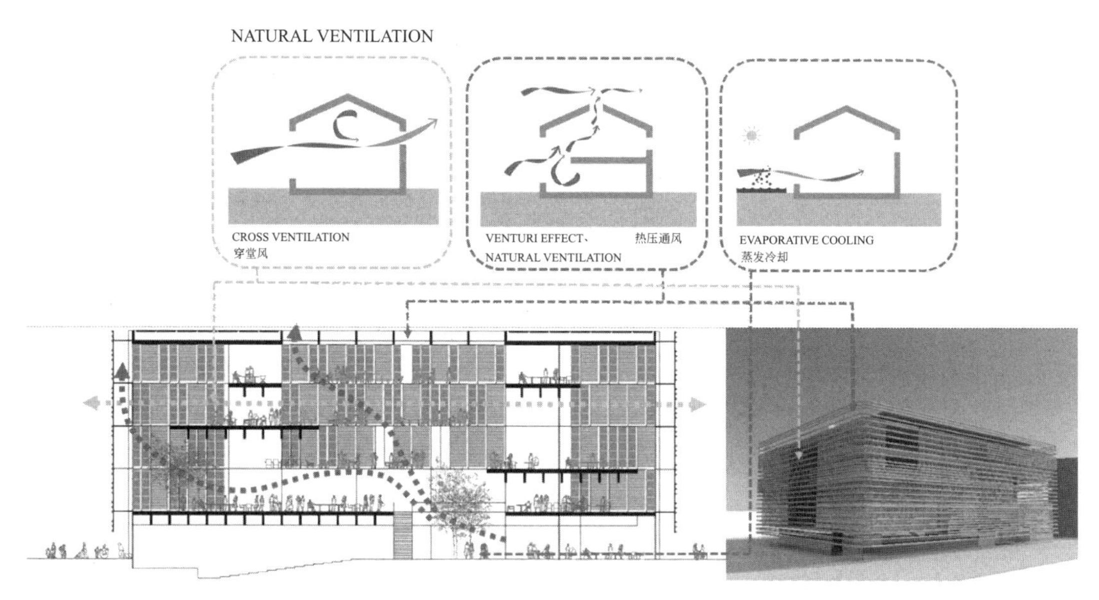

图 7-19 江苏省大通超低能耗展示中心自然通风原理图

内人员活动区域风速不大于舒适性限值 0.3m/s，可通过合理设置通风口数量和调节开启扇大小的方式由使用者自行调节。具体见图 7-20、图 7-21 和表 7-1。

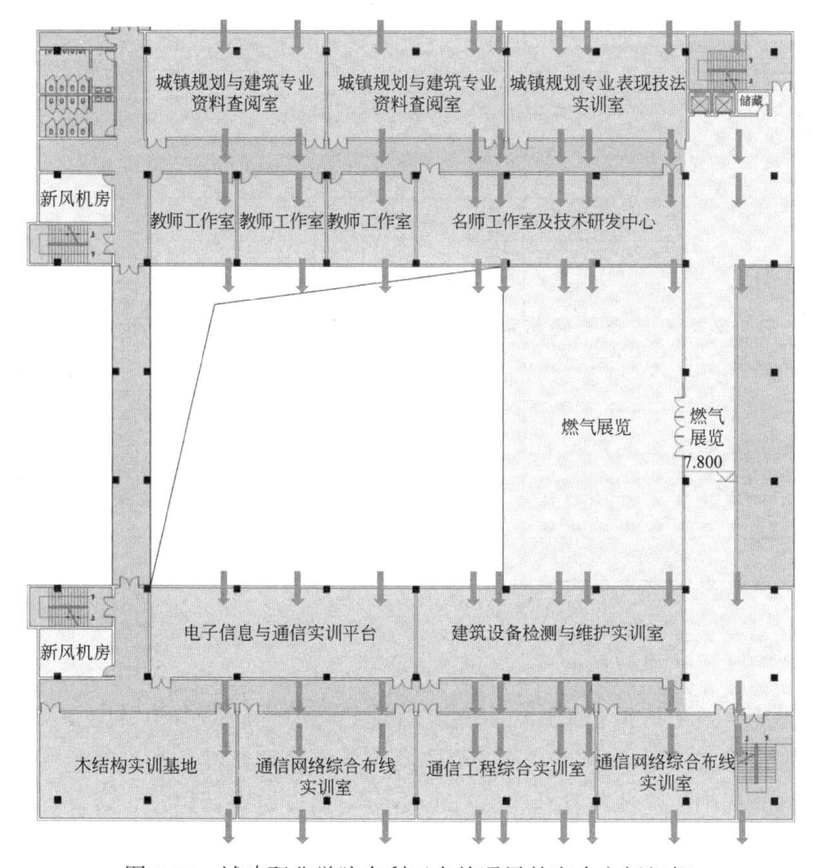

图 7-20 城建职业学院有利于自然通风的室内空间组织

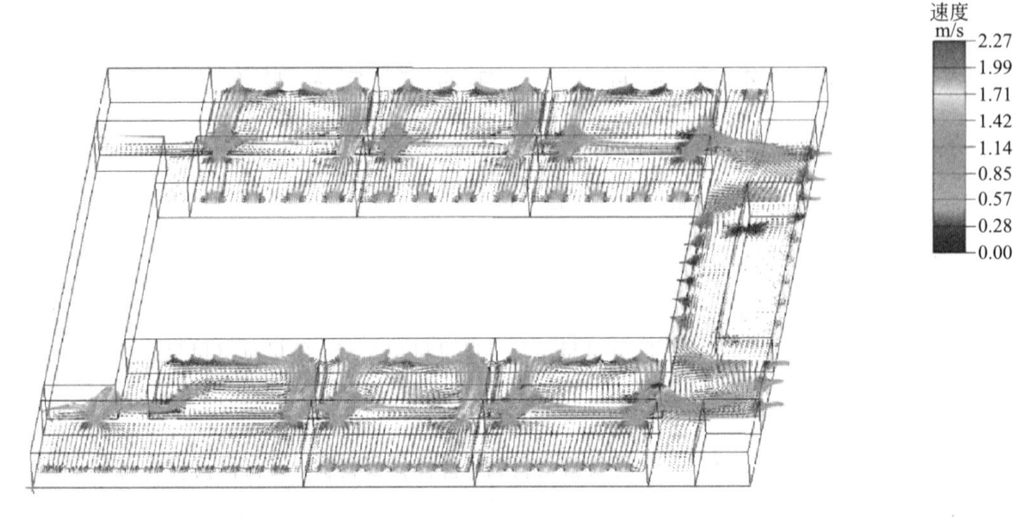

图 7-21　山东城建职业学院夏季室内自然通风气流组织

主要房间最大换气次数表　　**表 7-1**

房间名称	房间面积(m^2)	层高(m)	通风量(m^3/s)	换气次数(次/h)
房间 1	145	3.8	0.576	4
房间 2	148	3.8	1.152	7
房间 3	145	3.8	2.016	13
房间 4	60	3.8	0.288	5
房间 5	58	3.8	0.576	9
房间 6	60	3.8	0.288	5
房间 7	120	3.8	1.728	14
房间 8	188	3.8	5.184	26
房间 9	185	3.8	1.152	6
房间 10	70	3.8.	1.152	16
房间 11	225	3.8	9.504	40
房间 12	239	3.8	7.776	31

7.3.3 内部空间设计与自然采光

在近零能耗建筑中，由于采用了超过常规建筑热工性能的围护结构，无热桥和高气密性的设计策略和施工质量保障，以及应用了高效的暖通空调设备和可再生能源系统，照明能耗在建筑总能耗中的占比往往比常规建筑更大，从建筑设计出发，降低照明能耗，是超低能耗建筑方案设计应该考虑的重要问题。

建筑进深对建筑照明能耗影响较大，对于进深较大的房间，应通过采光中庭和采光竖井的设计，引入天然采光。此外，可考虑利用光导管、导光光纤等导光设施引入自然采光，减少照明光源的使用，降低照明能耗。

设计举例：中国建筑科学研究院近零能耗示范楼

在中国建筑科学研究院近零能耗示范楼中，由于采用走廊配置两侧办公室的设计，南侧采光较好，设置进深较大的办公室房间，北侧采光稍弱，设置进深较小的办公室，保障两侧有外窗的办公室采光良好。

在走廊区域，将南侧办公室和走廊之间的隔墙改为透明玻璃隔断，在走廊中充分利用南侧透过的室外光线，提高走廊自然采光照度。从使用效果看，目前走廊在白天基本不用开灯，有效降低了公共区域照明能耗（图 7-22）。

图 7-22　CABR 近零能耗示范楼走廊自然采光效果

在顶层进深较大的大会议厅，安装了 6 个通往屋顶的光导管，实践证明，在绝大多数白天时间段中，光导管可以提供明亮、色温自然舒适的室内光环境，如果没有特殊要求，大会议厅可使用自然采光提供良好的使用环境。当需要使用投影仪时，光导管内置的调节阀门可电动调节，基本完全屏蔽光导管引入的室外自然光（图 7-23）。

7.3.4　地下空间自然采光

节地省地是我国绿色建筑发展的基本原则之一，地下空间的开发在城市中应用日见广

图 7-23　CABR 近零能耗示范楼 4 层大会议厅光导管应用

泛。将天然采光引入地下空间，不仅有利于照明节能，同时对于使用者的使用感受也有改善。由于地下空间封闭的特点，天然光利用难度较大。在地下空间宜采用设置采光天窗、采光侧窗、下沉式广场（庭院）、光导管等措施提供天然采光，降低照明能耗。

利用地形设置局部下沉广场，不仅改善了广场附近地下空间的采光通风效果，还使得建筑空间更加有层次和趣味，兼具功能和形式两方面的要求，在大量项目中取得了良好的效果（图 7-24）。

图 7-24　某建筑下沉广场设计

当地下车库边界大于建筑底座时，可在地下车库顶板设置光导管，布置在地上绿地或合适的区域，引入地面自然光，改善地下车库光环境，降低地下空间照明能耗（图 7-25）。

图 7-25　某车库光导管应用

7.3.5　冬季太阳得热设计

在严寒、寒冷地区，合理设计建筑立面，在冬季充分获得太阳辐射得热，可以有效地降低冬季供暖负荷。被动式太阳房不用机械动力，不需要专门的蓄热器、热交换器、风机水泵等设备，而是采用辐射、对流或导热的方式将太阳得热输送到室内空间。我国早在 1994 年就制定了《被动式太阳房技术条件和热性能测试方法》GB/T 15405—1994，并于 2006 年修编，该标准中将太阳房分为直接受益式、集热墙式和附加阳光间式，对太阳房的建筑要求、室温要求、围护结构要求、测试方法等进行了规定。

太阳房主要可分为：(1) 直接受益式。这是让太阳光通过透光材料直接进入室内的供暖形式，是太阳能供暖中和普通房差别最小的一种。冬天阳光通过较大面积的南向玻璃窗，直接照射到室内的地面、墙壁和家具上面，使其吸收大部分热量，因而温度升高，少部分阳光被反射到室内的其他面（包括窗），再次进行阳光的吸收、反射作用（或通过窗户透出室外）。被围护结构内表面吸收的太阳能，一部分以辐射和对流的方式在室内空间传递，一部分导入蓄热体内，然后逐渐释放出热量，使房间在晚上和阴天也能保持一定的温度。(2) 集热墙式。这种太阳房主要是利用南向垂直集热墙，吸收穿过玻璃采光面的阳光，然后通过传导、辐射及对流，把热量送到室内。墙的外表面一般被涂成黑色或某种暗色，以便有效地吸收阳光。（3）附加阳光间式。这种太阳房是直接受益式和集热墙式的混合产物。其基本结构是将阳光间附建在房子南侧，中间用一堵墙（带门、窗或通风孔）把房子与阳光间隔开。实际上在一天的所有时间里，附加阳光间内的温度都比室外温度高。因此，阳光间既可以供给房间以太阳热能，又可以作为一个缓冲区，减少房间的热损失，使建筑物与阳光间相邻的部分获得一个温和的环境。

严寒寒冷地区的近零能耗建筑设计时，可以借鉴太阳房的设计理念，充分获得冬季太阳得热，降低供暖能耗。需要说明的是，不管是在现行《严寒和寒冷地区居住建筑节能设计标准》JGJ 26—2018 还是《近零能耗建筑技术标准》GB/T 51350—2019 中，都可计入通过透明围护结构太阳辐射得热。此外，在前期以供暖为主的北欧国家进行的近零能耗建筑中，由于保温隔热性能好、气密性高、太阳得热较多时出现了室内温度过高的情况，因此，有意见认为应该限制在严寒寒冷地区近零能耗建筑的太阳得热能力。通过合理的蓄热、通风、开窗甚至是遮阳等技术手段的有效应用，提高相关控制系统在特定工况下的控制逻辑合理性，是完全可以避免冬季室内过度加热的问题的。因此，在进行严寒寒冷地区近零能耗建筑设计时，不需要过多地限制建筑冬季得热能力。

开窗朝向、位置和大小，门窗幕墙太阳得热系数的选择，开窗部位后方建筑材料吸热蓄热能力，直接太阳得热区域和非直接太阳得热区域的气流组织等关键因素决定了建筑冬季太阳得热能力的大小。一般来说，南向开窗面积越大，开窗位置越不受周边建筑、自身建筑构件或植物的遮挡，太阳得热系数越高，冬季太阳得热能力就越强。在开窗部位后方，能够被太阳直射到的位置的地面、墙面采用深色重质材料或者具有蓄热能力的材料，能够促进太阳得热的长期稳定应用。此外，还应做好太阳直接辐射得热区域和非直接得热区域之间的气流组织，否则容易出现太阳得热区域温度过高，向室外传热损失大，非直接得热区域不能利用太阳得热的情况。

设计举例：青海果洛藏族自治州高寒高海拔地区近零能耗康养中心

青海果洛藏族自治州平均海拔 4200m 以上，果洛藏族自治州具有显著的高寒缺氧、气温低、光辐射强、昼夜温差大等典型的高原大陆性气候特点。果洛藏族自治州年均气温 −4℃，一年中无四季之分，只有冷暖之别，冷季从 10 月份开始长达 8、9 个月，气候干燥寒冷，多风雪，最低月份历年平均气温为 −12.1℃，低限气温达到 −48.1℃；暖季从 6 月份开始，只有 3、4 个月，气候温和，雨量充沛，最热月份历年平均气温为 9℃，极限高温为 28.1℃。青海省地处中纬度地带，太阳辐射强度大，光照时间长，年总辐射量可达 5800～7400MJ/m^2，其中直接辐射量占总辐射量的 60%以上，仅次于西藏，位居全国第二，其中果洛藏族自治州年总辐射量达到 6200～6800MJ/m^2。

基于当地供暖时间长，太阳能资源好的特点，在果洛藏族自治州高寒高海拔地区近零能耗康养中心的设计中，在建筑西南侧设置总建筑面积 8%左右的阳光房，对不设置阳光房的基准建筑和设置阳光房的设计进行能耗模拟，可以看出建筑耗热量下降了 13%，节能效果显著（图 7-26 和图 7-27）。

7.3.6 体型系数选择

建筑物体型系数是指建筑物的外表面积和外表面积所包围的体积之比。体形系数越

图 7-26　青海果洛藏族自治州高寒高海拔地区康养中心西南人视图

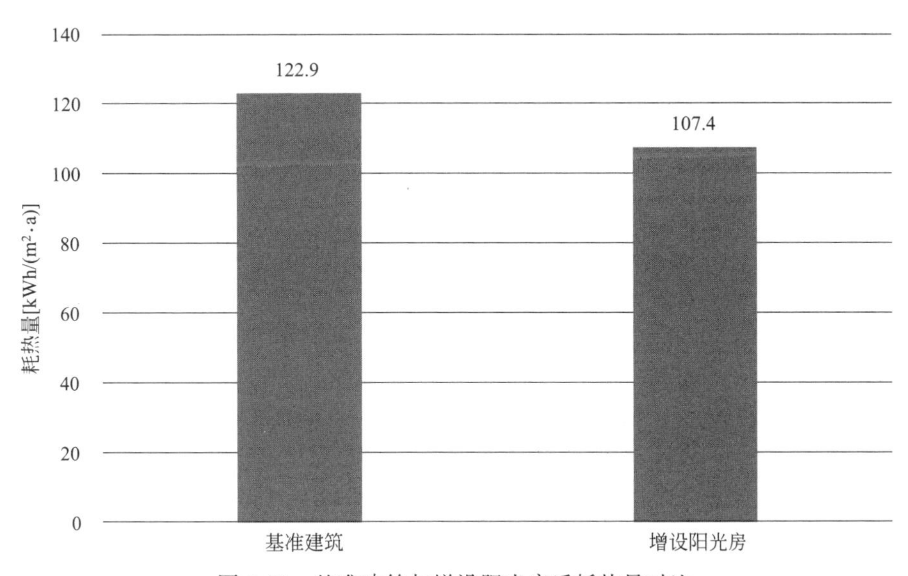

图 7-27　基准建筑与增设阳光房后耗热量对比

小，单位建筑面积对应的外表面积越小，外围护结构的传热损失越少，从降低能耗角度出发，应该将体形系数控制在一个较小的水平上。

由于体型系数对于建筑节能的重要性，在建筑节能设计标准中都对体型系数进行了规定。表 7-2 给出了现行居住建筑节能设计标准对体型系数的规定，从表 7-2 中可以看出，严寒寒冷地区对于居住建筑的体型系数要求严于其他气候区，建筑层数大于 4 层时，体型系数限值为 0.3（严寒地区）和 0.33（寒冷地区）。在夏热冬冷气候区和夏热冬暖气候区，则按照点式建筑或条式建筑进行分类，约束值分别为 0.40 和 0.35。夏热冬暖气候区的南区，对居住建筑的体型系数不进行要求。在温和气候区，按照楼层高度进行分类，不同楼层高度的建筑体型系数的限值取值范围是 0.35～0.55。

居住建筑节能设计标准对于体型系数的规定　　表 7-2

气候区	≤3 层	≥4 层
严寒	0.55	0.3
寒冷	0.57	0.33
夏热冬冷	0.35 条式建筑/0.40 点式建筑	
夏热冬暖	南区不约束，北区 0.35 条式建筑/0.40 点式建筑	
温和	0.55	0.45/0.40/0.35

在表 7-3 中，给出了《公共建筑节能设计标准》GB 50189—2015 对体型系数的规定，现行标准仅对严寒寒冷地区的体型系数进行限制，并且限值要求低于对居住建筑的要求。

公共建筑节能设计标准对于体型系数的规定　　表 7-3

气候区	300～800m^2	>800m^2
严寒寒冷	0.50	0.40

从以上标准规定值来看，楼层较高的建筑体型系数限值小于楼层较低的体型系数限值，室外温度低的区域体型系数要求高于室外温度高的区域，居住建筑体型系数要求高于公共建筑体型系数要求，体现出了体型系数对不同类型、不同高度和不同气象条件下建筑能耗的影响差异。

当体型系数降低带来节能上的收益的同时，更小体型系数的建筑往往带来建筑进深较大，自然通风和采光相对较差等问题，也对建筑立面风格和艺术造型有一定的限制。尽管降低体型系数对于减小在常规建筑中因围护结构表面传热导致的供暖空调负荷效果得到广泛的认可，但是在近零能耗建筑中，由于围护结构保温隔热性能大幅提升，围护结构导热形成的负荷比例远小于常规建筑，因此，体型系数的重要性相对降低。在《近零能耗建筑技术标准》GB/T 51350—2019 中，不对体型系数进行严于现行节能设计标准的规定，鼓励采用性能化设计方法，由设计者结合建筑形式、风格、技术经济敏感性规律，综合优选决策。

1. 设计举例：实施中的 44 座近零能耗建筑示范工程

对目前实施中的 44 座近零能耗建筑示范工程进行统计，在图 7-28 中从大到小对示范工程的体型系数取值进行排序。从图 7-29 中可以看出，尽管在标准中没有对窗墙进行硬

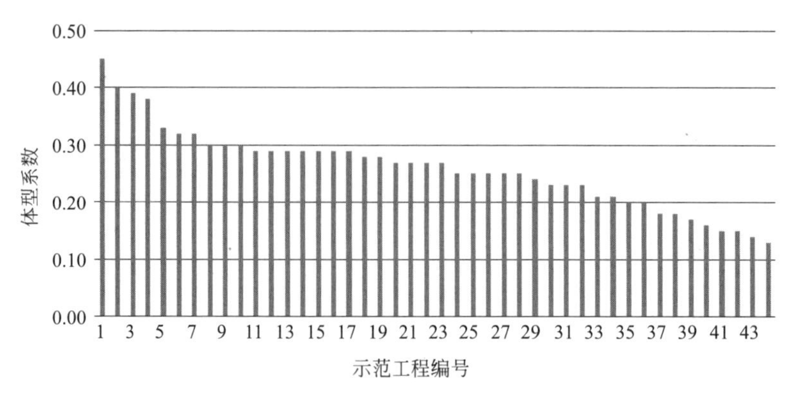

图 7-28　44 个近零能耗建筑示范工程体型系数

性规定，绝大多数示范工程的体型系数维持在一个比较小的水平。对体型系数进行统计分析，可以看出除4栋建筑的体型系数大于0.34之外，绝大多数近零能耗建筑的体型系数都小于0.3，体现出了近零能耗建筑设计者的共同选择。

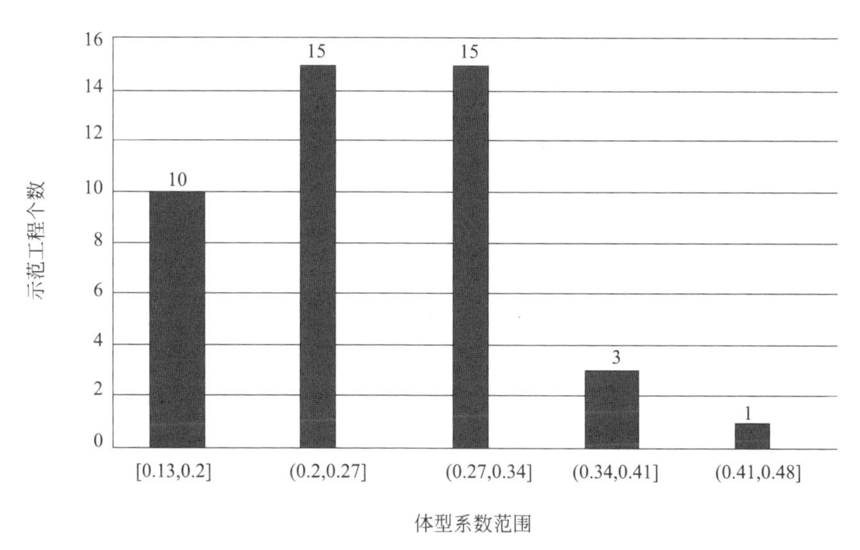

图7-29　44个近零能耗建筑示范工程体型系数的统计分析

2. 设计举例：青岛中德生态园被动屋体验中心

青岛中德生态园被动屋体验中心位于青岛市黄岛区中德生态园内，主要功能为办公和展示。本工程规划用地面积4843.00m^2，总建筑面积13768.60m^2，其中地上建筑面积8187.15m^2；地下建筑面积5581.45m^2。地上5层，地下2层，建筑高度26.85m。本项目体型采用鹅卵石意向造型，体型紧凑，建筑体形系数仅为0.17（图7-30）。

图7-30　青岛中德生态园被动屋体验中心项目鸟瞰图

由于建筑体型系数很小，导致建筑进深较大，不利于自然采光和通风，因此，在建筑中引入采光通风中庭，中庭周边布置功能房间，功能房间可从外侧和中庭得到光线，同时也可利用中庭引导热压，在过渡季和夏季部分时间获得良好的自然通风，得到体型系数控制和采光通风的协调。采光通风中庭的设置是在小体型系数、大进深公共建筑设计时经常采用的被动式设计手段（图 7-31）。

图 7-31 青岛中德生态园被动屋体验中心采光通风中庭

7.3.7 窗墙比控制

窗墙面积比既是影响建筑能耗的重要因素，也受到建筑日照、采光、自然通风等满足室内环境要求的制约。外窗和屋顶透光部分的传热系数远大于外墙，窗墙面积比越大，外窗在外墙面上的面积比例越高，传热损失越大，夏季白天通过窗户进入室内的太阳辐射得热也更大。在一般情况下，应以满足室内采光要求为窗墙比确定的限制条件，综合考虑外窗朝向、生活习惯、气候条件等不同因素的影响，决定对窗墙比的要求。

一般来说，近零能耗建筑的各朝向窗墙面积比应满足节能设计标准规定的限值要求。

表 7-4 给出了《夏热冬冷地区居住建筑节能设计标准》JGJ 134—2010 对窗墙比的规定，从表 7-4 中可以看出，各气候区根据自身情况特点，对于居住建筑窗墙比的规定有所不同。

严寒寒冷地区四个朝向的平均窗墙比限值最低，达到 0.3250，体现出外窗传热在严寒地区对建筑能耗的影响大于其他气候区。其次，夏热冬暖气候区要对窗墙比限制较严，平均窗墙比限值达到 0.35，低于寒冷气候区、温和气候区和夏热冬冷气候区的要求。这主要体现出夏热冬暖气候区日照强烈，采光需求较易满足，同时降低太阳辐射得热和外窗导热得热的需求高于其他气候区。寒冷、夏热冬暖和温和气候区的平均窗墙比限值分别为 0.3750、0.3875 和 0.3875，差异不大。

南向开窗有利于冬季日照和得热，夏季由于太阳高度角升高，辐射得热也小于东向和西向，是最适合开窗的朝向，在各气候区的窗墙比限值中，南向均取值最高，除夏热冬暖气候区之外，各气候区南向窗墙比限值均不小于 0.45，其中寒冷地区允许限制达到 0.50。夏热冬暖气候区由于采光问题较小，夏热减少辐射和外窗导热得热需求较大，限值为 0.40。

北向外窗不能引入太阳辐射得热，传热损失相对其他朝向更大，因此，在严寒和寒冷地区规定北向窗墙比不大于 0.30，其中严寒地区不大于 0.25。

从居住建筑窗墙比的规定来看，在确定各气候区不同朝向的窗墙比时，需要重点考虑的因素包括外窗辐射得热、传热损失和采光。

居住建筑节能设计标准对于窗墙比的规定 **表 7-4**

气候区	东	南	西	北	平均
严寒	0.30	0.45	0.30	0.25	**0.3250**
寒冷	0.35	0.50	0.35	0.30	0.3750
夏热冬冷	0.35	0.45	0.35	0.40	**0.3875**
夏热冬暖	0.30	0.40	0.30	0.40	0.3500
温和	0.35	0.45	0.35	0.40	**0.3875**

在表 7-5 中，给出了《公共建筑节能设计标准》GB 50189—2015 对窗墙比的规定，从表 7-5 中可以看出，各气候区公共建筑窗墙比限值要求低于对居住建筑的要求，不区分朝向限制，除严寒地区外，窗墙比限值为不大于 0.7，比较宽松。即使是对于冬季外窗传热损失远大于外墙的严寒寒冷地区，限值也不大于 0.6。这一方面是考虑到目前公共建筑外立面普遍追求更好的视野，幕墙的广泛应用；另一方面对于公共建筑来说，冷热负荷的组成不同，相对而言围护结构负荷占比小于居住建筑中围护结构负荷占比，因此规定限值相对放松。

公共建筑节能设计标准对于窗墙比的规定 **表 7-5**

气候区	窗墙比
严寒寒冷	≤0.6
其他气候区	≤0.7

《近零能耗建筑技术标准》GB/T 51350—2019 中没有对窗墙比进行强制性规定，鼓励采用性能化设计方法，由设计者结合建筑形式、风格、技术经济敏感性规律，综合优选决策。

设计举例：青海果洛藏族自治州高寒高海拔地区近零能耗康养中心

项目当地冬季最低温度为−30℃，夏季最高温度为 19℃，冬季漫长且供热负荷较高，夏季短促凉爽，不需设置空调取暖。基于当地的气象条件，在满足功能要求的前提下，本项目以降低取暖负荷为主要目的，充分采取了被动式建筑设计策略。利用当地太阳能资源丰富的特点，在建筑南侧设置大面积阳光房，项目南向窗墙比为 0.74，在冬季可利用阳光房收集太阳得热，提高室内温度，降低取暖需求；在夏季，设置大面积可开启的外窗，避免阳光房过热。在东、西、北三个方向减少开窗，窗墙比分别为 0.13、0.10 和 0.16，降低传热损失。在顶部设置斜屋顶，在美化建筑造型的同时，结合设置太阳能集热器，补充室内供暖，并在顶部开启天窗，引入自然光线，减少照明负荷（图 7-32）。

图 7-32　青海果洛藏族自治州高寒高海拔地区近零能耗康养中心鸟瞰图

尽管本项目南侧窗墙比大于 0.6，超过了严寒地区公共建筑节能设计标准的限值要求，但从性能化分析结果可以看出，在太阳能资源丰富的青海果洛藏族自治州，进一步增大南侧窗墙是有助于进一步降低能耗的（图 7-33）。这一示范工程的设计，体现出了近零能耗建筑标准提倡的性能化设计和因地制宜的被动式设计原则。

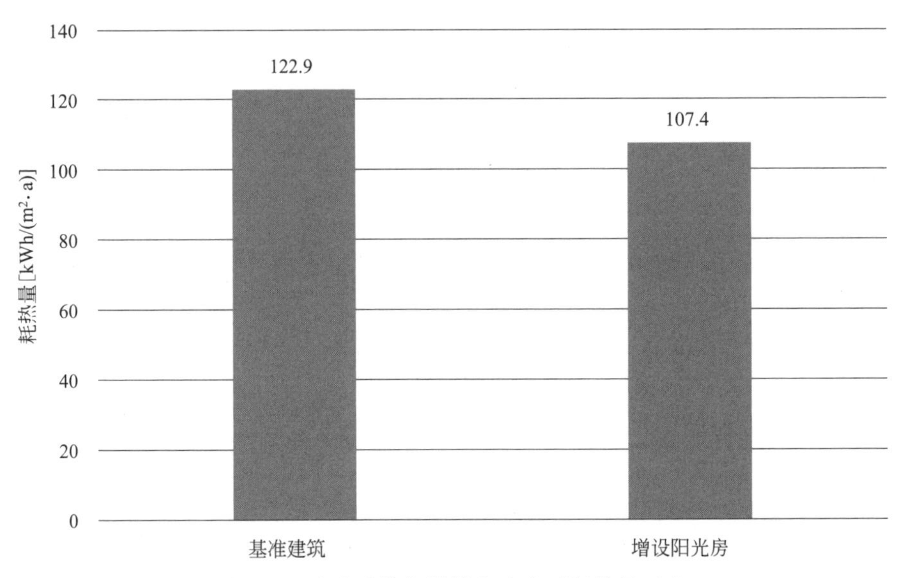

图 7-33　基准建筑与增设阳光房后耗热量对比

7.4 能源系统设计

近零能耗建筑由于高性能的围护结构、高气密性设计建造工艺及新风热回收应用，有效地降低了建筑的冷热负荷需求，给建筑供能系统带来了新的机遇与挑战。机遇是有效的降低了建筑能耗需求，输入的能耗可以更小，系统可以更加灵活；挑战是传统的供能系统往往容量过大，过于复杂，灵活性不足，无法满足近零能耗建筑的需求。

由于近零能耗建筑的负荷特点，且能源系统的选择对近零能耗建筑的能耗和投资有显著影响，近零能耗建筑能源系统应根据建筑所处气候类型及特点、建筑类型、当地资源条件、建筑使用者的习惯及需求等，结合可再生资源条件进行方案比选及优化设计。

世界各国在发展不同气候区域内的近零能耗建筑的同时，都在不断探索适宜的能源系统，包括热泵系统、生物质锅炉、小型热电联产、太阳能光伏、太阳能光热、天然气锅炉等。通过调研欧洲、美国、日本等近零能耗建筑的用能系统设计方案，以及中国典型的超低能耗示范建筑的用能系统工程实践，不同国家地区根据自身状况，采取了不同的用能设备方案，对于建筑冷热源、末端、新风热回收、生活热水以及可再生能源都有不同的技术措施，系统能效普遍较高。常见的能源系统包括空气源热泵、地源热泵、新风热回收、燃气锅炉、太阳能热水、光伏等，可再生能源中的光伏发电和太阳能生活热水在近零能耗建筑中应用比例较高。

7.4.1 方案比选优化方法

能源系统方案比选是一个多变量的非线性规划问题，具有多目标、多准则的特性，需要对冷热源类型和与其搭配的末端组合进行综合评判。因此，需要充分考虑各类适用系统的性能和投资的相互制约关系，依据所选取的判断准则，综合分析各影响因素间的相对关系，进行供暖供冷系统方案比选。可供的优选方法包括方案比较法、灰色物元法、层次分析法等。具体比选时应以仿真分析为手段，获取全工况、变负荷下的预期能耗指标，考虑初投资、全寿命期运行费用、环境影响、操作管理难易程度等多方面因素。

1. 层次分析法

层次分析法是最先由美国 T. L. Saaty 教授提出的一种系统分析方法，通过下一层次因素的相对排序来求得上一层次因素的相对排序。综合了定性与定量分析，是分析多目标、多因素、多准则的复杂大系统的有力工具。该方法首先将问题分解为不同的组成因素，按照因素之间的相互影响和隶属关系，将多层次、多因素聚类组合，形成一个递阶的、有序的层次结构模型；然后对模型中的每一层次、每一因素的相对重要性，依据人们对客观现实的判断给予定量分析，再利用数学方法确定每一层次全部因素相对重要性次序的权值；最后通过综合计算各层因素相对重要性的权值，得到最低层（方案层）相对于较高层（分目标或准则层）和最高层（总目标）的相对重要性次序的组合权值，以此进行方案排序，作为评价和选择方案的依据。

对于一个空调系统，冷热源设备选择的合适与否直接关系到系统运行的经济效益和社会效益。建筑冷热源方案的选择是系统设计过程中的一个重要决策环节，方案的选择需要考虑到初投资、运行费用、环境影响和操作管理等 4 个准则。根据备选冷热源方案所要考虑的因素以及它们之间的隶属关系，可以把各个因素自上而下划分为 3 个层次，建立层次结构。提供构造两两比较判断矩阵，按照各因素重要程度对比的内在规律，判断矩阵是否满足完全一致性条件，如不符合，则需对因素重新两两对比，修正赋值，直到检验通过为止。

2. 仿真分析优化方法

能源系统方案比选时可通过仿真分析，获取全工况、变负荷下的预期能耗指标，考虑初投资、全寿命期运行费用、环境影响、操作管理难易程度等多方面因素。仿真分析也可以对能源系统性能参数进行优化，可优化的性能参数包括冷热源机组的性能系数、输配和末端系统形式、热回收机组的热回收效率等关键影响因素。在能源需求一定的情况下，需要平衡好机组性能系数提高带来的系统初投资和能耗及运行费用节约的关系，根据经济性评价原则，指导系统最优设计。

仿真分析可选用能源系统模拟软件如 TRNSYS 软件进行，通过 TRNOPT 软件连接优化计算模块 GENOPT，可以调用相应的优化算法对目标函数进行优化，反复迭代直到达到优化算法所设定的收敛条件。

利用 Genopt 对用能系统进行优化设计需选定目标函数及变量，能源系统的选择取决于机组性能、投资、运行费用等因素，比较重要的参数有机组性能参数、能源系统投资费用，根据相应的优化算法的计算，达到系统在运行年限内的最优经济性。

7.4.2 系统方案比选示例

应用上述方案比选及参数优化分析方法，对寒冷地区典型近零能耗居住建筑的设计过程进行应用。

示例项目位于北京市，为一栋 27 层的居住建筑，地上 27 层，层高 2.95m，总建筑面积 35593m^2。朝向为正朝南，体形系数 0.217。

根据所处地区气候条件、能源结构和技术适用性，有以下几种备选方案供进一步选择（图 7-34），新风系统均选用热回收机组。

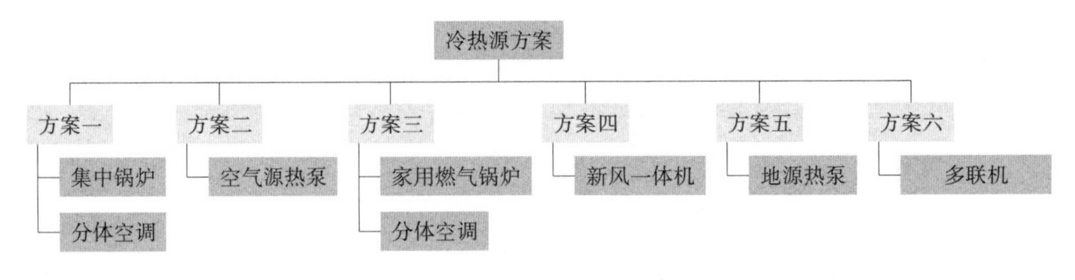

图 7-34　冷热源备选方案

1. 层次分析法

利用层次分析法将冷热源方案优选问题分为 3 个层次，最高层是目标层，模型的最终目标是得到最佳的冷热源方案；中间层是准则层，选择 4 个主导因素作为模型的准则层：初投资、运行费用、环境影响、系统的操作管理；最底层为方案层，列举可能实施的冷热源备选方案。优选冷热源方案的递阶层次结构如图 7-35 所示。

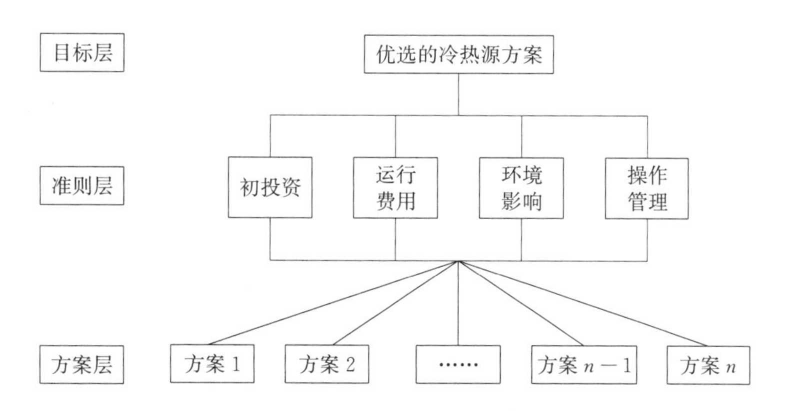

图 7-35　冷热源比选层次分析法结构

结合各方案的特点构造判断矩阵来确定各因素的权重系数，得到准则层和方案层总排序，见表 7-6。

层次总排序计算　　表 7-6

因素	初投资	运行费用	环境影响	操作管理	总排序
权重系数	0.3084	0.3314	0.2343	0.1259	
方案一	0.3820	0.0733	0.1009	0.1614	0.1296
方案二	0.1608	0.1634	0.2816	0.3135	0.2092
方案三	0.2525	0.1014	0.0425	0.0647	0.1115
方案四	0.0645	0.1430	0.1343	0.1017	0.1722
方案五	0.0947	0.2742	0.2806	0.0444	0.1914
方案六	0.0456	0.2447	0.1602	0.3142	0.1861

通过分析和计算，从顶层目标层开始，逐步合并到最下层的方案层，求得方案关于总目标各有关因素多层合并的总有限次序，冷热源方案排名前三的推荐顺序为：第一，方案二——空气源热泵；第二，方案五——地源热泵；第三，方案六——多联机。

2. 仿真分析法

利用仿真分析法，以空气源热泵系统为例，可在软件中建立系统计算模型，通过模拟计算可得到系统全年运行能耗。

利用 Genopt 对用能系统进行优化设计，需选定目标函数及变量。能源系统的选择取决于机组性能、投资、运行费用等因素，比较重要的参数有机组性能参数、能源系统投资费用，根据相应的优化算法的计算，达到系统在运行年限内的最优经济性。用能系统优化设计的目标函数如下式所示：

$$目标函数=\frac{参照系统能耗-设计系统能耗}{设计系统投资-参照系统投资}$$

参照系统选择目前常用的小区燃气锅炉加分体空调系统，参照系统的新风形式选用普通的新风换气机，设计建筑以此系统的运行能耗及初投资为参照。优化参数选择机组的性能系数及新风交换机的热回收效率为变量。在对系统优化设计计算时，除选择的变量外，其他的建筑围护结构等参数保持不变，根据选定的目标函数进行计算以确定系统最优的性能系数及热回收机组的热回收效率。

利用TRNSYS计算参照系统运行能耗，根据参照系统设备的组成计算参照计算的初投资。设计系统的能耗利用TRNSYS进行计算，优化计算时，将冷热源机组性能系数及新风热回收机组的回收效率定义为自变量并定义自变量的变化范围、步长。设计系统的初投资根据设备厂家的调研情况，将设备价格拟合为性能系数的多项式，并将此多项式写入目标函数中。

通过以上仿真优化方法，对备选能源系统方案进行比较，在目前选取的目标函数条件下，可以得出空气源热泵、地源热泵、多联机的系统排名顺序（图7-36）。

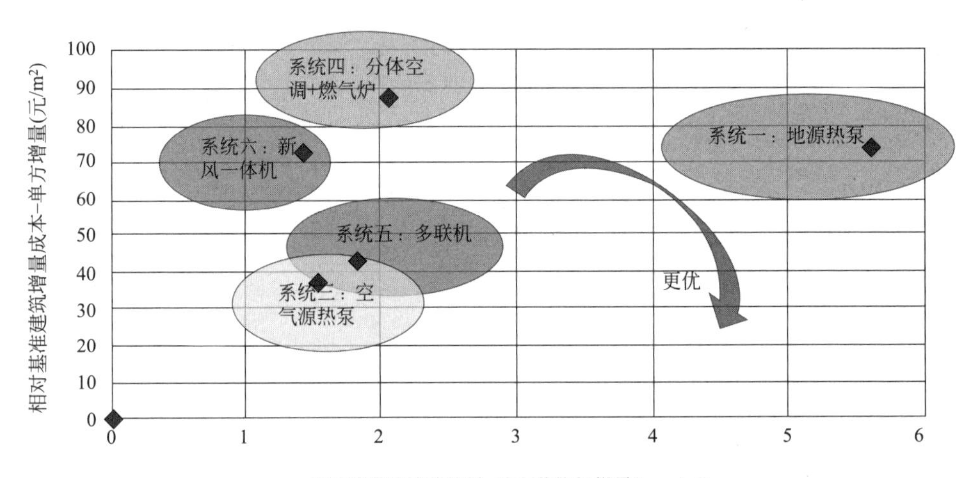

图7-36 系统性能参数优化结果

7.4.3 小结

由于近零能耗建筑的负荷特点，且能源系统的选择对近零能耗建筑的能耗和投资有显著影响，近零能耗建筑能源系统应根据建筑所处气候类型及特点、建筑类型、当地资源条件、建筑使用者的习惯及需求等，结合可再生资源条件进行方案比选及优化设计。

对于近零能耗建筑，由于冷热负荷明显低于一般建筑，冷热源系统形式和效率对能耗的影响大，冷热源和末端搭配可能性多样，应对用能系统进行性能参数优化设计。性能参数优化可包括冷热源机组的性能参数、输配和末端系统形式、热回收机组的热回收效率等关键影响因素。在能源需求一定的情况下，需要平衡好机组性能系数提高带来的系统初投资和能耗及运行费用节约的关系，根据经济性评价原则，结合不同目标函数，指导系统最优设计。

太阳能生活热水是一种非常有效的利用可再生资源并降低能耗的技术，尤其对于中小型项目，其灵活紧凑满足用户的需求。采用光伏发电技术，可进一步降低建筑能源消耗。

另外在能源系统选择时，为加强能源梯级利用，更好地利用能源品味，宜根据不同的资源条件和用能对象建设一体化集成系统，实现多能源协同供应，多能互补和综合梯级利用，实现可再生能源与常规能源系统的集成及优化。

本章参考文献

[1] M. Santamouris，Environmental Design of Urban Buildings：An Integrated Approach：Earthscan，2006.
[2] M. Santamouris，Environmental Design of Urban Buildings：An Integrated Approach：Earthscan，2006.
[3] Fluent 官网 . Available from：https：//www.ansys.com/products/fluids/ansys-fluent.

第8章　专项设计与部品

8.1　围护结构

8.1.1　气候区典型城市分析

近零能耗建筑保温隔热要求远超过一般建筑的要求，以有效地减少建筑冷量热量的损失，但是，更严格的保温隔热要求，不仅会带来更高的相关成本，也会带来一些技术问题。以北方地区薄抹灰外保温系统为例，保温层厚度增加，会影响粘贴的可靠性及耐久性，并限制外饰面的选择，也会占用更多的有效室内使用面积。因此，保温系统如何进行选择，应根据当地气象条件进行分析优化。

这里选取我国不同气候区的四个典型城市（哈尔滨、北京、上海、广州），计算在不同气候区不同材料、不同朝向、不同保温厚度的单位墙体面积的年传热量计算。保温材料选择石墨聚苯板、挤塑聚苯板、聚氨酯、岩棉、真空绝热板等，通过计算在以上气候区对外墙传热的影响，为近零能耗建筑项目的类似设计决策提供参考。

图8-1为不同保温材料在各气候区典型城市的单位面积传热量计算结果。

由以上结果可知，在各气候区典型城市，同样厚度下，5种材料保温性能由好到差，依次是真空绝热板、聚氨酯、挤塑聚苯板、石墨聚苯板、岩棉。随着保温厚度的增加，各

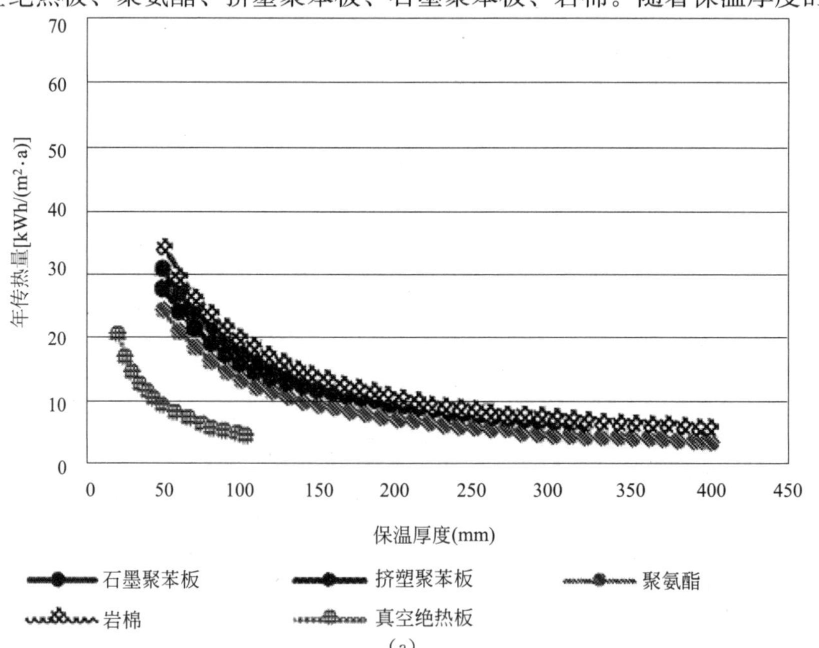

图8-1　不同气候区典型城市保温材料单位面积年传热量对比（一）

（a）北京市

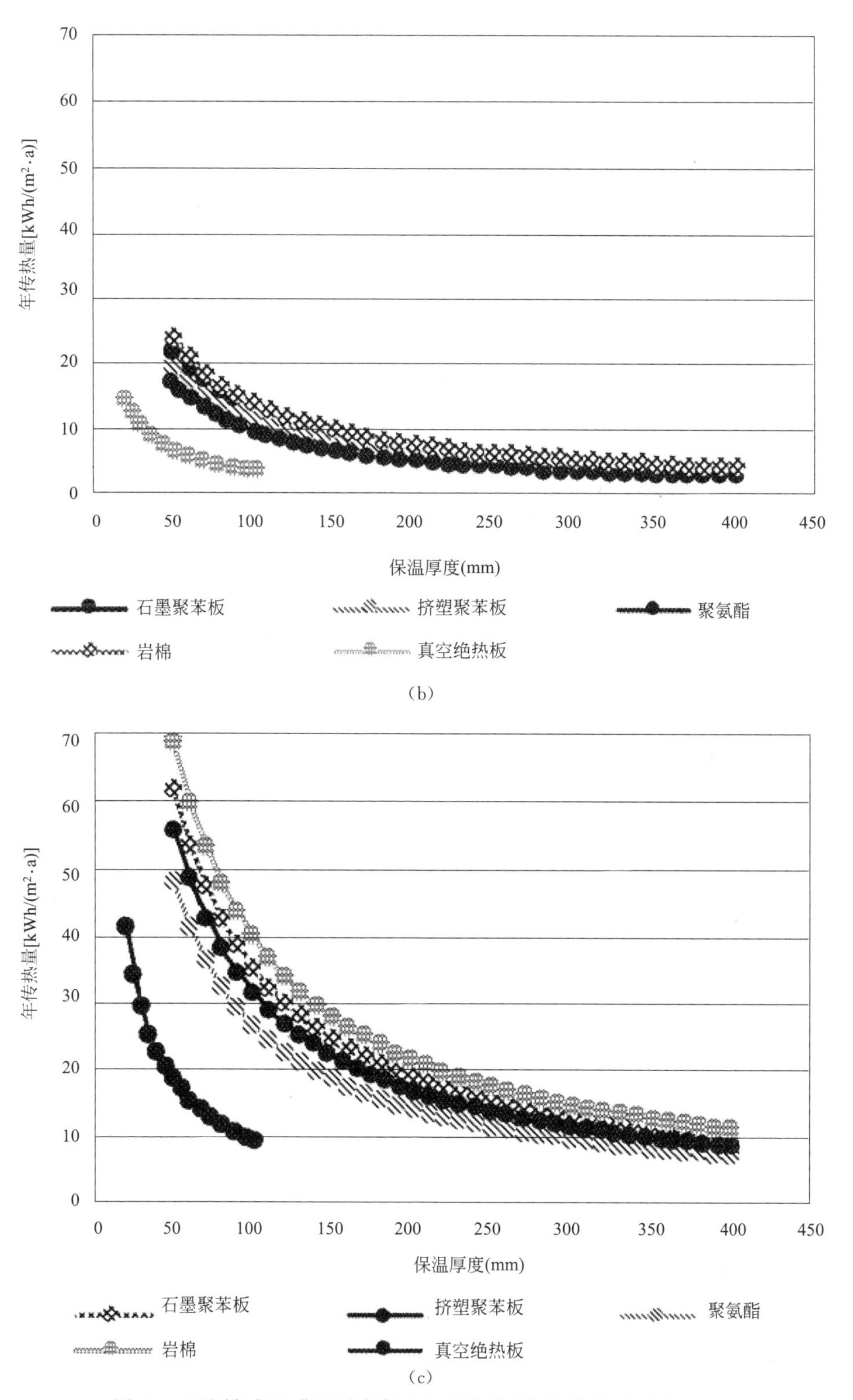

图 8-1　不同气候区典型城市保温材料单位面积年传热量对比（二）
（b）上海市；（c）哈尔滨市

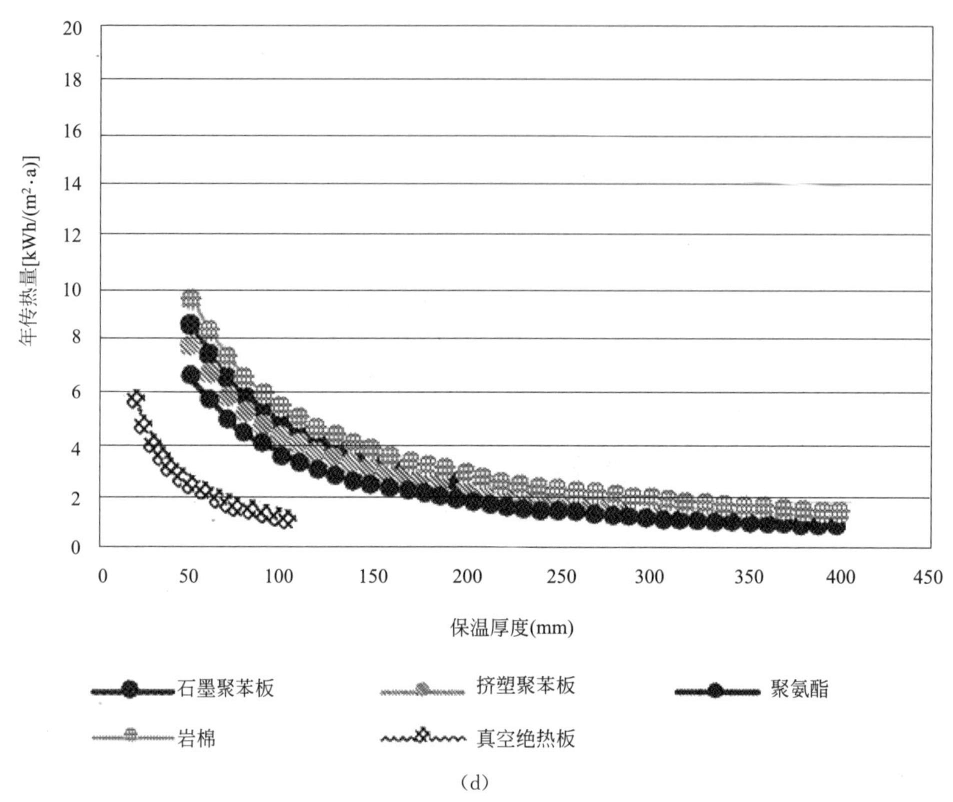

(d)

图 8-1　不同气候区典型城市保温材料单位面积年传热量对比（三）

(d) 广州市

气候区年总传热量减少，但减少量逐渐降低。哈尔滨减少的总传热量最多，广州的最少，但 4 个气候区总传热量减少的比例大致相同。保温材料在寒冷地区使用节能潜力最大。

为考虑建筑全生命期的综合影响，引入经济费用评估，包括初始投资费用、施工费用和运行费用。在折现率 3.02%，保温材料使用寿命 25 年条件下，4 个典型城市 5 种保温材料在不同保温厚度下的全生命周期费用（简称 LCC）如图 8-2 所示。

以北京市为例，石墨聚苯板板最佳经济厚度为 120mm，对应的外墙 K 值为 0.24W/(m^2·K)，运行成本占比 43%；挤塑聚苯板和聚氨酯的最佳经济厚度分别为 100mm 和 90mm；岩棉最佳经济厚度为 150mm；真空绝热板最佳经济厚度为 25mm。其最佳经济厚度对应 K 值均符合《近零能耗建筑技术标准》GB/T 51350—2019 中的推荐值要求。

同 K 值时，岩棉的 LCC 普遍低于其余材料；真空绝热板的 LCC 相对较高；当使用挤塑聚苯板时，由于施工费用的差异，保温材料较厚时，其 LCC 较高；石墨聚苯板和聚氨酯在同 K 值时，LCC 基本一致。在各气候区各材料达到最佳经济厚度时，运行成本占比基本都在 40%左右。

8.1.2　性能参数推荐

近零能耗建筑节能设计以建筑能耗值为约束目标，因此，根据不同地区和不同建筑的具体情况，非透光围护结构的传热系数限值不应该是唯一的，可以通过结合其他部位的节

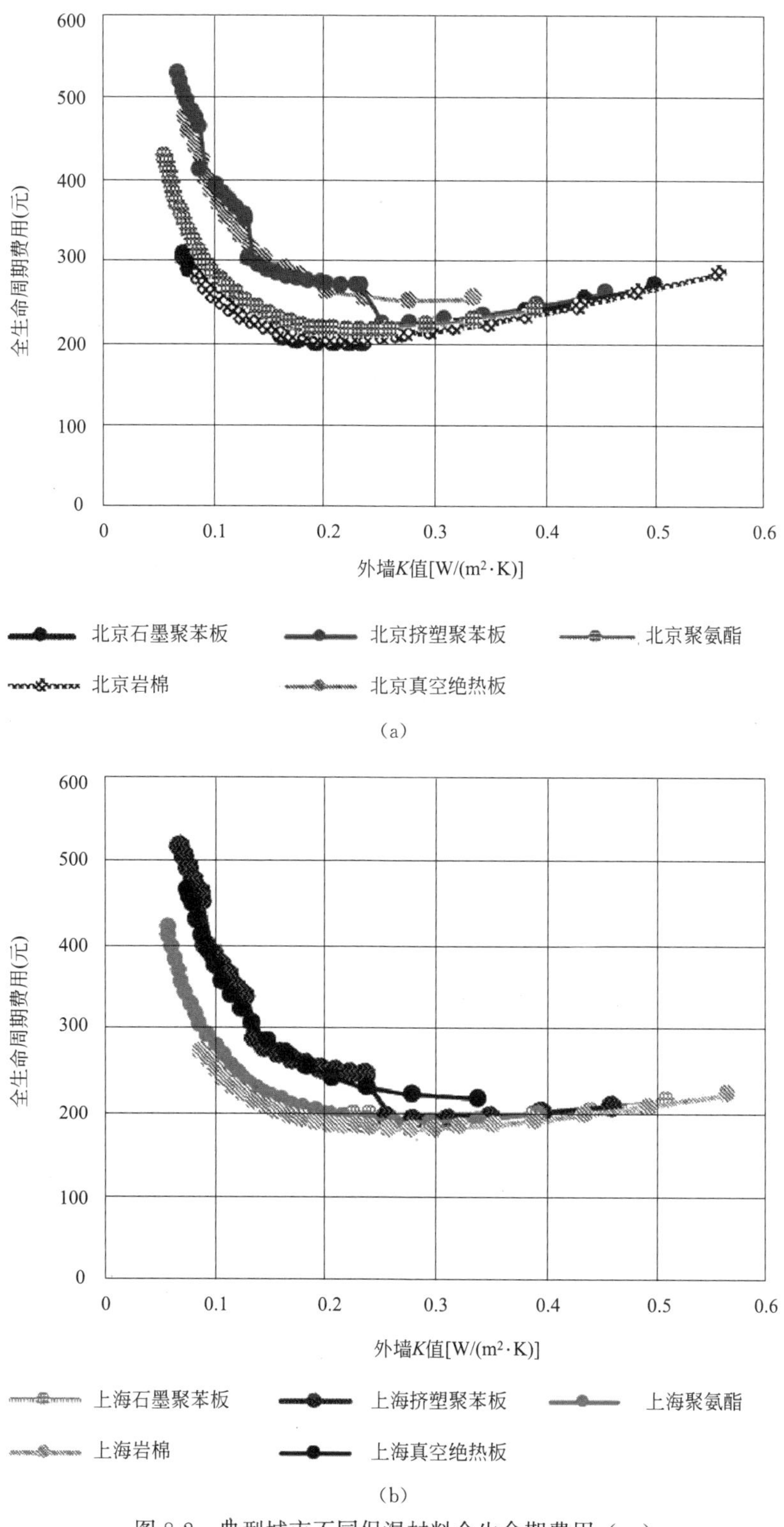

图 8-2　典型城市不同保温材料全生命期费用（一）

（a）北京市；（b）上海市

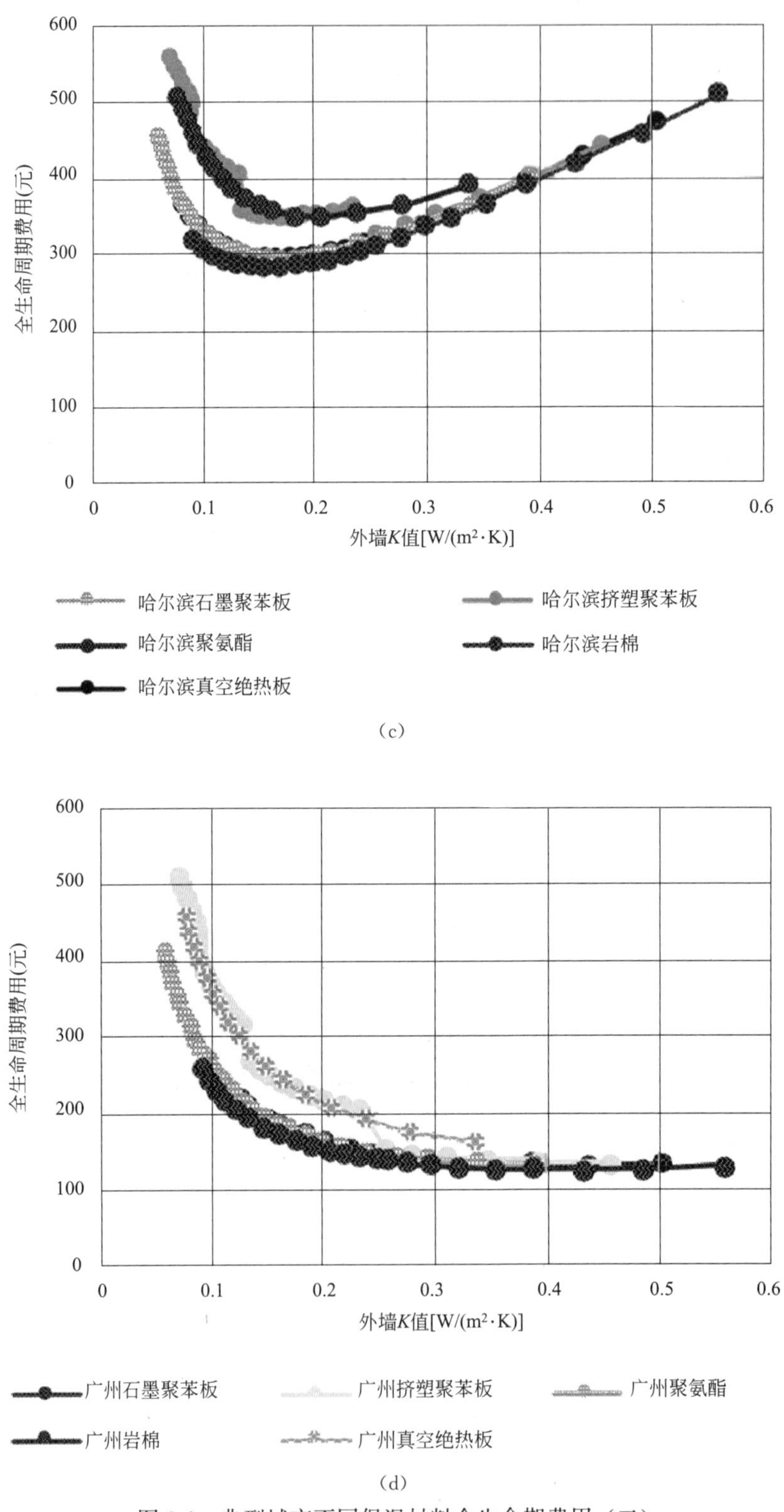

图 8-2 典型城市不同保温材料全生命期费用（二）
（c）哈尔滨市；（d）广州市

能设计要求进行调整。表 8-1 是在大量的相应典型居住建筑模拟和示范工程调研的情况下给出的推荐参考值范围，这些推荐值不等同于节能设计规定限值，对于不同的建筑节能设计条件，该推荐值范围可以被突破选用。

居住建筑非透光围护结构平均传热系数可按表 8-1 选取。

居住建筑非透光围护结构平均传热系数表　　表 8-1

围护结构部位	传热系数 K[W/(m^2·K)]				
	严寒地区	寒冷地区	夏热冬冷地区	夏热冬暖地区	温和地区
屋面	0.10～0.15	0.10～0.20	0.15～0.35	0.25～0.40	0.20～0.40
外墙	0.10～0.15	0.15～0.20	0.15～0.40	0.30～0.80	0.20～0.80
地面及外挑楼板	0.15～0.30	0.20～0.40	—	—	—

公共建筑非透光围护结构平均传热系数可按表 8-2 选取。

公共建筑非透光围护结构平均传热系数表　　表 8-2

围护结构部位	传热系数 K[W/(m^2·K)]				
	严寒地区	寒冷地区	夏热冬冷地区	夏热冬暖地区	温和地区
屋面	0.10～0.20	0.10～0.30	0.15～0.35	0.30～0.60	0.20～0.60
外墙	0.10～0.25	0.10～0.30	0.15～0.40	0.30～0.80	0.20～0.80
地面及外挑楼板	0.20～0.30	0.25～0.40	—	—	—

由于公共建筑的类型较多，使用功能相对复杂，因此，对于公共建筑来说，给出相对统一的非透光围护结构平均传热系数是比较困难的。表 8-2 是在大量的相应典型公共建筑模拟和示范工程应用调研的情况下给出来的推荐参考值范围，此推荐范围对于 20000m^2 以下的公共建筑的参考意义更大，而对于 20000m^2 以上公共建筑其参考意义相对变弱，应根据具体建筑以建筑能耗值为约束目标进行整体节能设计。相对居住建筑来说，公共建筑的非透光围护结构传热系数推荐值范围更宽、要求更低一些。

分隔供暖空间和非供暖空间的非透光围护结构平均传热系数可按表 8-3 选取。

分隔供暖空间和非供暖空间的非透光围护结构平均传热系数表　　表 8-3

围护结构部位	传热系数 K[W/(m^2·K)]	
	严寒地区	寒冷地区
楼板	0.20～0.30	0.30～0.50
隔墙	1.00～1.20	1.20～1.50

在严寒和寒冷地区，楼板分隔的一般是非供暖地下车库等空间，隔墙分隔的一般是非供暖楼梯间等空间，地下车库温度较低且楼板面积相对较大，因此，相对隔墙来说，楼板的节能要求更高。对于夏热冬冷地区、夏热冬暖地区和温和地区，由于其气温条件和供暖空间条件不同，可根据具体项目情况单独进行节能设计。

8.2 门窗遮阳

8.2.1 门窗幕墙

外窗是影响近零能耗建筑节能效果的关键部件，近零能耗建筑应选择保温隔热性能较好的外窗系统。影响能耗的外窗性能参数主要包括传热系数（*K* 值）、太阳得热系数（*SHGC* 值）以及气密、水密、抗风压性能。影响外窗节能性能的主要因素有玻璃层数、Low-E 膜层、填充气体、边部密封、型材材质、截面设计及开启方式等。实际工程应用时应结合建筑功能和使用特点，通过性能化设计方法进行外窗系统优化设计和选择。

外门窗应根据不同的气候条件优化选择 *SHGC* 值。严寒和寒冷地区应以冬季获得太阳辐射量为主，*SHGC* 值应尽量选大值，同时兼顾夏季隔热；夏热冬暖和夏热冬冷地区应以尽量减少夏季辐射得热，降低冷负荷为主，*SHGC* 值应尽量选小值，同时兼顾冬季得热。当设有可调节外遮阳设施时，夏季可利用遮阳设施减少太阳辐射得热，外窗的 *SHGC* 值宜主要按冬季需要选取，兼顾考虑夏季外遮阳设施的实际调节效果，调整 *SHGC* 取值。

外窗配置时应符合下列要求：

（1）玻璃配置应考虑玻璃层数、Low-E 膜层、真空层、惰性气体、边部密封构造等加强玻璃保温隔热性能的措施。

（2）严寒和寒冷地区应采用三层玻璃，其他地区至少采用双层玻璃。

（3）采用 Low-E 玻璃时，应综合考虑膜层对 *K* 值和 *SHGC* 值的影响。膜层数越多，*K* 值越小，同时 *SHGC* 值也越小；希望 *SHGC* 值较小时，膜层宜位于最外片玻璃的内侧。

（4）希望 *K* 值较小时，可选择 Low-E 中空真空玻璃。Low-E 膜应朝向真空层；与普通中空玻璃相比，Low-E 中空真空玻璃传热系数可降低约 2.0W/(m^2 · K)。

（5）惰性气体填充时，宜采用氩气填充，填充比例应超过 85%。比例越高，隔热性能越好。

（6）中空玻璃应采用暖边间隔条，通过改善玻璃边缘的传热状况提高整窗的保温性能。

型材应采用未增塑聚氯乙烯塑料、木材等保温性能较好的材料。在严寒和寒冷地区，隔热铝合金型材达到近零能耗建筑的传热系数要求的代价更大。在夏热冬冷、夏热冬暖和温和地区，门窗型材保温性能要求可相对降低。

常用的建筑外窗包括塑料窗、木窗、铝合金窗及铝木复合窗 4 类，常见型材和玻璃配置下平开窗的传热系数可参考表 8-4。其他窗框型材、玻璃配置的组合很多，只要能满足相应气候区的能耗指标要求，且技术经济分析合理，均可选择使用。

常见型材和玻璃配置下平开窗传热系数参考值 **表 8-4**

序号	名称	玻璃配置	传热系数 *K*[W/(m^2 · K)]	太阳得热系数 *SHGC*
1	70 系列内平开隔热铝合金窗	5+12A+5+12A+5Low-E	1.8～2.2	0.30～0.37
		5+12Ar+5+12Ar+5Low-E	1.7～2.1	0.30～0.37
		5+12A+5Low-E+12A+5Low-E	1.6～2.0	0.24～0.31
		5+12Ar+5Low-E+12Ar+5Low-E	1.5～1.9	0.24～0.31

续表

序号	名称	玻璃配置	传热系数 K[W/(m^2·K)]	太阳得热系数 *SHGC*
2	90系列内平开隔热铝合金窗	5+12A+5+V+5Low-E	0.9～1.1	0.35～0.39
		5超白+12A+5超白+V+5超白Low-E	0.9～1.1	0.50～0.60
3	100系列内平开隔热铝合金窗	5+12Ar+5Low-E+12Ar+5Low-E	0.9～1.1	0.24～0.31
		5超白+12Ar+5超白Low-E+12Ar+5超白Low-E	0.9～1.1	0.40～0.49
		5+12Ar+5+V+5Low-E	0.8～1.0	0.35～0.39
		5超白+12Ar+5超白+V+5超白Low-E	0.8～1.0	0.50～0.60
4	65系列内平开塑料窗	5+12A+5+12A+5	1.8～2.0	0.44～0.48
		5+12A+5Low-E	1.8～2.0	0.35～0.39
		5+12Ar+5Low-E	1.7～1.9	0.35～0.39
		5+12A+5+12A+5Low-E	1.4～1.6	0.30～0.37
		5+12Ar+5+12Ar+5Low-E	1.3～1.5	0.30～0.37
		5+12A+5Low-E+12A+5Low-E	1.2～1.4	0.24～0.31
		5+12Ar+5Low-E+12Ar+5Low-E	1.1～1.3	0.24～0.31
5	82系列内平开塑料窗	5+12Ar+5+12Ar+5Low-E	1.0～1.2	0.30～0.37
		5+12Ar+5Low-E+12Ar+5Low-E	0.8～1.0	0.24～0.31
		5超白+12Ar+5超白Low-E+12Ar+5超白Low-E	0.8～1.0	0.40～0.49
		5+12Ar+5Low-E +V+5	0.6～0.8	0.35～0.39
		5超白+12Ar+5超白+V+5超白Low-E	0.6～0.8	0.50～0.60
6	68系列内平开木窗	5+12A+5+12A+5	1.8～2.0	0.44～0.48
		5+12A+5Low-E	1.8～2.0	0.35～0.39
		5+12Ar+5Low-E	1.7～1.9	0.35～0.39
7	78系列内平开木窗	5+12A+5+12A+5Low-E	1.4～1.6	0.30～0.37
		5+12Ar+5+12Ar+5Low-E	1.3～1.5	0.30～0.37
		5+12A+5Low-E+12A+5Low-E	1.2～1.4	0.24～0.31
		5+12Ar+5Low-E+12Ar+5Low-E	1.1～1.3	0.24～0.31
		5超白+12Ar+5超白Low-E+12Ar+5超白Low-E	1.1～1.3	0.40～0.49
		5+12A+5+V+5Low-E	0.7～1.0	0.30～0.37
		5超白+12Ar+5超白+V+5超白Low-E	0.7～1.0	0.50～0.60
8	86系列内平开铝木复合窗	5+12A+5+12A+5	1.9～2.1	0.44～0.48
		5+12A+5Low-E	1.9～2.1	0.35～0.39
		5+12Ar+5Low-E	1.8～2.0	0.35～0.39
		5+12A+5+12A+5Low-E	1.5～1.7	0.30～0.37
		5+12Ar+5+12Ar+5Low-E	1.4～1.6	0.30～0.37

续表

序号	名称	玻璃配置	传热系数 K[W/(m^2·K)]	太阳得热系数 $SHGC$
8	86 系列内平开铝木复合窗	5+12A+5Low-E+12A+5Low-E	1.3～1.5	0.24～0.31
		5+12Ar+5Low-E+12Ar+5Low-E	1.2～1.4	0.24～0.31
9	92 系列内平开铝木复合窗	5+12Ar+5Low-E+12Ar+5Low-E	0.9～1.1	0.24～0.31
		5 超白+12Ar+5 超白 Low-E+12Ar+5 超白 Low-E	0.9～1.1	0.40～0.49
		5+12A+5+V+5Low-E	0.8～1.0	0.30～0.37
		5 超白+12Ar+5 超白+V+5 超白 Low-E	0.8～1.0	0.50～0.60

注：1. 以上数据参考了图集《建筑节能门窗》16J607 和网站“中国·建筑门窗节能性能标识（www. windowlabel. cn）”。
2. 玻璃配置从室外侧到室内侧表述；双片 Low-E 膜的中空玻璃膜层一般位于 2、4 面或 2、5 面；真空中空玻璃的 Low-E 膜一般位于第 4 面，且真空玻璃应位于室内侧。
3. 塑料型材宽度不小于 82mm 时应为 6 腔室或 6 腔室以上型材。90 系列隔热铝合金型材隔热条截面高度不小于 54mm，100 系列隔热铝合金型材隔热条截面高度不小于 64mm，且隔热条中间空腔需填充泡沫材料。
4. 由于型材构造、镀膜牌号等存在差异，表格中给出的性能仅考虑大多数厂家产品的平均性能水平，未考虑特殊设计的产品。

近零能耗建筑建议采用系统门窗，将门窗框材、玻璃、间隔条、遮阳、窗台板等各要素综合考虑，由专业厂家进行门窗系统集成。以门窗气密、水密、保温等性能为导向进行集成优化。因此，在《近零能耗建筑技术标准》GB/T 51350—2019 中，并不具体规定采用什么玻璃、使用什么材料，这些工作根据项目定位和经济情况综合确定，给项目更多的灵活性。在高性能门窗安装时，为避免现场组装过程中出现的质量问题，建议整窗安装，并且门窗尺寸和洞口尺寸精确对应。

8.2.2 遮阳系统

遮阳设计应根据房间的使用要求、窗口朝向及建筑安全性综合考虑。可采用可调遮阳或固定遮阳措施，也可采用各种热反射玻璃、镀膜玻璃、阳光控制膜、低发射率膜等降低夏季太阳辐射得热。南向宜采用可调节外遮阳、可调节中置遮阳或水平固定外遮阳的方式。东向和西向外窗宜采用可调节外遮阳或可调中置遮阳设施。

夏季过多的太阳得热会导致冷负荷上升，因此，外窗应考虑遮阳措施。遮阳设计应根据房间的使用要求以及窗口所在朝向综合考虑。可采用可调遮阳或固定遮阳措施，也可采用各种热反射玻璃、镀膜玻璃、阳光控制膜、低发射率膜等进行遮阳。可调节外遮阳表面吸收的太阳得热，相对内遮阳或中置遮阳而言，传入室内的二次得热较少，并且可根据太阳高度角和室外天气情况调整遮阳角度，从遮阳性能来看，是最适合近零能耗建筑的遮阳形式（图 8-3）。

固定遮阳是将建筑的天然采光、遮阳与建筑物融为一体的外遮阳系统。设计固定遮阳时应综合考虑建筑物所处地理纬度、朝向、太阳高度角、太阳方向角及遮阳时间，通过对建筑物进行日照分析来确定遮阳的分布和特征（图 8-4）。水平固定外遮阳挑出长度应满足夏季太阳不直接照射到室内，且不影响冬季日照。在设置固定遮阳板时，可考虑同时利用遮阳板反射天然光到大进深的室内，改善室内采光效果。

除固定遮阳外，也可结合建筑立面设计，采用自然遮阳措施。非高层建筑可结合景观设计，

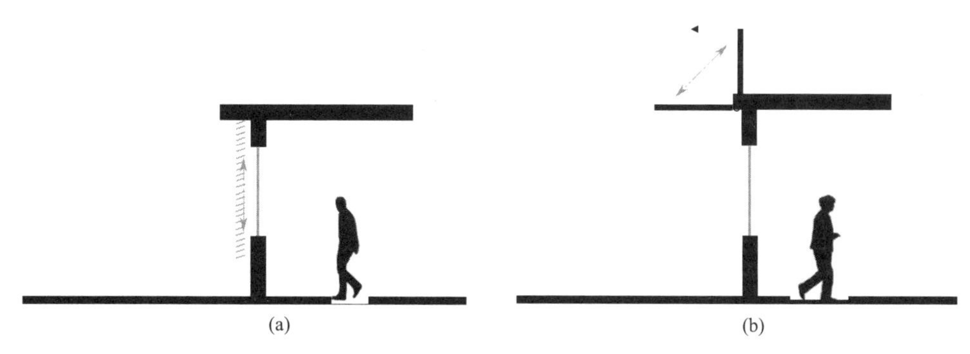

图 8-3　外遮阳及可调节遮阳板遮阳示意图

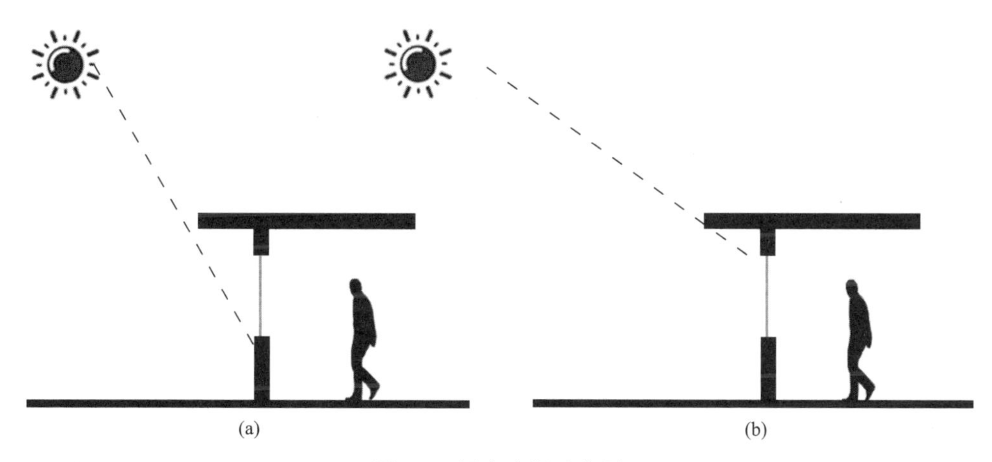

图 8-4　固定遮阳示意图

利用树木形成自然遮阳，降低夏季辐射热负荷。利用树木形成自然遮阳示意图如图 8-5 所示。

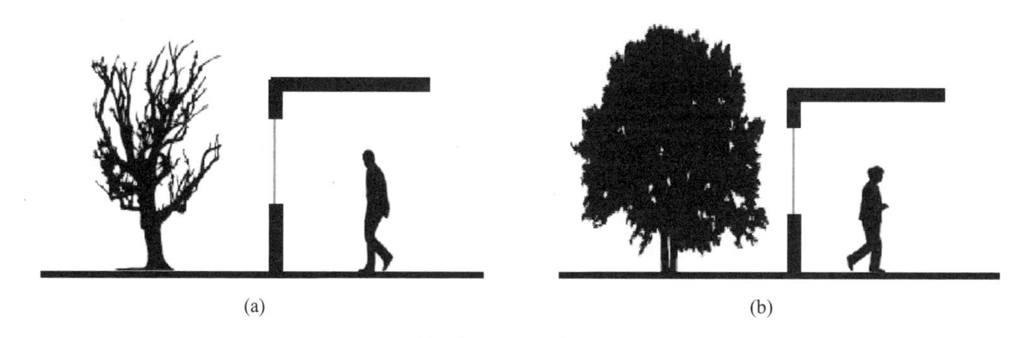

图 8-5　利用树木形成自然遮阳示意图

南向宜采用可调节外遮阳、可调节中置遮阳或水平固定外遮阳的方式。东向和西向宜采用可调节外遮阳或可调中置遮阳设施，宜采用可垂直收放的遮阳百叶帘，不宜设置水平遮阳板。设置中置遮阳时，应尽量增加遮阳百叶以及相关附件与外窗玻璃之间的距离。

选用外遮阳系统时，公共建筑推荐采用可调节光线的遮阳产品，居住建筑宜采用卷闸窗、可调节百叶等遮阳产品。

相对于内遮阳和中置遮阳，从减少太阳辐射得热的角度来说，可调节外遮阳是遮阳效果较好的系统形式。

8.2.3 性能参数建议

外门窗气密性能、水密性能、抗风压性能应符合以下要求：

（1）外窗气密性能不宜低于 8 级。

（2）外门、分隔供暖空间与非供暖空间户门气密性能不宜低于 6 级。

（3）外门、外窗抗风压性能和水密性能应按相关标准确定。

居住建筑外窗（包括透光幕墙）热工性能可按表 8-5 选取；公共建筑外窗（包括透光幕墙）热工性能可按表 8-6 选取。

居住建筑用外窗（包括透光幕墙）传热系数和综合太阳得热系数值　　表 8-5

性能参数		严寒地区	寒冷地区	夏热冬冷地区	夏热冬暖地区	温和地区
传热系数 K[$W/(m^2 \cdot K)$]		≤1.0	≤1.2	≤2.0	≤2.5	≤2.0
太阳得热系数 $SHGC$	冬季	≥0.45	≥0.45	≥0.40	—	≥0.40
	夏季	≤0.30	≤0.30	≤0.30	≤0.15	≤0.30

公共建筑用外窗（包括透光幕墙）传热系数和综合太阳得热系数值　　表 8-6

性能参数		严寒地区	寒冷地区	夏热冬冷地区	夏热冬暖地区	温和地区
传热系数 K[$W/(m^2 \cdot K)$]		≤1.2	≤1.5	≤2.2	≤2.8	≤2.2
太阳得热系数 $SHGC$	冬季	≥0.45	≥0.45	≥0.40	—	—
	夏季	≤0.30	≤0.30	≤0.15	≤0.15	≤0.30

严寒地区和寒冷地区外门透光部分宜符合外窗的相应要求；严寒地区外门非透光部分传热系数 K 值不宜大于 1.2 $W/(m^2 \cdot K)$，寒冷地区外门非透光部分传热系数 K 值不宜大于 1.5 $W/(m^2 \cdot K)$。严寒地区分隔供暖与非供暖空间的户门的传热系数 K 值不宜大于 1.3 $W/(m^2 \cdot K)$，寒冷地区分隔供暖与非供暖空间的户门的传热系数 K 值不宜大于 1.6 $W/(m^2 \cdot K)$。

8.3 无热桥设计

热桥是我国现行建筑节能工作的一个重要部分，在近零能耗建筑节能设计时必须对热围护结构桥进行处理。近零能耗建筑中的热桥影响占比远远超过普通节能建筑，因此，热桥处理是实现建筑超低能耗目标的关键因素之一。

热桥专项设计是指对围护结构中潜在的热桥构造进行加强保温隔热以降低热流通量的设计工作，热桥专项设计应遵循以下规则：

（1）避让规则：尽可能不要破坏或穿透外围护结构。

（2）击穿规则：当管线需要穿过外围护结构时，应保证穿透处保温连续、密实无空洞。

（3）连接规则：在建筑部件连接处，保温层应连续无间隙。

（4）几何规则：避免几何结构的变化，减少散热面积。

8.3.1 外墙热桥处理

外墙热桥处理应符合下列规定：

（1）外结构性悬挑、延伸等宜采用与主体结构部分断开的方式。

（2）外墙保温为单层保温时，应采用锁扣方式连接；为双层保温时，应采用错缝粘接方式。

（3）墙角处宜采用成型保温构件。

（4）保温层采用锚栓时，应采用断热桥锚栓固定。

（5）应尽量避免在外墙上固定导轨、龙骨、支架等可能导致热桥的部件；必须固定时，应在外墙上预埋断热桥的锚固件，并宜采用减少接触面积、增加隔热间层及使用非金属材料等措施降低传热损失。

（6）穿墙管预留孔洞直径宜大于管径 100mm 以上。墙体结构或套管与管道之间应填充保温材料。

锚栓相对保温层来说，其导热能力大大增加，热桥效应明显，应采用保温材料断热处理，可按图 8-6 设计。

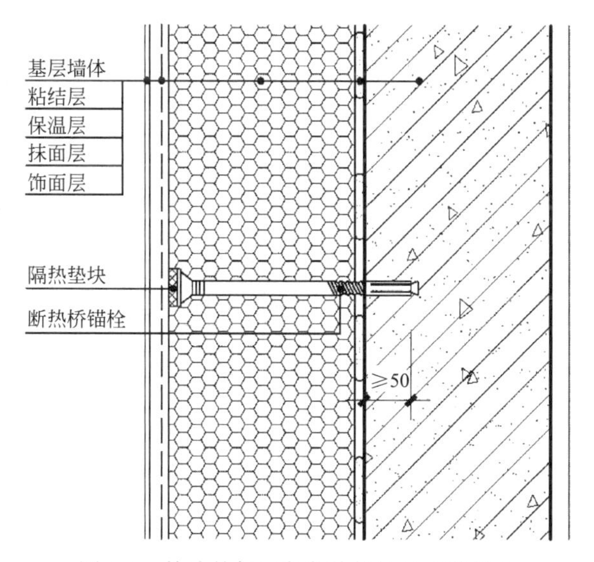

图 8-6　外墙外保温断断热桥锚栓安装做法

以最常见的悬挑空调板为例，空调板需要保证与主体墙的连接力学性能，因此，一般采用非保温性能的连接件连接，这就需要近零能耗建筑在设计时充分考虑连接处的断热桥处理，可按图 8-7 设计。

穿墙管是外墙的一个热工薄弱环节，容易造成较大的热桥效应和较差的气密性结果，穿墙管可按图 8-8 设计。

8.3.2　门窗遮阳热桥处理

外遮阳可靠连接的同时就成为破坏窗墙结合部保温构造的潜在危险因素之一，因此，外遮阳设计必须与外墙和外窗的节能设计综合考虑，外门窗和遮阳安装原则如下：

（1）外门窗安装方式应根据墙体的构造方式进行优化设计。当墙体采用外保温系统时，外门窗可采用整体外挂式安装，门窗框内表面宜与基层墙体外表面齐平，门窗位于外墙外保温层内。对于装配式夹心保温外墙，外门窗宜采用内嵌式安装方式。外门窗与基层墙体的连接件应采用阻断热桥的处理措施。

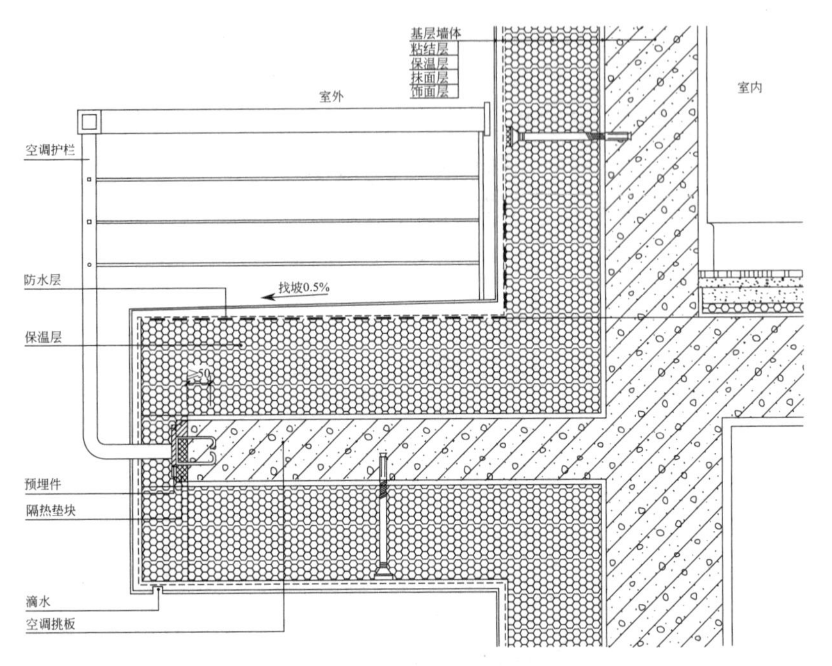

图 8-7　空调板安装方法

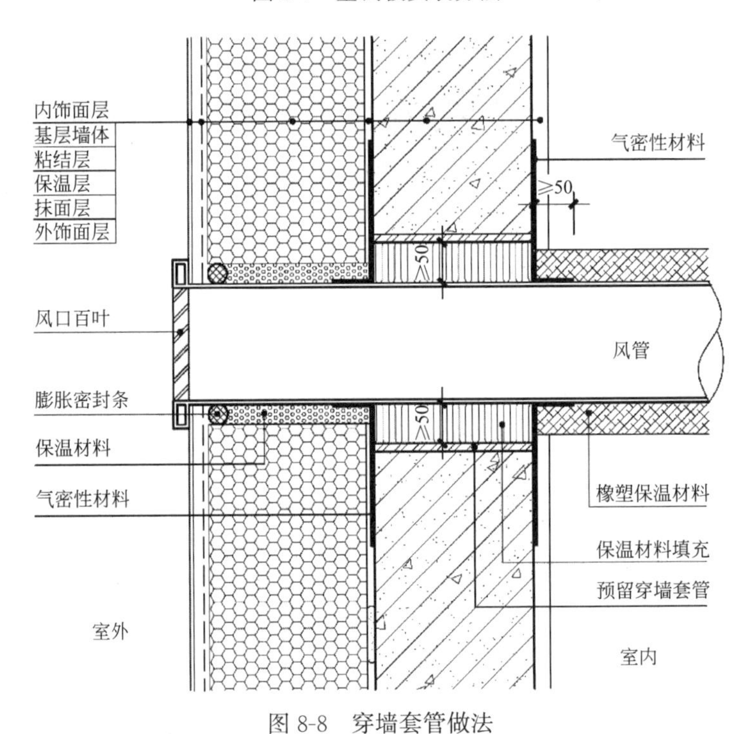

图 8-8　穿墙套管做法

(2) 外门窗外表面与基层墙体的连接处宜采用防水透汽材料密封，门窗内表面与基层墙体的连接处应采用气密性材料密封。

(3) 窗户外遮阳设计应与主体建筑结构可靠连接，连接件与基层墙体之间应采取阻断热桥的处理措施。

活动外遮阳侧口可按图 8-9 和图 8-10 设计。

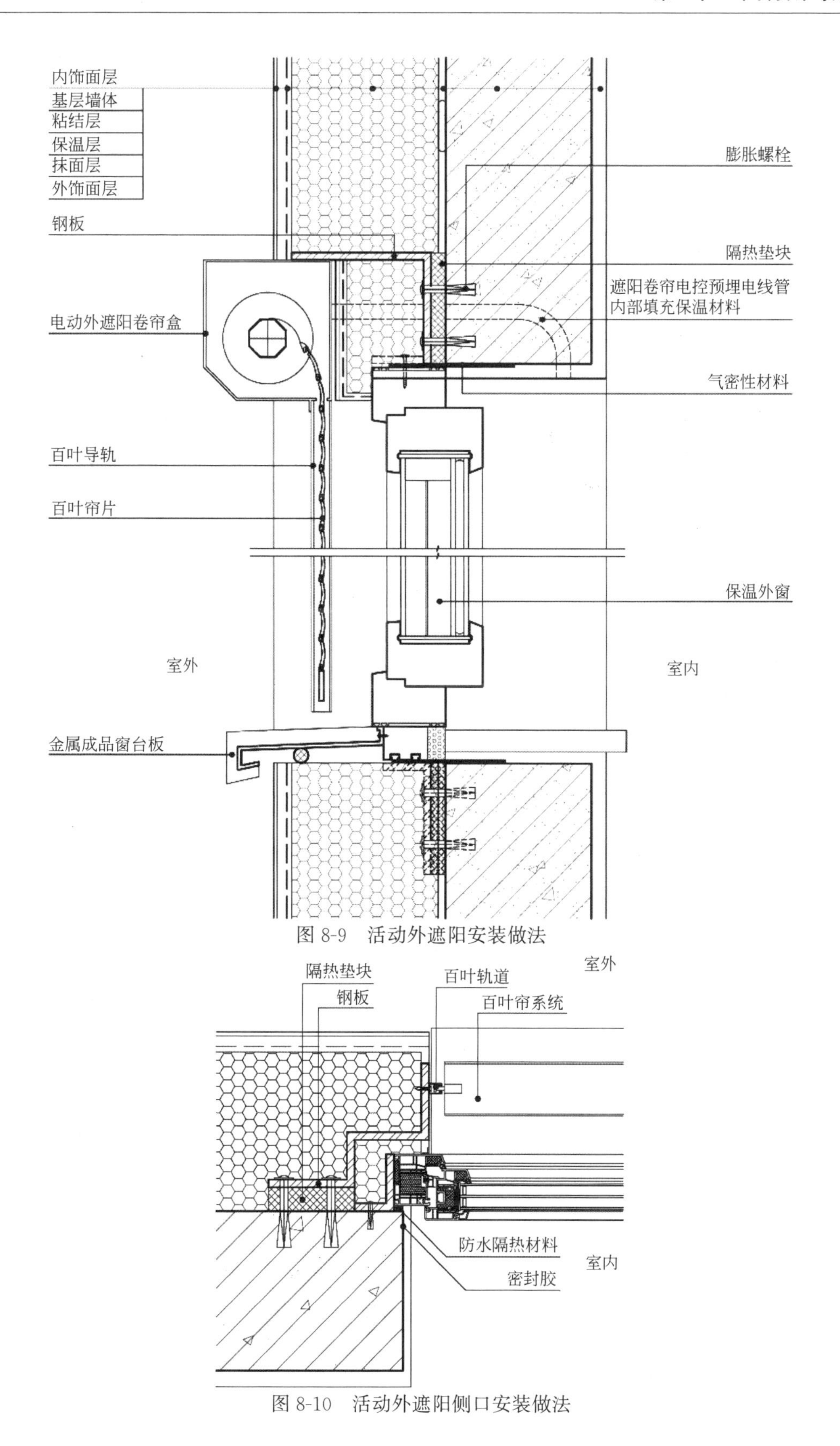

图 8-9　活动外遮阳安装做法

图 8-10　活动外遮阳侧口安装做法

8.3.3 屋面遮阳热桥处理

屋面热桥处理应符合下列规定：

(1) 屋面保温层应与外墙的保温层连续，不得出现结构性热桥；当采用分层保温材料时，应分层错缝铺贴，各层之间应有粘接。

(2) 屋面保温层靠近室外一侧应设置防水层；屋面结构层上，保温层下应设置隔汽层；屋面隔汽层设计及排气构造设计应符合现行国家标准《屋面工程技术规范》GB 50345—2012 的规定。

(3) 女儿墙等突出屋面的结构体，其保温层应与屋面、墙面保温层连续，不得出现结构性热桥。女儿墙、土建风道出风口等薄弱环节，宜设置金属盖板，以提高其耐久性，金属盖板与结构连接部位，应采取避免热桥的措施。

(4) 穿屋面管道的预留洞口宜大于管道外径 100mm 以上。伸出屋面外的管道应设置套管进行保护，套管与管道间应填充保温材料。

(5) 落水管的预留洞口宜大于管道外径 100mm 以上，落水管与女儿墙之间的空隙宜使用发泡聚氨酯进行填充。

屋面保温做法可按图 8-11 设计。

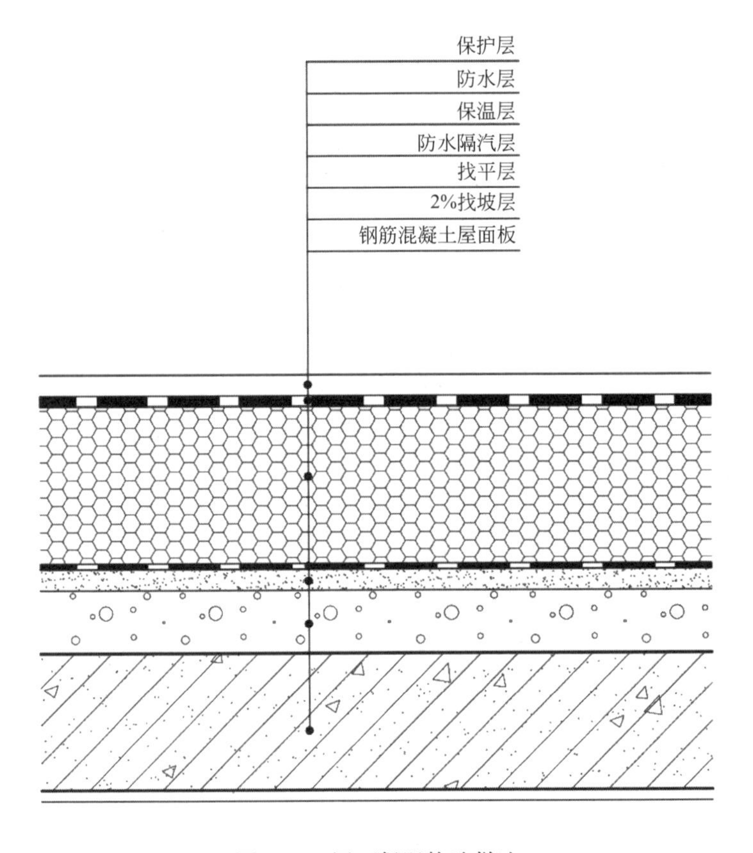

图 8-11 屋面保温构造做法

女儿墙保温做法可按图 8-12 设计。

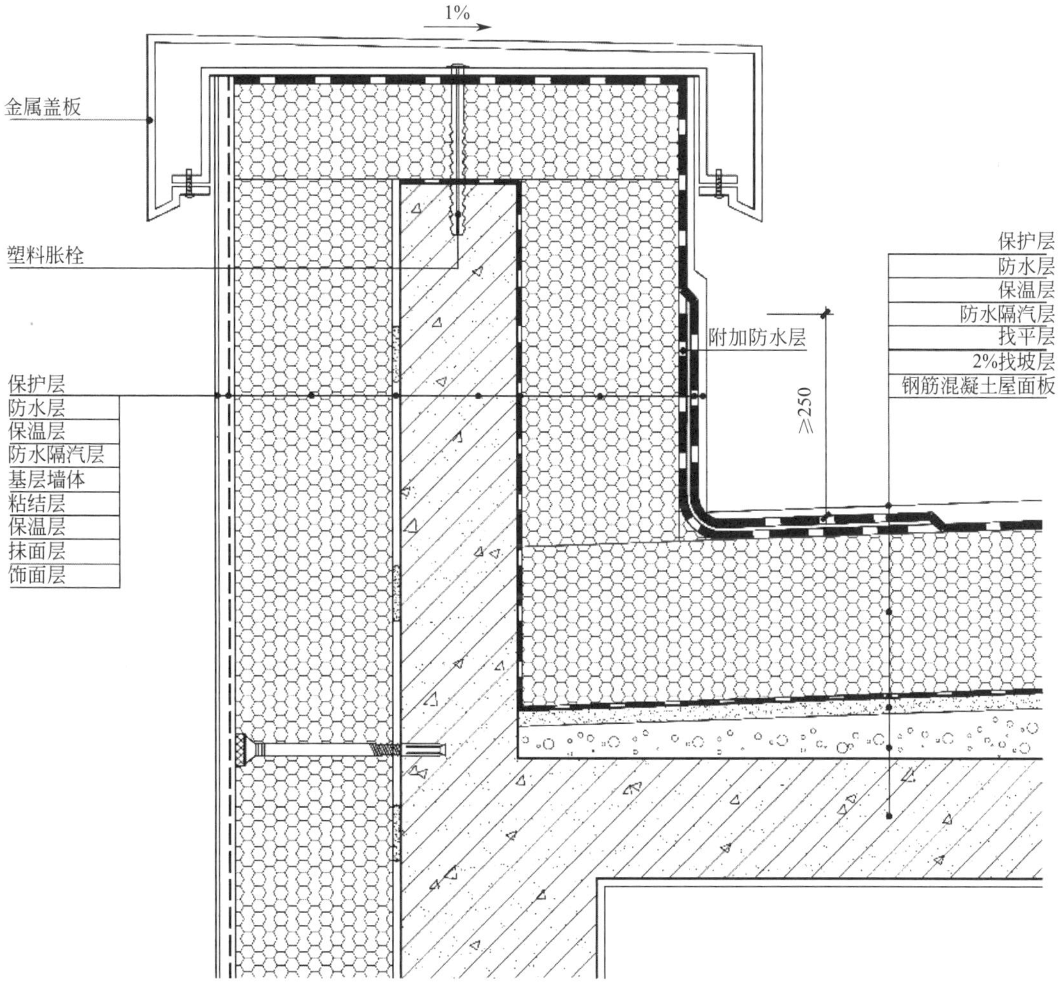

图 8-12　突出屋面女儿墙及盖板保温构造做法

排气管出屋面可按图 8-13 设计。

落水管可按图 8-14 设计。

8.3.4　地下室及地面热桥处理

地下室和地面热桥处理应符合下列规定：

（1）地下室外墙外侧保温层应与地上部分保温层连续，并应采用吸水率低的保温材料；地下室外墙外侧保温层应延伸到地下冻土层以下，或完全包裹住地下结构部分；地下室外墙外侧保温层内部和外部宜分别设置一道防水层，防水层应延伸至室外地面以上适当距离。

（2）无地下室时，地面保温与外墙保温应连续、无热桥。

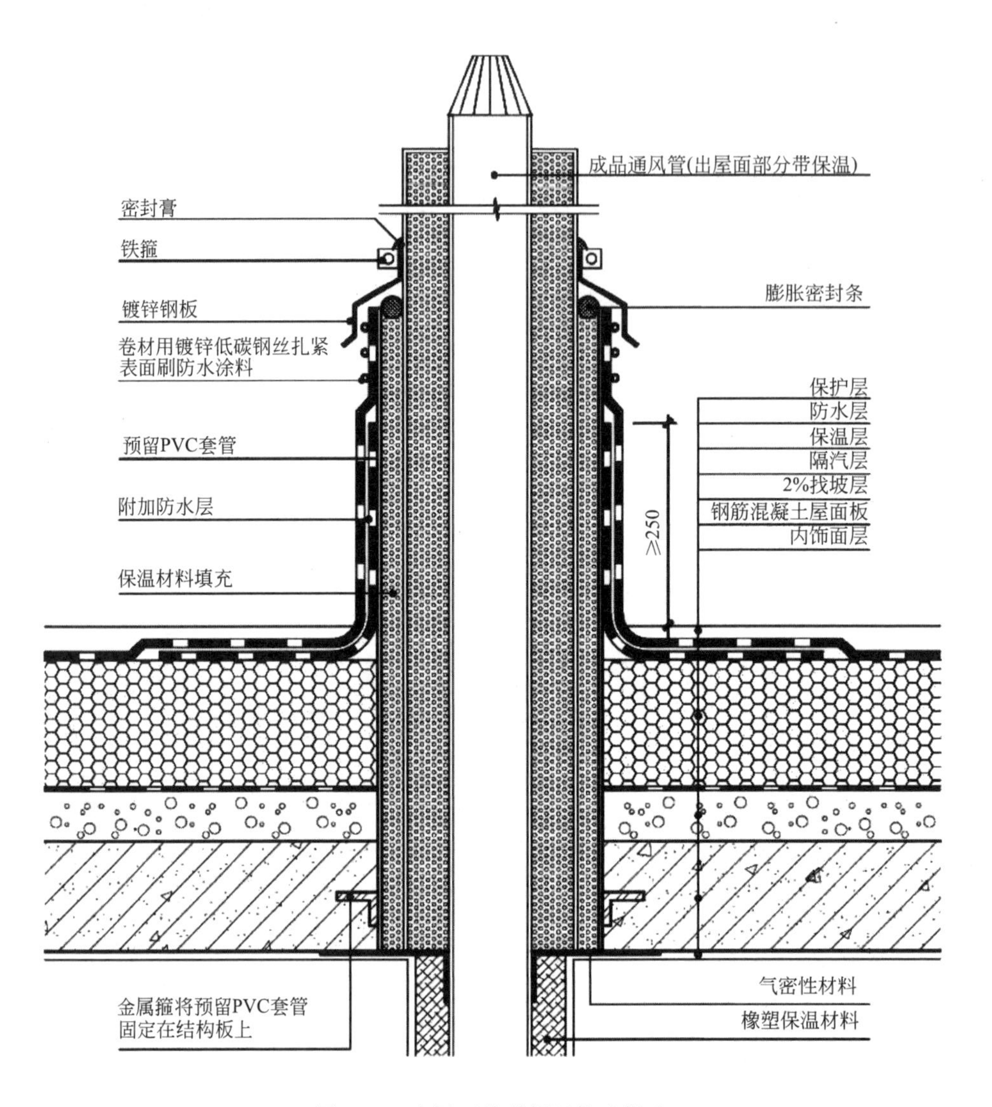

图 8-13　出屋面管道保温构造做法

当保温层位于非供暖地下室顶板上表面时，可按图 8-15 设计；当保温层位于非供暖地下室顶板下表面时，应按图 8-16 或图 8-17 设计；当地面位于供暖地下室上面时，应按图 8-18 设计。

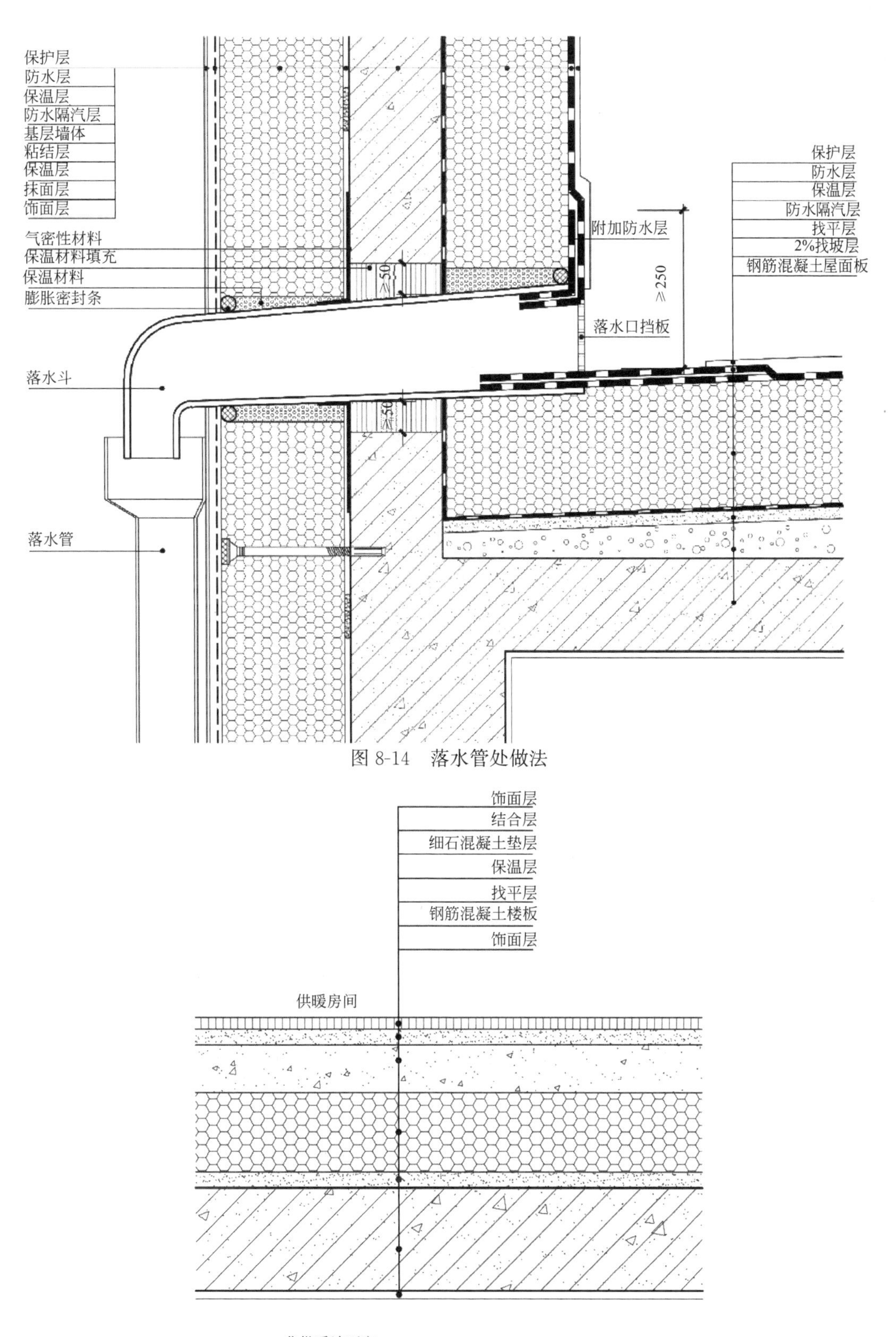

图 8-14　落水管处做法

图 8-15　非供暖地下室顶板保温构造做法 1

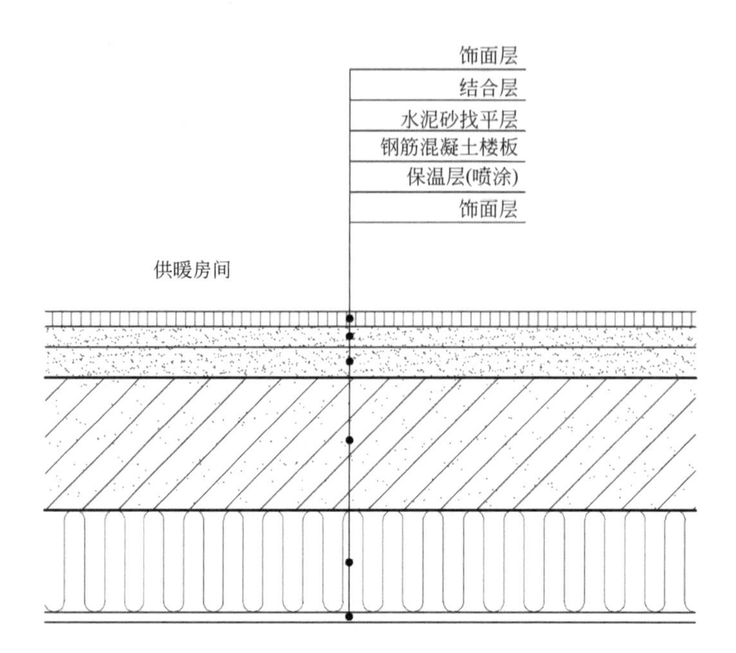

图 8-16　非供暖地下室顶板保温构造做法 2

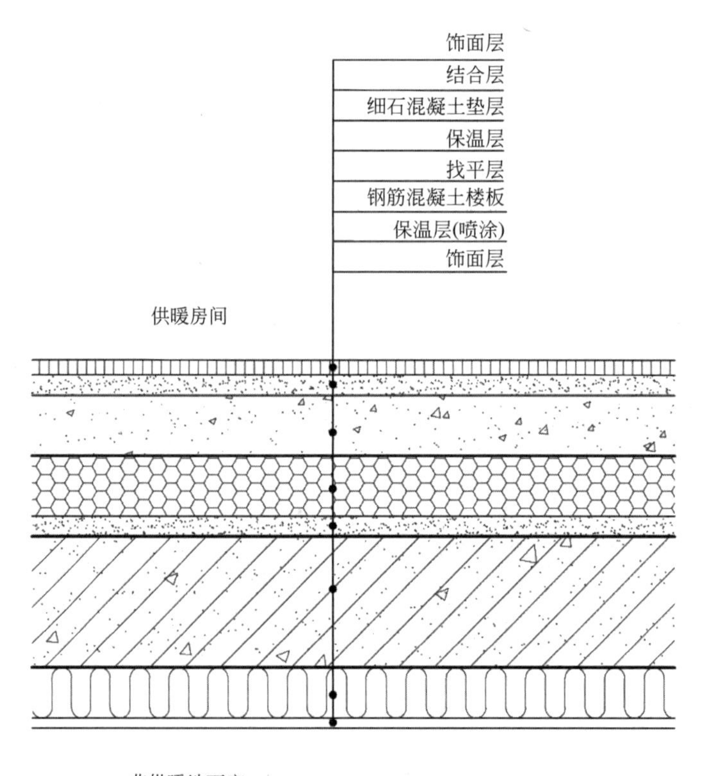

图 8-17　非供暖地下室顶板保温构造做法 3

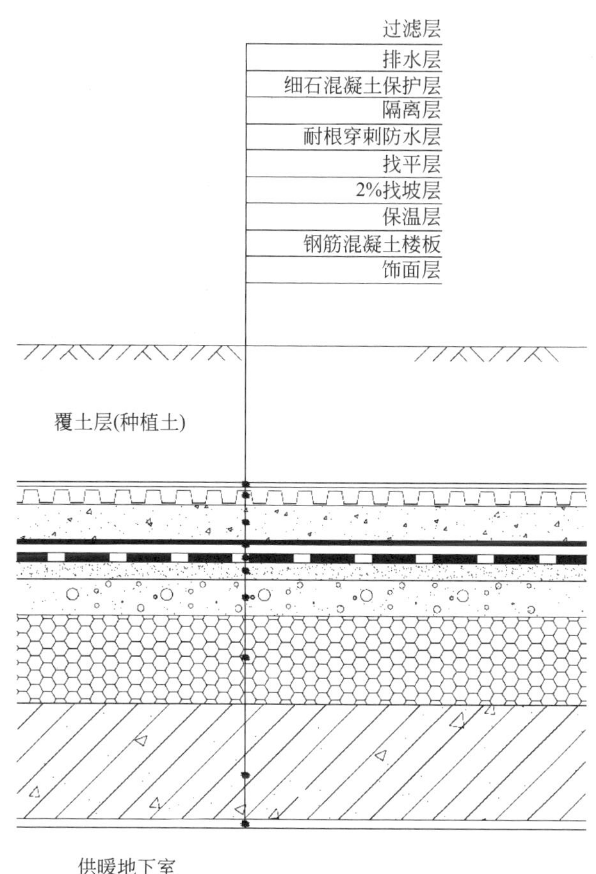

图 8-18　覆土供暖地下室顶板保温构造做法

8.4　气密性处理

建筑气密性是影响建筑供暖能耗和供冷能耗的重要因素，对实现近零能耗目标来说，由于其极低的能耗指标，由单纯围护结构传热导致的能耗已较小，这种条件下造成气密性对能耗的比例大幅提升，因此，建筑气密性显得更重要。气密性是实现近零能耗建筑能效目标的核心因素之一，也是近零能耗建筑验收、认证标准的重要测试指标之一。

良好的气密性可以减少冬季冷风渗透，降低夏季非受控通风导致的供冷需求增加，避免湿气侵入造成的建筑发霉、结露等损坏，减少室外噪声和室外空气污染等不良因素对室内环境的影响，提高居住者的生活品质。

近零能耗建筑良好的气密层需要针对建筑结构形式、外围护结构构造进行连续且完整的气密层设计。建筑围护结构气密层应连续并包围整个外围护结构，如图 8-19 所示。

气密层设计应依托密闭的围护结构层，并应选择适用的气密性材料。围护结构设计时，应进行气密性专项设计。例如，针对外墙体自身，一般采用连续的抹灰层进行高气密性处理。针对外门窗洞口、管线贯通部位等气密性薄弱位置，主要采用气密性胶带、气密性薄膜、气密性涂料等气密性材料，在室内设置防水隔汽层、室外侧设置防水透汽层进行气密性处理。不同围护结构的交界处以及排风等设备与围护结构交界处应进行密封节点设

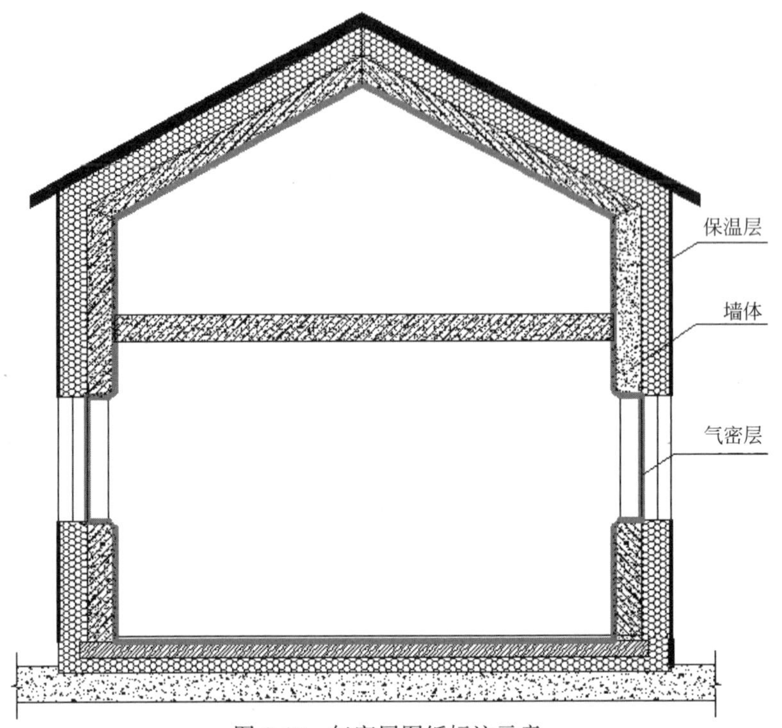

图 8-19　气密层图纸标注示意

计，并应对气密性措施进行详细说明。

对近零能耗建筑来说，在正常的设计和施工条件下，外门窗的气密性对建筑整体的气密性影响较大，做好外门窗的气密性是实现建筑整体气密性目标的基础之一。建筑设计应选用气密性等级高的外门窗，一般要求其气密性等级不低于 7 级，外门窗与门窗洞口之间的连接缝隙应做气密性处理（图 8-20a）。

围护结构洞口、电线盒、管线贯穿处等易发生气密性问题的部位应进行节点设计并对气密性措施进行详细说明（图 8-20b 和图 8-21）。其中穿透气密层的电力管线等宜采用预埋穿线管等方式，不应采用桥架敷设方式。

表 8-7 列出了适用于常规建筑构件的气密性材料。

适用于常规建筑构件的气密性材料　　**表 8-7**

适用于常规建筑构件的气密性材料	不适用的密封材料
砌筑墙体内侧的抹灰层； 薄膜； 有网格布的油毛毡； 硬质木质材料板，如密度板、三合板； 正确浇筑的混凝土	砌筑墙体（灰砂浆填缝）； 刨花板和软木纤维板； 孔眼薄膜； 聚苯板
气密性节点	**非永久气密性节点**
用丁基橡胶带粘贴的薄膜，另加压紧板条； 正确施工的膨胀密封条，另加压紧板条； 用调配良好的混凝土灌注的穿透口和勾了填缝剂的缝隙； 气密性丙烯酸胶带； 压紧的密封条	包装胶带等； 太干的混凝土（很难涂抹密封）； 太湿的混凝土（收缩缝）； 粘贴到未做预处理的实心构件上； PU 安装发泡胶； 用硅胶填缝

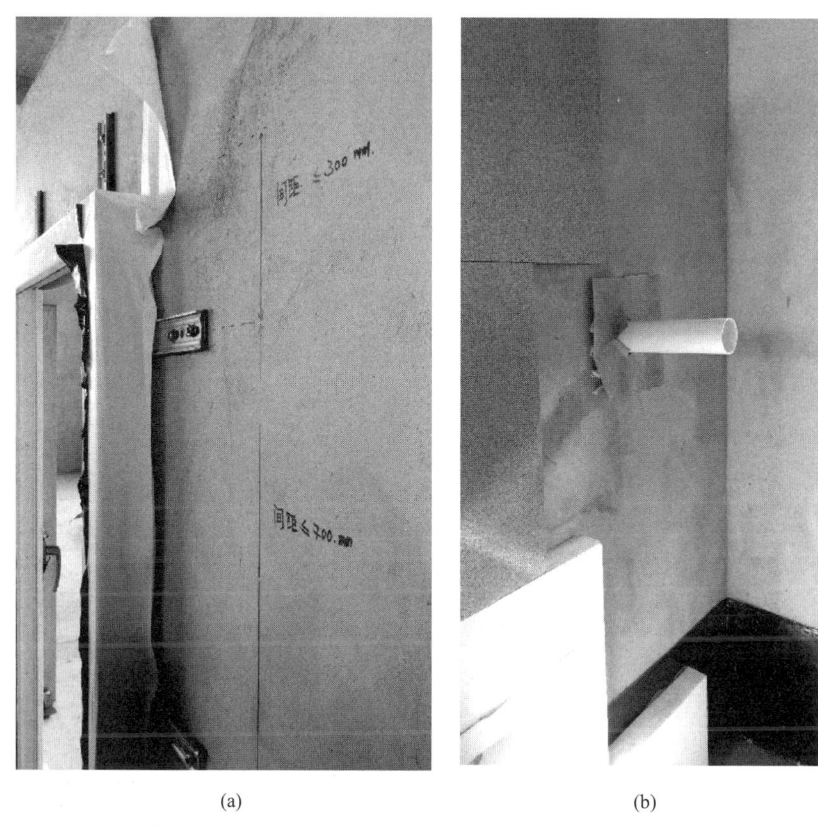

(a)　(b)

图 8-20　外窗安装及穿墙管线气密性处理示例

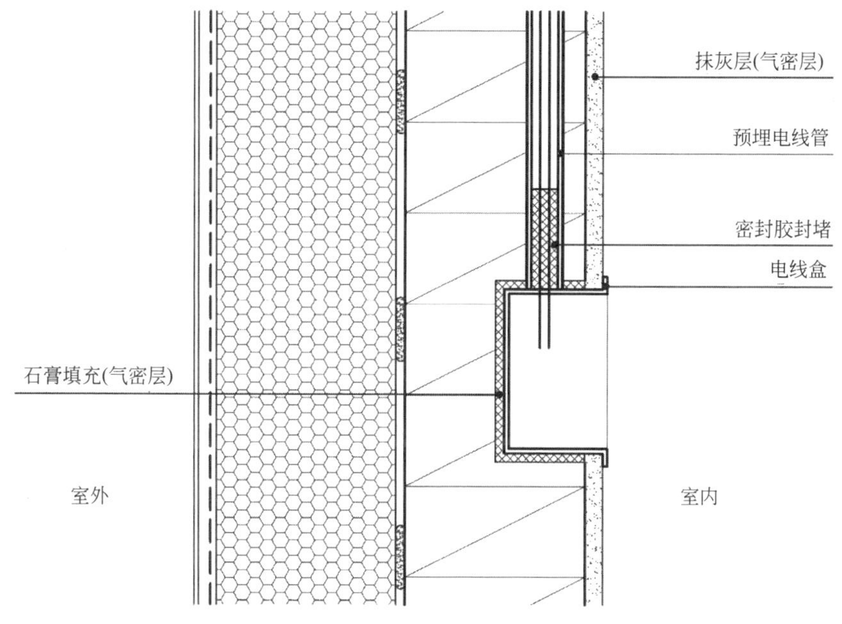

图 8-21　电线盒气密性处理示意图

气密性材料主要有气密性胶带、气密性薄膜、气密性部品几种类型产品。气密性胶带有无纺布基、塑料基、纸基、铝箔基等不同基底材料种类，不同基底材料的气密性胶带决定其适用的粘贴基面不同（图 8-22）。气密性薄膜主要是无纺布基的。其中塑料基、纸基、铝箔基气密性胶带可适用于薄膜、木材、石膏纤维板、金属、硬塑料类的材料面。无纺布基气密性胶带的适用范围最广，除上述材料基面外还能用于混凝土、砖石上。无纺布基的气密性薄膜主要用于对大面进行整体气密性密封，对于不同基面可选用适用的气密性胶带进行粘贴，因此，气密性薄膜对粘贴基面没有适用性范围要求。在产品选用过程中，应向厂商咨询适合的气密性产品以及使用的相应建议，不同厂家不同的产品具体使用的条件及适用环境可能不同。

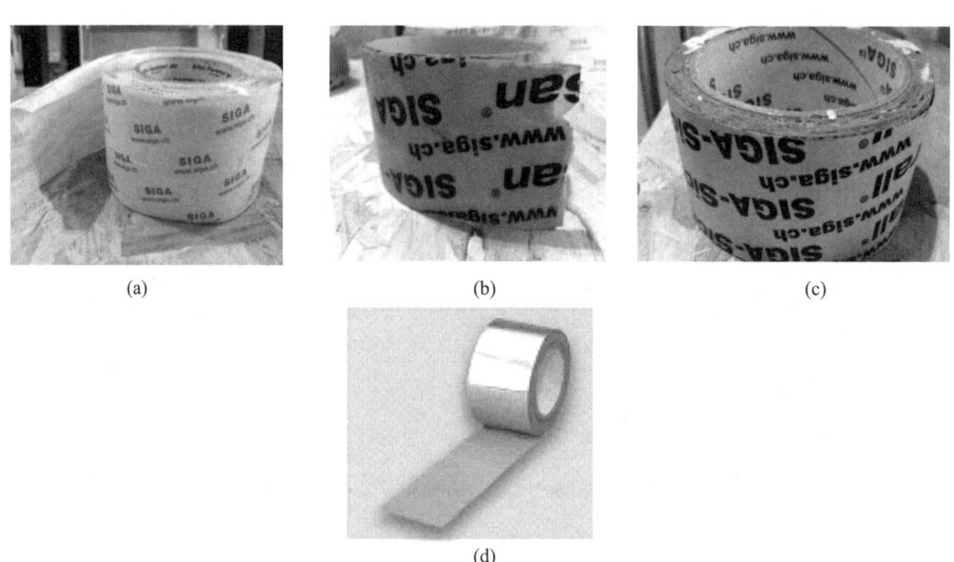

图 8-22　不同基材的气密性胶带

（a）无纺布基（b）塑料基（c）纸基（d）铝箔基

8.5　暖通空调系统

高效新风热回收系统通过排风和新风之间的能量交换，回收利用排风中的能量，进一步降低供暖供冷需求，是实现近零能耗目标的必要技术措施。设置高效新风热回收系统，不仅能够满足室内新风量供应要求，而且通过回收利用排风中的能量降低建筑供暖供冷需求及系统容量，实现建筑近零能耗目标，这是近零能耗建筑的主要特征之一。通过其良好的围护结构及气密性等设计，可有效地降低建筑的冷热负荷及全年能耗。冬季供暖时依靠建筑内的被动得热，其供暖需求可进一步降低，这使得仅仅使用高效新风热回收系统，不用或少用辅助供暖系统成为可能。

近零能耗建筑新风热回收系统设计应考虑全年运行的合理性及可靠性。只有减少的新风处理能耗低于自身运行能耗时，新风热回收装置才经济节能。

8.5.1　热回收装置

新风热回收装置按换热类型分为全热回收型和显热回收型两类。由于能量回收原理和结构不同，有板式、转轮式、热管式和溶液吸收式等多种形式。设计时应选用高热回收效率的装置。

夏热冬冷和夏热冬暖地区夏季室外空气相对湿度和焓差大，选用全热回收装置，与显热回收相比具有更好的节能效果。显热回收往往具有更好的经济性，严寒和寒冷地区，全热回收装置同显热回收装置节能效果相当，显热回收具有更好的经济性，但全热回收装置利于降低冬季结霜的风险，并有助于夏季室内湿度控制。因此，热回收装置的类型应根据地区气候特点，结合工程的具体情况综合考虑确定，新风热回收效率不应低于《近零能耗建筑技术标准》GB/T 51350—2019 的技术指标要求。新风机组能量回收系统设计时，应进行经济技术分析，选取合理技术方案。新风机组设置旁通模式，可实现当室外空气温度低于室内温度时，直接利用新风系统进行通风满足室内供冷需求。

工程应用中对卫生间排风有回收后排放和直接排放两种方式，设计时应根据卫生间排风的使用时间、对节能的量化分析和热回收装置结构特点，综合考虑确定。新风热回收装置类型应结合其节能效果和经济性综合考虑确定，设计时应采用高效热回收装置。

8.5.2　空气净化功能

新风热回收系统宜设置低阻高效的空气净化装置。随着人们对细颗粒物（PM2.5）影响人体健康认识的逐渐深入，室内细颗粒物（PM2.5）浓度已成为室内环境质量的重要指标之一。对于建筑中人员长期停留的房间，参考世界卫生组织第三个过渡期目标值，室内 PM2.5 浓度 24h 平均值不宜超过 37.5$\mu g/m^3$，这与欧美现行室内空气品质要求的限值相当。在室外空气质量不理想时，在新风热回收系统设置低阻高效的空气净化装置，不仅为室内提供更加洁净的新鲜空气，也可有效地降低室外污染天气对室内空气品质的影响，同时也可减缓热回收装置因积尘造成的换热效率下降。空气净化效率应满足相关技术指标要求。

8.5.3　防冻及防结霜措施

严寒和寒冷地区新风热回收系统应采取防冻及防结霜措施。严寒及寒冷地区应采取防冻保护及防结霜措施，当新风温度过低时，热交换装置容易出现冷凝水结冰或结霜，堵塞蓄热体气流通道或者阻碍蓄热体旋转，影响热回收效果。可安装温度传感器，当进风温度低于限定值时，启动预加热装置，降低转轮转速或开启旁通阀门。

8.5.4　设计注意事项

居住建筑新风系统宜分户独立设置且可调控，通过监测室内二氧化碳浓度或颗粒物浓度指标，按用户需求进行供应。设计中也可以根据户型面积、房屋产权及管理形式进行合理设计。

居住建筑新风系统宜分户独立设置，并应按用户需求供应新风量。设置旁通阀，可以根据最小经济温差（焓差）控制新风热回收装置的开启，降低能耗。新风热回收、排油烟机等机组未开启时，与室外联通的风管上设置的保温密闭型电动风阀应关闭严密，不得漏风。

居住建筑厨房的排油烟补风系统，可独立设置，补风从室外直接引入，补风口应尽可能设置在灶台附近。补风管道的外保温，可通过在入口处设保温密闭型电动风阀实现，电动风阀应与排油烟机联动；也可以通过设置与外窗的联动装置进行自动补风。

新风系统设置新风旁通管，当室外温湿度适宜时，新风可不经过热回收装置直接进入室内。

8.6 高效能源系统及可再生能源利用

近零能耗建筑由于使用了多种主、被动节能措施，其最大冷热负荷，尤其是热负荷显著低于常规建筑。在很多项目中，其单位面积冷热指标仅为常规建筑的一半甚至更低。通常，超低能耗建筑冷热指标是基于动态能耗模拟确定的，这一指标依赖于计算时设定的运行模式。比如，新风热回收装置是否开启、遮阳是否合理使用、是否开窗等设置条件。考虑到实际运行状况会偏离计算的标准设置，如热回收系统效率衰减，或需要加强新风引入等情况，在允许的条件下，暖通空调系统需要有一定韧性和弹性，提高其对不同工况的适应性和容错性。

近零能耗建筑设计时，宜结合建筑立面及屋顶造型效果，设置单晶硅、多晶硅、薄膜等多种光伏组件，充分利用太阳能资源。建筑光伏系统是建筑可再生能源利用的重要方式之一，随着光伏系统组件价格的变化，在政策补贴的条件下，建筑光伏一体化系统的经济性正逐渐变化，但经济性受到用电需求、系统构建成本、贷款利率、贷款比例等因素的共同影响，推荐光伏系统以建筑自身消纳为主，提高光伏系统的经济性和稳定性。

第9章　施工质量控制

9.1　施工质量管理

由于近零能耗建筑的设计和施工标准高于普通建筑，每个细部节点需要针对性的精细化设计与更专业化的施工水平，相对于传统施工方式，施工工艺更加复杂，对施工程序和质量的要求也更加严格，需要选择施工经验丰富、技术能力强的专业队伍承担。在欧美等国家，近零能耗建筑项目开发与建设的整个过程是由掌握核心技能，且具有丰富工程经验的专业团队进行设计、施工、工程质量管理与控制。相比之下，国内现有大规模粗放型施工的现状不能满足近零能耗建筑精细化施工的要求，专业团队在近零能耗各方面水平仍停留在初级阶段，需要对现场工程师、施工人员、监理人员等进行专项施工培训，帮助相关人员快速掌握相关关键技术，熟悉相关的施工工艺，以实现近零能耗建筑专业化施工，保障工程质量，这也成为近零能耗建筑项目流程中不可缺失的关键环节。为实现近零能耗建造目标，必须保证建造过程中优秀的施工质量。

9.1.1　施工质量管理体系

行之有效的工程管理体系是保证近零能耗建筑施工质量落地的前提和基础。近零能耗建筑需要建立精细化的施工管理方法和手段，确保工程质量可控。协调包括开发单位、设计单位、咨询单位、监理单位、总分包单位、劳务单位等在内的各参与方，使其各司其职，各尽其能（图9-1）。

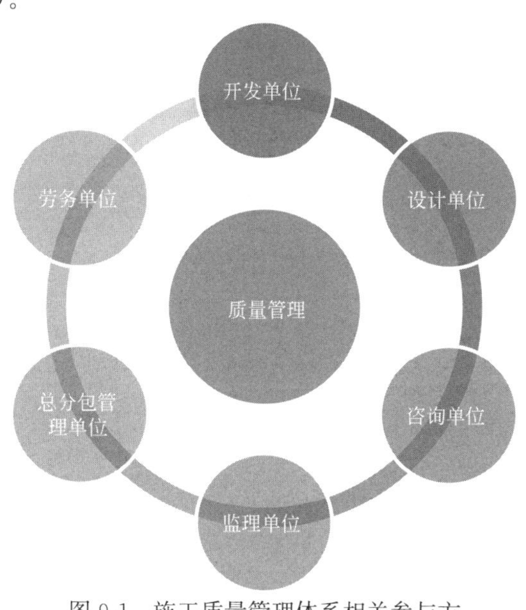

图9-1　施工质量管理体系相关参与方

各参与方职责如下：

（1）开发单位：组织参建各方，保证信息完整、及时、有效的传递；确定正确的施工工序；寻找合格的产品和优秀的施工单位；编制界面移交单、施工过程验收表等质量验收工具，方便施工过程中质量管理与控制；参加总包、分包管理团队对劳务单位的培训交底及样板点评；施工过程中定期开展质量检查，并确认质量问题，完成整改。

（2）设计单位：提供准确的施工图纸，在施工图纸中明确对相关材料、设备的关键参数要求，提供气密性和无热桥节点设计详图；对施工单位进行技术交底；参与施工过程中质量检查，并确认质量问题，完成整改。

（3）咨询单位：审核施工图纸，进行能耗达标判定计算，确保图纸在设计阶段满足近零能耗建筑性能要求；编制近零能耗建筑施工培训材料；指导现场施工样板的制作；对监理、总包、分包管理人员进行培训、交底；参加总包、分包管理团队对劳务的培训交底及样板点评；施工过程中进行现场质量检查，及时发现问题并复核完成整改；施工过程影像资料收集整理，编写施工过程报告。

（4）监理单位：接收施工培训及施工样板制作指导，明确各节点工程做法及施工过程中质量管控重点；审核总包、分包上报的施工方案，对涉及近零能耗建筑相关的内容重点把控；参加劳务培训及考核，确保上岗工人业务熟练，满足施工要求；在大面开始施工前，组织样板点评，确保劳务人员明确施工做法及质量要求；负责材料进场检查及抽样检测，确保施工材料满足设计要求；施工过程中进行质量检查，并对质量问题进行整改跟踪，直至整改完成销项；进行每道工序的界面移交、质量验收，验收合格后方可进行下道工序。

（5）总包、分包单位：接收施工培训及施工样板制作指导，明确各节点工程做法及施工过程中质量管控重点；依据近零能耗建筑施工特点，编写各项施工方案；现场制作实体样板，供后期工人交底；保证进场材料满足设计要求，需为合格材料；选择有责任心的、合格的劳务班组，并保证劳务的稳定性；对劳务班组进行培训、交底，并组织实操考试，确保工人培训合格，持证上岗；在大面开始施工前，组织劳务进行样板施工，确保劳务明确施工做法及质量要求；施工过程中质量检查，每道工序完成后进行第一遍质量验收；组织施工过程中气密性测试；对最终气密性测试及近零能耗建筑认证是否通过承担责任。

（6）劳务单位：接收施工前各项交底、培训，并通过实操考试；在大面开始施工前，进行样板施工，确保所有工人明确施工做法及质量要求；按培训及样板要求的质量标准完成现场施工，并进行报验；对总包、分包管理人员，监理，咨询，甲方等质量检查人员提出的质量问题进行整改。

各参与方应通过工程建设质量管理文件进行充分沟通，包括但不限于以下内容：资料清单、会议纪要、工程联系单、工作计划、问题日志和培训记录（图 9-2）。

9.1.2 高质量产品及部品

由于近零能耗建筑较高的建筑节能要求，为确保能耗目标的实现，需要采用高质量的产品及部品，其中保温工程和外门窗工程应选用配套供应的系统及辅材，并采用专业化施工工艺。门窗幕墙系统、屋面防水保温系统、外墙保温系统、新风系统等关键系统可选择专业系统供应商进行供货及安装，确保其施工质量满足设计要求。

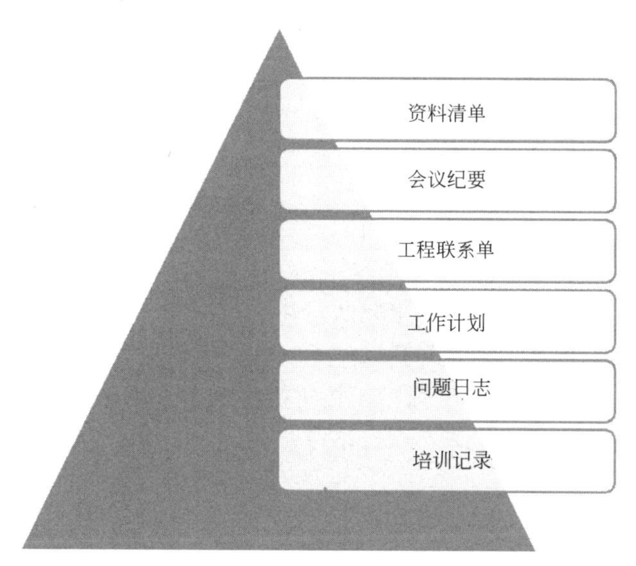

图 9-2 施工质量管理过程管理文件

此外，近零能耗建筑要求建筑具有更好的气密性，并妥善处理可能出现的热桥，所采用的施工工法与常规施工工法也有较大的区别。为确保使用质量可靠的产品。并且由具有技术能力的施工人员完成关键环节的施工，避免出现问题时出现责任不清的情况，宜选择专业系统供应商同时完成供货和施工，以保障门窗幕墙系统、屋面防水保温系统、外墙保温系统、新风系统等关键系统的施工质量。

供应商选择过程应严格控制，不仅需要对近零能耗建筑产品及部品进行性能认定，而且应重点关注其工程应用状况，以及企业是否能够提供专业技术支持或提供配套专项施工服务。此外，企业的财务状况和履约能力也应进行尽职调查，避免建设过程出现被迫更换供应商的情况，价格不应作为唯一或主要供应商选择的决策依据。

9.1.3 专项施工方案

对于关键施工分部分项工程，施工单位应编制专项施工方案，主要包括外门窗安装、地面保温施工、外墙外保温施工、屋面保温防水施工、新风系统安装、气密性措施施工等技术内容，并对施工人员进行技术交底，应通过细化施工工艺，严格过程控制，保障施工质量。

专项施工方案应包括外门窗安装、地面保温施工、外墙外保温施工、屋面保温防水施工、暖通空调系统安装、气密性措施施工等技术内容，重点包括外墙和屋面保温做法、外门窗安装方法及其与墙体连接部位的处理方法，以及外挑结构、女儿墙、穿外墙和屋面的管道、外围护结构上固定件的安装等部位的处理措施。

专项施工方案需要明确合理的施工工序，确保无热桥、气密性保障措施的正确实施。由于近零能耗建筑在门窗、保温、新风系统、气密性及热桥处理等方面有更高的质量要求，因此，与传统建筑相比，在施工工序上存在一定差别。例如，为了建筑保温性能和尽可能减少热桥，要先采用外挂式等特殊方法将窗户安装完成，并将雨落水管、铁艺栏杆等的预埋件连同隔热垫片一起固定在结构上，然后再进行外墙保温施工；又如，普通建筑在室内装修基本完成后，再开始设备管道的安装，但由于近零能耗建筑气密性的要求，出外墙的设备管道要在室内抹灰前先进行安装并完成无热桥和气密性封堵处理，然后再进行室内抹灰及装修施工。一个小的工序错误，都可能导致近零能耗建筑产生较严重的质量缺陷，或引起大面积返工，因此，合理、正确的施工工序，是保证近零能耗建筑建设成功的基础。

9.1.4 专项施工培训

近零能耗建筑施工前应由专业技术团队对施工单位进行专项施工培训和工艺交底，了解材料和设备性能，掌握施工要领和具体施工工艺，经培训合格后方准上岗。施工前施工单位应与设计单位书面确认热桥位置、断热桥措施施工详图和施工工艺，室内气密层位置、处理措施施工详图和施工工艺。应严格按照施工详图和施工工艺要求进行施工及隐蔽工程验收。

施工人员应进行近零能耗建筑专项施工培训，了解材料和设备性能，掌握施工要领和具体施工工艺，经培训合格后方准上岗（图 9-3）。由于近零能耗建筑的特殊工艺。仅对无热桥、气密性近零能耗关键节点进行口头或书面交底，施工单位往往难以完全掌握所要求的特殊施工工艺。通过在现场开展关键节点工法培训，由专业技术人员，结合设计图纸，和施工单位、监理单位一起动手完成关键节点的施工，对于施工单位掌握关键施工工法很有帮助。

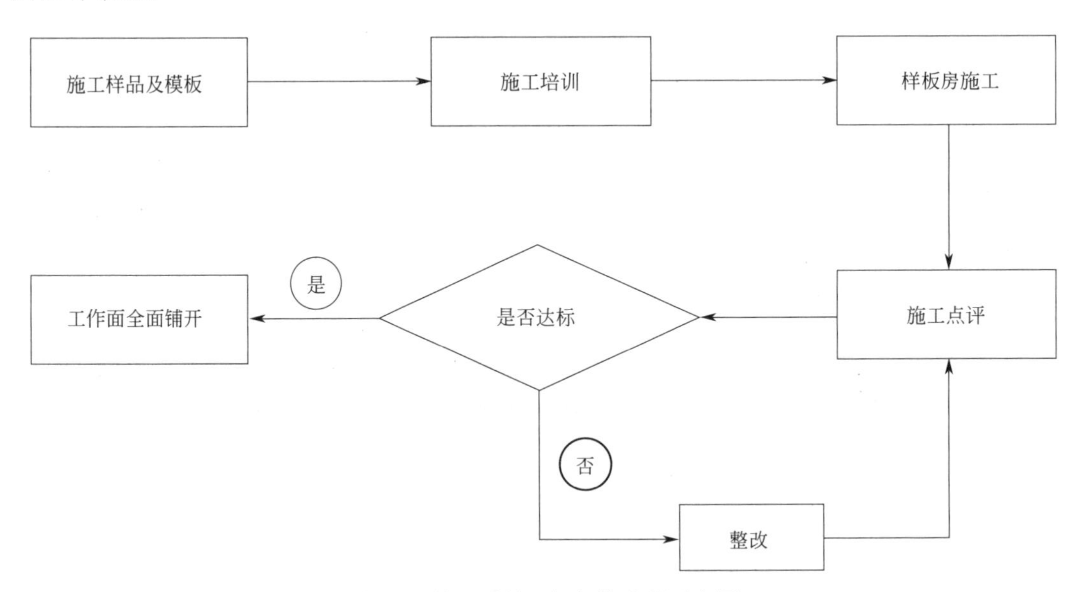

图 9-3 施工质量现场把控流程示意图

培训形式方面推荐建立专用施工展示样板间或样板墙进行培训，用于施工技术培训，辅助施工过程质量管理，支持近零能耗建筑技术宣传推广。设置在现场的样板间和样板墙，可以用于开发单位、监理单位以及施工单位的现场施工质量控制，也可用于有利于市场营销人员、目标用户群体以及社会大众了解近零能耗建筑的特点和要点，有利于近零能耗建筑技术体系的宣传推广。

对于一些特殊关键节点，当缺乏成功实施经验时，为避免大规模施工后不能达到性能要求，也可以在实验室进行验证或现场小规模验证。例如某钢结构项目的金属屋面，在大规模实施前，预先在实验室进行气密性和水密性试验，辨识设计缺陷，改善建造方法，降低项目风险。

9.2　非透明围护结构

非透明围护结构保温防水是一项系统工程，通常需要采用更厚的保温层。为了减少保温厚度，提高保温质量，应采取性能更好、质量更可靠的保温材料产品。除主材保温材料外，锚栓、胶粘剂、玻纤网等辅材质量以及其是否与主材匹配，直接影响工程质量，特别是外保温体系的耐候性检验需满足要求。

施工前，应确保结构施工质量符合要求，包括垂直度、平整度、临时施工缝、变形缝、外窗洞口周边构造、砌体结构等位置，保障其结构成型质量、尺寸准确度要求，不出现蜂窝、疏松等质量缺陷。

9.2.1　屋面防水保温

屋面防水保温系统采用一道隔汽层和两道防水层形成闭合的系统，完全把保温层包裹在隔汽层与防水层中间，并采用便捷的安装方式、先进的设计理念、相匹配的材料和规范系统的施工，使整个建筑屋面得到合理的优化，使建筑物寿命更长、质量更有保证。隔汽层能隔绝室内的水汽进入保温层，保温层与隔汽层以及双层保温板间用聚氨酯发泡胶粘结，底层防水卷材与保温层直接粘结，整个系统为干法施工，系统施工简化，使隔汽、保温、防水形成一个完整的系统（图 9-4 和图 9-5）。屋面上不设置排气孔，减少了热桥点，热损失降低，更好地保证了屋面的保温隔热效果。

图 9-4　隔汽层铺设

图 9-5　防水卷材搭接边质量控制

屋面平面保温层安装从低到高铺设，当天铺装的保温层必须当天将底层自粘卷材铺设完毕，防止水汽渗透进已安装好的保温层里，影响保温效果。

分区施工：传统的施工方式，在雨雪天气或大面积屋面施工过程中，容易造成雨雪或湿气渗透到保温层内，致使保温层吸水率大增，严重降低保温隔热性能，也对后续防水效果埋下极大隐患。采用防水分区施工技术，可以有效地解决上述问题。

对屋面防水保温系统进行合理的分区，不但可以避免阴雨天气雨水或夜间湿气进入到保温层，也可以避免一个分区部位防水层破损造成穿水而影响其他部位的防水保温效果，造成更大的经济损失（图 9-6）。如有渗漏，只需要根据漏水点的位置，打开该区域内的防水层进行维修即可，不影响整个屋面的使用，维修简单，节约了维修成本。

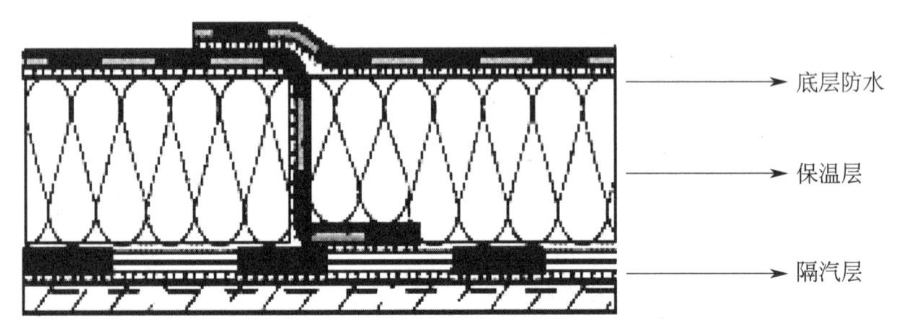

图 9-6　防水分区接头做法

出屋面管道应进行断热桥和防水措施处理，预留洞口应大于管道外径并满足保温厚度要求；伸出屋面外的管道应设置套管进行保护，套管与管道间应设置保温层。

9.2.2　地下室外墙保温

地下室外墙外侧保温层与地上部分保温层应连续，当地下部分为非被动区时要延伸到地下冻土层以下；当地下部分为被动区时应完全包裹住地下结构，并采用高强度、防水性能好的保温材料。地下室外墙外侧保温层内部和外部分别设置一道防水层，防水层延伸至室外地面以上勒脚部位。

保温材料普遍为多孔材料，如果保存不好，容易吸水附尘，一些保温材料吸水或被太阳曝晒后会出现性能下降、变形等问题，在施工过程中应预留保温材料堆放保存位置，注意防水、防晒、防尘措施落实到位，避免在安装前保温材料的损坏。

保温材料施工中，应尽量避开雨雪季节，并合理预留其他湿作业工艺与保温施工前后的时间，尽量保持保温材料的干燥，避免因施工过程处理不当导致的保温性能下降。在施工过程中，如因工序问题、供货问题、施工管制等问题造成保温施工的中断，应使用防水薄膜、砂浆等材料对保温材料进行完善的阶段性保护，避免因长期阳光曝晒或雨水浸入等原因导致保温材料性能下降。

9.2.3　外墙保温

围护结构保温施工前墙体基面上的残渣和隔离剂应清理干净，并采用抹灰等方式找平，墙面平整度超差部分应剔凿或修补，基层墙体上的施工孔洞应已堵塞密实并进行防水处理。穿透保温层的设备或管道的连接件、穿墙管线应采用断热桥做法安装完毕并验收合格。

墙体外结构性悬挑、延伸等宜采用与主体结构部分断开的方式，如女儿墙、阳台板和空调室外机安装板。围护结构上悬挑构件的预埋件与基层墙体之间的保温隔热垫块厚度应符合设计要求，且不宜小于 50mm。当悬挑构件为钢筋混凝土时，连接件宜采用断桥隔热形式，不应出现结构性热桥。

保温层应采用断热桥锚栓固定。断热桥锚栓安装应至少在保温板粘贴 24h 后进行。当基层墙体为钢筋混凝土时，锚栓的锚固深度不宜小于 50mm。当基层墙体为加气混凝土块等砌体结构时，锚栓的锚固深度不宜小于 65mm。安装锚固件时，应先向预打孔洞中注入聚氨酯发泡剂，再立即安装锚固件（图 9-7）。

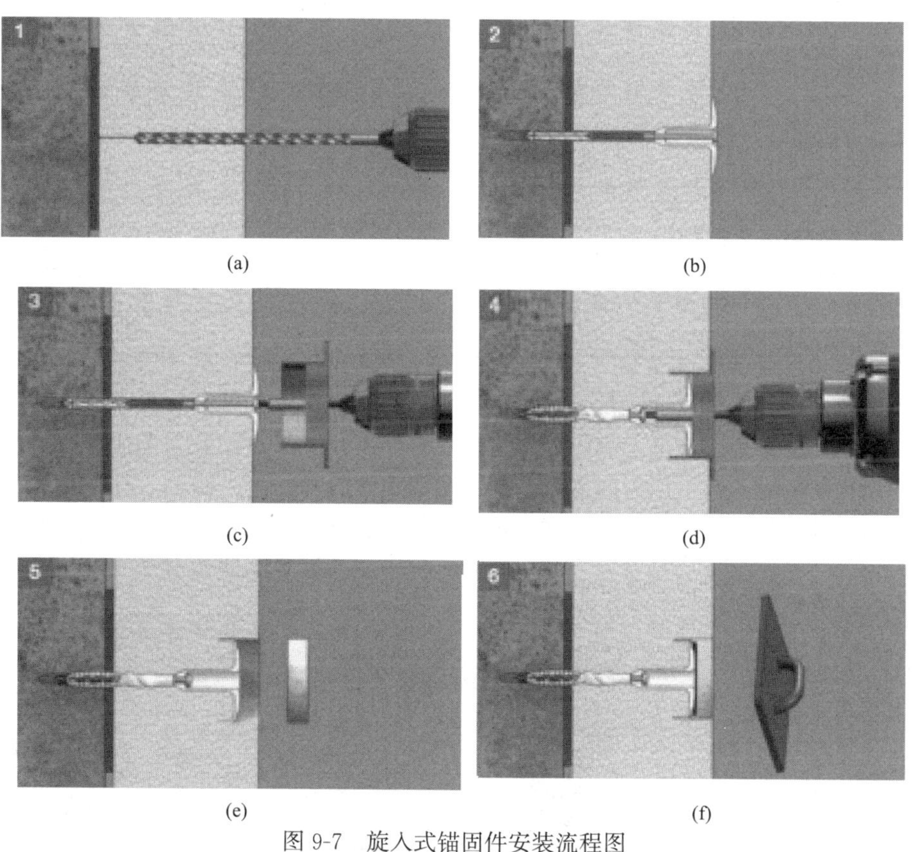

(a)　(b)　(c)　(d)　(e)　(f)

图 9-7　旋入式锚固件安装流程图

当发现有较大的缝隙或孔洞时，保温层应拆除重做。如果仅为保温板外部表面缝隙或局部缺陷，可用发泡保温材料进行填补。防火隔离带与其他保温材料应搭接严密或采用错缝粘贴，避免出现较大缝隙；如缝隙较大，应采用发泡严密封堵。变形缝施工时应先垫衬适当厚度保温板，并填塞发泡聚乙烯圆棒或条后再用建筑密封膏密封；或者在变形缝内垫适当厚度保温板后采用固定变形缝配件进行密封。

管线穿外墙部位应妥善设计封堵工艺，确保封堵紧密充实。穿透围护结构的管道（包括电线或电缆）的预留洞口或套管直径应满足设计要求，且大于管道直径至少 100mm，以满足保温密封要求。PVC 管道、金属管道与墙体洞口周围缝隙宜采用岩棉填实，也可采用填缝 PU 发泡胶，墙体两侧管道使用适合管道直径的密封套环或包裹防水密封胶带，并用专用胶贴在墙体洞口四周，密封好管道后再进行抹灰。穿墙（楼板）管道与保温层连接处应安装止水密封带。

外墙金属支架安装时，应在基墙上预留支架安装位置，金属支架与墙体之间垫不小于 20mm 的硬性隔热材料，并完全包覆在保温层内。以雨水管为例，先将特制金属构件固定在基墙上，金属构件与墙体间用隔热垫片；金属构件包裹在保温层内；金属构件内部填充高效保温材料。

9.3 门窗及遮阳

外门窗安装前结构工程应验收合格且门窗结构洞口应平整，窗洞口四周 200mm 宽范围内宜采用强度等级不小于 C20 的混凝土浇筑成型或做其他形式结构加强。门窗结构洞口允许偏差应符合表 9-1 的规定。

建筑门窗洞口尺寸允许偏差　　表 9-1

项目	允许偏差(mm)
洞口宽度、高度尺寸	±10
洞口对角线尺寸	≤10
洞口的表面平整度、垂直度、洞口的平面位置、标高尺寸	≤10

外门窗安装时宜整体安装。门窗系统应在工厂将门窗框、玻璃和门窗扇整体组装好，整体门窗运到现场后，在门窗框上粘贴防水隔汽膜，然后整体进行安装（图 9-8 和图 9-9）。门窗整体上墙安装的方式，可以有效保证门窗保温隔热性能和气密性要求，避免或减少了能量流失，同时，采用工厂预先组装的方式，可加快施工进度，节约施工工期。

图 9-8　外窗整体安装

图 9-9　防水隔汽膜粘贴

防水隔汽膜和防水透汽膜粘贴前需对窗框及墙面灰尘进行清理，膜与膜、膜与墙体的有效搭接宽度不应小于 50mm，纵向搭接开口朝下，且无起鼓漏气现象。室内侧粘贴气密性材料，避免水蒸气进入保温材料；室外侧采用防水透汽材料处理，以利于保温材料内水汽排出。粘贴的气密性材料、防水透汽材料在门窗框型材四角应预留出 15～20mm 的富余量，以便更好地与基层墙体粘结，实现气密层连续。防水透汽材料和气密性材料施工环境温度宜在0℃以上。

外门窗口保温施工要点：

(1) 保温板应覆盖部分窗框，覆盖宽度不小于20mm，如果开启扇外侧安装纱窗，留出纱窗的安装位置。

(2) 应在门窗洞口四角保温板上沿45°方向加铺400mm×200mm增强玻纤网。增强玻纤网应置于大面玻纤网的内侧。

(3) 保温板与窗框之间的缝隙应用专用收边条密封或填塞膨胀止水带后再进行密封处理。

(4) 当设计有窗台板时，外保温与窗台板两端及底部之间的缝隙应先用膨胀止水带填塞，再进行密封处理。

(5) 窗洞口阳角部位宜采用角网增强。

(6) 窗底应安装窗台板散水，窗台板两端及底部与保温层之间的缝隙应作密封处理；门洞窗洞上方应安装滴水线条。如需外墙进行整体抹灰找平时，窗上口500mm范围内宜采用防水砂浆。

外门窗与基层墙体的连接件应进行阻断热桥的处理，当设计有外遮阳时，应在外窗安装完成后且外保温尚未施工时确定外遮阳的固定位置，并安装连接件。连接件与基层墙体之间应进行阻断热桥的处理。外遮阳产品的安装节点应与外窗安装节点之间良好衔接，减小安装热桥。

整体外窗安装完毕后，及时采用塑料薄膜进行粘贴覆盖（图9-10）。

图9-10 外窗安装后的成品保护

9.4 无热桥

热桥可分为几何热桥（比如角落——外表面积大于内表面积）和结构热桥。结构热桥是由不适宜的结构产生的，例如：当阳台的平面没有和混凝土地板做传热的隔绝时，就会产生结构热桥。这种由于穿透围护结构保温层造成的结构热损失（结构热桥）必须在近零能耗居住建筑中避免。需要特殊注意的部位包括：穿外墙管道、穿屋面管道、穿外墙风道、穿屋面的风道、外墙结构固定件、悬挑阳台、幕墙、门窗固定处和遮阳卷帘固定部位等。

幕墙龙骨如不妥善处理，将产生大量热桥，宜采用专门非金属断桥专用连接件，减轻热桥的影响。当项目不能采用专用断热桥连接件时，应使用断热桥垫片。断热桥垫片厚度、热工参数及力学性能参数应满足相关要求。

9.5 气密性

建筑的气密性是重要的建筑性能指标，良好的建筑气密性可减少冬季冷风渗透和夏季非受控通风，降低供暖空调能耗的同时，可以降低因为湿气进入室内造成的建筑发霉、结露和损坏。此外，良好的气密性还能够减少室外噪声、室外空气污染、室外灰尘等不良因素对室内环境的影响，可以提高居住者的生活品质。

气密性保障应贯穿整个施工过程，在施工工法、施工程序、材料选择等各环节均应考虑，尤其应注意外门窗安装、围护结构洞口部位、砌体与结构间缝隙及屋面檐角等关键部位的气密性处理。施工过程中应尽量避免在外墙面和屋面上开口，如必须开口，应尽量减小开口面积，并应与设计单位协调制定气密性保障方案，保证气密性。施工完成后，应进行气密性测试，及时发现薄弱环节，改善补救。

围护结构气密性处理应符合下列要求：①气密性材料的材质应根据粘贴位置基层的材质和是否需要抹灰覆盖气密性材料进行选择；②建筑结构缝隙应进行封堵；③围护结构不同材料交界处、穿墙和出屋面管线、套管等空气渗漏部位应进行气密性处理；④气密性施工应在热桥处理之后进行。

（1）当基层为混凝土、砂浆等材料且需抹灰覆盖气密性材料时，宜采用无纺布基底的气密性材料。粘贴气密性材料前应清理基面，粘结基面应平整干燥，不得有灰尘、油污。发泡聚氨酯、普通胶带等材料不得作为气密性材料使用。

（2）当建筑为框架结构时，一次结构与二次结构的交界处应粘贴气密性材料，且室内抹灰厚度不应小于 20mm；当建筑为现浇混凝土结构时，外墙上的模板支护螺栓孔应用水泥砂浆封堵，并在室内粘贴气密性材料进行密封；当建筑采用预制构件时，预留的吊装孔应用水泥砂浆封堵，并在室内粘贴气密性材料进行密封。预制构件的拼缝处应粘贴气密性材料。

（3）混凝土梁、柱、剪力墙与填充墙的交界处应粘贴气密性材料，并用工具自起始端滑动压至末端，气密性材料应与基层粘贴紧密，不留孔隙。所用工具不得有尖角破坏气密性材料。粘贴于水泥墙面上的最小宽度为 50mm，密封膜自身的最小搭接长度为 50mm。气密性材料粘贴完成后，应进行室内抹灰，抹灰层应覆盖气密性材料和填充墙，抹灰厚度应不小于 20mm，并应有相关的抗裂措施，满足室内装修相关标准的规定。

外门窗安装部位气密性处理要点：

（1）窗框与结构墙面结合部位是保证气密性的关键部位，在粘贴隔汽膜和防水透汽膜时要确保粘贴牢固严密。支架部位要同时粘贴。

(2) 在安装玻璃压条时，要确保压条接口缝隙严密，如出现缝隙应用密封胶封堵。外窗型材对接部位的缝隙应用密封胶封堵。

(3) 门窗扇安装完成后，应检查窗框缝隙，并调整开启扇五金配件，保证门窗密封条能够气密闭合。

围护结构开口部位气密性处理要点：

(1) 纵向管路贯穿部位应预留最小施工间距，便于进行气密性施工处理。

(2) 当管道穿外围护结构时，预留套管与管道间的缝隙应进行可靠封堵。当采用发泡剂填充时，应将两端封堵后进行发泡，以保障发泡紧实度。发泡完全干透后，应做平整处理，并用抗裂网和抗裂砂浆封堵严密。当管道穿地下外墙时，还应在外墙内外做防水处理，防水施工过程应保持干燥且环境温度不应低于 5℃。

(3) 管道、电线等贯穿处可使用专用密封带可靠密封。密封带应灵活有弹性，当有轻微变形时仍能保证气密性。

(4) 电气接线盒安装时，应先在孔洞内涂抹石膏或粘结砂浆，再将接线盒推入孔洞，保障接线盒与墙体嵌接处的气密性。

(5) 室内电线管路可能形成空气流通通道，敷线完毕后应对端头部位进行封堵，保障气密性。

由于近零能耗建筑对气密性要求极高，且气密层破坏之后修复难度大。气密性施工应热桥处理后进行，目的是避免由于先施工气密层，后续工序将气密层破坏，导致维修困难。但气密性施工应在内部装修前进行，例如门窗洞口安装时、尚未抹灰或盖上饰面板前，以便能够发现漏点的地方及时补救。另外，本工序安排也符合一般施工流程。装配式建筑外墙板存在大量的板缝，板缝既是保温薄弱环节又是气密性薄弱环节。装配式建筑外墙板通常采用夹心保温板或者 ALC 板+外保温形式。如对于夹心保温板，其保温层在内叶板和外叶板之间，内叶板做气密层。在外墙板施工时必须先进行无热桥处理保证保温层的连续性才可进行气密性施工，否则先将内叶板板缝封堵，将增大填充保温层缝隙施工难度，而且极易破坏气密层。

9.6　机电调试

近零能耗建筑验收时，需对施工过程的处理方法和质量进行检查，设备系统施工完成后，应进行联合试运转和调试，并应对供暖通风空调与照明系统节能性能以及可再生能源系统性能进行检测，检测结果应达到设计要求。供暖通风与空调节能工程、照明节能工程安装调试完成后，应由建设单位委托具有相应资质的检测机构进行系统节能性能检验并出具报告。受季节影响未进行的节能性能检验项目，应在保修期内补做。

第 10 章　检测与验收

近零能耗建筑建成后，是否达到相关的设计参数和用能指标，对近零能耗建筑的发展至关重要。因此，应对建成的近零能耗建筑进行现场检测。国家标准《近零能耗建筑技术标准》GB/T51350—2019[1] 中规定了近零能耗建筑在施工及运行过程中涉及的检测项目。建筑整体气密性、围护结构热工性能及新风热回收装置性能作为影响近零能耗建筑能耗水平的关键项目，需要通过检测验证其施工质量是否合格；室内温湿度、热桥部位内表面温度、新风量、PM2.5 浓度、CO_2 浓度、噪声及照度作为影响近零能耗建筑舒适性的关键指标，也需要在建筑投入使用后通过检测来衡量是否满足标准规定。此外，建筑近零能耗目标的实现离不开可再生能源的应用。故本章将针对近零能耗建筑建造及运行期间的 12 项关键指标，提出相应的检测方法，并规定具体的检测仪器和条件。为了便于读者理解，在理论解读的基础上，分享了 2 项近零能耗建筑检测实例。

近零能耗建筑建成后，施工质量决定了建筑能否符合设计的要求。本章将梳理近零能耗建筑竣工后，在进场验收、分项工程验收及隐蔽工程验收中涉及的重点验收项目，并针对重要部品、部位、节点、系统等提出相应的验收要求，以保证近零能耗建筑的建造质量。

10.1　检测

10.1.1　建筑整体气密性检测

建筑的气密性关系到室内热湿环境质量、空气品质、隔声性能，对建筑能耗的影响也至关重要，是近零能耗建筑重要技术指标。良好的气密性可以减少冬季冷风渗透，降低夏季非受控通风导致的供冷需求增加，避免湿气侵入造成的建筑发霉、结露和损坏，减少室外噪声和空气污染等不良因素对室内环境的影响，提高居住者的生活品质。我国现行相关标准主要对建筑门窗幕墙的气密性作了规定，但并未对建筑整体气密性能提出要求。建筑整体气密性能与所采用外窗自身的气密性、施工安装质量以及建筑的结构形式有着密切的关系，其中，精细化施工与保证良好气密性有直接关系。

1. 参考标准

检测方法参考现行国家标准《近零能耗建筑技术标准》GB/T51350—2019[1]。

2. 检测仪器

建筑气密性现场检测设备主要是气密性检测装置——鼓风门设备和红外热像仪。其中鼓风门设备主要用来测试建筑（房间）整体的气密性，而红外热像仪则可以定性找出渗漏位置。

鼓风门设备主要包括鼓风机、压力计、风扇控制器、软件及其他配件。测试时人工对房间增压或减压，造成房间内外的空气压力差异，产生空气流动，然后利用流量计得到流量，从而计算出房间通过不同大小的洞流出外面的空气量；或者利用加压设备对被测腔体加压，然后测试加压到设定压力的时间，根据公式推算出泄漏面积，从而评估出房间的气密性。

建筑气密性检测所使用的仪器和设备应符合下列规定：(1) 风量测量仪测量范围 0～7000m^3/h，最大允许误差 5%。压力测量仪测量范围 0～100Pa，最大允许误差±2Pa；(2) 鼓风门支架系统至少满足宽度大于或等于 1.5m，高度大于或等于 2.5m；(3) 现场温度测试仪精确度至少满足温度±0.5℃，分辨率 0.1℃。

气密性测试中，红外热像技术可以帮助定性找出渗漏位置。当室内外有压差时会产生空气流动，室内外空气温度不同会在渗漏处出现明显的温度偏高或偏低，可通过红外成像观察确定。

以上检测仪器应符合检测要求且在标定期内。

3. 检测数量

居住建筑应以栋或典型户为对象进行气密性能检测。当以户为对象进行气密性检测时，测试户数不应少于整栋建筑户数的 5%，且应至少包括顶层、中间层和底层的典型户型各 1 户。取测试结果的体积加权平均值作为整栋建筑的换气次数。公共建筑应对整栋建筑进行测试，并将测试结果作为整栋建筑的换气次数。

4. 检测条件

(1) 待测建筑应已能正常使用或新建建筑装饰工程完工后进行测试。

(2) 测试前应关闭被测空间内所有与外界连通的门窗，封堵地漏、风口等非围护结构渗漏源，同时关闭换气扇、空调等通风设备。

(3) 测试前测量室外空气压力、室内空气压力，且室内外压差不应该大于 5Pa。

(4) 室外风速不应大于 3 m/s，待测建筑室内外温差乘以建筑空间高度（或建筑部分空间高度）不宜大于 250m·K。

(5) 宜同时采用红外热成像仪或烟雾发生器确定建筑的渗漏源。

(6) 检测装置与建筑相连部位应作密封处理。

(7) 测量建筑内外压差时，应同时记录室内外空气温度和室外大气压，并对检测结果进行修正。

5. 检测方法

采用压差法检测建筑气密性。压差法的检测应在 50Pa 和－50Pa 压差下测量建筑换气量，并通过计算换气次数量化近零能耗建筑外围护结构整体气密性能。具体步骤如下：

(1) 将调速风机密封安装在房间的外门框中。

(2) 利用红外热成像或示踪气体法排查建筑物渗漏源。

(3) 封堵地漏、风口等非围护结构渗漏源。

(4) 启动风机，使建筑物内外形成稳定压差。

(5) 建筑整体气密性检测前，首先进行预测试。将室内外压差调到 50Pa 以上，检查建筑围护结构密封情况，包括与外界连通的门窗、管道、换气扇、空调、给水排水设施等设备，如有密封缺陷，应重新密封。

(6) 测量建筑物的内外压差，当建筑物内外压差稳定在 50Pa 或－50Pa 时，测量并记录空气流量，同时记录室内外空气温度、室外大气压。

6. 数据处理

建筑气密性检测结果以换气次数表征。

（1）50Pa 和－50Pa 压差下的换气次数应按式（10-1）和式（10-2）计算：

$$N_{50}^{+}=L_{50}^{+}/V \tag{10-1}$$

$$N_{50}^{-}=L_{50}^{-}/V \tag{10-2}$$

式中 N_{50}^{+}、N_{50}^{-}——室内外压差为 50Pa、－50Pa 下房间的换气次数（h^{-1}）；

L_{50}^{+}、L_{50}^{-}——室内外压差为 50Pa、－50Pa 下空气流量的平均值（m^3/h）；

V——被测房间或建筑换气体积（m^3）。

（2）建筑或被测空间的换气次数应按式（10-3）计算：

$$N_{50}=(N_{50}^{+}+N_{50}^{-})/2 \tag{10-3}$$

式中 N_{50}——室内外压差为 50Pa 条件下，建筑或房间的换气次数（h^{-1}）。

10.1.2 围护结构热工缺陷检测

1. 参考标准

检测方法参考现行行业标准《居住建筑节能检测标准》JGJ/T 132—2009[2]。

2. 检测仪器

围护结构热工缺陷宜采用符合检测要求且在标定期内的红外热像仪进行检测。

3. 检测数量

进行热工缺陷检测时，应根据不同体形系数、不同楼层、不同朝向等因素抽检有代表性的用户进行检测。每栋建筑热工缺陷的抽检数量不得少于用户总数的 5%，并不得少于 3 户，且至少包括顶层、中间层和底层各 1 户。

4. 检测条件

参考现行行业标准《居住建筑节能检测标准》JGJ/T 132—2009。

5. 检测方法

采用红外热像仪法检测外围护结构热工缺陷。具体步骤参考现行行业标准《居住建筑节能检测标准》JGJ/T 132—2009。

10.1.3 新风热回收装置性能检测

1. 参考标准

现场检测——检测方法参考现行国家标准《近零能耗建筑技术标准》GB/T 51350—2019[1]。

实验室检测——检测方法参考现行国家标准《空气—空气能量回收装置》GB/T 21087—2007[3]。

2. 检测仪器

现场检测所需仪器：温度、湿度自记仪，皮托管，数字压力计，风速仪，功率计，空盒气压表。以上检测仪器应符合检测要求且在标定期内。

3. 检测数量

实验室检测——对于额定风量小于或等于 3000 m^3/h 的热回收装置，送至实验室检测。同型号、同规格的产品抽检数量不得少于 1 台。

现场检测——对于额定风量大于 3000 m^3/h 的热回收装置，热回收新风机组的抽检比例不应少于热回收新风机组总数量的 5%且不同型号的热回收新风机组检测数量不应少于 1 台。

4. 检测条件

由于热回收新风机组的性能在不同的室内外温度、湿度及风量工况下有所不同，因此，抽检时应送至第三方试验室，依据现行国家标准《空气—空气能量回收装置》GB/T 21087—2007 规定的试验工况和试验方法进行性能测试。对于新风量大于 3000m^3/h 的热回收机组，由于其体型较大，拆装运输不便，因此可在现场对其进行性能测试。

（1）实验室检测——额定风量小于 3000 m^3/h 的热回收装置

按照测量设备的不同，热回收新风机组的实验室检测方法可分为风管法和两室法两类。原理图如图 10-1 和图 10-2 所示。检测条件参照现行国家标准《空气—空气能量回收装置》GB/T 21087—2007 附录 E 的规定。

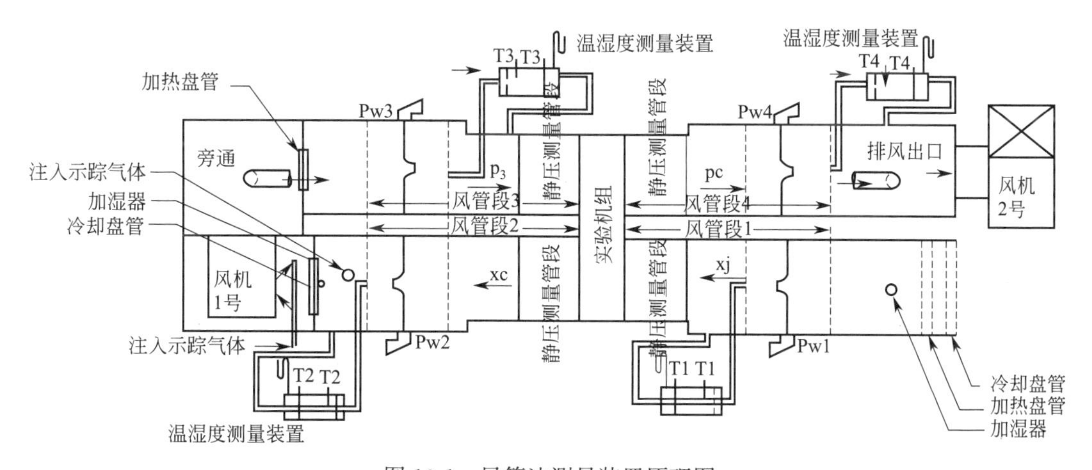

图 10-1　风管法测量装置原理图

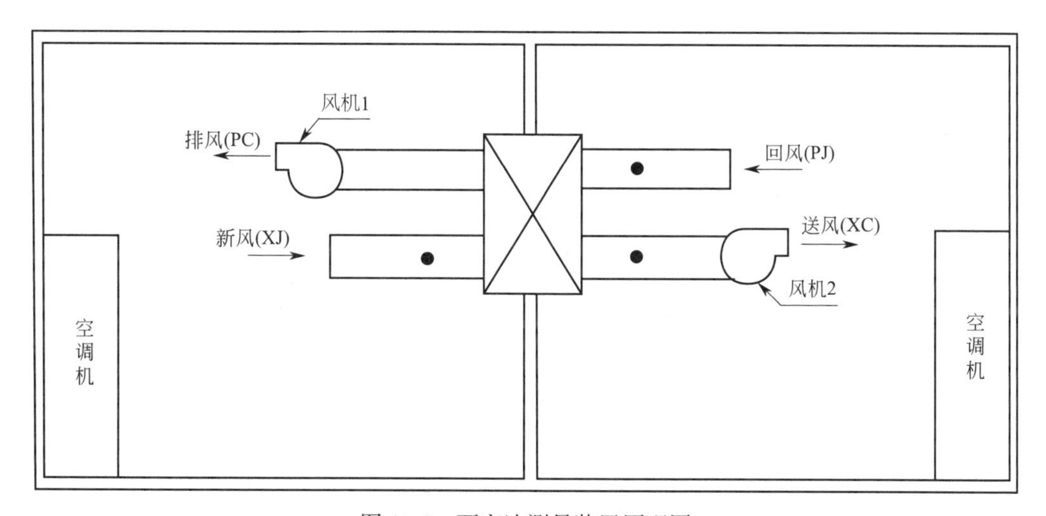

图 10-2　两室法测量装置原理图

(2) 现场检测——额定风量大于 3000 m^3/h 的热回收装置。

热回收新风机组的现场检测应在机组热回收运行状态下进行，且应符合下列规定：

1) 对于带旁通功能的机组，应关闭旁通功能。

2) 对于带风量调节功能的机组，应使机组运行低于最大风量。

3) 对于新风热回收功能和空调功能集成于一体的机组，应关闭室内循环风路，使机组运行于新风—排风热回收模式。

4) 测试时，新风进口、回风进口的空气温差不应小于 8℃。

5. 检测方法

(1) 实验室检测步骤

1) 按照国家标准《空气—空气能量回收装置》GB/T 21087—2007 附录 E 的规定进行热回收机组交换效率的试验。

2) 被测装置必须在标准要求的工况下连续稳定运行 30min 后进行测量。连续测量 30min，按相等间隔记录空气的各项参数，至少记录 4 次数值。

(2) 现场检测步骤

1) 在进行交换效率的测试之前应先完成新风量、排风量的测试。新风量、排风量的检测应采用风管风量检测法并应符合行业标准《公共建筑节能检测标准》JGJ/T 177—2009[4] 附录 E 的相关规定，输入功率检测应在机组进线端同时测量并应符合行业标准《公共建筑节能检测标准》JGJ/T 177—2009 附录 D 的相关规定。

2) 应在热回收新风机组的新风进口、送风出口、回风进口布置温度、湿度测点，温度、湿度测试应采用具有自动记录功能的温度、湿度测试仪表。

3) 应在热回收新风机组稳定运行 30min 后开始交换效率的测试，各个位置处的温度、湿度测试频次不应低于 1 次/min，测试时间不应少于 30min，且应完成至少 30 次测量。

6. 数据处理

热回收新风机组的实验室检测方法和现场检测方法具有相同的数据处理方式，均是计算热回收新风机组新风单位风量耗功率及交换效率。

热回收新风机组新风单位风量耗功率应按式（10-4）计算：

$$W=\frac{N}{L_x} \tag{10-4}$$

式中 W——热回收新风机组新风单位风量耗功率，W/（m^3/h）；

N——热回收新风机组的输入功率，W；

L_x——热回收新风机组的新风量，m^3/h。

热回收新风机组的交换效率应按式（10-5）～式（10-7）计算：

$$\eta_{wd}=\frac{t_{OA}-t_{SA}}{t_{OA}-t_{RA}}\times 100\% \tag{10-5}$$

$$\eta_{sl}=\frac{d_{OA}-d_{SA}}{d_{OA}-d_{RA}}\times 100\% \tag{10-6}$$

$$\eta_{h}=\frac{h_{OA}-h_{SA}}{h_{OA}-h_{RA}}\times 100\% \tag{10-7}$$

式中 η_{wd}、η_{sl}、η_{h}——分别为机组的显热、湿量、全热交换效率，%；

t_{OA}、t_{SA}、t_{RA}——分别为新风进口、送风出口、回风进口的干球温度，℃；

d_{OA}、d_{SA}、d_{RA}——分别为新风进口、送风出口、回风进口的含湿量，g/（kg·干空气）；

h_{OA}、h_{SA}、h_{RA}——分别为新风进口、送风出口、回风进口的焓值，kJ/kg。

10.1.4 环控一体机

1. 检测仪器

现场检测所需仪器：温度、湿度自记仪，皮托管，数字压力计，风速仪，功率计，空盒气压表。以上检测仪器应符合检测要求且在标定期内。

2. 检测数量

抽检比例不应少于环控一体机总数量的5%，不同型号的环控一体机检测数量不应少于1台。

3. 检测条件

环控一体机热回收效率现场及单位风量功耗检测应在热泵机组关闭状态下进行，输入功率检测应在热交换模式下（室外机不启动），设备进线端同时测量并应符合现行行业标准《公共建筑节能检测标准》JGJ/T 177—2009的相关规定。

环控一体机能效指标检测条件参考现行国家标准《房间空气调节器能效限定值及能效等级》GB 21455—2019[5]。

4. 检测方法

环控一体机热回收效率现场检测方法与新风热回收装置相同，详见10.1.3。

环控一体机能效指标检测参考现行国家标准《房间空气调节器能效限定值及能效等级》GB 21455—2019进行实验室检测。

5. 数据处理

环控一体机热回收效率现场检测数据处理方法与新风热回收装置相同，详见10.1.3。

环控一体机能效指标计算参考现行国家标准《房间空气调节器能效限定值及能效等级》GB 21455—2019。

10.1.5 室内温度、湿度

1. 参考标准

检测方法参考现行行业标准《公共建筑节能检测标准》JGJ/T 177—2009、《居住建筑节能检测标准》JGJ/T 132—2009。

2. 检测仪器

温度、湿度自动检测仪。以上检测仪器应符合检测要求且在标定期内。

3. 检测数量

应根据不同体形系数、不同楼层、不同朝向等因素抽检有代表性的用户进行检测。抽检数量不得少于用户总数的10%，并不得少于3户，且至少包括顶层、中间层和底层各1户，每户不少于2个房间。

4. 检测条件及方法

（1）公共建筑室内温度、湿度检测可参照现行行业标准《公共建筑节能检测标准》

JGJ/T 177—2009 规定执行。

(2) 居住建筑室内温度、湿度检测可参照现行行业标准《居住建筑节能检测标准》JGJ/T 132—2009 规定执行。

现行行业标准《居住建筑节能检测标准》JGJ/T 132—2009 虽未对室内湿度检测方法做出规定，但室内温度、湿度检测方法相似，且检测仪器发展至今，同一检测仪器大多同时包含温度与湿度检测功能，故居住建筑室内湿度检测方法应按照室内温度检测方法的要求执行。而现行行业标准《公共建筑节能检测标准》JGJ/T 177—2009 对室内温度、湿度检测仪器及检测方法做了详细规定，故居住建筑室内湿度检测可参照现行行业标准《公共建筑节能检测标准》JGJ/T 177—2009 规定执行。

(3) 室内温度检测要求

布点原则可参照现行行业标准《居住建筑节能检测标准》JGJ/T 132—2009 第 4.1.2 条。

(4) 室内湿度检测要求

布点原则可参照现行行业标准《公共建筑节能检测标准》JGJ/T 177—2009 第 4.0.2 条。

5. 数据处理

居住建筑室内温度、湿度数据处理参考现行行业标准《居住建筑节能检测标准》JGJ/T 132—2009、《公共建筑节能检测标准》JGJ/T 177—2009。

公共建筑室内温度、湿度数据处理参考现行行业标准《公共建筑节能检测标准》JGJ/T 177—2009。

10.1.6 热桥内部内表面温度

1. 参考标准

检测方法参考现行行业标准《居住建筑节能检测标准》JGJ/T 132—2009。

2. 检测仪器

热桥部位内表面温度宜采用热电偶等温度传感器进行检测，温度应采用自动检测仪检测。以上检测仪器应符合检测要求且在标定期内。

3. 检测条件及方法

参考现行行业标准《居住建筑节能检测标准》JGJ/T 132—2009。

4. 数据处理

参考现行行业标准《居住建筑节能检测标准》JGJ/T 132—2009。

10.1.7 新风量

室内空气质量是室内主要环境影响因素。病态建筑综合症（Sick Building Syndrome，SBS）、建筑相关疾病（Building-Related Illness，BRI）以及化学物质过敏症（Multiple Chemical Sensitivity，MCS）的出现使人们认识到提高建筑新风量是构建健康建筑（Health Building，HB）的必然选择。因此，合理确定近零能耗建筑新风量对改善室内空气环境和保证室内人员的健康舒适具有重要的现实意义。

1. 参考标准

检测方法参考现行国家标准《通风与空调工程施工质量验收规范》GB 50243—2016[6]。

2. 检测仪器

热风速仪及风量罩。以上检测仪器应符合检测要求且在标定期内。

3. 检测数量

新风量检测按空调系统形式抽测。当系统形式不同时，每种形式的系统均应检测。相同形式系统应按系统数量的10%进行抽测。同一系统检测数量不应少于总房间数量的10%，且不应少于1个房间。

4. 检测条件

建筑室内新风量的检测应确认新风系统或全空气空调系统完成调试，在供暖空调通风系统正常运行24h后进行，且所有风口应处于正常开启状态。

5. 检测方法

（1）当检测区域为独立新风口时，检测该区域的所有新风口风量，该区域新风量为所有新风口风量之和。新风口风量检测应满足现行国家标准《通风与空调工程施工质量验收规范》GB 50243—2016的相关规定，采用风口风量法进行检测。

（2）当检测区域采用全空气空调系统时，由于全空气系统室内送风来自于新风与室内回风的混合，无法在送风口直接测量出新风量，故需要分别测量空调系统的总风量和新风量，通过新风量在总风量中的占比与送风口风量两项结果，计算新风量。具体步骤如下：

1）室内送风口检测应满足现行国家标准《通风与空调工程施工质量验收规范》GB 50243—2016的相关规定，采用风口风量法进行检测。

2）全空气空调系统的总风量和新风量应符合国家标准《通风与空调工程施工质量验收规范》GB50243—2016附录E.1的相关规定，采用风管风量法进行检测。

3）计算新风量和总风量比值。

4）检测区域新风量按式（10-8）计算：

$$L_x = \sum L_i \times r \tag{10-8}$$

式中　L_x——检测区域新风量，m^3/h；

L_i——检测区域第 i 个送风口风量；

r——检测区域所属全空气空调系统新风量与总风量比值。

（3）检测区域人均新风量为检测区域新风量与该区域人员设计数量的比值。

10.1.8　室内PM2.5浓度

空气中的细颗粒物（PM2.5）指环境空气中空气动力学当量直径小于或等于2.5μm的颗粒物。越小的颗粒物对人体健康危害越大。直径10μm的颗粒物通常沉积在上呼吸道，而直径2μm以下的细颗粒物可深入到支气管和肺泡，其携带的有毒有害物质会直接影响肺的通气功能，诱发人体疾病，威胁人体健康。因此，随着人们对细颗粒物（PM2.5）影响人体健康认识的逐渐深入，室内细颗粒物（PM2.5）浓度已成为室内环境质量的重要指标之一。

1. 参考标准

检测方法参考现行国家标准《通风系统用空气净化装置》GB/T 34012—2017[7]。

2. 检测仪器

风速仪及粉尘测试仪，风速仪最小分辨率宜为0.1m/s，粉尘测试仪应满足《粉尘浓度测量仪检定规程》JJG 846—2015的有关规定，风速仪及粉尘测试仪应每年校准一次。

3. 检测数量

抽检数量不应少于房间总数的10%，且不宜少于3间；当房间总数小于3间时，应全部检测。

4. 检测条件

检测建筑室内PM2.5含量应在暖通空调系统正常运行24h后进行，且检测点处的环境平均风速宜小于1m/s。

5. 检测方法

室内PM2.5浓度检测方法应按照《通风系统用空气净化装置》GB/T 34012—2017附录B的相关规定执行。

10.1.9 噪声

1. 参考标准

检测方法参考现行国家标准《民用建筑隔声设计规范》GB 50118—2010[8]。

2. 检测仪器

应采用符合现行国家标准《电声学 声级计 第1部分：规范》GB/T 3785.1—2010[9]中规定的1型或性能优于1型的积分声级计。以上检测仪器应符合检测要求且在标定期内。

3. 检测条件

参考国家现行标准《民用建筑隔声设计规范》GB 50118—2010。

4. 检测方法

室内噪声检测应满足国家标准《民用建筑隔声设计规范》GB 50118—2010附录A的相关规定。采用积分声级计法进行检测，具体关注以下要点：

（1）对于稳态噪声，在各测点处测量5～10s的等效声级，每个测点测量3次，并将各测点的所有测量值进行能量平均。

（2）对于声级随时间变化较复杂的、持续的非稳态噪声，在各测点处测量10min的等效声级，将各测点的所有测量值进行能量平均。

10.1.10 室内CO_2浓度

1. 参考标准

布点方法及计数规则参考现行行业标准《居住建筑节能检测标准》JGJ/T 132—2009及《公共建筑节能检测标准》JGJ/T 177—2009，无现场检测标准。

2. 检测仪器

符合检测要求且在标定期内的二氧化碳浓度测试仪。

3. 检测要点

(1) 建筑室内 CO_2 测试应在人员正常使用及暖通空调系统正常运行 24h 后进行。

(2) 测试时布点方式及计数规则可参照现行行业标准《居住建筑节能检测标准》JGJ/T 132—2009 及《公共建筑节能检测标准》JGJ/T 177—2009 中室内温度、湿度的检测方法进行。

(3) 由于目前未出台关于室内 CO_2 浓度的现场检测方法，因此，可参照室内温度、湿度检测方法，采用二氧化碳浓度测试仪对室内 CO_2 浓度进行检测。

10.1.11　室内照度

1. 参考标准

检测方法参考现行国家标准《照明测量方法》GB/T 5700—2008[10]、《建筑照明设计标准》GB 50034—2013[11]。

2. 检测仪器

应采用不低于一级的照度计。以上检测仪器应符合检测要求且在标定期内。

3. 检测方法

(1) 建筑室内照明环境检测应在系统正常运行状态下进行。测量条件包括：光源燃点时间、工作电压、排除杂散光和避免遮挡等，应满足现行国家标准《照明测量方法》GB/T 5700—2008 的相关规定。

(2) 当检测对象数量太大时，应根据检测对象的特点进行随机抽样检测。抽样规则依据现行国家标准《建筑照明设计标准》GB 50034—2013 中规定的场所类型。同类场所测量的数量不应少于 5%，且不应少于 2 个，不足 2 个时应全部检测。

(3) 进行测量时，测量点数和测点高度与场所类型及面积大小有关，应根据实际情况及现行国家标准《建筑照明设计标准》GB 50034—2013、《照明测量方法》GB/T 5700—2008 等相关规定合理确定。对于部分场所照度的测量，应考虑其特殊性，例如体育建筑照度还包括摄像机方向的垂直照度，其测量还应符合现行行业标准《体育场馆照明设计及检测标准》JGJ 153—2016[12] 的规定。

(4) 照度均匀度应按式 (10-9) 和式 (10-10) 进行计算：

$$U_1 = E_{min}/E_{max} \tag{10-9}$$

$$U_2 = E_{min}/E_{ave} \tag{10-10}$$

式中　U_1——照度均匀度（极差）；
U_2——照度均匀度（均差）；
E_{min}——最小照度，lx；
E_{max}——最大照度，lx；
E_{ave}——平均照度，lx。

10.1.12　可再生能源检测方法

可再生能源虽种类众多，但目前应用于建筑的较成熟的可再生能源形式主要是太阳能光伏、光热、地源热泵及空气源热泵。农宅虽然可采用生物质能为建筑供暖，但由于技术及污染风险的制约，普及度不高；风能受地域及气象条件制约，建筑应用度不高。故本书只给出以下 4 种可再生能源系统的检测方法。

1. 太阳能光电系统

（1）检测指标

太阳能光电系统检测应测试系统的发电量和光电转换效率。

（2）检测条件

太阳能光电系统检测分短期测试和长期监测。

短期测试参考现行国家标准《可再生能源建筑应用工程评价标准》GB/T 50801—2013[13]，并注意短期测试期间。日累计太阳辐照量不应小于 17MJ/m^2，应从当地太阳正午前 4h 到太阳正午时后 4h 进行测试。

长期监测条件应符合下列规定：

1）长期监测的周期以年为单位，且应连续完成。

2）长期监测系统应由以下部分组成：计量监测设备、数据采集装置和数据中心软件。计量监测参数包括室外温度、太阳总辐射、室外风速、太阳能光伏组件背板表面温度、太阳能光电系统逆变前发电量和太阳能光电系统逆变后发电量。

3）计量监测设备、数据采集装置及监测系统相关设备应有出厂合格证等质量证明文件，并应符合相关产品标准的技术要求。

4）计量监测设备性能参数应符合表 10-1 的规定。

计量监测设备性能参数要求　　表 10-1

序号	监测参数	最大允许误差/准确度等级
1	室外温度	±0.3℃
2	太阳总辐射	一级表
3	室外风速	±0.1m/s
4	组件背板温度	±0.2℃
5	发电量	±3%FS

（3）检测方法

参考现行国家标准《可再生能源建筑应用工程评价标准》GB/T 50801—2013。

（4）数据处理

应按现行国家标准《可再生能源建筑应用工程评价标准》GB/T 50801—2013 的计算方法，对太阳能光电系统常规能源替代量进行计算。

2. 太阳能热利用系统

（1）检测指标

太阳能热利用系统检测应测试系统的生活热水供热量、供暖系统供热量和空调系统供冷量。

（2）检测条件

太阳能热利用系统检测分短期测试和长期监测。

短期测试应按现行国家标准《可再生能源建筑应用工程评价标准》GB/T 50801—2013 规定执行。

长期测试条件应符合下列规定：

1）长期监测中生活热水量、供暖量、空调供热量、供冷量的周期以年为单位，且应连续完成。

2）长期监测系统应由以下部分组成：计量监测设备、数据采集装置和数据中心软件。计量监测参数有室外温度，太阳总辐射，室外风速，集热系统进出水温度、流量，生活热水供水温度、循环流量、冷水温度，供暖系统进出水温度、循环流量，空调系统进出水温度、循环流量和辅助热源耗电量等。

3）计量监测设备、数据采集装置及监测系统相关设备应有出厂合格证等质量证明文件，并应符合相关产品标准的技术要求。

4）计量监测设备性能参数应符合表10-2的规定。

计量监测设备性能参数要求 **表10-2**

序号	监测参数	最大允许误差/准确度等级
1	室外温度	±0.3℃
2	太阳总辐射	一级表
3	室外风速	±0.1m/s
4	集热系统进出水温度	±0.2℃
5	集热系统循环流量	±1%
6	生活热水供水温度	±0.2℃
7	生活热水供水循环流量	±1%
8	供暖系统进出水温度	±0.2℃
9	供暖系统循环流量	±1%
10	空调系统进出水温度	±0.2℃
11	空调系统循环流量	±1%
12	生活热水供水冷水温度	±0.2℃
13	电功率	±3%FS

（3）检测方法

太阳能热利用系统短期测试应按现行国家标准《可再生能源建筑应用工程评价标准》GB/T 50801—2013对太阳能热利用系统的生活热水供热量、供暖系统供热量、空调系统供冷量、系统总能耗进行测试。

（4）数据处理

应按现行国家标准《可再生能源建筑应用工程评价标准》GB/T 50801—2013的计算方法，对太阳能热利用系统常规能源替代量进行计算。

3. 地源热泵系统

（1）检测指标

地源热泵系统检测应测试热泵机组制热（制冷）性能系数、热泵系统制热（制冷）能效系数。

（2）检测数量

当地源热泵系统的热源形式相同且系统装机容量偏差在10%以内时，视为同一类型的地源热泵系统。同一类型的热泵系统测试数量不应少于总数的5%，且不得少于一套。

（3）检测条件

地源热泵系统的测试分为短期测试和长期监测。

1）短期测试应符合下列规定：

对于未安装监测系统的地源热泵系统，其系统性能测试宜采用短期测试。检测条件参考国家标准《可再生能源建筑应用工程评价标准》GB/T 50801—2013。

2）长期测试应符合下列规定：

对于已安装监测系统的地源热泵系统，其系统性能测试宜采用长期监测；且长期测试周期不应少于一个自然年。检测条件参考国家标准《可再生能源建筑应用工程评价标准》GB/T 50801—2013。

（4）检测方法及数据处理

热泵机组制热（制冷）性能系数检测及热泵系统制热（制冷）能效系数检测应符合参考国家标准《可再生能源建筑应用工程评价标准》GB/T 50801—2013。

4. 空气源热泵系统

（1）检测指标

空气源热泵系统检测应测试机组制热性能系数。

（2）检测数量

采用空气源热泵的建筑，应进行实际运行状态下空气源热泵制热性能现场测试。同类型机组测试数量不应少于总数的 5%，且不应少于 1 台。

（3）检测条件

1）当现场不具备检测条件时，应进行实验室检测，检测数量不应少于总数的 5%，且不应少于 1 台。

2）热水型空气源热泵机组检测应符合现行国家标准《低环境温度空气源多联式热泵（空调）机组》GB/T 25857—2010[14] 的相关要求。

3）热风型空气源热泵机组检测应符合现行国家标准《风管送风式空调（热泵）机组》GB/T 18836—2017[15]。

4）空气源热泵机组性能检测应在最冷月进行，机组负荷率宜达到 80%以上，室外干球温度宜不高于当地冬季通风室外计算温度。

（4）检测方法及数据处理

1）热水型空气源热泵机组制热性能系数检测应符合下列规定：

①检测宜在热泵机组运行工况稳定后 1h 进行，检测时间不得低于 2h。

②应检测系统的用户侧流量、供回水温度、室外温度、湿度和机组输入功率等参数。

③机组的各项参数检测记录应同步，记录时间间隔不得大于 10min。

④热泵机组制热性能系数应按式（10-11）和式（10-12）计算：

$$COP=\frac{Q}{N_{\mathrm{i}}} \tag{10-11}$$

$$Q=\frac{V\rho C_{\mathrm{pw}}\Delta t_{\mathrm{w}}}{3600} \tag{10-12}$$

式中　COP ——热泵机组的制热性能系数；

Q——检测期间机组的平均制热量，kW；

N_i——检测期间机组的平均输入功率，kW；

V——热泵机组用户侧平均流量，m^3/h；

Δt_w——热泵机组用户侧进出口介质平均温差，℃；

ρ——热水平均密度，kg/m^3；

C_{pw}——水的定压比热容，kJ/(kg・℃)。

2）热风型空气源热泵机组性能检测应符合下列规定：

① 检测宜在热泵机组运行工况稳定后1h进行，检测时间不得低于2h。

②应检测热泵机组的送风量、入口温度、入口相对湿度、入口焓值、出口温度、出口相对湿度、出口焓值、机组消耗功率、室外温度、湿度。

③各项参数记录应同步进行，记录时间间隔不得大于10min。

④ 热泵机组制热性能系数应按式（10-13）和式（10-14）计算：

$$COP=\frac{Q}{N_i} \tag{10-13}$$

$$Q=\frac{V\rho_0|h_i-h_0|}{3600(1+d_0)} \tag{10-14}$$

式中　COP——热泵机组的制热性能系数；

Q——测试期间机组的平均制热量，kW；

N_i——测试期间机组的平均输入功率，kW；

V——机组循环风量，m^3/h；

h_i——入口空气焓值，kJ/kg；

h_0——出口空气焓值，kJ/kg；

ρ_0——空气出口密度，kg/m^3；

d_0——空气出口含湿量，kg/(kg・干空气)。

10.1.13　检测案例

本节分享2个近零能耗建筑现场检测案例。其中，居住建筑1项，位于寒冷地区，测试时间为冬季；公共建筑1项，位于夏热冬冷地区，测试时间为夏季。

1. 居住建筑

本项目为位于寒冷地区的居住建筑，测试时间为2018年1月29日—2月5日。受现场检测条件及检测人员限制，该项目并未检测室内照度及建筑气密性，但增加了围护结构表面传热系数及热桥内表面温度的检测。

（1）项目基本概况

该项目为某专家公寓楼，地下1层、地上9层，总面积8016.32m^2，占地面积820.07m^2，地下室面积821.45m^2，竣工日期为2015年8月。其中地下部分为非被动区，地上为被动区。围护结构做法为：墙体为250mm厚钢筋混凝土墙外加220mm厚石墨聚苯板，传热系数设计值为0.14W/(m^2・K)；屋面为120mm厚钢筋混凝土屋面板加220mm厚挤塑板，传热系数设计值为0.14W/(m^2・K)。其外观图如图10-3所示。

专家公寓超低能耗示范建筑为多户住宅楼，该住宅楼每户设置一台新风空调一体机来

(a)

(b)

图 10-3　某公寓楼外观

处理新风并承担室内的冷热负荷。所采用的新风空调一体机的结构原理如图 10-4 所示，室外新风经由全热回收芯体与排风进行热湿交换之后，由新风机送入室内；当室内有多余的热负荷或冷负荷需要承担时，可开启循环风机和空气源热泵来为室内送入热风或冷风。

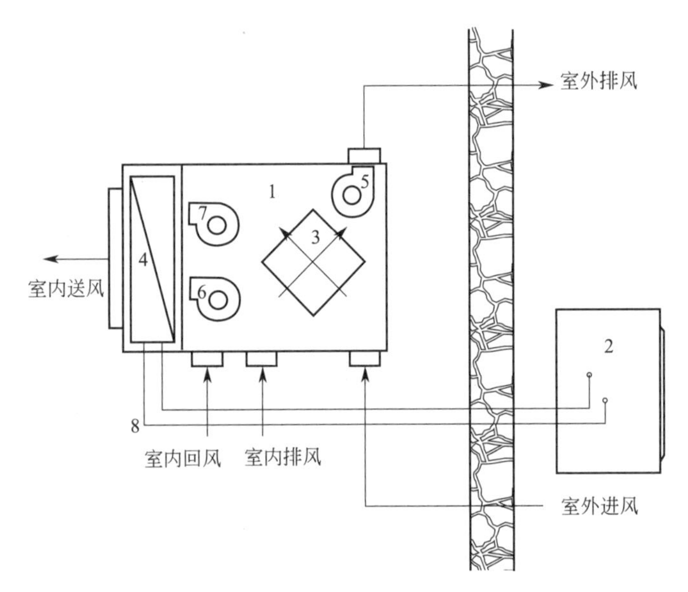

图 10-4　新风空调一体机结构原理图

1—室内机；2—室外机；3—热回收芯体；4—冷凝器/蒸发器；
5—排风机；6—循环风机；7—新风机；8—冷媒管

（2）检测对象及检测内容

测试时间：2018 年 1 月 29 日—30 日。

测试项目：室内环境方面测试室内温度、湿度、CO_2 浓度、PM2.5 浓度。

围护结构热工测试外墙传热系数、屋面传热系数、热桥内表面温度、非透明围护结构热工缺陷。

新风空调一体机性能测试：①热泵制热模式下，测试机组的循环风量、输入功率、制热量、*COP*；②热回收模式下，测试机组的新风量、排风量、输入功率、温度交换效率、湿量交换效率、焓交换效率。

（3）具体指标测试过程

1）室内温度、湿度

① 检测仪器见表 10-3。

室内温度、湿度测试仪器　　表 10-3

名称及型号	范围	误差(准确度)
温度、湿度自计议(RHLOG-T-H)	−40～100℃， 0～100%RH	±0.3℃， ±5%RH

注：以上仪表均在计量检定有效期内。

②检测方法

选取一单元 402 住户作为测试对象，在新风空调一体机正常运行的状态下，对该住户的几个主要房间（客厅、主卧、次卧、书房、儿童房、厨房）进行室内温度、湿度的测试。温度、湿度测试时间为 2018 年 1 月 29 日 14：30—16：00。在测试期间内，各个房间及室外的温度、湿度如图 10-5 所示。

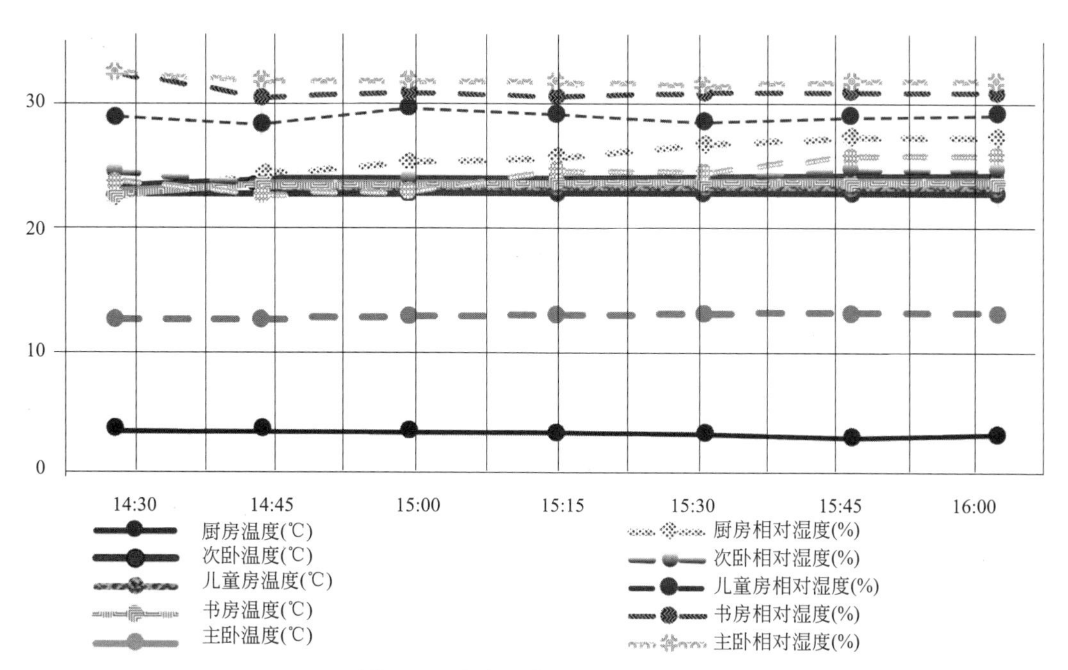

图 10-5　室内温度、湿度变化曲线

③检测结果

在测试时间段内，室内温度的变化范围为 21.4～22.8℃，相对湿度的变化范围为 21.3%～30.9%。

2）CO_2 浓度

①检测仪器见表 10-4。

室内 CO_2 浓度检测仪器　　表 10-4

名称及型号	范围	误差(准确度)
环境测量自记仪	0～5000ppm，－40～100℃，0～100%	±75ppm，±0.5℃，±3%

注：以上仪表均在计量检定有效期内。

②检测方法

选取一单元 402 住户作为测试对象，在新风空调一体机正常运行的状态下，对该住户的几个主要房间（客厅、主卧、次卧、书房、儿童房、厨房）进行室内 CO_2 浓度的测试。测试时间为 1 月 29 日 14：30—16：00。

③检测结果及分析

对典型房间的 CO_2 浓度进行测试，测试期间室内 CO_2 浓度均满足设计和规范要求。具体测试结果如图 10-6 所示。

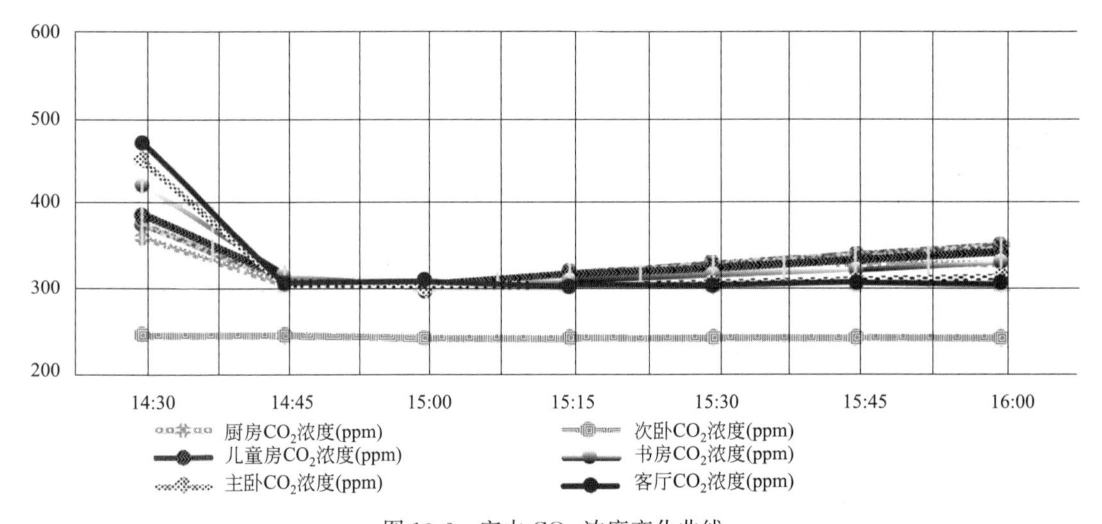

图 10-6　室内 CO_2 浓度变化曲线

在测试时间段内，CO_2 浓度的变化范围为 301～472ppm。

3）PM2.5 浓度

①检测仪器见表 10-5。

室内 PM2.5 浓度检测仪器　　表 10-5

名称及型号	范围	误差(准确度)
微粒计数仪	0～1000$\mu g/m^3$	—

注：以上仪表均在计量检定有效期内。

②检测方法

选取一单元 402 住户作为测试对象，在新风空调一体机正常运行的状态下，对该住户的几个主要房间（客厅、主卧、次卧、书房、儿童房、厨房）进行室内 PM2.5 浓度的测试。测试时间为 1 月 29 日 14：30—16：00。

③检测结果

对典型房间的 PM2.5 浓度进行测试，测试期间室内 PM2.5 浓度均满足设计和规范要求。具体测试结果如图 10-7 所示。

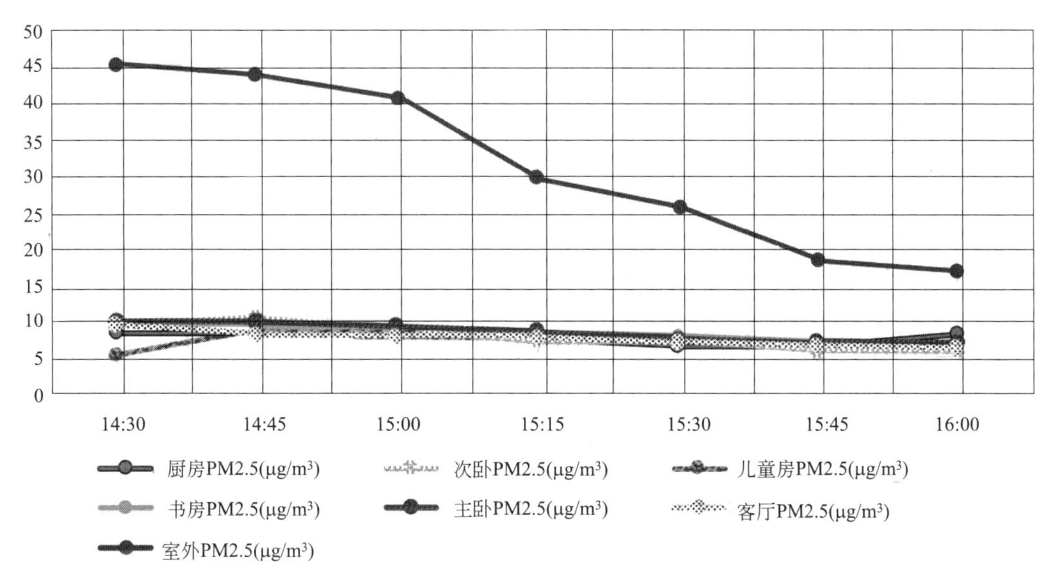

图 10-7　室内 PM2.5 浓度变化曲线

在测试时间段内，PM2.5 浓度的变化范围为 5.4～10.4μg/m³。

4）围护结构热工性能

①检测仪器

本次测试中主要采用了两种测试仪器：温度与热流巡回自动检测仪、红外热成像仪。温度与热流巡回自动检测仪用以测试墙体和屋顶的传热系数、围护结构内外表面温度，红外热成像仪用于检测房屋的建筑热工缺陷。检测仪器见表 10-6。

围护结构热工性能测试仪器　　　　**表 10-6**

序号	名称	规格/型号	测量范围	误差(准确度)
1	温度与热流巡回自动检测仪	JW-Ⅱ型	−50～100℃	0.1℃,10uv
2	红外热成像仪	Fluke Ti10	−20～250℃	精度:±2℃

注:以上仪表均在计量检定有效期内。

②检测位置

检测时间：2018 年 1 月 29 日上午 10∶00—2 月 5 日 10∶00。为避免数据采集初期的不稳定情况，选取数据分析的时间段为 1 月 30 日上午 9∶30—2 月 5 日上午 8∶00。

根据现场实地情况的勘测，选取了专家公寓 2 单元顶层 902 房间北侧厨房的外墙和屋顶，如图 10-8 所示。

③外墙和屋面传热系数测试

A. 检测方法

现场实际测点布置图如图 10-9 所示，包括外墙布置 2 个室外温度点、3 个室内温度点、2 个热流计和 1 个室外空气温度点；屋面布置 2 个室外温度点位、3 个室内温度点、3 个热流计和 1 个室外空气温度点。

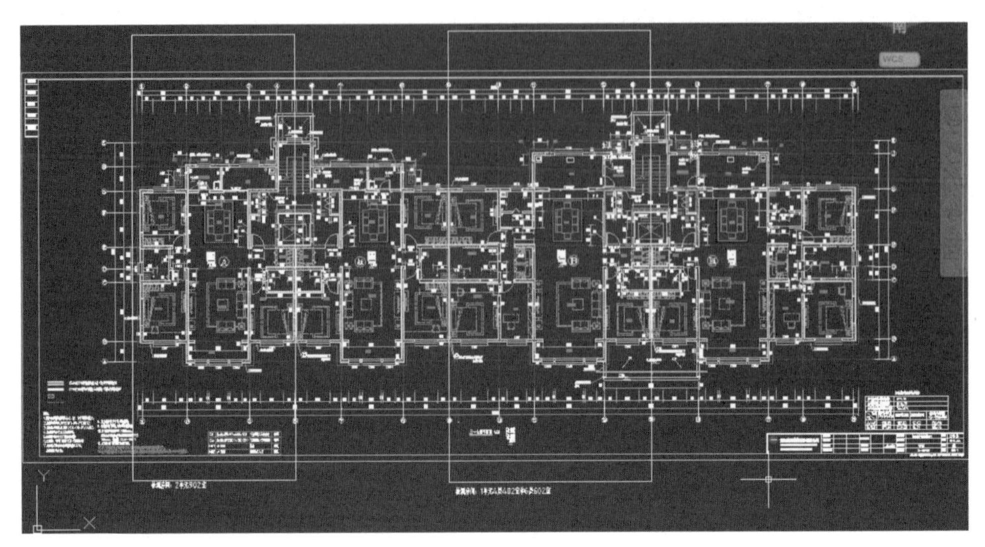

图 10-8　专家公寓 902 测试房间平面图

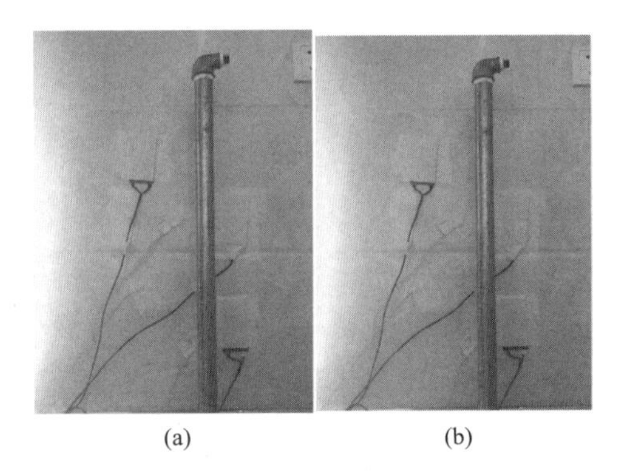

图 10-9　外墙和屋面点位布置照片
(a) 外墙；(b) 屋面

B. 检测结果

根据现行行业标准《居住建筑节能检测标准》JGJ/T 132-2009 和实际测试条件，满足至少 96h 的完整数据分析条件，数据处理结果如图 10-10 所示，这一阶段内的测试环境基本稳定。

通过实测数据计算所得，外墙热阻为 7.53(m^2 · K)/W，折算外墙传热系数为 0.13W/(m^2 · K)；屋面热阻为 8.50(m^2 · K)/W，折算屋面传热系数为 0.12W/(m^2 · K)。

将本次测试值与当地标准值、建筑设计值进行了对比，见表 10-7。从实测结果来看，建筑施工运行后，围护结构传热系数指标达到设计要求。

外墙和屋面传热系数[单位：W/(m^2 · K)]　　**表 10-7**

	标准值	设计值	实测值
外墙	0.15	0.14	0.13
屋面	0.15	0.14	0.12

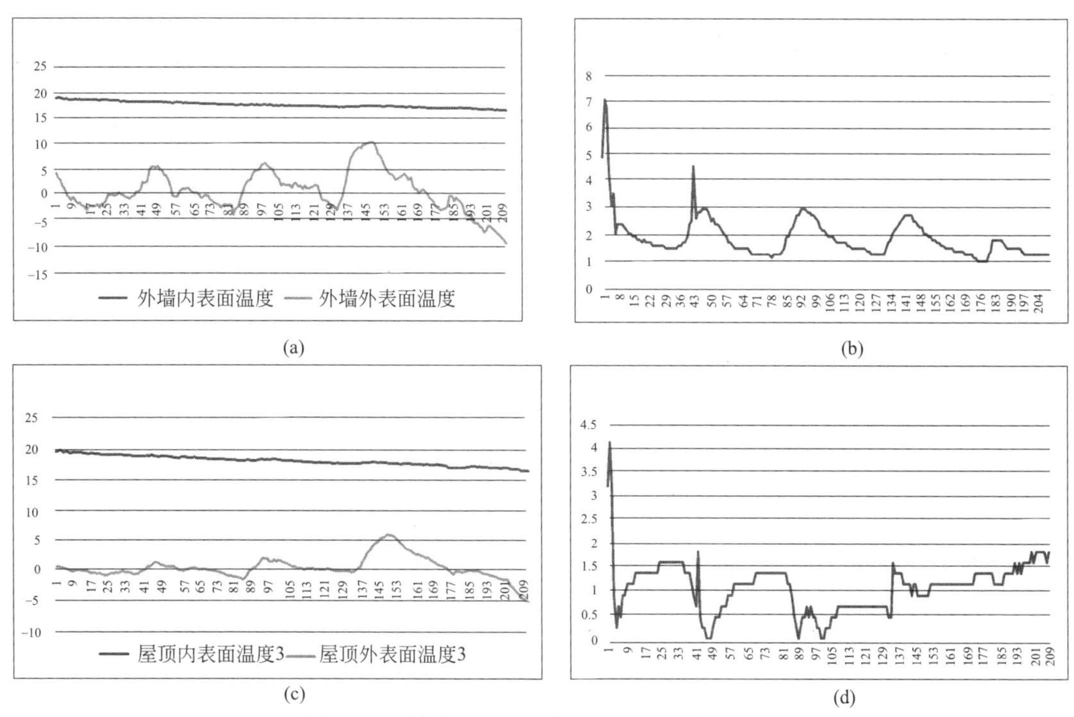

(a)　(b)　(c)　(d)

图 10-10　外墙和屋面内外温度和热流变化曲线

(a) 外墙内外表面温度；(b) 外墙热流；(c) 屋面内外表面温度变化；(d) 屋面热流

④外围护结构热桥部位内表面温度

A. 检测方法

选取了专家公寓 2 单元顶层 902 房间北侧卧室的外墙内表面温度进行测试。

使用红外热成像仪对测试房间和测试楼进行整体拍摄和局部拍摄，寻找最低温度点位和温度区域，在最低温度点布置温度热电偶进行逐时记录和分析。测试区域优先普查选择墙角、外墙屋面结合部等重点区域。红外热成像仪测试情况如图 10-11 所示。

图 10-11　最低温度点位

B. 检测结果

测试结果见表 10-8 和图 10-12。

测试结果 表 10-8

编号	项目参数	温度(℃)
1	测试期室外平均温度	−1.5
2	测试期室内平均温度	18.6
3	热桥内表面平均温度	15.0
4	热桥内表面最低温度	14.0

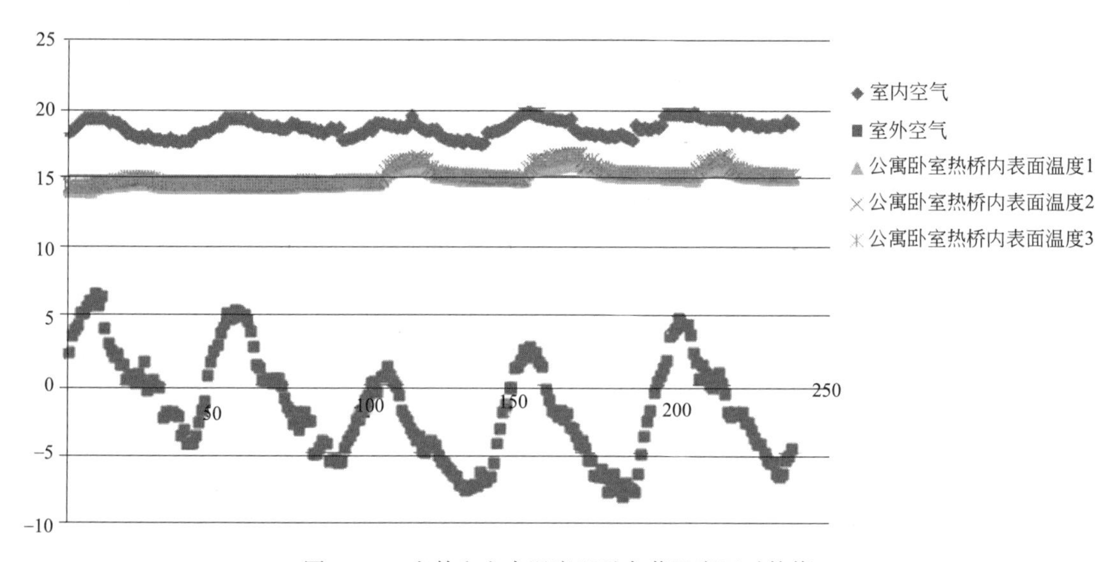

图 10-12 室外和室内温度以及角落温度逐时数值

测试期室外平均温度为−1.5℃，测试期室内平均温度为 18.6℃，热桥内表面平均温度为 15.0℃，热桥内表面最低温度 14.0℃。

根据行业标准《居住建筑节能检测标准》JGJ/T 132—2009 中第 6.1.5 条规定的“室内外计算温度条件下热桥部位内表面温度”计算方法，折算室内外计算温度条件下，热桥内表面温度为 12.6℃，高于露点温度 10.5℃（在室内温度 18.6℃，相对湿度 60%时），因此，该建筑围护结构热桥内表面温度满足不结露要求。

⑤非透明围护结构热工缺陷

A. 检测方法

图 10-13 所示，选取了专家公寓 2 单元顶层 902 房间北侧卧室、2 单元 102 房间北侧卧室以及整体建筑进行了红外成像拍摄，以检测建筑非透明围护结构是否存在缺陷。

B. 检测结果

红外热成像仪成像结果如图 10-13 所示。

从红外热成像图结果分析，北外墙内表面平均温度白天约 18℃，窗边缘附近温度与主体位置温差 1～3℃，保温性能良好，无明显的热工缺陷。

5）新风空调一体机

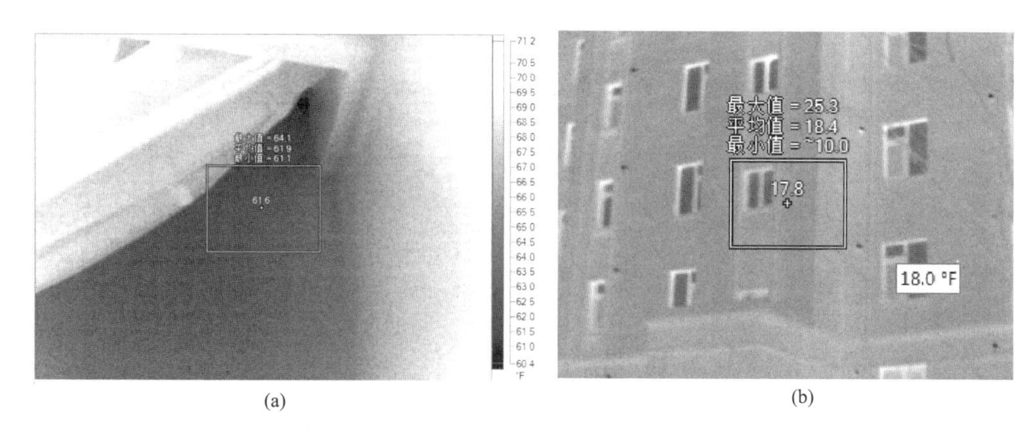

(a)　　　　(b)

图 10-13　成像结果

①检测仪器见表 10-9。

测试仪器一览表　　　　**表 10-9**

仪器名称	测试范围	准确度
温度、湿度自记仪	－40～100℃	±0.3℃
	0～100%RH	±5%RH
温度自记仪	－20～80℃	±0.3℃
皮托管	0～40m/s	±1%
数字压力计	－3735～3735Pa	±1%
风速仪	0～20m/s	±5%

注：以上仪表均在计量检定有效期内。

②检测方法

选择该住宅楼 2 单元 402 住户的新风空调一体机作为测试对象，该新风空调一体机型号为 XKD-51D-300，其外观和铭牌如图 10-14 和图 10-15 所示。

图 10-14　新风空调一体机外观

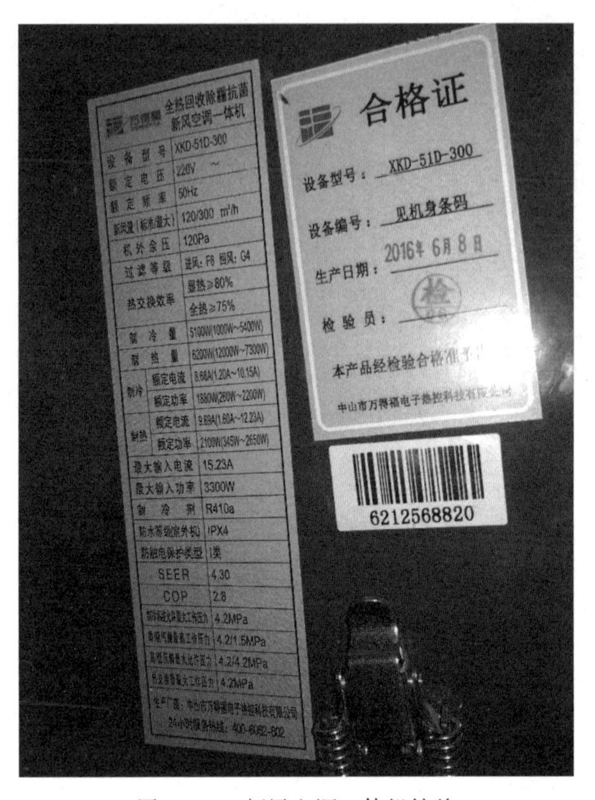

图 10-15　新风空调一体机铭牌

③检测结果

A. 热泵制热模式

测试期间，该新风空调一体机处于热泵制热模式，即开启循环风机和空气源热泵，关闭新风机和排风机，室内回风经由冷凝器加热后送入室内。

经测试，在热泵制热模式下，机组的循环风量为 549m³/h，输入功率为 1705W，制热量为 4892W，*COP* 为 2.87。数据见表 10-10。

热泵制热模式测试结果　　表 10-10

测试项目	测试结果
循环风量(m^3/h)	549
输入功率(W)	1705
室外空气干球温度(℃)	2.73
室外空气相对湿度(%)	21.13
室内回风干球温度(℃)	25.73
机组送风干球温度(℃)	52.33
制热量	4892
COP	2.87

B. 热回收模式

测试期间，该新风空调一体机处于热回收模式，即关闭循环风机和空气源热泵，开启新风机和排风机，室内排风和室外新风在全热回收芯体处进行热湿交换。

经测试，在热回收模式下，机组的新风量为 130m^3/h，排风量为 169m^3/h，输入功率为 102W，温度交换效率为 72.2%，湿量交换效率为 34.4%，焓交换效率为 58.3%。数据见表 10-11。

热回收模式测试结果　　**表 10-11**

测试项目		测试结果
新风量(m^3/h)		130
排风量(m^3/h)		169
输入功率(W)		102
新风进口	干球温度(℃)	3.15
	相对湿度(%)	26.38
新风出口	干球温度(℃)	17.08
	相对湿度(%)	23.05
排风进口	干球温度(℃)	22.43
	相对湿度(%)	33.78
温度交换效率(%)		72.2
湿量交换效率(%)		34.4
焓交换效率(%)		58.3

可以看出，新风空调一体机在热泵制热模式下，机组的循环风量为 549m^3/h，输入功率为 1705W，制热量为 4892W，*COP* 为 2.87；在热回收模式下，机组的新风量为 130m^3/h，排风量为 169m^3/h，输入功率为 102W，温度交换效率为 72.2%，湿量交换效率为 34.4%，焓交换效率为 58.3%。

2. 公共建筑

本项目为位于夏热冬冷地区的办公建筑，测试时间为 2019 年 8 月 30 日—9 月 4 日。受现场检测条件及检测人员限制，该项目并未检测室内照度及建筑气密性。

(1) 项目基本概况

本项目地上 7 层，地下 2 层，规划用地面积 2800m^2，总建筑面积 13050m^2，其中地上建筑面积 9800m^2，地下建筑面积 3250m^2。项目结构形式为框架剪力墙结构。本建筑 1 层、2 层为文化金融类商业，3～7 层为商业办公。项目效果图如图 10-16 所示。

(2) 检测对象及检测内容

测试时间：2019 年 8 月 30 日—9 月 4 日。

测试项目：室内环境方面测试室内温度、湿度、CO_2 浓度、PM2.5 浓度。

围护结构热工测试外墙传热系数。

新风空调一体机性能测试：5 层、7 层新风机组新风量、排风量、温度交换效率、湿量交换效率、焓交换效率。

(3) 具体指标测试过程

1) 室内温度、湿度

图 10-16　项目效果图

①检测仪器见表 10-12。

室内温度、湿度测试仪器　　表 10-12

名称及型号	范围	误差(准确度)
温度、湿度自计议 (RHLOG-T-H)	−40～100℃, 0～100%RH	±0.3℃,±5%RH

注:以上仪表均在计量检定有效期内。

②检测结果

室外温度、湿度检测结果如下（图 10-17）：

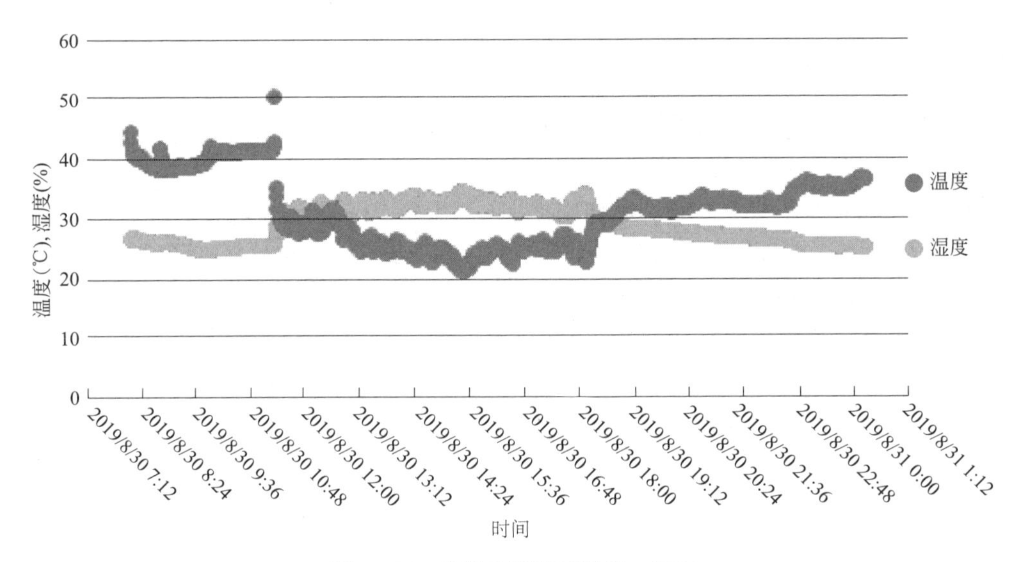

图 10-17　室外监测逐时温度、湿度

室外温度：室外 3 号监测点温度在 25.7～28.1℃，平均温度为 26.4℃。

室外湿度：室外 3 号监测点相对湿度在 21.5%～45.2%，平均值为 36.3%。

室内办公区域的温度、湿度检测结果如下（图 10-18 和图 10-19）：

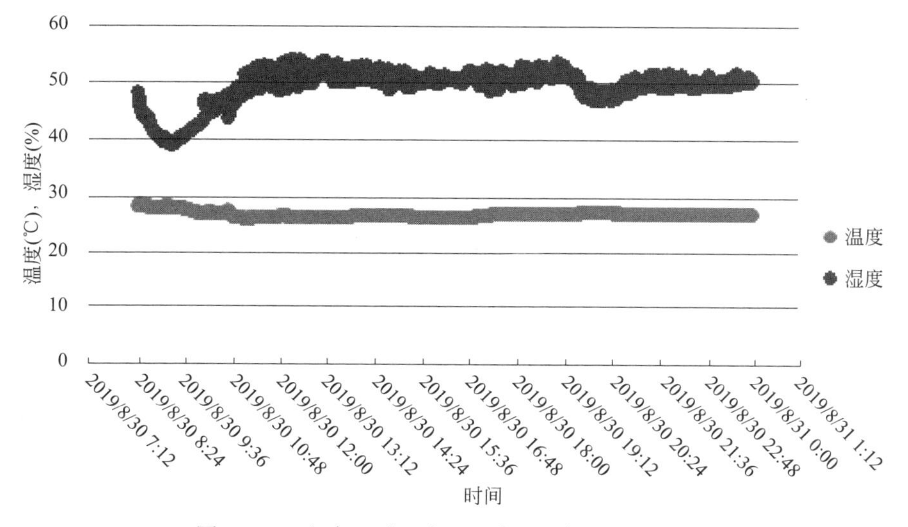

图 10-18　室内逐时温度、湿度（北侧 1 号监测点）

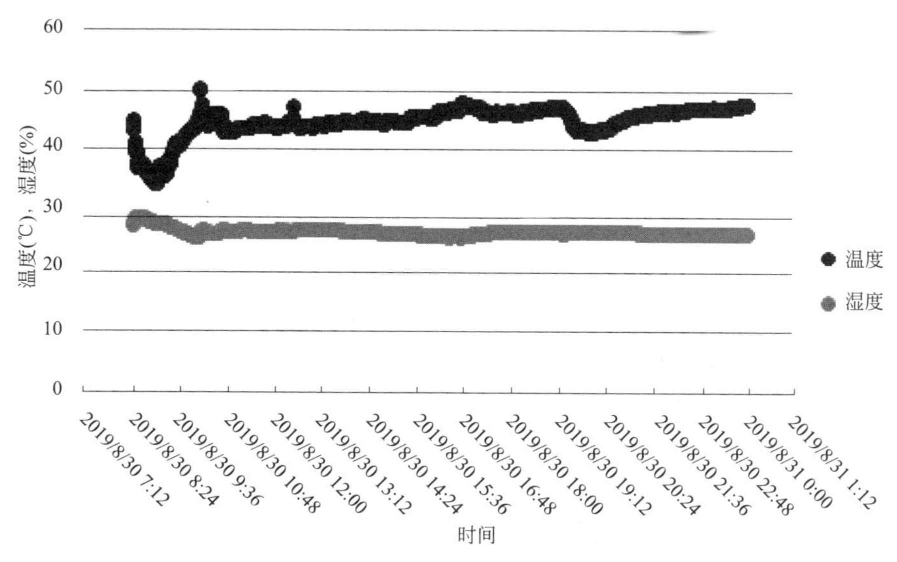

图 10-19　室内逐时温度、湿度（南侧 2 号监测点）

室内温度：北侧 1 号监测点温度在 25.7～28.1℃，平均温度为 26.4℃；南侧 2 号监测点在 25.9～29.3℃，平均温度为 26.8℃。室内温度监测结果稍高于《近零能耗建筑技术标准》GB/T 51350—2019 规定的夏季室内环境温度限值 26℃，这是由于测量所在楼层两墙面上大面积外窗造成夏季太阳辐射过高导致的。

室内湿度：北侧 1 号监测点范围在 38.8%～54.2%，平均湿度为 49.3%；南侧 2 号监测点范围在 34.6%～45.1%，平均湿度为 45.1%。室内相对湿度范围符合《近零能耗建筑技术标准》GB/T 51350—2019 对于室内环境参数的规定。

2）CO_2 浓度及 PM2.5 浓度

①检测仪器见表 10-13。

室内 CO_2 浓度及 PM2.5 浓度检测仪器　　表 10-13

仪器名称	测试范围	准确度
环境测量自记仪	0～5000ppm，-40～100℃，0～100%	±75ppm，±0.5℃，±3%
微粒计数仪	0～1000μg/m³	—

注：以上仪表均在计量检定有效期内。

②检测方法

测试办公区早（10：30—11：10）、中（13：30—14：10）、晚（16：30—17：10）三个时段室内 CO_2 及 PM2.5 浓度。测试地点选择 6 层开敞办公区靠近中心位置。

室内 CO_2 浓度水平一天内基本保持平稳，浓度范围在 646～948ppm，均符合近零能耗建筑的相关室内环境要求。具体如图 10-20 所示。

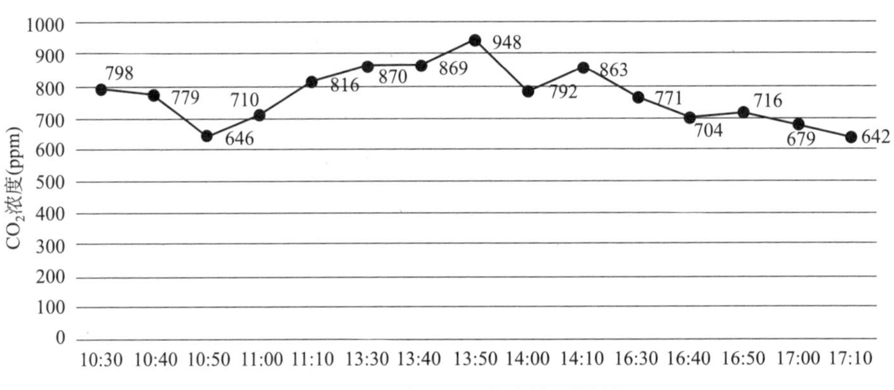

图 10-20　室内 CO_2 浓度检测结果

其中中午时段（13：30—14：10）浓度较其他时段较高，这是由于员工在工位上午休，人员较多所致。下午 14：10—17：10 浓度逐渐降低，是由于人员外出，流动性较大，办公区人员减少所致。

图 10-21 所示，室内 PM2.5 浓度一天内基本保持平稳，浓度范围在 1～3μg/m³，均值 1.47μg/m³，属于空气质量优秀区间，满足《近零能耗建筑技术标准》GB/T 51350—2019 的室内环境相关要求。

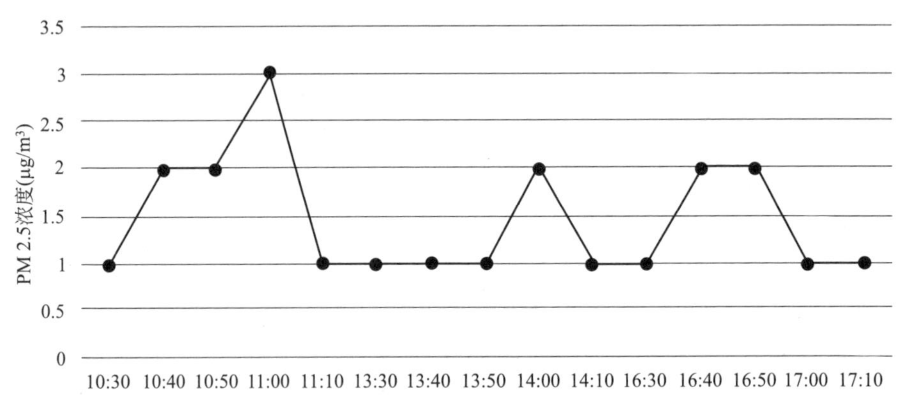

图 10-21　室内 PM2.5 浓度检测结果

根据当天北京市室外空气污染度监测结果，检测期间北京市室外 PM2.5 浓度在 0～10$\mu g/m^3$，均值 4.2$\mu g/m^3$，也属于优秀区间。

由于该区间的 PM2.5 浓度监测值处于仪表误差范围，因此，无法就此准确判断新风系统除霾效果。

3）围护结构热工性能

①检测仪器

本次测试中主要采用了两种测试仪器：温度记录仪和温度热流密度记录仪。

②检测位置

检测时间：2019 年 8 月 30 日上午 12：00—9 月 5 日上午 10：00。考虑到测试时间为非供暖季，根据标准要求“可采取人工加热或制冷的方式建立室内外温差”，本次测试时间为夏季，被测房间中央空调开启，室内侧为空调制冷降温，符合该方法的要求。

测试位置：现场测点布置情况如图 10-22 所示。

(a)

(b)

(c)

(d)

图 10-22　现场测点布置照片

（a）室内墙面热流及温度布点；（b）室外温度点；（c）室外墙面温度布点；（d）室内温度点

通过实测数据计算分析，测试的外墙平均传热系数实测值为 0.44W/（m²·K）。测试结果见表 10-14。

根据《近零能耗建筑技术标准》GB/T 51350—2019 的规定，北京地区属于寒冷地区，其外墙平均传热系数不应大于标准（表 10-15）中规定的限值 0.30W/（m²·K），见表 10-14，设计值在标准范围内，但测试数据高于设计值。

外墙传热系数测试数值　　　　表 10-14

位置	外墙传热系数实测值[W/(m²·K)]	外墙传热系数设计值[W/(m²·K)]
建筑 6 层	0.44	0.228

《近零能耗建筑技术标准》GB/T 51350-2019 围护结构传热系数推荐值　　　　表 10-15

建筑层数	围护结构部位的传热系数 K[W/(m²·K)]				
	外墙	屋面	外窗	周边地面	户门
4～8 层	0.10～0.30	0.10～0.30	≤1.5	0.25～0.40	≤1.5

经现场实际测试和项目资料核查，该建筑外墙平均传热系数实测值为 0.44W/（m²·K），大于设计值和标准值的指标要求。建议在冬季室内外温差加大的情况下进行再次检测。

4）新风空调一体机

①检测仪器

现场测试所用仪器情况见表 10-16。

测试仪器一览表　　　　表 10-16

仪器名称	测试范围	准确度
温度、湿度自记仪	−40～100℃	±0.3℃
	0～100%RH	±5%RH
温度自记仪	−20～80℃	±0.3℃
皮托管	0～40m/s	±1%
数字压力计	−3735～3735Pa	±1%
风速仪	0～20m/s	±5%

注：以上仪表均在计量检定有效期内。

②检测方法

本次测试选取 5 层和 7 层新风机房进行机组测试，5 层和 7 层新风机组额定风量均为 8600 m³/h。新风系统原理如图 10-23 所示，新风机组结构原理如图 10-24 所示。新风经由转轮热回收芯体与回风进行热湿交换后，再经表冷段由送风机送至各个房间，机组外观及风管布置如图 10-25～图 10-28 所示。

③检测结果

测试期间，新风机仅保留热回收功能，表冷段及加湿段关闭。开启送风机和排风机，分别在机组回风口、新风口、送风口测试其温度、湿度，在送风口、排风口测试机组风量。

5 层、7 层新风机组测试时间段为 8 月 30 日 10：00—8 月 30 日 12：00，在此期间新风口（新风进口）温度、湿度，送风口（新风出口）温度、湿度，回风口（排风进口）温度、湿度，温度交换效率，湿量交换效率，焓交换效率测试结果分别见表 10-17 和表 10-18。

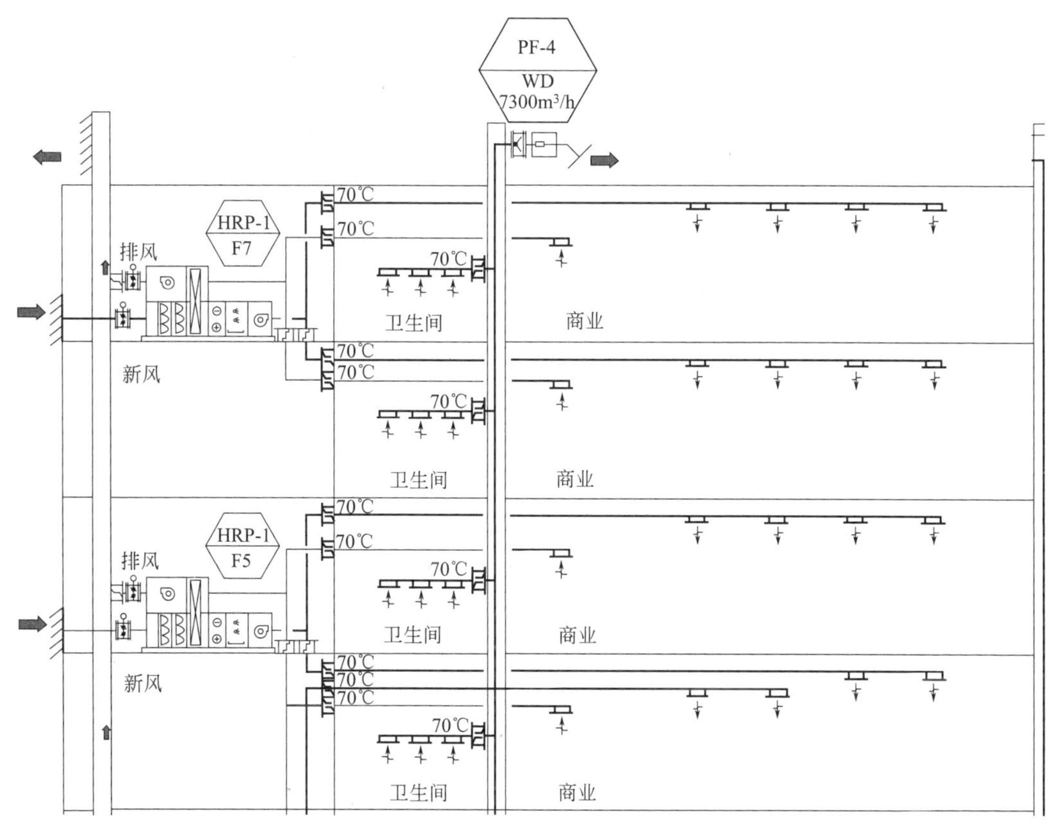

图 10-23　5 层和 7 层新风系统原理图

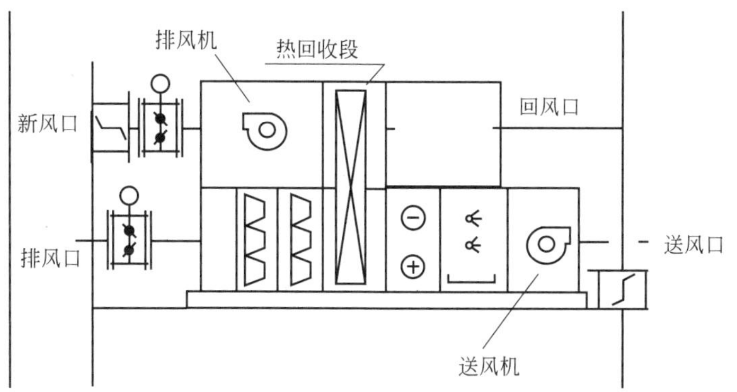

图 10-24　热回收新风机组结构原理图

图 10-25　五层新风机组外观

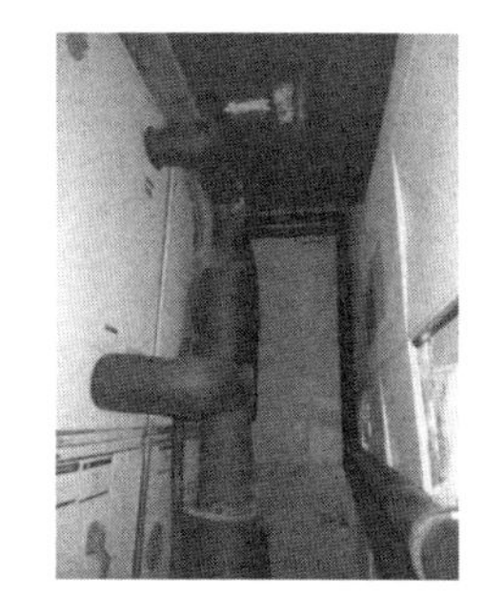

图 10-26　七层新风机组外观

图 10-27　新风管道和回风管道

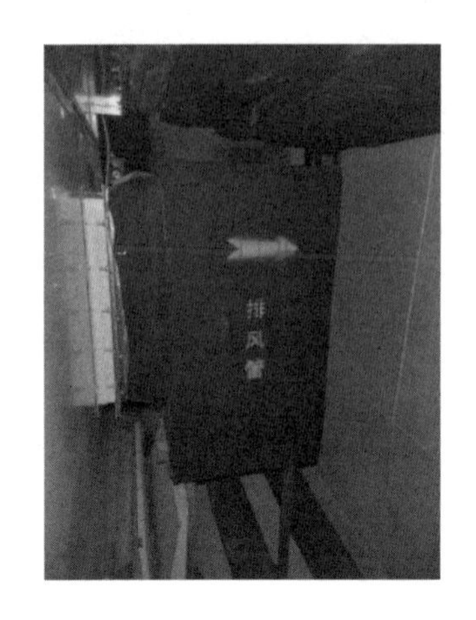

图 10-28　排风管道

5 层新风机组测试结果　　**表 10-17**

测试项目	测试结果	
新风量(m^3/h)	6510	
排风量(m^3/h)	6337	
新风进口	干球温度(℃)	34.2
	相对湿度(%)	22.6
新风出口	干球温度(℃)	30.3
	相对湿度(%)	32.0
排风进口	干球温度(℃)	27.0
	相对湿度(%)	42.9
温度交换效率(%)	54.2	
湿量交换效率(%)	52.8	
焓交换效率(%)	56.9	

7 层新风机组测试结果　　**表 10-18**

测试项目	测试结果	
新风量(m^3/h)	4633	
排风量(m^3/h)	4324	
新风进口	干球温度(℃)	30.0
	相对湿度(%)	31.8
新风出口	干球温度(℃)	28.2
	相对湿度(%)	37.5
排风进口	干球温度(℃)	26.7
	相对湿度(%)	43.1
温度交换效率(%)	54.6	
湿量交换效率(%)	52.3	
焓交换效率(%)	55.8	

经测试，5 层新风机组的新风量为 6510m^3/h，排风量为 6337m^3/h，温度交换效率为 54.2%，湿量交换效率为 52.8%，焓交换效率为 56.9%。

7 层新风机组的新风量为 4633m^3/h，排风量为 4324m^3/h，温度交换效率为 54.6%，湿量交换效率为 52.3%，焓交换效率为 55.8%。

10.2　验收

10.2.1　进场验收

应对采用的保温材料、门窗部品等材料和设备进行进场验收。检查设备产品是否具备合格证、性能检验报告、质量证明文件等，是否符合设计要求和相关标准的规定，并应符合《建筑节能工程施工质量验收标准》GB50411—2019[16] 规定，进行现场抽样复检，复验合格后方可使用；对于有门窗节能性能标识的门窗产品，可核查标识证书与标识的传热系数和气密性能指标。工程进场材料和设备的复验项目应符合表10-19的规定。

建筑节能工程进场材料和设备的复验项目　　表10-19

分项工程	主要内容
墙体节能工程	(1)保温隔热材料的导热系数或热阻、密度、压缩强度或抗压强度，有机保温材料的燃烧性能； (2)保温砌块、构件等定型产品的传热系数或热阻、抗压强度； (3)粘结材料的拉伸粘结强度； (4)抹面材料的拉伸粘结强度、抗冲击强度； (5)增强网的力学性能、抗腐蚀性能
幕墙节能工程	(1)保温材料导热系数或热阻、密度，有机保温隔热材料的燃烧性能； (2)幕墙玻璃：可见光透射比、传热系数、遮阳系数，中空玻璃密封性能； (3)隔热型材抗拉强度、抗剪强度； (4)透光、半透光遮阳材料的太阳光透射比、太阳光反射比
门窗节能工程	(1)严寒、寒冷地区：门窗的气密性能、传热系数； (2)夏热冬冷地区：门窗的气密性能、传热系数，玻璃遮阳系数、可见光透射比； (3)夏热冬暖地区：门窗的气密性能，玻璃遮阳系数、可见光透射比； (4)所有地区：透光、部分透光遮阳材料的太阳光透射比、反射比； (5)所有地区：中空玻璃密封性能； (6)窗墙面积比校验
屋面节能工程	保温隔热材料的导热系数或热阻、密度、吸水率、抗压强度或压缩强度、有机保温材料的燃烧性能。隔热涂料的太阳光反射比、半球发射率
地面节能工程	保温隔热材料的导热系数或热阻、密度、吸水率、抗压强度或压缩强度、有机保温材料的燃烧性能
供暖节能工程	(1)散热器的单位散热量、金属热强度； (2)保温材料的导热系数、密度、吸水率
通风与空气调节节能工程	(1)风机盘管机组的供冷量、供热量、风量、水阻力及功率； (2)绝热材料的导热系数、密度、吸水率
空调与供暖系统的冷热源及管网节能工程	绝热材料的导热系数、密度、吸水率

续表

分项工程	主要内容
配电与照明节能工程	(1)光源初始光效； (2)灯具镇流器能效值； (3)灯具效率； (4)照明设备谐波含量值； (5)电线、电缆电阻值
监测与控制节能工程	—
地源热泵换热系统节能工程	(1)地埋管材及管件导热系数、公称压力及使用温度等参数； (2)绝热材料的导热系数、密度、吸水率
太阳能光热系统节能工程	(1)集热设备的集热效率； (2)保温材料的导热系数、密度、吸水率
太阳能光伏系统节能工程	—

除上述复验项目外，还需重点检查外门窗用防水透汽膜、防水隔汽膜的类型、规格及性能是否符合设计或相关标准要求。核查新风系统热回收装置、冷（热）源机组、空调（供暖）末端设备等产品的节能性能检测报告。照明设备进场需检查照明光源初始光效、照明灯具镇流器能效值、照明灯具效率、照明设备功率、功率因数和谐波含量值。太阳能热利用或太阳能光伏发电系统设备进场检查项目包括：太阳能集热器的安全性能及热性能、太阳能光伏电池的发电功率及发电效率。

10.2.2 分项工程验收

应对外墙、外窗、屋面、地面及楼板、暖通空调系统、可再生能源系统等分项工程分别按施工质量标准进行检查验收，并做好质量验收记录。

10.2.3 隐蔽工程验收

隐蔽工程在隐蔽前应由施工单位通知有关单位进行验收，并应形成验收文件（文字记录和必要的图像资料）。

10.2.4 外墙、幕墙及屋面验收要点

1. 施工质量应满足《建筑节能工程施工质量验收标准》GB 50411—2019 中对墙体节能工程、屋面节能工程的相关要求，并填写该标准附录 F 建筑节能分部、分项工程和检验批的质量验收表对应的部分。

2. 外墙隐蔽工程应检查以下重点内容并形成隐蔽工程验收记录：

（1）基层表面状况及处理

保温板材与基层及各构造层之间的粘结或连接必须牢固。保温板材与基层的连接方式、拉伸粘结强度和粘结面积比应符合设计要求。保温板材与基层的拉伸粘结强度应进行现场拉拔试验，粘结面积比应进行剥离检验。

（2）保温层的敷设方式、厚度和板材缝隙填充质量

采用保温浆料做外保温时，厚度大于 20mm 的保温浆料应分层施工。保温浆料与基

层之间及各层之间的粘结必须牢固，不应脱层、空鼓和开裂。

（3）锚固件安装

当墙体节能工程的保温层采用预埋或后置锚固件固定时，锚固件数量、位置、锚固深度、胶结材料性能和锚固拉拔力应符合设计和施工方案要求。后置锚固件当设计或施工方案对锚固力有具体要求时应做锚固力现场拉拔试验。锚固件安装主要包括网格布铺设及热桥部位处理。

3. 幕墙隐蔽工程应检查以下重点内容并形成隐蔽工程验收记录：

（1）保温材料厚度和保温材料的固定。

（2）幕墙周边与墙体、屋面、地面的接缝处保温、密封构造。

（3）构造缝、结构缝处的幕墙构造。

（4）隔汽层。

（5）热桥部位、断热节点。

（6）单元式幕墙板块间的接缝构造。

（7）凝结水收集和排放构造。

（8）幕墙的通风换气装置。

（9）遮阳构件的锚固和连接。

4. 屋面隐蔽工程应检查以下重点内容并形成隐蔽工程验收记录：

（1）基层表面状况及处理。

（2）保温层的敷设方式、厚度和板材缝隙填充质量。

屋面保温隔热层的敷设方式、厚度、缝隙填充质量及屋面热桥部位的保温隔热做法，应符合设计要求和有关标准的规定。屋面隐蔽工程主要包括屋面热桥部位处理、隔汽层设置、防水层设置及雨水口部位的处理。

5. 针对严寒和寒冷地区项目，核查外保温系统阻断热桥措施说明

严寒和寒冷地区外墙应采用外保温系统，保温隔热材料的厚度必须符合设计要求，保温层应连续完整，外保温系统的链接锚栓应采取阻断热桥措施。

6. 核查地面保温做法说明，并关注以下要点：

严寒、寒冷地区，当没有地下室或有非保温地下室时，建筑首层地面应进行保温处理；夏热冬冷和夏热冬暖地区，在保证地面不结露的前提下，可不进行保温，以利于首层地面向地下散热，降低首层夏季空调负荷；温和地区，可进行适当保温。

10.2.5 外门窗验收要点

1. 建筑门窗施工质量应满足《建筑节能工程施工质量验收规范》GB 50411—2019 中对门窗节能工程的相关要求，并填写该标准附录 F 建筑节能分部、分项工程和检验批的质量验收表对应的部分。

2. 外门窗隐蔽工程应检查以下重点内容并形成隐蔽工程验收记录：

（1）外门窗洞的处理；

（2）外门窗安装方式。

严寒、寒冷地区的外门应按照设计要求采取保温、密封等节能措施。

（1）窗框与墙体结构缝的保温填充做法

外门窗框或副框与洞口之间的间隙应采用弹性闭孔材料填充饱满，并进行防水密封，夏热冬暖地区采用防水砂浆填充间隙的，窗框与砂浆间应用密封胶密封；外门窗框与副框之间的缝隙应使用密封胶密封。

（2）窗框周边气密性处理

门窗镀（贴）膜玻璃的安装方向应符合设计要求，采用密封胶密封的中空玻璃应采用双道密封，采用了均压管的中空玻璃其均压管应进行密封处理。

3. 核查施工图中门窗表

门窗表应包含外窗各部分结构及型材，外窗玻璃配置时采用的加强玻璃保温隔热性能的措施，并对影响外窗节能性能的主要因素，如玻璃层数、Low-E 膜层、填充气体、边部密封、型材材质、截面设计及开启方式等作出说明。

外门和户门均应采用保温密闭门，保温性能不应低于外窗的相关要求。严寒地区建筑的外门应设门斗；寒冷地区面向冬季主导风向的外门应设置门斗或双层外门；其他地区外门宜设门斗或应采取其他减少冷风渗透的措施。

10.2.6 热桥部位质量控制验收要点

1. 热桥部位质量控制重点检查内容

（1）女儿墙。

（2）窗框周边、外窗固定形式，洞口与窗框连接处的防水密封处理，窗框与外保温的连接。对于金属外门窗框，应提供隔断热桥措施说明。

（3）封闭阳台、出挑构件等重点部位的实施质量。

（4）检查穿墙管线保温密封处理效果。

（5）建筑含有幕墙时，核查生产厂家应提供的隔断热桥材料的物理力学性能检测报告和隔断热桥措施说明。

（6）检测严寒和寒冷地区外墙热桥部位的保温隔热效果。检查外墙和毗邻不供暖空间墙体上的门窗洞口四周墙的侧面，墙体上凸窗四周的侧面采取的节能保温措施。

（7）检查幕墙热桥部位的保温隔热效果。

（8）检查屋面热桥部位的保温隔热效果。

（9）检查地面热桥部位的保温隔热效果。穿越地面直接接触室外空气的各种金属管道应按设计要求，采取隔断热桥的保温措施。

（10）需要绝热的风管与金属支架的接触处、复合材料风管及需要绝热的非金属风管的连接和内部支撑加固等处，应有防热桥的措施，并应符合设计要求。

2. 核查无热桥施工方案

无热桥施工方案包括：外墙和屋面保温做法、外门窗安装方法及其与墙体连接部位的处理方法以及外挑结构、女儿墙、穿外墙和屋面的管道、外围护结构上固定件的安装等部位的处理措施。

3. 核查建筑热工缺陷测试报告

10.2.7 气密性质量控制验收要点

1. 气密性质量控制重点检查内容

（1）外门窗安装部位气密性处理验收要点：

1）门窗传热系数、气密性能复验应采取随机抽样送检，按照检测报告核对门窗节点构造。

2）检查窗框与结构墙面结合部位，隔汽膜和防水透汽膜的粘贴是否牢固严密。支架部位是否同时粘贴，不方便粘贴的靠墙部位有没有抹粘结砂浆封堵。

3）检查玻璃压条的接口缝隙是否严密，如出现缝隙应用密封胶封堵。检查外窗型材对接部位是否严密，出现缝隙的应用密封胶封堵。

4）门窗扇安装完成后，应检查窗框缝隙，并调整开启扇五金配件，保证门窗密封条能够气密闭合。

（2）围护结构开口部位气密性处理要点：

1）当管道穿外围护结构时，检查预留套管与管道间的缝隙是否进行可靠封堵。当管道穿地下外墙时，检查是否在外墙内外做防水处理。

2）检查管道、电线等贯穿处是否使用专用密封带可靠密封。

3）检查电气接线盒安装的孔洞内是否涂抹石膏或粘结砂浆，以保障接线盒与墙体嵌接处的气密性。

4）检查敷线完毕的室内电线管路是否对端头部位进行封堵，保障气密性。

5）对于木结构屋面，检查檐口搭接的构件上是否粘贴专用密封带，并用保护材料覆盖。

6）检查屋面穿过隔汽层的管道周围是否进行密封处理。

（3）幕墙气密性处理要点：

1）核查幕墙热工性能计算书，对照热工计算书核对幕墙节点及安装。

2）气密性能检测试件应包括幕墙的典型单元、典型拼缝、典型可开启部分。试件应按照幕墙工程施工图进行设计。

3）核查全部质量证明文件和性能检测报告。

2. 核查建筑气密性施工方案

建筑气密性施工方案包括：施工工法、施工程序、材料选择等各环节气密性方案，尤其应注意外门窗安装、围护结构洞口部位、砌体与结构间缝隙及屋面檐角等关键部位的气密性处理。

3. 对建筑进行气密性测试，已完成测试的，核查建筑气密性检测报告

当建筑含有幕墙时，幕墙面积合计大于3000m^2或幕墙面积占建筑外墙总面积超过50%时，应对幕墙进行气密性能检测。透明幕墙的气密性能不应低于《建筑幕墙》GB/T 21086—2007[17] 中规定的2级要求。

严寒、寒冷、夏热冬冷地区和夏热冬暖地区有集中供冷供暖系统建筑的外窗，应对其气密性做现场实体检验，检测结果应满足设计需要。检测方法按照《建筑外窗气密、水密、抗风压性能现场检测方法》JG/T 211—2007[18] 进行。

10.2.8 暖通空调系统验收要点

1. 暖通空调系统施工质量应满足《建筑节能工程施工质量验收标准》GB 50411—2019中对供暖节能工程、通风与空调节能工程、空调与供暖系统冷热源及管网节能工

程的相关要求，并填写该标准附录 F 建筑节能分部、分项工程和检验批的质量验收表对应的部分。

2. 防尘保护检查

检查风系统风系统是否所有敞口部位均做防尘保护，包括风道、新风机组和过滤器，检查滤网清洁度。

3. 供暖系统验收要点：

（1）供暖管道保温材料的燃烧性能、材质、规格及厚度等应符合设计要求。

（2）保温管壳的粘贴应牢固、铺设应平整。

（3）防潮层应紧密粘贴在保温层上，封闭良好，不得有虚粘、气泡、褶皱、裂缝等缺陷。

（4）供暖系统过滤器等配件的保温层应密实、无空隙，且不得影响其操作功能。

4. 新风机组安装检查

检查机组管道的连接方式，是否采取隔声减震措施。

5. 现场核查新风吸入口和排风口的安装位置，并满足以下要求：

（1）新风吸入口应远离污染源，如垃圾厂、堆肥厂、停车场等，并应避免排风影响；同时宜远离地面，不受下雨、下雪的影响，且能防止人为破坏。

（2）排风口应避免排气直接吹到建筑物构件上。

6. 检查新风管道负压段和排气管道正压段的密封措施。

7. 空调风管系统及部件、空调水系统管道、制冷剂管道及配件绝热层和防潮层的施工应符合《建筑节能工程施工质量验收标准》GB 50411—2019 的规定。

8. 检查水力平衡调试记录

冷热源水系统应进行水力平衡调试，总流量及各分支环路流量应满足设计要求。

9. 检查水系统管道及部件的保温情况

水系统管道、管件等均应做良好保温，尤其应做好三通、紧固件和阀门等部位的保温。

10. 检查室内管道固定支架与管道接触处是否设置隔声垫。

11. 检查室内排水管道及其透气管均采取的保温和隔声处理。

12. 检查屋面雨水管的设置。

屋面雨水管宜设在建筑外保温层外侧，如必须设在室内时，雨水管应进行保温处理。

13. 检查风管系统及现场组装的组合式空调机严密性。

14. 检查风系统平衡性及供暖空调水系统的平衡性。

10.2.9 可再生能源系统验收要点

1. 核查项目可再生能源系统竣工验收记录

应填写《建筑节能工程施工质量验收标准》GB 50411—2019 附录 F 建筑节能分部、分项工程和检验批的质量验收表对应的部分。

太阳能热水系统施工质量应符合《民用建筑太阳能热水系统应用技术标准》GB 50364—2018[19] 相关规定；地（水）源热泵系统施工质量应符合《地源热泵系统工程技术规范》（2009 年版）GB 50366—2005[20] 相关规定；太阳能光伏发电系统施工质量应符合《建筑

光伏系统应用技术规范》GB/T 51368—2019[21] 相关规定；太阳能供热采暖系统施工质量应符合《太阳能供热采暖工程技术标准》GB 50495—2019[22] 相关规定；太阳能空调系统施工质量应符合《民用建筑太阳能空调工程技术规范》GB 50787—2012[23] 相关规定。

2. 现场观察检查可再生能源利用系统安装情况。

3. 核查物业提供的可再生能源系统的运行记录。

可再生能源至少有一个供暖季或空调季的记录数据，发电运行记录应包含一年的完整记录数据，热水系统应包含至少一个月的记录数据。

4. 核查地源热泵系统调试运行记录和实测性能评价报告

地源热泵系统交付使用前，应进行整体运转、调试与验收，并编写调试报告和运转记录。

地源热泵系统整体验收前应进行冬、夏两季运行测试，并对地源热泵系统的实测性能做出评价。

5. 太阳能热水系统、太阳能供热供暖系统、太阳能空调系统、太阳能光伏系统的隐蔽工程重点检查以下项目：

（1）预埋件或后置锚栓连接件。

（2）基座、支架、集热器四周与主体结构的连接节点。

（3）基座、支架、集热器四周与主体结构之间的构造做法及封堵。

（4）系统的防雷、接地连接节点。

（5）隐蔽安装的电气管线工程（太阳能光伏系统）。

6. 太阳能热水系统、太阳能供热供暖系统、太阳能空调系统、太阳能光伏系统验收重点核查以下资料：

（1）设计变更证明文件和竣工图。

（2）主要材料、设备、成品、半成品、仪表的出厂合格证明及检验资料。

（3）屋面防水检漏记录。

（4）隐蔽工程验收记录和中间验收记录。

（5）系统水压试验记录。

（6）系统水质检测记录。

（7）系统调试运行记录。

（8）系统热性能检测记录。

（9）工程使用围护说明书。

（10）系统运行、监控、显示、计量等功能的检验记录（太阳能光伏系统）。

10.2.10 验收材料

近零能耗建筑验收除应满足《建筑节能工程施工质量验收标准》GB 50411—2019 规定之外，还应根据近零能耗建筑建造关键点补充提供建筑整体气密性检测报告、围护结构热工缺陷报告及新风热回收装置性能检测报告，检测方法见《近零能耗建筑技术标准》GB/T 51350—2019 6.1.1 节、6.1.2 节及 6.1.3 节，同时提供无热桥施工方案及气密性施工方案。近零能耗建筑工程验收具体材料见表 10-20。

近零能耗建筑验收项目及所需材料一览表　　　　表 10-20

<table>
<tr><th>项目</th><th>基础验收要点</th><th>验收要点</th><th>验收材料</th></tr>
<tr><td>围护结构保温</td><td rowspan="6">(1)分项工程检查验收(外墙、外窗、屋面、地面及楼板、暖通空调系统)；
(2)隐蔽工程验收文件；
(3)检验批、分项工程、分部工程、单位工程质量竣工验收记录表</td><td>(1)满足《建筑节能工程施工质量验收标准》GB 50411—2019 要求，填写建筑节能分部、分项工程和检验批的质量验收表；
(2)外墙隐蔽工程重点检查；
(3)屋面隐蔽工程重点检查</td><td rowspan="6">(1)设计文件、图纸会审记录、设计变更和洽商；
(2)要材料、设备和构件的质量证明文件、进场检验记录、进场核查记录、进场复验报告、见证试验报告；
(3)无热桥施工方案；
(4)气密性施工方案
(5)隐蔽工程验收记录和相关图像资料；
(6)分项工程质量验收记录，必要时应核查检验批验收记录；
(7)建筑围护结构节能构造现场实体检验记录；
(8)严寒、寒冷和夏热冬冷地区外窗气密性现场检测报告；
(9)风管及系统严密性检验记录；
(10)现场组装的组合式空调机组的漏风量测试记录；
(11)设备单机试运转及调试记录；
(12)系统联合试运转及调试记录；
(13)系统节能性能检验报告；
(14)建筑整体气密性检测报告；
(15)围护结构热工缺陷报告；
(16)新风热回收装置性能检测报告；
(17)其他对工程质量有影响的重要技术资料</td></tr>
<tr><td>高性能门窗</td><td>(1)满足《建筑节能工程施工质量验收标准》GB 50411—2019 要求，填写建筑节能分部、分项工程和检验批的质量验收表；
(2)外门窗隐蔽工程重点检查</td></tr>
<tr><td>气密性设计</td><td>(1)气密性测试(鼓风门法)；
(2)建筑气密性施工方案；
(3)气密性质量控制重点检查(外门窗安装部位、围护结构开口部位)</td></tr>
<tr><td>无热桥处理</td><td>(1)无热桥施工方案；
(2)建筑热工缺陷测试；
(3)热桥部位质量控制重点检查</td></tr>
<tr><td>暖通空调系统</td><td>(1)满足《通风与空调工程施工质量验收规范》GB 50243—2016 要求，填写工程质量验收记录用表；
(2)防尘保护检查；
(3)新风机组安装检查；
(4)新风吸入口和排风口安装检查；
(5)新风管道负压段和排气管道正压段的密封措施；
(6)水力平衡调试记录；
(7)水系统管道及部件的保温；
(8)室内管道固定支架与管道接触处隔声措施；
(9)室内排水管道及其透气管均保温和隔声处理；
(10)检查屋面雨水管的设置；
(11)检查风管系统及现场组装的组合式空调机严密性；
(12)检查风系统平衡性及供暖空调水系统的平衡性</td></tr>
<tr><td>可再生能源应用</td><td>(1)可再生能源系统竣工验收记录，填写《建筑节能工程施工质量验收标准》GB 50411—2019 附录 F 建筑节能分部、分项工程和检验批的质量验收表；
(2)现场检查；
(3)可再生能源系统的运行记录；
(4)地源热泵系统调试运行记录和实测性能评价报告；
(5)隐蔽工程重点检查；
(6)重点核查资料</td></tr>
</table>

本章参考文献

[1] GB/T 51350—2019，近零能耗建筑技术标准 [S]. 北京：中国建筑工业出版社，2019.

[2] JGJ/T 132—2009，居住建筑节能检测标准 [S]. 北京：中国建筑工业出版社，2010.

[3] GB/T 21087—2007，空气—空气能量回收装置 [S]. 北京：中国标准出版社，2007.

[4] JGJ/T 177—2009，公共建筑节能检测标准 [S]. 北京：中国建筑工业出版社，2010.

[5] GB 21455—2019，房间空气调节器能效限定值及能效等级 [S]. 北京：中国标准出版社，2019.

[6] GB 50243—2016，通风与空调工程施工质量验收规范 [S]. 北京：中国计划出版社，2016.

[7] GB/T 34012—2017，通风系统用空气净化装置 [S]. 北京：中国标准出版社，2017.

[8] GB 50118—2010，民用建筑隔声设计规范 [S]. 北京：中国建筑工业出版社，2010.

[9] GB/T 3785.1—2010，电声学 声级计 第1部分：规范 [S]. 北京：中国标准出版社，2010.

[10] GB/T 5700—2008，照明测量方法 [S]. 北京：中国标准出版社，2008.

[11] GB 50034—2013，建筑照明设计标准 [S]. 北京：中国建筑工业出版社，2013.

[12] JGJ 153—2016，体育场馆照明设计及检测标准 [S]. 北京：中国建筑工业出版社，2016.

[13] GB/T 50801—2013，可再生能源建筑应用工程评价标准 [S]. 北京：中国建筑工业出版社，2013.

[14] GB/T 25857—2010，低环境温度空气源多联式热泵（空调）机组 [S]. 北京：中国标准出版社，2010.

[15] GB/T 18836—2017，风管送风式空调（热泵）机组 [S]. 北京：中国标准出版社，2017.

[16] GB 50411—2019，建筑节能工程施工质量验收标准 [S]. 北京：中国建筑工业出版社，2014.

[17] GB/T 21086—2007，建筑幕墙 [S]. 北京：中国标准出版社，2007.

[18] JG/T 211—2007，建筑外窗气密、水密、抗风压性能现场检测方法 [S]. 北京：中国标准出版社，2007.

[19] GB 50364—2018，民用建筑太阳能热水系统应用技术标准 [S]. 北京：中国建筑工业出版社，2005.

[20] GB 50366—2005，地源热泵系统工程技术标准（2009年版）[S]. 北京：中国建筑工业出版社，2009.

[21] GB/T 51368—2019，建筑光伏系统应用技术规范 [S]. 北京：中国建筑工业出版社，2010.
[22] GB 50495—2019，太阳能供热采暖工程技术标准 [S]. 北京：中国建筑工业出版社，2009.
[23] GB 50787—2012，民用建筑太阳能空调工程技术标准 [S]. 北京：中国建筑工业出版社，2012.

第 11 章　运行与管理

2016 年，我国建筑节能设计标准达到比我国 20 世纪 80 年代建筑节能 65%的水平，这标志着我国建筑节能工作已完成“三步走”战略。在建筑节能工作中，节能设计担当了引领龙头的作用，但是建筑的节能效益则需通过建筑几十年的使用过程体现出来。根据《中国统计年鉴》历年数据，建筑使用能耗占全国总终端能耗的 24%～25%，按建筑总能耗平均占社会终端能耗 30%计算，建筑的使用能耗占到建筑总能耗的 80%以上。科技部 2012 年国际合作课题“住房城乡建设系统应对气候变化的低碳技术研发与应用合作研究”对具体项目的测算结果显示，公共建筑运行能耗占其全生命周期能耗的 80%～86%，居住建筑运行能耗占其全生命周期能耗的 88%～93%。美国通过长期对获得 LEED 认证的项目进行运行能耗跟踪分析发现，很多在设计环节的“节能建筑”在运行阶段能效甚至低于一般建筑。可见，优秀的节能设计是打造节能建筑的必要不充分条件，合理优化的运行与管理对于建筑在运行阶段的实际能效表现起到至关重要的作用。

近零能耗建筑与常规节能建筑相比，其显著特点之一是不以建筑各构件的性能来评价建筑的节能性能，而是以建筑整体能耗来衡量。要真正实现设计的近零能耗水平，科学合理的运行与管理尤为重要。近零能耗建筑在建筑设计和施工环节的要求已经最大限度保证了建筑优秀的设计性能和建造过程的质量。在建筑的使用过程中，首先要确保建筑各构件在设计性能或接近设计性能下工作；其次，用能系统需经过精细化调适及设定合理的运行策略，使其适用于建筑实际所处的室外环境和人员活动工况；最后，对运行数据完整的记录和定期的分析，有利于及时发现建筑构件性能的衰减和设备系统的运行策略的不合理，以便做出适当调整。

为保证近零能耗建筑的运行与管理工作系统化、规范化，建筑的运行管理单位应针对高性能围护结构、新风热回收系统以及建筑用能系统的调节与控制制定专项运行管理方案，并应编制相应的运行管理手册。运行维护手册应包含建筑围护结构构造特点及日常维护要求，设备系统的特点、使用条件、运行模式、参数记录及维护要求，二次装修应注意的事项等所有与建筑运行、维护、管理相关的信息。近零能耗建筑的运行维护首先应全面满足现行国家标准《空调通风系统运行管理标准》GB50365—2019 和行业标准《绿色建筑运行维护技术规范》JGJ/T391—2016 的规定。公共建筑和居住建筑应根据建筑自身特点规定必要的使用者手册，以规范使用者行为，避免因不恰当的使用习惯造成室内环境的不达标或能源的浪费。根据建筑的使用情况可将手册涉及的工作内容分别落实于管理人员、用户或公共区域提示信息。

11.1　建筑构件和建筑设备的维护

高性能的建筑围护结构是近零能耗建筑达到低能耗运行的必要保证。围护结构的热工、气密等性能在设计、施工和验收环节经历了反复确认和检验。日常建筑维护的首要目的是保障建筑各部件性能维持在设计水平或接近设计水平，减缓各部位性能衰减，避免出现热工局部薄弱环节。在建筑投入正式使用后，日常的维护工作的最基本的要求是定期对建筑围护结构保温系统及气密性保障等关键部位进行维护和检验，具体措施包括但不限于：

（1）避免在外墙或屋面上固定物体，保护保温系统完整性；当必须固定时，则必须采取防止热桥的措施。对于采用真空保温板作为保温构件的建筑，应在施工环节保温构件安装之前，对需要外墙安装固定其他构件的位置和安装方式做统一规划安排。

（2）注意外墙内表面的抹灰层、屋面防水隔汽层及外窗密封条是否完好，气密层是否遭到破坏。若发生气密层破坏，应及时修补或更换密封条。

（3）定期检查外门窗关闭是否严密、中空玻璃是否漏气、锁扣等五金部件是否松动及其磨损情况。每年应对门窗活动部件和易磨损部分进行保养。

（4）当建筑的门窗洞口或其他气密部位进行了改造或施工时，竣工后应对建筑气密性进行重新测定。建筑的门窗改造或局部施工存在破坏建筑气密层的风险，因此，对建筑气密性有性能要求的近零能耗建筑，应该局部施工后重新测定建筑气密性，保证气密性能不降低。

除此以外，还建议定期对围护结构热工性能进行检验以确保其维持在高性能水平。一般每三年检查一次围护结构的热工性能，对于出现的问题要及时做出整改。极端气候对围护结构的破坏也不容忽视，当遇有高强度极端气候事件发生后，要及时检验围护结构的性能情况，以便及时采取相应措施。

其他一般性节能建筑的日常维护要求，按国家标准《空调通风系统运行管理标准》GB50365—2019 和行业标准《绿色建筑运行维护技术规范》JGJ/T391—2016 执行。

11.2 居住建筑用户使用模式

我国典型居住建筑类型以低层建筑、多层建筑、中高层建筑、高层建筑共 4 种类型的居住建筑作为基准建筑。为明确当前我国居民与建筑能耗相关的典型生活模式，编制组对北京地区的典型居住建筑开展了用户使用行为调研。每类建筑在选取时应遵守以下原则：

（1）所选建筑为实际存在案例。

（2）建筑朝向、布局可以具有普遍性、代表性。

（3）建筑类型选取涵盖目前北京市不同阶层群体的居住环境。

调研内容涉及了住宅人员的家庭基本信息、家庭用能信息、生活方式、节能意识、对室内环境的评价及期望、对冬季集中供暖的看法等。调研途径包括：文献调研、问卷调查、网络调研等。调研的内容主要包括以下方面：

（1）居民日常作息时间。

（2）居民家电持有及能耗情况。

（3）居民家电用能时间。

接受调研的对象主要以 2～5 口之家为主，住房建成年限尽量选择在 2005 年以后，窗户多为推拉窗，而房子的类型多为多层楼房和高层板楼，且有大部分住户除了自己所住房子之外还另有其他房子。

住户家里的灯具主要是以节能灯为主，降温设备以空调和电风扇为主，供暖设备的种类较多，但以空调和电热水器为主，其他电器为辅。

大多数住户家中都有日常电器，如电饭锅、电脑、洗衣机、电冰箱等，而如洗碗机、电烤箱等电器只有少数住户拥有。而这些电器的使用，除了电脑、冰箱等电器外，其他电器的使用都会在使用结束后断电。

居住人数的分布范围比较广泛，从 1～8 人均有分布，以 2～4 人为主。

本次调研中所有受访者在冬季都有供暖设备，绝大多数（84.7%）的住户采用的是小区的集中供暖。其次是壁挂式或柜式空调，约有 13.0%的受访者家中使用了这种方式供暖。而后使用较多的是电暖气、电热毯和燃气式壁挂炉、小太阳。

从设备的台数来看，受访住户平均拥有的供暖设备台数为 1.42，76.1%的用户家中仅有 1 台取暖设备。绝大多数使用了小区集中供暖的住户没有第二台设备，说明目前北方供暖集中供暖的形式已经基本满足了用户的供暖需求。

在采用燃气壁挂炉和集中供暖的住户中，90.7%的用户不能够对供暖设备进行调节，仅有 6.0%的用户有总开关可以进行调节，各房间都能调节的仅有 3.2%。

通过调研发现，上班族日常生活作息呈现相对明显的规律，且室内家电持有类型以及持有量相差不大，因此，可以通过典型房间人员作息表以及家电能耗参数进行计算。

经过对北京市居住建筑用能系统形式及使用模式的调研，可以发现，居住建筑终端用能在逐年发生变化：随着年轻群体上班族的比例增多，年轻人群在外用餐比例不断提升，炊事用能在逐渐减少，而生活热水及家电能耗的比重却在逐年提升。对于住宅的区域功能化，家中家电的同时使用强度，尤其是空调的多台同时使用概率有所下降，造成部分时间负荷与部分空间负荷与传统住宅内热负荷特性有所不同。对于设计环节，应根据统一的时间表进行负荷和能耗的计算，得到“标准工况”下设计建筑的能耗。在运行环节，应履行“被动优先”的原则，充分利用自然通风和自然采光，与设计思想一致。

11.2.1　空调使用强度及开启时间表

2011 年，北京居住建筑空调持有量数据显示，大部分北京家庭中安装不止一台空调，而且随着生活水平的改善，北京市城镇居民空调持有量还将继续增加。

然而，家中空调台数的增多并不意味着空调供冷电耗成倍数地增加。由于北京城镇居民用电特点，采用分体式空调的家庭，空调使用具有明显的部分时间、部分空间以及部分负荷特性。部分时间特性指空调并非全时段运行，房间有人时空调开启，当白天家中无人时，空调关闭。部分空间特性是指房间内有人员活动时，该房间空调开启，当人员离开该房间活动区域时，空调便会关闭。从部分时间特性和部分空间特性不难看出，空调供冷需求并不等于住宅全空间内的供冷需求计算，实际空调供冷能耗往往低于设计需求值。因此，表 11-1 给出空调控制参数及开启时间，应注意对部分时间、部分空间负荷特性进行能耗计算修正。

空调控制参数及开启时间表　　表 11-1

时刻(时)	1	2	3	4	5	6	7	8	9	10	11	12
温度(℃)	26	26	26	26	26	26	26	26	26	26	26	26
湿度	60%	60%	60%	60%	60%	60%	60%	60%	60%	60%	60%	60%
时刻(时)	13	14	15	16	17	18	19	20	21	22	23	24
温度(℃)	26	26	26	26	26	26	26	26	26	26	26	26
湿度	60%	60%	60%	60%	60%	60%	60%	60%	60%	60%	60%	60%
开始时间	5月1日		结束时间		10月15日							
厨房供冷	26℃	卫生间供冷		26℃								

注：当室外温度≤26℃，相对湿度≤60%时，自然通风。

对于住宅空调，各用户对夏季空调的运行时间和全日间歇运行的要求差距很大，采用分室或分户设置的分散式空调设备（包括分体式空调器、户式冷水机组、风管机和多联机等）时，其行为节能潜力较大；且机电一体化的分散式空调装置自动控制水平较高控制灵活，分散式空调设备比集中空调更加节能。

一些高档住宅或集体宿舍等采用末端设置风机盘管设备加新风系统等集中空调系统时，其设计方法和节能要求与公共建筑是一致的，冷热源的选择原则和空调系统的节能设计要求见现行规范的有关规定。

11.2.2 人员照明时间表

人员照明在负荷计算中往往具有同步时间表，即除去睡眠时段，人员离开房间，灯关闭；人员进入房间，灯打开。本节以北京市上班族家庭构成为例给出人员及家中照明时间表。

表 11-2 为照明时间表，规定上班族早上 7 点起床，10 点前离开家去上班（考虑上班时间不同步），下午 16：30 开始陆续下班，至晚 19：00，家中人员齐全，此时照明功率为满负荷状态，晚 23：00 至第 2 天早上 7 点，处于睡眠状态，全部照明关闭。

照明时间表　　表 11-2

时刻(时)	1	2	3	4	5	6	7	8	9	10	11	12
数值	0	0	0	0	0	0	0.5	0.5	0.5	0	0	0
时刻(时)	13	14	15	16	17	18	19	20	21	22	23	24
数值	0	0	0	0	0.5	0.5	1	1	0.8	0.5	0	0

表 11-3 为人员时间表，与照明时间表对应，表中各时刻对应数值为群集系数，数值为 1 表示所有成员都在家，数值为 0 表示无成员在家，当数值处于 0～1 之间时，考虑到不同家庭在家时刻各有不同，因此用群集系数进行表示。

人员时间表　　表 11-3

时刻(时)	1	2	3	4	5	6	7	8	9	10	11	12
数值	1	1	1	1	1	1	1	0.5	0.5	0.1	0.1	0.1
时刻(时)	13	14	15	16	17	18	19	20	21	22	23	24
数值	0.1	0	0	0	0.5	0.5	0.5	1	1	1	1	1

11.2.3 通风时间设定

此处对于通风的设定主要指室内新风开启时间表。新风系统设计原则是为室内人员提供足够的新风，保证室内空气品质，因此，对于通风时间表的设定，有着以下原则：

（1）室内有人员停留活动时，新风系统必须开启，如夜间。

（2）室内没有人员停留时，新风系统可以选择性开启，是否开启取决于业主用能习惯，本节中设定室内没有人员停留时，仍有部分业主选择开启新风系统，保障室内正常通风。具体见表11-4。

通风时间表 表11-4

时刻(时)	1	2	3	4	5	6	7	8	9	10	11	12
数值	1	1	1	1	1	1	0.8	0.2	0.2	0.2	0.2	0.2
时刻(时)	13	14	15	16	17	18	19	20	21	22	23	24
数值	0.2	0.2	0.2	0.2	0.8	0.8	1	1	1	1	1	1

11.3 楼宇自控集成系统

集中空调系统的设计应首先符合现行国家标准《公共建筑节能设计标准》GB50189—2015的规定，集中空调系统的运行应首先符合现行国家标准《空调通风系统运行管理标准》GB50365—2019和现行行业标准《绿色建筑运行维护技术规范》JGJ/T391—2016的规定。

近零能耗建筑冷热负荷大幅度降低，通过透光围护结构的太阳辐射得热对建筑室内环境的影响比重增大，造成热负荷的不稳定性增强，因此，在运行控制思路上更强调房间的整体控制。具体是指以一个房间（如：独立办公室、开放式办公房间、会议室、报告厅、多功能厅等）为控制对象，在一个系统内集成控制其温度、湿度、风速、空气质量、照明、遮阳、人体存在等物理量，确定满足房间或房间舒适度最节能的控制策略，实现照明、遮阳和暖通空调等房间末端设备的整体集成、优化控制和精细化管理。

楼宇自控系统是由楼宇自控集成管理平台及各种控制子系统组成的综合性系统，它将不同功能的建筑智能化系统，通过一体化的楼宇管理平台实现各系统间的无缝集成，形成具有信息汇集、数据、信息资源共享及优化管理等综合功能的平台。楼宇自控集成管理平台是一个开放的集成平台，可支持多种标准协议，能实现对于多子系统及各类设备的监控，可满足日益增多的楼宇管理需求，有效提升系统运行效率，实现更加安全、舒适、节能的楼宇管理目标。主动优化是近零能耗建筑的必要环节，楼宇自控系统是主动优化的核心，应以供需平衡为目的，根据末端房间需求实时调节冷热源的供给，降低设备使用时间及能耗输出，延长设备使用寿命，最终提高系统运行效率并节约能源。通过楼宇自控系统的综合管理，将实现整体楼宇安全、舒适、节能的运行目标。

近零能耗建筑应采用智能化楼宇管理系统，不仅要能完成对各系统及其设备的远程监控，还应实现各系统间的互联互通，协调运行。近零能耗建筑的楼宇自控系统至少应包括以下内容：

（1）楼宇自控集成管理平台。

（2）冷热源及输配网节能控制系统。

（3）整体房间控制系统。

（4）新风/空调优化控制系统。

近零能耗建筑的楼宇自控系统，应实现管理、控制及传感执行等功能，各部分应满足下列功能要求：

（1）管理部分中应将不同功能的自控制系统无缝集成，实现各系统间数据的综合共享，并提出优化策略。

（2）控制部分中的直接数字控制器，应实现对现场级执行设备运行参数的匹配计算，并将需求指令发送给现场级的执行设备。

（3）传感执行部分中应包含信息采集和现场执行等设备，根据系统要求实时收集现场数据，为系统内及系统间的协调运行提供数据基础。

11.3.1 楼宇自控集成管理平台

近零能耗建筑配置一体化的楼宇管理平台一般应集成以下系统：冷热源及输配网节能控制系统、整体房间控制系统、新风/空调优化控制系统等，其他各系统也可集成到该平台，实现统一监控。

楼宇自控集成管理平台采用分散控制、集中管理的方式，通过对各功能系统的一体化集成，实现数据的互联互通，实现建筑物内的各系统及设备的自动协调运行，并通过管理平台，充分发挥各关联系统及设备的整体优势和潜力，在满足舒适度的前提下，以按需供给为目标，提高设备利用率，优化设备的运行状态和时间，从而延长设备的服役寿命，降低能源消耗，减少维护人员的劳动强度和工时数量，最终达到降低设备运行成本，实现楼宇系统的整体能耗节约。

楼宇自控集成管理平台的功能要求一般包括以下几个方面：

（1）具备对各楼宇系统及设备运行状态的监视和控制，包括：管理功能、显示功能、多工况的控制功能、统计分析及故障诊断功能，提高楼宇的整体安全水平和灾害防御能力，为生命、财产的安全提供保证，同时降低人工成本和运行能耗。

（2）所有运行系统及设备可通过全集成智能控制管理平台进行远程监控，使管理人员及时得到系统及设备的运行信息，并通过平台实现快速响应，在提高工作效率的同时可大幅减少机电设备运维人员的数量。

（3）可对有研究与分析价值或应长期保存的数据建立历史文件数据库，并可通过自定义趋势曲线图的形式呈现，为分析系统运行效率及节能优化策略提供依据。

（4）根据管理需求生成定制化报告，如：制定能量使用汇总报告，记录每天、每周、每月各种能量消耗及其累积值，可为节约使用能源提供重要比对依据；制定设备运行时间、起停次数汇总报告，为设备管理和维护提供相关依据。

（5）设置权限管理功能，使得各级使用者可以及时、安全的获取所需的关键信息，保证问题妥善有效地解决。

（6）平台应具有开放性，支持多种开放式国际标准协议（如：BACnet，KNX等），并具备扩展性（包括：系统容量及功能的扩展）和集成性（与第三方设备或系统交互）。

（7）建议采用BIM集成近零能耗建筑各种相关信息的工程数据模型，应用BIM模拟建筑物的运作、维护和设施管理。平台数据应能够通过开放式标准协议与BIM平台实现数据对接，实现动态数据与静态数据的结合，达到楼宇全生命周期的高效运维管理，BIM标准应满足现行国家标准《建筑信息模型应用统一标准》GB/T 51212—2016。

（8）通过系统对建筑的能耗进行综合分析和管理，对建筑的*COP*、*SCOP*等重要参数进行实时监测、分析及优化。

(9) 建立绿色可持续发展数据展示平台，对成果进行发布、展示，倡导绿色节能理念，提高使用者环保意识，提升企业公众形象。

此外，楼宇自控集成管理平台应提供针对冷热源及输配系统、新风/空调系统及整体房间控制系统的应用方案，匹配供给与需求，宜综合制定节能措施，以实现楼宇全面节能：包括配置冷热源及输配网节能控制系统，能根据末端负荷需求按需供给，实现制冷机组、冷却水泵、冷冻水泵、冷却塔等设备的协调运行；配置新风/空调机组优化控制系统，在保证室内空气品质及舒适度的前提下，实现空调设备的节能及对各房间功能区域的精细化控制；配置整体房间控制系统，可实现针对各功能区域房间的照明、遮阳和暖通空调的整体优化控制。

针对近零能耗建筑的能源管理平台，建议具备如下功能：

(1) 数据采集接口应具备良好的兼容性，支持的接口协议应包括但不限于 OPC、BACnet、ModBus。

(2) 平台应具备异常自启动、现场数据断点续传等保障功能。

(3) 平台上的数据应具备完善的冗余备份机制，至少每月对能源管理平台数据进行全局备份。

(4) 平台宜采用分布式采集、集中云端部署的架构。

(5) 平台应按照建筑、系统、设备、空间等维度对建筑用能进行全面的统计与分析。

(6) 平台应支持按照日、周、月、年等时间尺度对能耗数据进行逐层深入分析和展示。

(7) 平台应包括单位面积总能耗、单位面积空调能耗、分项系统能耗等能效指标的统计分析与展示。

(8) 平台应支持以报表的形式输出设备的运行参数、能耗参数，用户可选择任意多项进行数据展示与下载。同时，提供日报、周报、月报、年报不同类型的报表以满足用户的使用需求。

(9) 平台应具备定期提供用能分析报告、能耗账单等标准化报告的功能；能源管理平台宜具备为用户提供其他定制化报告的功能。

(10) 平台应通过日志的方式对运行中的用户操作、设备运行状态反馈、故障报警等进行记录，辅助以多样性的展示方式，支持灵活的查询方式，使得用户全面掌握系统每时每刻的状态。

(11) 平台应具备管理和查看全部用户信息的功能，支持新增用户、删除用户、修改用户信息、设置用户操作权限的功能；对于拥有多个建筑物的集团用户，应支持对用户组的管理和权限划分。

(12) 平台宜具备通过用能诊断进行深入分析和挖掘，发现建筑运行中存在的问题，准确定位产生问题的根源，并制定相关节能策略的功能。

(13) 平台宜具备建筑用能及主要设备用能预测的功能，并通过预测数据与实际数据的比较，发掘建筑物的节能潜力。

(14) 平台宜配备移动客户端 APP 或微信页面，方便用户即时、灵活、方便地使用产品，实现对建筑物的高效监管。

11.3.2 冷热源及输配网节能控制系统

近零能耗建筑冷热源及输配网节能控制系统应根据建筑内所有房间的总需求，对冷热源侧进行调节，实现实时供需平衡。

冷热源及输配网节能控制系统应分析运行数据，对不同工况进行动态调节，最终实现系统最优的运行效率。一方面实现对冷热源系统设备的现场及远程的需求监控，另一方面应将数据传送至管理平台，且通过与管理平台的网络化无缝对接完成与其他系统间的数据共享。

此外，输配系统的水力平衡系统应实现自适应控制。

11.3.3 整体房间控制系统

如前述，近零能耗建筑为保证建筑环境的精准控制，控制思路应转变为整体房间控制，一般涵盖房间的遮阳控制、照明控制、末端设备控制，各控制系统相互之间具有联动关系。在充分利用自然能源的前提下，系统应通过整体房间策略算法，能根据室内环境参数的改变，以满足房间设计需求为前提，降低房间综合能耗为目的，进行综合调控。

收集建筑内所有房间的需求参数，汇集成总需求，作为供给的依据。

根据房间的使用状态自动确定当前房间的工作模式（包括：舒适、预舒适、经济、保护），不同的工作模式决定了房间内所有设备对舒适性需求的响应程度。

通过预置的程序自动识别手动操作是否对房间中舒适与能源效率平衡的状态产生不利影响，提供直观清晰的指示。为不具备专业知识的用户提供简洁快速的操作方式。在不牺牲舒适性的前提下，通过预置的程序自动控制照明、遮阳、暖通空调设备，使房间重新回到舒适与能源效率的平衡状态。通过房间内冷热负荷分析，确定遮阳设备是否对房间中的制冷/制热需求进行响应，以减少暖通空调设备的能耗。

可以根据房间的实际使用功能设置多种不同的场景模式，集中控制房间中的照明、遮阳、HVAC 设备。

整体房间控制系统应将房间内的环境及运行参数传输至管理平台，并在管理平台中与冷热源及输配系统、新风/空调系统等实现数据整合，进而实现系统间的实时调节。

遮阳设备可根据建筑实际使用情况进行设计，若仅从节能角度考虑，宜优先采用外遮阳形式，次之为中遮阳形式，再次为内遮阳形式；遮阳设备中宜优先选用百叶形式，次之为升降形式。

针对照明控制，系统中应设置包含但不限于照度、人体存在等感应探测器。对走廊、楼梯间、门厅、电梯厅、卫生间、停车库等公共区域场所的照明，应优先选择就地感应控制，其次为集中开关控制，以保证安全需求。对大房间、开放式办公房间、报告厅、多功能、多场景场所的照明，应进行智能照明控制，照明设备应根据人员状态自动调整灯具开关状态，同时根据室内功能需求及环境照度参数，自动调节灯具亮度值，以满足环境设计标准。

这里提到的空调末端设备控制对象包含但不限于风机盘管、冷梁、变风量系统（VAV）等。在末端暖通设备控制中，为使得水系统控制效果更为稳定，宜采用具备直行程电动调节功能及具有压差无关型流量平衡功能的电动阀门。

11.3.4　新风系统及空调机组优化控制系统

近零能耗建筑气密性显著提升，为保证新风系统的精准运行，应收集建筑内各系统新风的需求参数，汇集成总需求，作为新风机组供给的依据。机组应根据监测室内实时的二氧化碳浓度，调整相应的风机转速及新风阀开度，保证室内空气品质达到设计标准。

在凉爽的春秋季节或者冬季，当室外空气合适时，大量地引入新风可达到降低空调负荷的目的，在一些情况下，空调负荷甚至可降低至零而达到零负荷空调。同时大量引入新风，可以稀释室内污染物产生的有害气体，提升室内空气品质。

系统应在新风入口处安装空气流量传感器，监测新风量在设定的范围内。超出此范围时，监控软件发出报警信号，提示运行人员检查，确保新风量的供给满足要求。系统应在过滤器两侧安装压差传感器，当该压差达到额定监测数值时，联动相关设备，并提示管理人员及时更换过滤装置，保证过滤器正常运行，达到室内颗粒物的健康标准。此外，还应根据实时采集的数据，对空调机组、新风机组及风机盘感等末端设备中的冷、热盘管水调节阀、风阀、风机等的设备根据需求，在满足标准设定的前提下，自动调节运行参数，以优化能源使用。

系统应对新风热交换设备进行控制，最大限度回收利用室内排风的能源并利用自然冷热源。过渡季节应尽量采用新风免费制冷，新风免费制冷可以全部或部分替代人工冷源，以达到节能的目的。控制方法如图 11-1 所示。

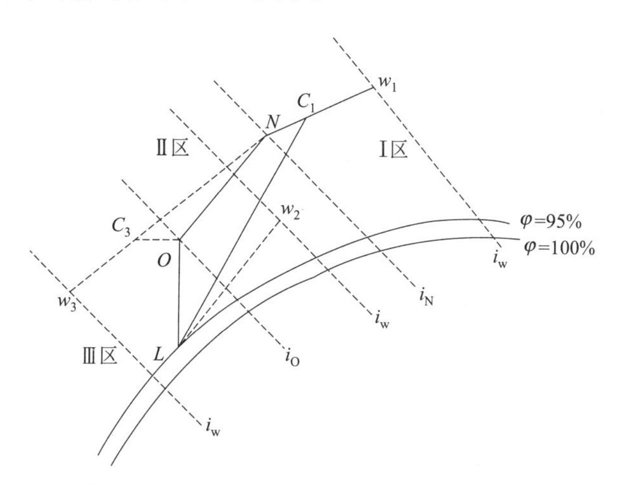

图 11-1　不同空气状态点的新风系统控制策略

w_1、N、O 分别是新风回风送风的状态点，L 点是机器露点，φ 为相对湿度，i_w、i_N、i_O 分别表示新风、回风、送风的焓值。

Ⅰ区：$i_w > i_N > i_O$，此时新风焓值高于回风焓值，可以利用一部分回风的能量对新风预冷减少空调机组冷却新风的负荷来达到节能的目的，夏季室外高温高湿的情况下多运行与这个区。

Ⅱ区：$i_N > i_w > i_O$，新风焓值低于回风焓值而高于送风焓值，采用全新风的策略全开新风阀并关闭回风阀。由于利用全新风有足够的新风量稀释室内空气中各种有害气体，空气品质得到了保证。过渡性季节阴雨天气及夏季的早上时段都会出现新风焓值低于回风焓值的情况，应尽可能运行此工作区达到最大限度的节能。

Ⅲ区：$i_N > i_O > i_w$，新风焓值均低于送风焓值和回风焓值，引入部分回风和新风混合调节到送风状态。由于引进回风，采用PI控制回风中CO_2的浓度控制新风量，避免出现超调现象引起不必要的耗能。

近零能耗建筑的空调通风系统要求具备热回收功能。在空调系统中，热回收装置可以在排风和送风之间进行全热或显热交换，从而回收被排风带走的冷量或热量，降低空调的运行能耗和装机容量。由转轮、壳体、传动机构、密封件等组成，通过排风与新风交替逆向流过转轮来传递热量。适用温度范围－20～40℃，而且能使效率达到70%～80%以上。

严寒和寒冷地区应选用带防冻保护的转轮热回收装置。热转轮控制一般采用常规的风机与转轮连锁控制，风机启动时转轮也启动，由于转轮热回收装置运行时自身需要消耗能量，而且当室外空气焓值低于室内空气焓值时，室外空气就可用来带走室内的发热量。因此，在过渡季或冬季风机启动时转轮立即启动，可能都会使新风回收不必要的热量，而这部分热量仍需制冷机负担。推荐采用温差或焓值控制。

夏季工况下，当室外新风的温度（焓值）低于室内设计工况时，不启动转轮热回收装置，开启旁通阀。当室外新风的温度（焓值）高于室内设计工况时，并且当室内外温差（焓差）高于最小经济温差（焓差）时，启动转轮热回收装置，关闭旁通阀。

冬季工况下，当室外新风的温度（焓值）高于室内设计工况时，不启动转轮热回收装置，开启旁通阀。当室外新风的温度（焓值）低于室内设计工况时，并且当室内外温差（焓差）低于最小经济温差（焓差）时，启动转轮热回收装置，关闭旁通阀。

只有在转轮热回收装置减少的新风能耗，足以抵消转轮本身运行能耗及送、排风机增加的能耗时，运行转轮热交换装置才是节能的。

可按式（11-1）进行最小温差焓值的估算：

$$\frac{Q_{re}}{COP} > E \frac{mc_p \Delta T_{min}}{COP} = E \frac{m \Delta H_{min}}{COP} = E \tag{11-1}$$

Q_{re}——新风通过热回收而获得的能量；

COP——机组供热或制冷系数；

E——转轮能耗及风机增加能耗；

ΔT_{min}——最小经济温差；

ΔH_{min}——最小经济焓差。

寒冷及严寒地区应采取防冻保护。新风温度过低时，转轮热交换装置排风侧容易出现冷凝水结冰，堵塞蓄热体气流通道或者阻碍蓄热体旋转。在排风侧安装温度传感器，当排风温度低于限定值时，降低转轮转速或开启旁通阀门。

新风/空调机组优化控制系统应将数据传送至楼宇自控集成管理平台，且通过与管理平台的网络化无缝对接完成与其他系统间的数据共享。

11.4 运行数据的记录与分析

建筑的合理、高效运行是建立在气象条件、建筑使用情况、用户反馈数据等多组数据的基础之上。对建筑运行条件和系统运行收据进行必要的记录与分析，不但是建筑科学运行的保障，也有利于进行建筑使用后评估工作，为未来同类建筑项目的科学决策积累依据。

近零能耗建筑的数据记录首先应满足国家统计局、住房和城乡建设部颁布的《民用建筑能耗统计报表制度》中要求的数据种类，主要包括建筑的主要信息、能源使用种类和各类能源消耗量等。同时，公共建筑由于功能形态多样，为科学评估建筑运行能效，基础数据还应包括建筑的使用情况。以办公建筑为例，建筑运营部门应记录以下运营数据，作为合理进行建筑运行情况的基础：

①建筑总面积；②商业区域面积；③餐饮区域面积；④供暖面积；⑤地下车库面积；⑥数据机房面积；⑦供冷面积；⑧每天运行时间；⑨建筑内总人数；⑩年平均出租率；⑪建筑高度；⑫建筑建成年份。

近零能耗建筑的数据记录可按以下3个方面进行：

1. 建筑基本信息

建筑名称、所属省市、地址、建成年代、建筑面积、建筑功能。混合功能的建筑需要按不同功能给出建筑面积。

2. 建筑使用信息

记录建筑使用信息的目的一是要体现使用负荷率，即酒店的入住率、商场的客流量、餐厅的上座率等；二是要体现建筑的服务质量，例如酒店的星级、以二氧化碳监测浓度代表的新风量、以室内PM2.5监测浓度代表的室内空气品质等数据。

定期对建筑用户进行室内环境的满意度调查也是必要的反馈手段之一。一般从建筑热环境、声环境、光环境和室内空气品质4个主要方面。根据用户反馈情况，及时发现问题，调整建筑运行策略。

3. 能耗信息及用能设备技术参数

能耗信息一般指能耗数据的意义、能源种类、包含的范围。如果不是直接测量数据应明确计算方法。如果进行不同年份的比较分析或评价则应对直接测量的能耗数据根据天气参数进行修正处理。

用能设备技术参数一般为系统自动记录。在进行建筑的运行状态分析时作为分析各系统运行状态、查找问题的辅助依据。

第12章　评价与标识

实施评价和颁发标识，是保证建筑实施质量，推动近零能耗建筑健康发展的需要。通过评价技术，对建筑设计、施工和运行效果全过程进行核查和管理，可以进一步保证质量。根据建筑能效指标由低到高，评价应分别按照超低能耗建筑、近零能耗建筑和零能耗建筑的要求进行评价。进行评价时，因为建筑的能效指标以单栋建筑为基准，所以相关评价也应基于整栋建筑。能效指标计算应采用与性能化设计相同的计算软件。

本章将建立近零能耗建筑在设计、施工及运行阶段的评价评估方法，提出各阶段评价内容，评价实施要点及评价所需材料，形成近零能耗建筑全过程评价体系。针对施工评价阶段重点关注的围护结构热工性能、建筑整体气密性、热回收机组性能及环控一体机性能，重点解读如何实施评价。对于运行评估阶段，采取建筑投入使用1年后，宜对居住建筑进行运行评估，应对公共建筑进行运行评估的原则，规定了室内环境检测项目，给出了建筑实际能耗评价方法，并对能耗监测及分项计量系统、可再生能源检测等作出相应规定。

12.1　设计评价

12.1.1　概述

对于设计评价，依据现行国家标准《近零能耗建筑技术标准》GB/T 51350—2019[1]，主要进行施工图审核和建筑能效指标核算。

12.1.2　评价内容

1. 实施内容

设计评价应在施工图设计完成后进行，并应符合下列规定：

（1）重点核查施工图中的围护结构关键节点构造及做法，应满足保温隔热及气密性要求，包括外保温构造、门窗洞口密封、气密层保护措施，厨房及卫生间通风应采取节能措施等。

（2）居住建筑能效指标核算应包括供暖年耗热量、供冷年耗冷量、建筑综合能耗值和可再生能源利用率；公共建筑能效指标核算应包括建筑本体节能率、建筑综合节能率和可再生能源利用率，核算方法应符合《近零能耗建筑技术标准》GB/T 51350—2019附录A的规定，核算结果应符合现行国家标准《近零能耗建筑技术标准》GB/T 51350—2019的相关规定。

（3）能效指标计算方法应符合《近零能耗建筑技术标准》GB/T51350—2019附录A的规定。

2. 实施要点

施工图审核应针对围护结构保温、高性能门窗、气密性设计、无热桥处理、关键节点构造、暖通空调系统、可再生能源能应用等方面进行建筑施工图审核。现行国家标准《近零能耗建筑技术标准》GB/T 51350—2019 对超低能耗、近零能耗、零能耗建筑的能效指标值有明确规定。

12.1.3 设计评价所需材料

(1) 评价申报声明。

(2) 近零能耗建筑基本信息表。

(3) 项目技术方案，包括但不限于项目概述、效果图、关键技术指标计算及技术途径、建筑设计（整体布局、体形系数、窗墙比)、围护结构设计（保温及门窗性能)、气密性及无热桥设计、冷热源及末端设计和控制策略、生活热水、电气节能、可再生能源应用等。

(4) 建筑能耗计算软件能耗模拟报告，包括软件介绍、建模方法、关键参数设置、系统建模、负荷/能耗模拟计算结果及分析。

(5) 主要施工图及计算书，包括但不限于总平面图、效果图、建筑立面/剖面/典型层平面图、建筑设计说明、工程做法表、关键节点大样图、防结露计算、暖通设计说明、系统图、设备列表、可再生能源设计资料、生活热水系统图、电气设计说明、照明节能设计、能耗监测等图纸和计算书。

12.1.4 推荐使用产品

1. 实施内容

推荐选用获得绿色建材标识（认证）或高性能节能标识（认证）的门窗、保温（隔热）材料、照明灯具、新能源设备、冷（热）源机组、空调（供暖）末端设备、热回收装置、遮阳与室内装修材料等产品。

2. 实施要点

高性能节能产品是指满足国家相关产品标准且主要节能性能指标达到国际领先水平的产品。对采用获得绿色建材标识（认证）或高性能节能标识（认证）且在有效期内的产品，在评价时，应核查其见证取样检测报告是否符合设计要求或相关规定。若符合，可直接认可。

12.1.5 设计评价证书

1. 实施内容

设计评价阶段完成后，当建筑能效指标满足超低能耗建筑、近零能耗建筑或零能耗建筑对应设计评价要求时，应向其颁发超低能耗建筑、近零能耗建筑或零能耗建筑设计评价证书。

2. 实施要点

通过设计评价阶段评价后，应向其颁发超低能耗建筑、近零能耗建筑或零能耗建筑设计评价阶段评价证书，完成设计评价工作。为保证超低能耗建筑、近零能耗建筑或零能耗建筑的实施质量和运行效果，将设计阶段评价证书有效期定为2年。

12.2 施工评价

12.2.1 概述

对于施工评价，依据现行国家标准《近零能耗建筑技术标准》GB/T 51350—2019，主要对建造质量进行评价，评价采用性能检测与相关资料的核验结合的方式。

12.2.2 评价内容

1. 实施内容

施工评价应在建筑竣工验收前进行，并应对建筑围护结构热工性能、建筑整体气密性、热回收新风机组性能和环控一体机性能进行检测。若建筑已经委托省级及以上第三方检测机构完成检测，只需提供相应的检测报告即可。

2. 实施要点

建筑的建造质量应在竣工验收前进行评价，评价采用性能检测与相关资料的核验结合的方式。

12.2.3 围护结构评价要求

实施内容：通常，在墙体、屋面分项工程验收合格，且外墙和屋面保温材料经复验合格时，建筑围护结构可仅对热工缺陷进行检测。检测方法及合格判定方法应按照现行国家标准《近零能耗建筑技术标准》GB/T 51350—2019 规定执行。

12.2.4 气密性评价要求

1. 实施内容

对建筑整体气密性的检测方法及合格判定方法，应按照现行国家标准《近零能耗建筑技术标准》GB/T 51350—2019 规定进行。

2. 实施要点

建筑气密性对于实现近零能耗目标非常重要。良好的气密性可以减少冬季冷风渗透，降低夏季非受控通风导致的供冷需求增加，避免湿气侵入造成建筑发霉、结露和损坏，减少室外噪声和空气污染等不良因素对室内环境的影响，提高居住者的生活品质。

现行国家标准《近零能耗建筑技术标准》GB/T 51350—2019 对气密性检测有详细规定，即居住建筑、严寒和寒冷地区的公共建筑需要进行气密性检测，夏热冬冷、夏热冬暖及温和地区的公共建筑对建筑气密性无严格要求。

12.2.5 热回收新风机组和环控一体机评价要求

实施内容：对热回收新风机组性能的检测方法及合格判定方法，应按照现行国家标准《近零能耗建筑技术标准》GB/T 51350—2019 规定执行；环控一体机的检测方法及合格判定方法，应按照本书第 10.1.4 节规定执行。对于获得高性能节能标识（认证）且在有效期内的产品，核查其性能参数应符合设计要求或相关规定。

12.2.6 关键产品（部品）评价要求

1. 实施内容

对外墙保温材料、门窗、装修主材等关键产品（部品），若为高性能节能产品或绿色建材产品，需要核查其性能参数应符合设计要求或相关规定。若非高性能节能产品或绿色建材产品，需要核查其见证取样检测报告，且相关应符合设计要求或相关规定。

2. 实施要点

装修主材，特别是室内装修主材的质量对室内环境质量的影响非常大，由于近零能耗建筑的气密性要求严格，所以有必要对装修主材的质量进行严格控制，才能确保近零能耗建筑室内环境质量达到要求，保障室内人员的身心健康。

对于高性能节能产品或绿色建材产品，其产品性能较常规产品优异，且在获得高性能节能产品或绿色建材产品认证时已提供过见证取样报告，因此，进行近零能耗建筑评价时仅需核查性能参数是否符合设计要求即可。

12.2.7 施工评价所需材料

1. 实施内容

(1) 评价申报声明。

(2) 近零能耗建筑基本信息表。

(3) 设计评价证书及申报材料。

(4) 绿色建材标识（认证）或高性能节能标识（认证）证书。

(5) 围护结构保温材料复检报告等工程资料及现场热工缺陷测试报告。

(6) 建筑整体气密性测试报告。

(7) 热回收新风机组抽检报告。

(8) 环控一体机抽检报告。

(9) 施工质量控制文件。

2. 实施要点

施工质量控制文件包括但不限于：施工单位声明（安全施工、竣工验收）、设计变更及工程洽商、主要使用部品材料的技术参数及检验/检测报告（围护结构相关材料/产品）、外窗产品的型式检验报告、出厂检验报告；围护结构主体部位传热系数检测报告；冷热源机组、可再生能源产品、空调末端产品的型式检验报告、出厂检验报告；机电系统工程调试报告；施工过程控制照片。

12.2.8 施工评价证书

1. 实施内容

施工评价阶段完成后，当建筑能效指标满足国家标准《近零能耗建筑技术标准》GB/T 51350—2019的规定，且建筑竣工验收合格时，应向其颁发超低能耗建筑、近零能耗建筑或零能耗建筑施工评价证书。

2. 实施要点

施工评价虽先于建筑竣工验收，但为全面把控工程质量，施工评价完成且合格后，还需在建筑竣工验收完成且合格后才可向其颁发施工评价证书。

12.3 运行评估

12.3.1 概述

对于运行评估，主要依据国家标准《近零能耗建筑技术标准》GB/T 51350—2019，被评价建筑投入使用 1 年后，宜对居住建筑进行运行评估，应对公共建筑进行运行评估，主要对室内环境检测和实际能效指标进行评估。

12.3.2 评估要求

近零能耗建筑运行评估，独立于近零能耗建筑的评价。运行评估可作为应用各种节能技术效果的评价参考，并可作为申报国家、省部级示范工程等相关各类荣誉的重要依据。鼓励对已建成的近零能耗建筑进行运行评估。

运行评估是对近零能耗建筑应用效果评价的重要依据，对有条件的建筑，建议对其进行运行评估。运行评估建议在近零能耗建筑竣工验收 1 年后，建筑的空置率不高于 25%，且充分使用的情况下进行。运行评估的过程可使用建筑投入使用 1 年内的数据，对于评价数据不完善的建筑需要通过测试得到相应数据。

12.3.3 室内环境检测要求

1. 实施内容

室内环境检测包含室内温度、湿度、热桥部位内表面温度、新风量、室内 PM2.5 含量、室内噪声、CO_2 浓度（公共建筑）及室内照度（公共建筑）。检测方法及合格判定方法应按照国家标准《近零能耗建筑技术标准》GB/T 51350—2019 的规定及本书第 10.1 节要求执行。

2. 实施要点

对公共建筑室内 CO_2 现场检测，可类比室内温度、湿度布点方式，采用专门仪器测量。对其他相关参数检测，应按现行行业标准《公共建筑节能检测标准》JGJ/T 177—2009[2]、《居住建筑节能检测标准》JGJ/T 132—2009[3]、现行国家标准《民用建筑热工设计规范》GB 50176—2016[4]、《空气—空气能量回收装置》GB/T 21087—2007[5]、《通风与空调工程施工质量验收规范》GB 50243—2016[6]、《通风系统用空气净化装置》GB/T 34012—2017[7]、《民用建筑隔声设计规范》GB 50118—2010[8]、《照明测量方法》GB/T 5700—2008[9] 等标准的相关要求进行。

12.3.4 能耗数据评价要求

1. 实施内容

运行能效指标评估以整栋建筑能耗为评估对象，分项能耗依据分项计量仪表的记录数据进行分析确定，在监测系统连续运行不少于 12 个月的数据记录完整情况下，提取以下监测数据：

（1）公共建筑能耗数据按照用能核算单位和用能系统进行分类分项提取，提取项包括冷热源、输配系统、供暖空调末端、生活热水系统、照明系统及电梯等关键用能设备或系统。

（2）居住建筑能耗数据按照公共部分和典型户部分分类分项提取。公共部分包含公共区域的供暖空调能耗、照明能耗及电梯等关键设备能耗的分项计量数据。典型户的供暖供冷、生活热水、照明及插座的能耗应进行分项计量，计量户数不少于同类型总户数的 2%，且不少于 3 户。

（3）数据中心、食堂、开水间等特殊用能单位的能耗监测数据单独计算。

2. 实施要点

为分析建筑各项能耗水平和能耗结构是否合理，监测关键用能设备能耗和效率，及时发现问题并提出改进措施，以实现建筑的近零能耗目标，需要在系统设计时考虑建筑内各能耗环节均实现独立分项计量。在设置能耗计量系统时，应充分考虑建筑功能、空间、用能结算考核单位、特殊用能单位，并对不同系统、关键用能设备等进行独立计量。但对于住宅建筑，每户电表难以做到分项计量，参照以下方式进行拆分：

（1）当供暖空调系统采用不同能源时，通过换算将能耗计量单位进行统一。

1）集中供暖

①年供暖能耗以分栋或分户热计量表计量数据为依据，考虑热源效率及输送效率后折算到一次能源耗电量。

②年供冷空调能耗以栋或户用电表数据为依据，按式（12-1）计算：

$$E_{A}=E_{cooling}-(E_{Gworkday}\times n+E_{Gnonworkday}\times m) \tag{12-1}$$

式中　E_{A}——年供冷空调能耗，kWh；

$E_{cooling}$——供冷季耗电量，kWh；

$E_{Gworkday}$——以过渡季工作日耗电量计算得到的基准耗电量，kWh；

$E_{Gnonworkday}$——以过渡季非工作日耗电量计算得到的基准耗电量，kWh；

n——供冷季工作日天数；

m——供冷季非工作日天数。

年供冷耗电量按《近零能耗建筑技术标准》GB/T 51350—2019 附录 A 中提供的一次能源换算系数折算到一次能源消耗量。

2）独立电（含空气源热泵）供暖空调系统

①年供暖空调能耗以栋或户用电表数据为依据，按式（12-2）计算：

$$E_{H}=E_{heating}-(E_{Gworkday}\times x+E_{Gnonworkday}\times y) \tag{12-2}$$

式中　E_{H}——年供暖空调能耗，kWh；

$E_{heating}$——供暖季耗电量，kWh；

x——供暖季工作日天数；

y——供暖季非工作日天数。

年供暖耗电量按《近零能耗建筑技术标准》GB/T 51350—2019 附录 A 中提供的一次能源换算系数折算到一次能源消耗量。

②年供冷空调能耗同 1）中的②。

3）燃气供暖

①年供暖能耗以栋或户用燃气表计量数据为依据，按式（12-3）计算：

$$Q_{\mathrm{H}}=Q_{\mathrm{heating}}-(Q_{\mathrm{Gworkday}}\times x+Q_{\mathrm{Gnonworkday}}\times y) \tag{12-3}$$

式中 Q_{H}——年供暖耗气量，m^3；

Q_{heating}——供暖季耗气量，m^3；

Q_{Gworkday}——以过渡季工作日耗气量计算得到的基准耗气量，m^3；

$Q_{\mathrm{Gnonworkday}}$——以过渡季非工作日耗气量计算得到的基准耗气量，m^3。

年供暖耗气量按《近零能耗建筑技术标准》GB/T 51350—2019 附录 A 中提供的一次能源换算系数折算到一次能源消耗量。

②年供冷空调能耗同 1）中的②。

（2）年照明能耗按每栋或户灯具功率和使用时间进行计算。

（3）建筑能耗消耗量按《近零能耗建筑技术标准》GB/T 51350—2019 附录 A 计算。

12.3.5 能耗监测系统及分项计量系统评价要求

实施内容：对于未设置能耗监测系统但具备分项计量系统的建筑，分项电表设置应涵盖所需计算的各用能系统，如果根据电表数据不能直接分离出各统计分项，则根据分项要求有选择地补充现场检测。

对于未设置能耗监测系统和分项计量系统的建筑，需要提供建筑物全年完整运行记录和用能账单，同时对各项用能系统进行现场检测。

12.3.6 设备限产检测要求

实施内容：对于冷热源设备、输配设备及末端设备设备等现场检测，需要按国家现行相关标准进行，检测结果按本书第 9.3.4 节中要求进行整理并计算校核年运行能耗。

12.3.7 可再生能源检测要求名字

实施内容：对于可再生能源检测，按本书第 10.1.12 节的规定执行。

12.3.8 运行评价证书

1. 实施内容

在运行评估完成后，向其颁发明确具体运行条件的超低能耗建筑、近零能耗建筑或零能耗建筑运行评价证书。

2. 实施要点

运行评估是对近零能耗建筑实际应用效果的有效验证，而建筑实际运行效果受所在地区的资源禀赋、气象条件、入住率、人员行为、设备启用情况、运维策略等多方面因素影响，对运行阶段近零能耗建筑的评估，应在评价证书中明示评价周期内建筑具体的运行工况，如评价周期内建筑所在地区气候、入住率、设备启用情况等。

本章参考文献

[1] GB/T 51350—2019. 近零能耗建筑技术标准 [S]. 北京：中国建筑工业出版

社，2019.
[2] JGJ/T 177—2009. 公共建筑节能检测标准 [S]. 北京：中国建筑工业出版社，2010.
[3] JGJ/T 132—2009. 居住建筑节能检测标准 [S]. 北京：中国建筑工业出版社，2010.
[4] GB 50176—2016. 民用建筑热工设计规范 [S]. 北京：中国建筑工业出版社，2016.
[5] GB/T 21087—2007. 空气—空气能量回收装置 [S]. 北京：中国标准出版社，2007.
[6] GB 50243—2016. 通风与空调工程施工质量验收规范 [S]. 北京：中国计划出版社，2016.
[7] GB/T 34012—2017. 通风系统用空气净化装置 [S]. 北京：中国标准出版社，2017.
[8] GB 50118—2010. 民用建筑隔声设计规范 [S]. 北京：中国建筑工业出版社，2010.
[9] GB/T 5700—2008. 照明测量方法 [S]. 北京：中国标准出版社，2008.